HOCHSPANNUNGS-ENTLADUNGSCHEMIE UND IHRE INDUSTRIELLE ANWENDUNG

von

Dr.-Ing. THEODOR RUMMEL

LEHRBEAUFTRAGTER
AN DER TECHNISCHEN HOCHSCHULE
MÜNCHEN

Mit 142 Bildern

MÜNCHEN 1951

VERLAG VON R. OLDENBOURG
UND HANNS REICH VERLAG

Verlegt in Gemeinschaft mit dem Hanns Reich Verlag, München
im Verlag von R. Oldenbourg, München.
Copyright 1951 by R. Oldenbourg, München.
Satz und Druck: Dr. C. Wolf & Sohn, München. — Buchbinderarbeiten
R. Oldenbourg, Graph. Betriebe G. m. b. H. München.

INHALTSVERZEICHNIS

Vorwort 13

Einleitung 15

A. Die Entladungen für chemische Zwecke

a) Gasentladungen mit Stabilisierung und Widerstandsschichten

§ 1. Anordnung und grundsätzliche Wirkungsweise 17
§ 2. Abhängigkeit der stabilisierenden Wirkung von Schichtstärke und Leitfähigkeit . . . . 22.
§ 3. Stabilisierende Wirkung bei Gleich- und Wechselstrom 23
§ 4. Zündklemmspannung, Zündspannung und Zündfeldstärke 23
§ 5. Materialien für Schichtstabilisierung 28
§ 6. Stromspannungszeitkurven bei Wechselstromentladungen, Messungen 29
§ 7. Einige Formen von schichtstabilisierten Gasentladungskammern 34

b) Sonstige Gasentladungen

§ 8. Koronaentladung 35
§ 9. Glimmentladung mit gekühlten und ungekühlten Elektroden . . . 36
§ 10. Elektrodenlose Induktionsentladungen 41
§ 11. Bogenentladungen 43
§ 12. Kondensierte Entladungen 45
§ 13. Ladungsträgerstrahlen 47

B. Physikalisch-chemische Wechselwirkungen zwischen Reaktionsgut und Entladung

I. Gase

§ 14. Anordnungsmöglichkeiten 57
§ 15. Physikalische Wirkungen der Entladungen auf die Gase. Kräfte und Strömungen 59
§ 16. Zündfeldstärke und chemische Natur des Füllgases 61
§ 17. Kathodenfall und chemische Prozesse 63
§ 18. Trägerbildung durch chemische Prozesse 66

II. Isolierflüssigkeiten

a) Anordnungsmöglichkeiten

§ 19. Reihenschaltung von Isolierflüssigkeit und Gasentladung . . . 70
§ 20. Nebeneinanderschaltung von Entladung und Isolierflüssigkeit . . 72
§ 21. Reihen-Nebeneinanderschaltung von Isolierflüssigkeit und Gasentladung 72
§ 22. Flüssigkeit und Entladung sind räumlich getrennt (Behandlung der Flüssigkeitsdämpfe) 73
§ 23. Einwirkung von Ladungsträgerstrahlen auf Isolierflüssigkeiten . . 73

b) Kräfte auf isolierende Flüssigkeiten durch Entladungseinwirkung

§ 24. Kräfte bei Reihenschaltung 74
§ 25. Kräfte bei Nebeneinanderschaltung 75

c) Mechanische Auswirkungen der Kräfte

§ 26. Benetzungsaufhebung 76
§ 27. Entladungskapillardepression 76
§ 28. Oberflächenfiguren und Strömungen in der isolierenden Flüssigkeit 77
§ 29. Schaumbildung . . . . , 82

d) Beeinflussung der elektrischen Verhältnisse

§ 30. Elektro-Konvektionsleitfähigkeit 83
§ 31. Verteilung der Entladung über den Querschnitt 84
§ 32. Brennspannungserhöhung und Leistungszunahme 85
§ 33. Schwingungsdämpfung bei Nebeneinanderschaltung 85

e) Weitere physikalische Wirkungen der Entladung auf Isolierflüssigkeiten

§ 34. Entgasung bei Entladungen mit Schichtstabilisierung 86
§ 35. Zerstäubung der Isolierflüssigkeiten 87
§ 36. Siedepunktserhöhung bei Reihenschaltung 88

III. Leitfähige Flüssigkeiten

a) Anordnungsmöglichkeiten

§ 37. Serienschaltung mit Gasentladungen 88
§ 38. Behandlung der Dämpfe 88

b) Physikalische Wirkungen auf leitfähige Flüssigkeiten

§ 39. Siedepunktserhöhung 88
§ 40. Zerstäubung leitfähiger Flüssigkeiten (Hg in Thermometern) . . 88
§ 41. Entgasung von leitfähigen Flüssigkeiten 89

IV. Feste Körper

a) Anordnungsmöglichkeiten

§ 42. Anordnung bei Gasentladungen 89
§ 43. Anordnung bei Ladungsträgerstrahlen 89

b) Physikalische Wirkungen

§ 44. Kathodenzerstäubung der leitenden festen Körper 90
§ 45. Kathodenzerstäubung der festen Isolatoren 92

V. Feinverteilte Körper

§ 46. Anordnung und Wirkungsweise 93
§ 47. Einiges über die Abscheidung und deren Bedeutung 94

C. Die Entladungschemischen Reaktionen

§ 48. Vorbemerkung . . . . , 96

1. Allgemeiner Teil

I. Verschiedene Arten der Reaktionen

a) Reaktionen in Gasen

§ 49. Bildung von Zersetzungsprodukten 97
§ 50. Bildung langlebiger Zersetzungsprodukte 98
§ 51. Vereinigung als Primärakt 98
§ 52. Sekundäre Vereinigung 98
§ 53. Umsetzungen . . . . , 99

b) Reaktionen in und an Flüssigkeiten

§ 54. Primäre Zersetzung 99
§ 55. Sekundäre Vereinigung 100
§ 56. Umsetzungen in Flüssigkeiten 100

c) Reaktionen mit festen Körpern

§ 57. Primäre Zersetzung 101
§ 58. Sekundäre Vereinigung 101
§ 59. Umsetzungen . . . . , 101
§ 60. Reaktionen mit festen Körpern im feinverteilten Zustand 101

II. Über den Ort der Primär- und Sekundärprozesse

a) Gase

§ 61. Gasphase und Wand 102
§ 62. Bedeutung der Entladungsgebiete mit der dichtesten Energieumsetzung, Druckeinfluß 102

b) Flüssigkeiten

§ 63. Bedeutung des Gasraumes über der Flüssigkeit 103
§ 64. Zusammenwirken von Reaktionen im Gasraum und an den Wänden
sowie an der Flüssigkeitsoberfläche 104

c) Feste Körper

§ 65. Sitz der Reaktionen bei Körpern mit und ohne Sublimation, Einfluß der Zerstäubung 105

III. Wärme- und Entladungswirkungen

§ 66. Über das Massenwirkungsgesetz 105
§ 67. Energieverhältnisse bei Wärme- und Entladungsanregung von
exothermen Prozessen 106
§ 68. Energieverhältnisse bei Wärme- und Entladungsanregung von
endothermen Prozessen 106
§ 69. Vergleich der thermischen mit der elektrischen Primäraktivierung
bezüglich der Art der chemischen Reaktionen 108

IV. Einfluß der Art der Entladungen auf die Natur der stofflichen Umwandlungen

§ 70. Schnelle und langsame Ladungsträgerstrahlen 110
§ 71. Kalte und heiße Gasentladungen 111
§ 72. Frequenzeinfluß 111

V. Feststellung der chemischen Veränderungen

§ 73. Über chemische Analysen der Entladungsprodukte 112
§ 74. Zweckmäßige Feststellungen bei Gasen 112
§ 75. Einfache Feststellungen bei Flüssigkeiten 112
§ 76. Feststellungen bei festen Körpern 115

VI. Veränderungen und elektrische Meßgrößen

§ 77. Bezugnahme der Veränderungen auf die Elektrizitätsmenge . . . 116
§ 78. Bezugnahme auf die elektrische Arbeit 117
§ 79. Auswahl der elektrischen Bezugsgrößen 117
§ 80. „Wirkungsgrad" bei endothermen und exothermen Prozessen . . 118

VII. Überblick über theoretische Erklärungsversuche der entladungschemischen Wirkungen

§ 81. Zusammenballung an Ionen 118
§ 82. Angeregte Moleküle, metastabil angeregte Moleküle 120
§ 83. Vereinigung von Ionen 120
§ 84. Atome und Radikale 120
§ 85. Photochemische Wirkung und Ladungsträgerstoß 123

2. Spezieller Teil:
Anorganische Hochspannungs-Entladungschemie

I. Verhalten der Edelgase in der Entladung

§ 86. Metalle und Helium 125
§ 87. Metalle und Argon 127

II. Entladungschemisches Verhalten des Wasserstoffes

a) Aktiver Wasserstoff (Wasserstoff nach Verlassen der Entladungszone)

§ 88. Erzeugung von atomarem (aktivem) Wasserstoff und Energiebedarf 127
§ 89. Nachweis des atomaren Wasserstoffes und Bestimmung seiner
      Konzentration mittels Druckmeßmethode 131
§ 90. Rekombination des atomaren H zu molekularem H_2 133
§ 91. Chemische Reaktionen des atomaren Wasserstoffes mit Gasen . . 134
§ 92. Reaktionen des atomaren Wasserstoffes mit flüssigen und festen
      Substanzen 135
§ 93. Bewirkung von Chemilumineszenz durch atomaren Wasserstoff . . 137
§ 94. Polarisierbarkeit des atomaren Wasserstoffes 138

b) Chemisches Verhalten des Wasserstoffes in der Entladung

§ 95. Neben dem atomaren Wasserstoff innerhalb der Entladungen auf-
       tretende Formen 138
§ 96. Wasserstoff und Gruppe   I des periodischen Systems 138
§ 97. Wasserstoff und Gruppe   II des periodischen Systems 139
§ 98. Wasserstoff und Gruppe   III des periodischen Systems 140
§ 99. Wasserstoff und Gruppe   IV des periodischen Systems 140
§ 100. Wasserstoff und Gruppe   V des periodischen Systems 141
§ 101. Wasserstoff und Gruppe   VI des periodischen Systems 142
§ 102. Wasserstoff und Gruppe   VII des periodischen Systems 143
§ 103. Wasserstoff und Gruppe VIII des periodischen Systems 143

III. Entladungschemisches Verhalten des Stickstoffes

a) Aktiver Stickstoff

§ 104. Nachleuchten des aktiven Stickstoffes 144
§ 105. Erzeugung der aktiven Modifikation des Stickstoffes durch Ladungsträgerstöße bekannter Geschwindigkeit 144
§ 106. Erzeugung aktiven Stickstoffes in normalen Gasentladungen . . 145
§ 107. Erzeugung des aktiven Stickstoffes in besonderen Entladungsformen 145
§ 108. Über die Natur des aktiven Stickstoffes, 1. Metastabile Moleküle 146
§ 109. Über die Natur des aktiven Stickstoffes, 2. Atomauffassung . . 146
§ 110. Über die Natur des aktiven Stickstoffes, 3. Kombinierte Auffassung 148
§ 111. Sonstige Erklärungen der Natur des aktiven Stickstoffes . . . 149
§ 112. Über die Energie des aktiven Stickstoffes 149
§ 113. Katalytische Zersetzung des aktiven Stickstoffes 150
§ 114. Chemische Wirkungen des aktiven Stickstoffes und Chemiluminescenz 150

b) Der Stickstoff in der Entladung

§ 115. Stickstoff und Gruppe   I des periodischen Systems 151
§ 116. Stickstoff und Gruppe   II des periodischen Systems 154
§ 117. Stickstoff und Gruppe III des periodischen Systems 154
§ 118. Stickstoff und Gruppe   IV des periodischen Systems 154
§ 119. Stickstoff und Gruppe   V des periodischen Systems 155
§ 120. Stickstoff und Gruppe   VI des periodischen Systems 155
§ 121. Stickstoff und Gruppe VIII des periodischen Systems 155

IV. Entladungschemisches Verhalten des Sauerstoffes

a) Atomarer Sauerstoff

§ 122. Erzeugung und erreichte Konzentrationen 156
§ 123. Über die Energie des atomaren Sauerstoffs; Polarisation 156
§ 124. Wiedervereinigung zu molekularem Sauerstoff; Lebensdauer . . 157
§ 125. Chemische Reaktionen des atomaren Sauerstoffes 157

b) Ozon

§ 126. Allgemeine Eigenschaften und Struktur 158
§ 127. Erzeugung von Ozon 159
§ 128. Energie des Ozons; Zerfall; Chemiluminescenz 160
§ 129. Chemische Wirkungen des Ozons außerhalb der Entladung . . . 160

c) Der Sauerstoff in der Entladung

§ 130. Sauerstoff und Gruppe I des periodischen Systems (erster Teil: Wasserbildung und Zersetzung; Wasserstoffsuperoxydbildung) . . 161
§ 131. Sauerstoff und Gruppe I des periodischen Systems (zweiter Teil: Über das OH-Radikal) 164
§ 132. Sauerstoff und Gruppe I des periodischen Systems (dritter Teil: Übrige Elemente) 165
§ 133. Sauerstoff und Gruppe   II des periodischen Systems 166
§ 134. Sauerstoff und Gruppe III des periodischen Systems 166
§ 135. Sauerstoff und Gruppe   IV des periodischen Systems 166
§ 136. Sauerstoff und Gruppe   V des periodischen Systems 167
§ 137. Sauerstoff und Gruppe   VI des periodischen Systems 169
§ 138. Sauerstoff und Gruppe VIII des periodischen Systems 170

V. Die Halogene und die Entladungen

a) Aktive Halogene

§ 139. Erzeugung von aktivem Chlor; erreichte Konzentrationen . . . 170
§ 140. Lebensdauer und Verschwinden des atomaren Chlors 171
§ 141. Die übrigen aktiven Halogene 171

b) Halogene und ihre Verbindungen in der Entladung

§ 142. Halogene und Gruppe I des periodischen Systems 172
§ 143. Halogene und Gruppe IV des periodischen Systems 173
§ 144. Halogene und Gruppe V des periodischen Systems 173
§ 145. Halogene und Gruppe VI des periodischen Systems 173

3. Spezieller Teil:
Organische Hochspannungs-Entladungschemie

§ 146. Über das Verhalten elektronegativer und elektropositiver Elemente in der organischen Entladungschemie 173

I. Kohlenwasserstoffe

a) Beziehungen zwischen Molekülstruktur und Reaktionsprodukten

§ 147. Bestimmung der Menge und Art der Reaktionsprodukte 174
§ 148. Molekulare Struktur des Ausgangskörpers und entwickelte Gasmenge 175
§ 149. Diskussion der Beziehungen zwischen Struktur und entwickelter Gasmenge 178
§ 150. Gasanalysen 179
§ 151. Feste Produkte 179

b) Einige mögliche Reaktionen der Kohlenwasserstoffe

§ 152. Molekülvergrößerung durch Zusammentritt wenig veränderter Ausgangsmoleküle, 1. Addition zweier gesättigter Verbindungen 181
§ 153. Molekülvergrößerung durch Zusammentritt wenig veränderter Ausgangsmoleküle, 2. Addition von Körpern mit Doppelbindungen 183
§ 154. Molekülvergrößerung durch Zusammentritt wenig veränderter Ausgangsmoleküle, 3. Addition gesättigter mit ungesättigten Verbindungen 183
§ 155. Molekülvergrößerung durch Zusammentritt von Zerlegungsradikalen 184
§ 156. Abbau der Kohlenwasserstoffe zu stabilen Produkten 185
§ 157. Bildung von Mehrfachbindungen durch Dehydrierung 185
§ 158. Hydrierung ungesättigter Verbindungen 185
§ 159. Zur Molekülvergrößerung führende Wärmeeinwirkung 186
§ 160. Zur Molekülverkleinerung führende Wärmeeinwirkung (Krakkung) 187

c) Grenzkohlenwasserstoffe

§ 161. Methan allein in der Entladung 187
§ 162. Methansynthese und -Bestimmung 190
§ 163. Methan und andere Stoffe in der Entladung 190
§ 164. Übrige gesättigte Kohlenwasserstoffe allein in der Entladung . . 191
§ 165. Übrige gesättigte Kohlenwasserstoffe mit anderen Körpern in der Entladung 193

d) Die ungesättigten Kettenkohlenwasserstoffe

§ 166. Gruppe C_nH_{2n} allein in der Entladung 194
§ 167. Gruppe C_nH_{2n-2} allein in der Entladung 194
§ 168. Zusammenwirken der ungesättigten Kettenkohlenwasserstoffe mit anderen Körpern in der Entladung 195

e) Die zyklischen Kohlenwasserstoffe

§ 169. Zyklische Kohlenwasserstoffe allein in der Entladung 197
§ 170. Die zyklischen Kohlenwasserstoffe mit anderen Stoffen in der Entladung 199

f) Derivate der Kohlenwasserstoffe

§ 171. Halogenderivate der Kohlenwasserstoffe 199
§ 172. Schwefelderivate der Kohlenwasserstoffe 200

II. Alkohole und Phenole.

§ 173. Alkohole und Phenole allein in der Entladung 200
§ 174. Alkohole und Phenole mit anderen Stoffen in der Entladung 201

III. Äther.

§ 175. Äther allein in der Entladung 201
§ 176. Äther und andere Körper in der Entladung 202

IV. Oxydationsprodukte der Alkohole

§ 177. Aldehyde der Kettenalkohole 202
§ 178. Zyklische Aldehyde 203
§ 179. Ketone (auch zyklische) 203

V. Kohlehydrate

§ 180. Rohrzucker, Traubenzucker 204
§ 181. Cellulose und Papier 204
§ 182. Stärke 204

VI. Organische Säuren

§ 183. Fettsäuren 205
§ 184. Olefinmonocarbonsäuren 205
§ 185. Oxysäuren und Oxydationsprodukte 206
§ 186. Mehrbasische Säuren 206
§ 187. Ungesättigte zweibasische Säuren 206
§ 188. Zweibasische Oxysäuren 206
§ 189. Zyklische Carbonsäuren 206

VII. Ester enthaltende tierische und pflanzliche Produkte (Öle, Wachse und Fette)

§ 190. Zähigkeitszunahme 207
§ 191. Über die chemische Natur der Veränderungen 208
§ 192. Aufnahme anderer Elemente 208

VIII. Stickstoffhaltige organische Verbindungen und Vitamine

§ 193. Nitroverbindungen 208
§ 194. Amine 209
§ 195. Azoverbindungen 209
§ 196. Amide (Säureamide) 209

§ 197. Alkylcyanide oder Nitrile 210
§ 198. Aromatische Nitrile 210
§ 199. Aminosäuren 210
§ 200. Pyrrol, Benzopyrrol 210
§ 201. Pyridine 210
§ 202. Indigoblau (Indigotin) 210
§ 203. Alkaloide 210
§ 204. Albumine 211
§ 205. Gelatine, Gummiarabikum 211
§ 206. Vitamine 211

4. Spezieller Teil:
Entladungschemische Betrachtung der Zerstäubung und Gasaufzehrung

§ 207. Das Wesen der entladungschemischen Zerstäubung 211
§ 208. Entladungschemische Zerstäubung von metallischen Leitern . . 212
§ 209. Entladungschemische Zerstäubung von Isolatoren 214
§ 210. Entladungschemische Gasaufzehrung und Gegeneffekt 215

D. Technische Anwendungen

I. Metalltechnik

§ 211. Metallätzung 216
§ 212. Metalltrennung 216
§ 213. Legierungsbildung 216
§ 214. Reinigung und Aufrauhung von Oberflächen 216
§ 215. Metallschichten für optische Zwecke 217
§ 216. Dünne Metallschichten für Hochohmwiderstände 217
§ 217. Sehr dünne Metallschichten 218
§ 218. Metallisieren wärmeempfindlicher Körper 218
§ 219. Oberflächenbehandlung metallischer Werkstoffe (Bildung von
     Überzügen und Vergütungen) 218

II. Elektrotechnik

a) Der entladungschemische (Dauer-) Durchschlag

§ 220. Das Verhalten der Isolieröle 219
§ 221. Das Verhalten des Papiers 222

b) Entladungschemische Prüfmethoden für Isoliermaterialien

§ 222. Prüfmethode für Papier 223
§ 223. Ölprüfverfahren mit Messung der entwickelten oder aufge-
     nommenen Gasmenge 224
§ 224. Schnellprüfverfahren für Isolieröle 1, Bestimmung der X-Wachs-
     bildung 226
§ 225. Schnellprüfverfahren für Isolieröle 2, Ölprüfgerät zur Bestimmung
     der Gasungsneigung und sonstiger elektrotechnisch wichtiger
     Eigenschaften 226

c) Auswahl und Veredlung von Isolierölen

§ 226. Auswahl der Isolieröle auf Grund entladungschemischer Gesichts-
     punkte 229
§ 227. Entgasung und Entwässerung von Isolierölen durch elektrische
     Entladungen 230

III. Kraftstoff- und Brennstofftechnik

§ 228. Gasreinigung und Elektrokrakken 233
§ 229. Zusammenhänge zwischen dem Kraftstoffklopfen in Verbrennungsmotoren und der Gasabspaltung in elektrischen Entladungen . . 234
§ 230. Abscheidung von Harzbildnern aus Kraftstoffen 238
§ 231. NO-Beseitigung aus Kokereigas 238

IV. Kolloidtechnik

§ 232. Herstellung feindisperser Systeme durch Reduktion mit Wasserstoff 240
§ 233. Bildung von Schutzkolloiden 242
§ 234. Herstellung feindisperser Systeme durch Kathodenzerstäubung bei
gleichzeitiger Bildung von Schutzkolloiden 243
§ 235. Bildung emulgierbarer Stoffe aus Glycerinester enthaltenden Ausgangskörpern 243
§ 236. Bildung emulgierbarer Stoffe aus nicht fetten Ausgangskörpern . 244
§ 237. Emulgierungs- und Mischverfahren 245

V. Anstrich- und Lacktechnik.

§ 238. Leinölartige, technisch normal trocknende Öle 245
§ 239. Technisch anomal und nicht trocknende Öle 248

VI. Schmiermitteltechnik

a) Geräte zur Durchführung der entladungschemischen Reaktionen

§ 240. Geräte ohne Stabilisierungsschicht 248
§ 241. Geräte mit Aluminiumoxydschichten als Dielektrikum 249
§ 242. Geräte mit Preßspan als Dielektrikum 251
§ 243. Geräte mit Glas als Dielektrikum 253
§ 244. Geräte zur ausschließlichen Behandlung der Dämpfe von Flüssigkeiten 255
§ 245. Geräte zur Gewinnung fester oder halbfester Produkte aus
flüssigen oder gasförmigen 257

b) Spezialprodukte

§ 246. Herstellung von Heißlagerfetten 258
§ 247. Stockpunktserniedriger und Verflacher für Temperatur-Zähigkeits-
kurven 258
§ 248. Bildung schmierfähiger Stoffe aus nicht schmierfähigen 260

c) Voltol-Öle

§ 249. Gewinnung und Ausgangskörper 262
§ 250. Ungesättigter Charakter und Molekülvergrößerung 262
§ 251. Ausscheidung gelartiger Teile und ihre Vermeidung (Fischbildung 264
§ 252. Polare Natur 264
§ 253. Zähigkeit als Funktion der aufgewendeten elektrischen Arbeit . 265
§ 254. Normale Zähigkeitskurve (Zähigkeit im Laminargebiet) abhängig
von der Temperatur 265
§ 255. Stockpunkt der Voltol-Öle 266
§ 256. Gebiet der Strukturviscosität und Gebiet der plastischen Strömung
bei Voltol-Ölen 266
§ 257. Änderung der Zähigkeit der Voltol-Öle durch mechanische und
Wärmebehandlung 269
§ 258. Wirkung von Zusätzen auf Voltol-Öle 269

§ 259. Zähigkeit der Voltol-Öle unter hohem Druck und Druckfestigkeit   270
§ 260. Praktische Ergebnisse bei der Verwendung von Voltol-Ölen als
       Schmiermittel   271

VII. Ozontechnik

a) Über die technische Erzeugung des Ozons

§ 261. Über die Notwendigkeit der Ozonerzeugung am Orte des Ver-
       brauches und die benötigten Ausgangsstoffe   272
§ 262. Arbeitsausbeute   273
§ 263. Laboratoriumsgeräte zur Ozonherstellung   274
§ 264. Weitere und großtechnische Geräte   275

b) Anwendungen des Ozons

§ 265 Anwendungen für die chemische Technik   278
§ 266. Anwendungen in der Lüftungstechnik   278
§ 267. Einige biologische und medizinische Anwendungen   280

Literaturverzeichnis   281

Sachverzeichnis   305

VORWORT

Die physikalischen Erscheinungen bei der Entladung hochgespannter Elektrizität sind bereits in mehreren Werken zusammenfassend beschrieben worden; erwähnt seien die Werke von *J. J. Thomson* [266][1]), *J. J. Thomson* und *G. P. Thomson* [2], *J. Stark* [265], *R. Seeliger* [2], *K. T. Compton* und *I. Langmuir* [3], *K. K. Darrow* [4], *W. O. Schumann* [13] sowie *A. v. Engel* und *M. Steenbeck* [5].

Die in Hochspannungsentladungen vor sich gehenden chemischen Reaktionen wurden dagegen nicht in ähnlicher Weise beachtet.

Das vorliegende Buch soll diese Lücke schließen.

Die im Schrifttum sehr verstreute Literatur wurde, soweit dem Verfasser erreichbar, referiert. Große Teile des Buches stellen darüber hinaus eine Originalarbeit dar.

Für das in diesem Buche behandelte *neue Gebiet* wurde die Benennung „Hochspannungsentladungschemie" gewählt.

Dieses Gebiet bedarf der *Abgrenzung* besonders nach zwei Seiten: Es muß die Grenze gegenüber der Elektrochemie in Elektrolyten und gegen die Kernphysik genannt werden.

Die Grenze gegenüber der Kernphysik ist dadurch gegeben, daß die Vorgänge der Hochspannungsentladungschemie nur in den Elektronenschalen der Atome verlaufen.

Etwas umständlicher ist die Grenze gegenüber der Elektrochemie der Elektrolyte zu definieren. Chemische Reaktionen zwischen elektrolytisch dissoziierten Stoffen müssen selbstverständlich zur Elektrochemie der Elektrolyte gerechnet werden. Dagegen gehören Reaktionen, die an der Grenzschicht zwischen Elektrolyten und Gasentladungen vor sich gehen, nur mehr teilweise dazu. Bei diesen Vorgängen stammen die Reaktionspartner zum Teil aus dem Gasentladungsraum, und zum Teil sind sie durch elektrolytische Dissoziation gebildet.

Da die elektrolytischen Vorgänge im engeren Sinne ausnahmslos bei niedrigen Spannungen im Bereiche weniger Volt vor sich gehen, ist für das hier behandelte neue Gebiet durch die Bezeichnung Hochspannungsentladungschemie bereits ein Hinweis auf seine diesbezügliche Abgrenzung gegeben.

Das vorliegende Buch wendet sich an die Ingenieure, an die Chemiker und Physiker und nicht zuletzt auch an die Fabrikanten elektrotechnischer Geräte und chemischer Artikel. Für den Elektro-

---

[1]) Die eingeklammerten Zahlen beziehen sich auf das Schrifttum, welches am Schlusse dieses Buches mit den entsprechenden Ordnungsnummern versehen, verzeichnet ist.

Ingenieur dürfte insbesondere das Verhalten der Isolierstoffe und zwar der gasförmigen, flüssigen und festen innerhalb der Hochspannungsentladungen von Interesse sein. Die Probleme der Schmierung mit Voltol-Ölen werden für den Maschinen-Ingenieur nicht ohne Bedeutung sein.

Der Chemiker soll in ein Gebiet eingeführt werden, dessen analytische und synthetische Möglichkeiten noch ein weites Betätigungsfeld versprechen.

Die Physiker werden ein Gebiet vorfinden, dessen apparative Ausgestaltung durch die physikalische Entwicklung noch stark gefördert werden kann.

Für die Fabrikanten elektrotechnischer Geräte und chemischer Artikel können die angeführten technischen Anwendungen als Anregungen für die eigene Erzeugung dienen.

Da vielen Lesern nicht nur das hier behandelte Gebiet, sondern auch die Hochspannungsentladungen selbst neu sein dürften, wurden in diesem Buche zunächst die Entladungen für chemische Zwecke beschrieben. Daneben ist das Studium möglichst mehrerer der eingangs bereits erwähnten Werke sehr zu empfehlen.

Den physikalisch-chemischen Wechselwirkungen zwischen Reaktionsgut und den Entladungen ist ein weiterer Abschnitt gewidmet. In den darauf folgenden Abschnitten werden die chemischen Reaktionen in Hochspannungsentladungen behandelt. Auf den allgemeinen Teil folgt im speziellen Teil das chemische Verhalten der Edelgase, des Wasserstoffes, des Stickstoffes, des Sauerstoffes und der Halogene mit den Elementen und deren Verbindungen jeweils nach dem periodischen System der Elemente geordnet.

Die Hochspannungsentladungschemie organischer Verbindungen wird in einem weiteren Abschnitt behandelt. Darauf folgt ein Abschnitt über solche Prozesse hochspannungsentladungschemischer Natur, die bisher nur physikalisch gedeutet wurden.

Einen größeren Umfang nehmen die wichtigsten technischen Anwendungen der Hochspannungsentladungschemie ein. Der Abschnitt über Ozontechnik ist dabei absichtlich knapp gehalten worden, weil über diesen Gegenstand schon ein umfangreiches zusammenfassendes Schrifttum vorhanden ist. (*Erlwein* [776], *Harries* [568], *Möller* [160], *Fonrobert* [970], *Rideal* [968].)

Für die Art der Darstellung war für den Verfasser als Leitgedanke die Forderung nach möglichster Vermeidung schwieriger mathematischer Überlegungen und Ableitungen maßgebend gewesen.

Bei der Abfassung dieses Buches war eine sehr gründliche Durchsicht des Manuskriptes durch Herrn *Dr. Birett* sehr wertvoll, da diese zu vielen Verbesserungen führte. Der Verfasser möchte hierfür seinen aufrichtigen Dank aussprechen.

Ein Buch über das neue Gebiet der Hochspannungsentladungschemie kann keinen Anspruch darauf erheben, ein Abschluß oder etwas Vollkommenes zu sein. Der Verfasser ist im Gegenteil der Meinung, erst einen Anfang gemacht zu haben.

Er bittet daher alle an dem neuen Gebiete Interessierten, ihn durch Mitteilung abweichender Ansichten und Erfahrungen sowie von Erkenntnissen zu unterstützen, damit das Gebiet zu seiner Vervollkommnung immer weiter ausgebaut werden kann.

Besonderen Dank möchte der Verfasser den Verlegern, Herrn *Dr. R. Oldenbourg* und Herrn *H. Reich* aussprechen.

Karlsruhe, Dezember 1949.   *Theodor Rummel*

EINLEITUNG

Beobachtungen über chemische Veränderungen bei Hochspannungsentladungen sind schon recht alt. Insbesondere trifft dies für die Begleiterscheinungen von Gewittern zu. Bereits in der Literatur des Altertums sind entsprechende Hinweise zu finden. Bei *Homers* Gesängen I l i a s und O d y s s e e ist allein viermal die Rede von „Schwefelgeruch" als Begleiterscheinung von Blitzschlägen. Beispielsweise findet sich in der Odyssee im 12. Gesang 417. Vers eine Stelle, nach welcher Zeus den Blitz in das flüchtige Schiff schleudert,

> „Daß es getroffen vom Strahl des Zeus rings
> wirbelnd sich drehte, ganz voll Schwefelgeruch".

Mohr [7] glaubte darin die älteste Nachricht über Ozon entdeckt zu haben[1]). Den Beobachtungen chemischer Vorgänge bei elektrischen Entladungen in der freien Natur folgten die entsprechenden Experimente erst im Jahre 1796. Damals ließen vier Chemiker namens *Bondt, Deimann, Paats van Troostwyk* und *Lauwerenburg* [8] eine größere Zahl elektrischer Fünkchen durch ein aus Alkohol und Schwefelsäure hergestelltes Gas (Aethylen) hindurchgehen. Diese Behandlung hatte eine Gasabspaltung zur Folge, welche durch irreversible Volumenzunahme bemerkt wurde, sowie die Abscheidung einer öligen Flüssigkeit. Damit waren ohne Zweifel Versuche hochspannungsentladungschemischer Art unternommen.

Die Versuche wurden bald in ähnlicher Weise wiederholt, ohne daß aber von den darauf folgenden Forschern (9...11] ähnliche Ergebnisse erzielt worden wären. Die Aufbauprozesse blieben aus. Eine Abscheidung höhermolekularer Körper wurde nicht gefunden. Die Zersetzung war vorherrschend. So finden die betreffenden Forscher bei Beeinflussung von Kohlenwasserstoffen mit elektrischer Gasentladung hauptsächlich die Abscheidung von Kohlenstoff. Dies erscheint nicht so sehr verwunderlich, wenn bedacht wird, daß die inzwischen vervollkommneten Elektrisiermaschinen im Ver-

---

[1]) Wir wissen heute, daß bei der Geruchsempfindung nach Blitzschlägen weniger das in sehr geringer Menge entstehende Ozon als vielmehr Oxyde des Stickstoffes eine Rolle spielen.

ein mit den allenthalben angewandten Kondensatorflaschen recht starke Funken zu liefern imstande waren, wobei die thermische Zersetzung überwiegen mußte. Dazu kam noch, daß die Stabilisierung und Begrenzung von Entladungen noch unbekannt war. Erst als *W. v. Siemens* [12] im Jahre 1857 seine in Form der *Siemens*schen Ozonröhre zu größerer Verbreitung gelangende grundlegende Erfindung gemacht hatte, war der forschenden Wissenschaft ein Werkzeug geschenkt worden, das die Untersuchungen hochspannungsentladungschemischer Vorgänge ohne thermische Zerlegungserscheinungen auf einfache Weise ermöglichte.

Unter den drei typischen Formen der selbständigen Entladungen in Gasen, der Bogenentladung, der Glimmentladung und der in der *Siemens*-Röhre sich ausbildenden stabilisierten stromschwachen Entladung [13], nimmt letztere, oft auch als „Stille Entladung" bezeichnete Art in der Hochspannungsentladungchemie einen bevorzugten Platz ein, weil bei ihr spezifisch elektrisch wirkende Vorgänge gegenüber den thermischen vorherrschend sind. Die chemischen Umsetzungen im Lichtbogen sind dagegen häufig rein thermisch hervorgerufen und sind in diesen Fällen eigentlich nicht mehr der Hochspannungsentladungschemie zuzurechnen. Ähnliches gilt auch nicht selten für die Glimmentladung, dabei insbesondere für den Fall höheren Druckes.

Die stromdichteschwache, gleichmäßige Entladung in der *Siemens*-Röhre machten sich bald eine große Reihe von Forschern zu Nutze. Sehr viele Untersuchungen hat *Berthelot* auf diese Weise vorgenommen. Sie werden in der Reihenfolge ihrer systematischen Einordnung besprochen werden. Die jüngere Entwicklung der „Hochspannungsentladungschemie" ist durch Auswertung ihrer synthetischen und analytischen Möglichkeiten für die Technik gekennzeichnet.

Für die neueren versuchsmäßigen Aufgaben ist die Anwendung vielfältiger Gasentladungsformen wie auch von Ladungsträgerstrahlen bezeichnend. Neuesten Datums sind die Erkenntnisse über die Beeinflussung von Isolierflüssigkeiten durch elektrische Entladungen.

A. Die Entladungen für chemische Zwecke

a) Gasentladungen mit Stabilisierung durch Widerstands= schichten

§ 1. Anordnung und grundsätzliche Wirkungsweise

Legt man zwischen zwei blanken Metallelektroden, die sich in einigem Abstand (z. B. 1 cm) in einem Gase befinden, eine Spannung an, so erhält man nicht ohne weiteres eine für chemische Zwecke brauchbare Entladung.

Nach Zündung der Entladung und einer sehr kurzen Übergangszeit [1] brennt ein heißer Lichtbogen, weil die einmal gezündete Entladung die Eigenschaft hat, selbst weitere Ladungsträger zu erzeugen, wodurch der Strom immer mehr anwächst. Um dies zu vermeiden, sind besondere Stabilisierungsmaßnahmen erforderlich. Durch diese wird ein unkontrolliertes Anwachsen der Stromstärke und Stromdichte in Hochspannungsentladungen verhindert. Um ein klares Bild gewinnen zu können, betrachten wir die Kennlinie für eine Gasentladungsstrecke an blanken Elektroden (Bild 1). Die Kurve ist mit Einschaltung eines zunächst durch Probieren festgestellten Vorwiderstandes aufgenommen. Ohne Vorwiderstand würde der Strom nach Einstellen eines Spannungswertes immer weiter ansteigen.

Im Bild 1 ist neben der Charakteristik die Kurve der der Gasentladung tatsächlich zur Verfügung stehenden Brennspannung, die sich als Differenz zwischen der elektromotorischen Kraft E der Stromquelle und der Summe aus dem Eigenspannungsabfall der Quelle und dem Abfall im Vorwiderstand ergibt, eingetragen. Wenn w der innere Widerstand der Stromquelle und W der Wert des Vorwiderstandes ist, so ist die Gleichung dieser „Widerstandsgeraden":

$$U = E - I\,(w + W).$$

---

[1] Es ist hier absichtlich nicht auf die beim Zünden einer Entladung und deren Weiterentwicklung stattfindenden Vorgänge eingegangen, da für deren Studium eine Reihe einschlägiger Werke zur Verfügung stehen. (*W. O. Schumann:* Elektrische Durchbruchfeldstärke in Gasen [13], speziell für die zur Zündung führenden und auf diese folgenden Vorgänge). Weitere Werke: für Dissoziation, Ionisierung, Anregung [5, 779, 976, 1, 2, 3, 4, 6]; für Ionenbildung speziell dch. Salze [100, 97, 98, 99]; dch. Licht [34, 35, 36, 37, 38] dch. Reibung [974, 975]; dch. Elektronen [96, 39, 40, 42, 43, 44, 45, 46, 47, 48, 49]; Elektronenaustritt [85, 80, 87, 905, 90, 91, 92, 22]. Eine theoretische Ableitung der sogenannten Stoßfunktion [972, 13].

Der Abschnitt auf der U-Achse ist $U = E$, der auf der I-Achse $I = E/(w + W)$. Der Winkel α der Geraden gegen die I-Achse ist:

$$\alpha = \text{arc} \cdot \text{tg} \cdot (w + W).$$

Wenn unsere Widerstandsgerade (b) die Charakteristik (a) nicht schneiden oder berühren würde, so wäre kein — auch kein labiler — Arbeitspunkt möglich. In dem vorliegenden Fall ist aber eine Gerade mit zwei Schnittpunkten gewählt. Es sind also zwei Arbeitspunkte mit den den Schnittpunkten zugeordneten Strom-Spannungswerten möglich. Jedoch ist noch nicht darüber ausgesagt, ob diese Arbeitspunkte stabil oder labil sind.

Punkt 1 ist nicht stabil sondern labil. Würde I nur wenig größer, so würde der Spannungsbedarf der Entladung kleiner werden, die zur Verfügung stehende Spannung:

$$U_b = E - I (w + W)$$

würde dabei jedoch zunehmen. Dementsprechend würde die einmal eingeleitete Stromvergrößerung, die beliebig klein sein könnte, im Laufe der Zeit zu einem weiteren endlichen Stromanstieg führen. Wie rasch dies geschieht, hängt abgesehen von der fortlaufend frei werdenden Überschußspannung (Spannung aus der Charakteristik a weniger der aus b) noch von der Trägheit des Stromkreises, also von seiner Induktivität und Kapazität ab.

Ganz anders liegen die Verhältnisse beim Arbeitspunkt 2. Dieser ist stabil, denn bereits bei einem beliebig kleinen Stromanstieg stünde nur mehr eine geringere als die benötigte Spannung zur Verfügung.

Wir haben bis jetzt nur den Arbeitspunkt bei gegebener Charakteristik, bekannter elektromotorischer Kraft, bekanntem inneren Widerstand der Stromquelle und festgelegtem Vorwiderstand gesucht und festgestellt, wann Labilität oder Stabilität vorliegt.

Wie findet man aber umgekehrt bei gegebener Charakteristik und vorgeschriebenem Arbeitspunkt die Werte des notwendigen Gesamtwiderstandes und der elektromotorischen Kraft E?

Wir gehen wieder von der Charakteristik aus und tragen den gewünschten Arbeitspunkt P (s. Bild 2) ein, der auf einem fallenden Teile derselben liegen soll und erinnern uns, daß die Widerstandsgerade b (s. Bild 1) durch diesen Punkt gehen muß. Von den unendlich vielen Geraden, die dieser Bedingung entsprechen könnten, ergeben aber nur diejenigen stabile Arbeitspunkte, deren Neigung gegen die I-Achse größer als β ist, wenn dies der Winkel der Tangente im Punkt P gegen die I-Achse sein soll. Ist die Neigung der Widerstandsgeraden kleiner (gestrichelte Gerade in Bild 2), so entspricht dies dem Arbeitspunkt 1 in Bild 1, der, wie wir gesehen haben, labil ist. Die Tangente ist also die Grenzlinie zwischen solchen Geraden, die zu stabilen bzw. labilen Zuständen führen würden.

Für den tg β der Tangente gilt:

$$\frac{E}{E/w} + W = w + W = tg\beta.$$

Daraus folgt für den gesuchten Vorwiderstand:

$$W = tg\,\beta - w.$$

W ergibt sich in Ohm, wenn w in Ohm, I in Ampere und U in Volt aufgetragen wurden. Die notwendige elektromotorische Kraft E kann

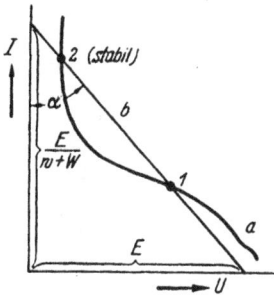

Bild 1: Zur Stromkreisstabilisierung. I = Strom, U = Klemmenspannung an der Entladungsstrecke, a = Kennlinie einer Gasentladungsstrecke, b = Widerstands= gerade, E = EMK der Stromquelle, w = innerer Widerstand der Stromquelle, W = Vorwiderstand

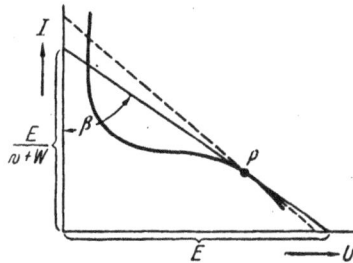

Bild 2: Zur Stromkreisstabilisierung. Bezeichnungen wie im Bild 1. P = gewünschter Arbeitspunkt

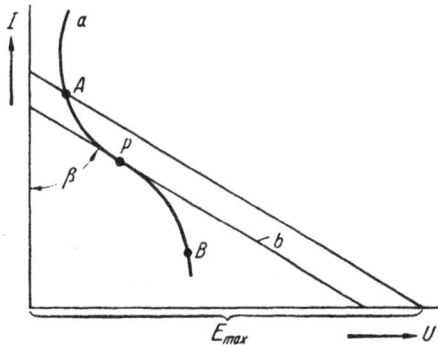

Bild 3: Zur Stromkreisstabilisierung. Bezeichnungen wie in Bild 1. A, B = Grenzen des gewünschten Arbeits= bereiches, P = Wendepunkt

unmittelbar aus der Zeichnung als Abschnitt der Geraden b auf der U-Achse in Volt abgelesen werden.

w + W sowie E sind Mindestwerte, die nicht unterschritten werden dürfen. Hat man die Absicht, einen ganzen Bereich einer Kennlinie a zu beherrschen (etwa von A bis B in Bild 3) und sucht dazu die notwendigen Mindestwerte von w + W und E, so geht man folgendermaßen vor: An der am stärksten fallenden Stelle P des Bereiches AB der Kurve zieht man die Tangente b und ermittelt so den Mindestwert von

$$(w + W)_{min} = tg \beta.$$

Die für die Beherrschung der Charakteristik zwischen A und B notwendige höchste elektromotorische Kraft der Stromquelle, also E_{max} ergibt sich als mindestens notwendiger Wert aus dem Abschnitt, den eine Parallele zu b durch Punkt A auf der U-Achse abschneidet.

Es gibt nicht nur einen Mindestwert des Vorwiderstandes, sondern auch einen Höchstwert. Ist nämlich der Vorwiderstand zu hoch, so treten Kippschwingungen auf, wie solche bei Glimmlampen allgemein bekannt sind (s. z. B. *Schröter* [60]). Diese Erscheinungen sind an das Vorhandensein von Trägheiten (Induktivität, Kapazität) im Entladungskreis gebunden. Diese liegen jedoch stets vor; insbesondere für große Elektrodenflächen und kleinen Elektrodenabstand ergeben sich erhebliche Kapazitätswerte.

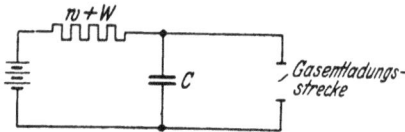

Bild 4: Parallelschaltung von Gasentladungsstrecke mit deren Eigenkapazität. w = innerer Widerstand der Stromquelle, W = Vorwiderstand, C = Eigenkapazität der Gasentladungsstrecke

Die Eigenkapazität der Entladungsstrecke kann, wie in Bild 4 angedeutet ist, als der Entladungsstrecke parallel geschaltet angenommen werden. Ein solcher Kondensator beherbergt einen gewissen Elektrizitätsvorrat, der ohne Vorwiderstand unmittelbar an der Entladungsstrecke liegt. Es kann also kurzzeitig ein zeitlich ansteigender Strom aus C entnommen werden. Dieser Überstrom wird wieder kleiner, wenn über w + W die Nachlieferung des Stromes nicht schnell genug erfolgt. In diesem Fall kann sich das Spiel wiederholen, wodurch Schwingungen auftreten.

Damit dieser Vorgang wirklich eintreten kann, muß die elektrische Trägheit des Aufladestromkreises größer sein als die Eigenträgheit des sonst ablaufenden Ladungsaufbaues; letztere sei τ genannt. Ohne Berücksichtigung von Selbstinduktivitäten muß, um einen schwingungsfreien Betrieb zu ermöglichen

$$w + W < \tau / C$$

sein. Sind Selbstinduktivitäten vorhanden, so muß w + W entsprechend verkleinert werden, damit Schwingungen mit Sicherheit unterbleiben. (Nach *v. Engel* und *Steenbeck* [5][1].)

---

[1] Weitere Stabilitätsbetrachtungen, insbesondere unter Berücksichtigung der Induktivität der Entladung siehe *Kaufmann* [1045], *Bär* [1046], *Sommer* [1047], *R. Seeliger* [1], *Dällenbach* [1048].

Die Stabilisierung der Entladungen durch Widerstandsschichten erfolgt dadurch, daß dieselben nach Bild 5 unmittelbar an die Entladungsstrecke grenzen. Der zur Stromkreisstabilisierung nötige Widerstand wird also durch diese Schicht gebildet. Sie hat aber außer der stabilisierenden noch eine verteilende Wirkung. Während sich auf blanken Elektroden, sobald das Gebiet der Glimmentladung erreicht ist, sich dieselbe nur auf Anteile der Elektrodenfläche ent-

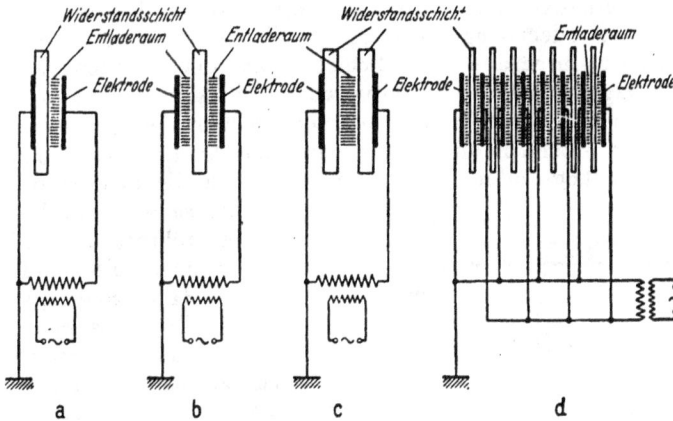

Bild 5: Anordnungsmöglichkeiten von Stabilisierungsschichten

sprechend der normalen Stromdichte (s. § 9) und der Gesamtstromstärke erstreckt, sorgt die Widerstandsschicht für eine Verteilung über die gesamte Fläche. Die Verteilung muß dabei nicht völlig homogen sein. Es läßt sich aber erreichen, daß die Elektrodenflächen für gebräuchliche Stromstärken und Drucke völlig von der Entladung bedeckt sind. Werden vor die Elektroden in unregelmäßiger Verteilung Widerstandskörper gebracht, wie dies für die Behandlung mancher Stoffe unerläßlich ist, so ist bei blanken Elektroden die Störung der Entladungsverteilung eine weitergehende, als für Schichtelektroden.

Die verteilende Wirkung der Vorwiderstandsschichten wirkt sich, da in der Schicht ein Stabilisierungsspannungsabfall erzeugt werden muß, erst von gewissen Stromstärken ab aus. Wird die Spannung sehr vorsichtig gesteigert und ist an sich eine Tendenz der Entladung vorhanden, sich an einzelnen Punkten festzusetzen, so erzwingt auch die Vorwiderstandsschicht keine Verteilung.

Da die Wärmeleitfähigkeit der Vorwiderstandsschichten im Vergleich zu derjenigen der Metalle klein ist, können nicht sehr hohe Stromdichten bewältigt werden, weil sonst eine thermische Zerstörung der Schichten mit Durchschlag derselben eintreten würde. Für die Zwecke der Hochspannungsentladungschemie benötigt man aber häufig gerade die stromdichteschwachen Entladungsformen,

weil man vielfach bestrebt ist, die thermischen Wirkungen zurück-
zudrängen.

§ 2. Abhängigkeit der stabilisierenden Wirkung der Schichten von der Leitfähigkeit und der Stärke

In Bild **6** sind Vorwiderstandsschichten gleichen Gesamtwiderstands W, aber verschiedener Leitfähigkeit gezeichnet. Die Schichtstärken verhalten sich also wie die Leitfähigkeiten. Letztere
können reell oder imaginär sein. Die Gesamtstromstärke der Entladung wird durch alle diese Schichten auf den gleichen Wert begrenzt. Dagegen ist ihre stabilisierende Wirkung quer zur Hauptfeldrichtung, also was die Stromverteilung über den Querschnitt angeht, recht unterschiedlich. Dies wird verständlich, wenn man be-
denkt, daß längs aller Stromwege, die durch die Schicht zu einer
punktförmigen Entladungs-
stelle führen, der gleiche
Spannungsabfall auf.reten
muß (Elektrodenspannung
minus Brennspannung). Je
dünner nun die Schicht ist,
um so höher ist der Widerstand für die Stromwege,
die von Elektrodenstellen
ausgehen, die um gleiche

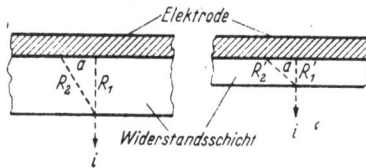

Bild 6: Vorwiderstandsschichten gleichen
Gesamtwiderstands $R_1 = R_1'$ aber verschiedener Schichtdicke. Für gleiches a ist $R_2' > R_2$

Abstände seitlich vom Ort der punktförmigen Entladung liegen.
Dies geht aus Bild **6** unmittelbar anschaulich hervor. Um so geringer muß also auch die längs dieser Wege auftretende Stromdichte sein, damit der festliegende Wert des Spannungsabfalls in
der Schicht nicht überschritten wird. D. h. je dünner die Schicht ist,
um so weniger ist eine punktförmig auftretende Entladung imstande, von daneben liegenden Punkten der Elektrodenoberfläche
Strom zu beziehen.

Man wird also anstreben, möglichst dünne Schichten mit hohen
Widerstandswerten zu verwenden, soweit dies andere Umstände,
wie Durchschlagfestigkeit und Herstellungsmöglichkeit zulassen. Versuchsmäßig wurde festgestellt, daß zur Stabilisierung von Entladungen bei Atmosphärendruck, die mit kleinerer als der Glimm-
stromdichte arbeiten sollen, Widerstandswerte von mindestens 10^8
Ω cm²/cm erforderlich sind. Anderenfalls bilden sich einzelne sehr
kräftige Entladungskanäle aus. Für den Fall der Wechselspannun-
gen folgt daraus, daß die Frequenz im Interesse einer gleichmäßigen Stromverteilung nicht beliebig gesteigert werden kann, weil
sonst die Blindwiderstandswerte auch für niedrige Dielektrizitätskonstanten zu klein werden.

Je niedriger der Gasdruck ist, desto kleiner kann der Widerstand
sein. Bei einem Druck von 10 Torr genügen z. B. 10^5 Ω cm²/cm.

§ 3. Stabilisierende Wirkung bei Gleich= und Wechselstrom

Bei Gleichstrom können nur Schichten mit Wirkleitfähigkeit angewendet werden. Die dabei auftretende Verlustleistung ist gegeben durch:

$$I \cdot U = I^2 \cdot W.$$

Nach unten wird die Dicke der Schichten durch die Durchschlagfestigkeit derselben begrenzt. Nach oben hin schränkt die Stabilisierungsfähigkeit sowie die Wärmeleitfähigkeit die Dicke ein. Bei Wechselstromentladungen kann außer der Wirkwiderstandsschicht mit Vorteil eine nur dielektrisch leitende, also eine Isolierschicht angewandt werden. Letzterer Fall ist anders als bei Gleichspannung zu berechnen.

Die Verluste in der dielektrischen Schicht sind gleich $U \cdot I \cdot tg\delta$, worin U den Stabilisierungsspannungsabfall an der Schicht, I die Entladungsstromstärke und $tg\delta$ bekanntlich die Verluste anteilmäßig verkörpert.

Die dielektrischen Verluste sind eine unerwünschte Nebenerscheinung. Sie können durch Wahl verlustarmer Materialien niedrig gehalten werden.

Die dielektrische Leitfähigkeit ist bekanntlich gleich ωC, worin C die Kapazität (in Farad) und $\omega = 2\pi f$ die Kreisfrequenz (f = Frequenz) ist. Die Stabilisierungsspannung ist also frequenzabhängig und gleich dem Ausdruck $I/\omega C$.

Die Kapazität einer ebenen Widerstandsschicht ist gleich:

$$C = F \cdot \varepsilon / d,$$

worin F die Fläche, d die Dicke und ε die absolute Dielektrizitätskonstante der Isolierschicht ist. Die absolute Dielektrizitätskonstante $\varepsilon = \varepsilon_o \cdot \varepsilon_r$, worin $\varepsilon_o = 0{,}886 \cdot 10^{-13}$ F/cm und ε_r die gewöhnlich angegebene auf Vakuum bezogene relative Dielektrizitätskonstante ist.

§ 4. Zündklemmenspannung U_{zK}, Zündspannung U_z und Zündfeldstärke $\mathfrak{E}_z$

„Unter Zündung einer Entladung versteht man den Übergang von unselbständigen Entladungsformen in selbständige. Wird die Feldstärke allmählich gesteigert, so gehen Vorentladungsformen, die bei Wegfall äußerer Ionisierung sofort erlöschen würden, bei einer gewissen Spannung, der Zündspannung, der eine Zündfeldstärke zugeordnet ist, in selbständige Entladungsformen über. Weil bis zum Einsetzen der selbständigen Entladungen die Raumladungen vernachlässigbar klein sind, kann man für die Zündfeldberechnung nach den rein elektrostatischen Gesetzen und den dafür geltenden Rechenregeln vorgehen" (s. Seeliger [1]).

Die für den Zündvorgang wichtige Zünd- oder Durchbruchsfeldstärke $\mathfrak{E}_z$ läßt sich bei bekannter (gemessener) Zündspannung U_z

nur dann berechnen, wenn die Elektrodenanordnung bekannt ist. Die Zündfeldstärke ist der höchste bei der Zündspannung zwischen den Elektroden auftretende Feldstärkewert.

Für ebene Elektroden mit dem Parallelabstand d ist die Zündfeldstärke

$$\mathfrak{E}_z = \frac{U_z}{d} \; .$$

Für parallele, ineinander gesteckte, rotationssymmetrisch angeordnete Zylinder vom Halbmesser r des kleineren und R des größeren wird

$$\mathfrak{E}_z = \frac{U_z}{r \ln (R/r)} \; .$$

Das sind die beiden wichtigsten auf dem Gebiet der Entladungschemie vorkommenden Fälle. Dazu gesellt sich noch als weniger

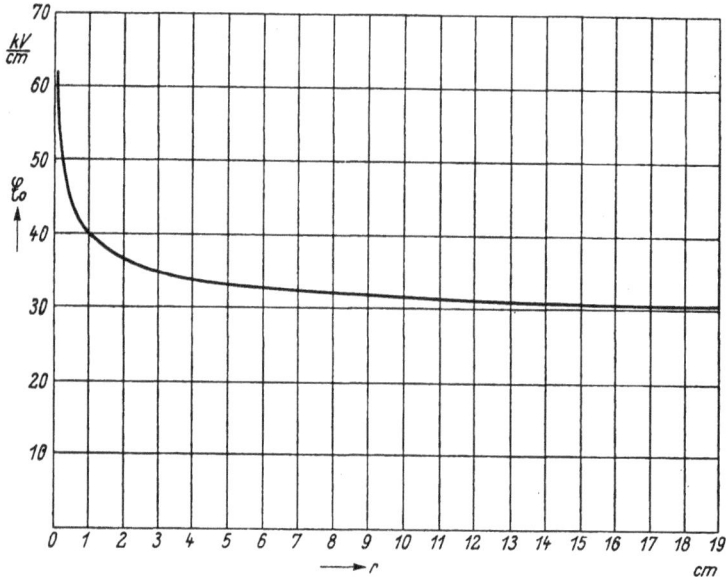

Bild 7: Durchbruchsfeldstärke zylindrischer Leiter. (Aus [13])

wichtiger Fall der zweier gleichlanger paralleler Zylinder vom Abstand d und Halbmesser R:

$$\mathfrak{E}_z = \frac{U_z}{d} \cdot \frac{\sqrt{(d/2R)(2 + d/2R)}}{\ln \left(1 + d/2R + \sqrt{d/2R(2 + d/2R)}\right)} \; .$$

$\mathfrak{E}_z$ ist stark (gleichbleibenden Druck und gleiches Gas vorausgesetzt) von der Form der Elektrodenoberfläche (Krümmungsradius) und dem Elektrodenabstand d, auch Schlagweite genannt, abhängig. Auch für ebene Elektroden ist daher die Zündfeldstärke nicht un-

abhängig vom Abstand. (Sie beträgt bei Schlagweiten von 10^{-3} mm
z. B. 100 KV/cm, bei 10 mm 32 KV/cm und für 5 mm Abstand nur
mehr 28 KV/cm [Luft]).

Mathematisch wurde von *W. O. Schumann* [53] der Fall inhomogener Felder behandelt (s. auch *Peek* [54]).

Den Praktiker interessiert natürlich in erster Linie die Durch-
bruchsspannung U_z. Für diese gilt für den Fall ebener Elektroden
mit Abstand d nach *Seeliger* [1] die Beziehung:

$$U_z = \sqrt{ad^2 + bd} \, ,$$

worin für Luft a = 945 und b = 57,6 zu setzen ist. Für den Fall
der in der Ozonerzeugung wichtigen konzentrischen Zylinderan-
ordnung wird bei weitem Abstand der konaxialen Elektroden zunächst $\mathfrak{E}_z$ aus dem Bild 7 (nach *W. O. Schumann*) ermittelt und
dann rechnerisch mit der oben mitgeteilten Formel für U_z. Für
$R — r \ll r$ gilt annähernd der für ebene Anordnung bestimmte Wert.

Für die Ermittlung der Abhängigkeit der Durchschlagspannung
vom Druck gelten die Ähnlichkeitsgesetze [57, 276, 277, 278], wo-

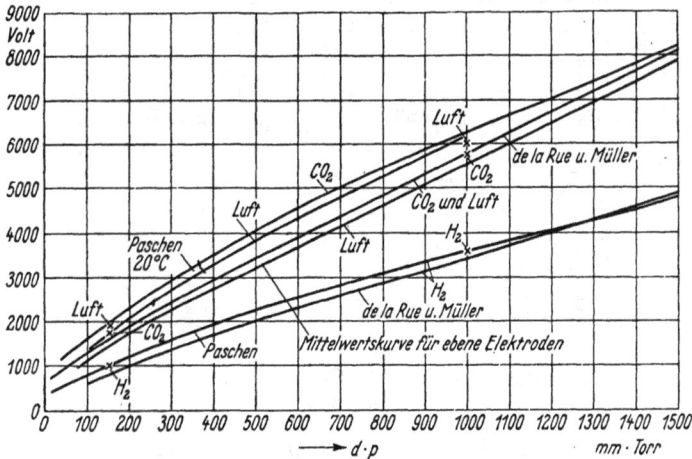

Bild 8: Funkenspannung in Luft, NO, CO_2, SO_2 und H_2 für ebene Elektroden,
abhängig von d·p (Aus [13])

nach für ebene Anordnungen, zu denen auch solche konaxiale ge-
zählt werden dürfen, deren Durchmesserunterschied sehr klein gegenüber dem mittleren Durchmesser ist, U_z vom Produkt Druck mal
Abstand (Zahl der Weglängen) abhängt. Dieses auch nach *Paschen*
benannte Gesetz ist eine Bestätigung dafür, daß es umso früher
zur Ionisierung kommt, je stärker das Feld und desto größer die
freie Weglänge ist. Die beim Stoß zur Verfügung stehende Energie
ist ja abhängig vom Verhältnis Feldstärke zu Druck. Daraus folgt
für gleichbleibenden Abstand d und veränderlichen Druck derselbe

Verlauf für U_z wie wenn der Druck konstant gehalten und der Abstand variiert werden würde.

Deshalb wird U_z zweckmäßig abhängig von dem Produkte Druck mal Abstand (pd) dargestellt. In Bild **8** und **9** ist dies nach *W. O. Schumann* geschehen. Aus diesen Bildern ist auch zu entnehmen, daß verschiedene Gase qualitativ ähnliche $U_z = f(pd)$-Kurven aufweisen. Bei allen ist bei etwa 4 ... 10 für pd in Torr mm ein Mindestwert der Durchbruchspannung feststellbar.

Beispiel: Gesucht ist U_z für Luft von 760 Torr bei 2 mm Elektrodenabstand (Fall vieler Ozonröhren). Aus Bild **8** folgt für pd = 1500 ein $U_z = 8$ KV (Bei Wechselstrom ist dies die Scheitelspannung). Die Betriebsspannung muß also mindestens 8 KV erreichen (unter Berücksichtigung des dielektrischen Spannungsabfalles).

Für noch größere pd kann Bild **10** dienen, in dem Werte nach *Franck* zusammengestellt sind.

Beim Zünden einer Entladung zwischen **W i d e r -**

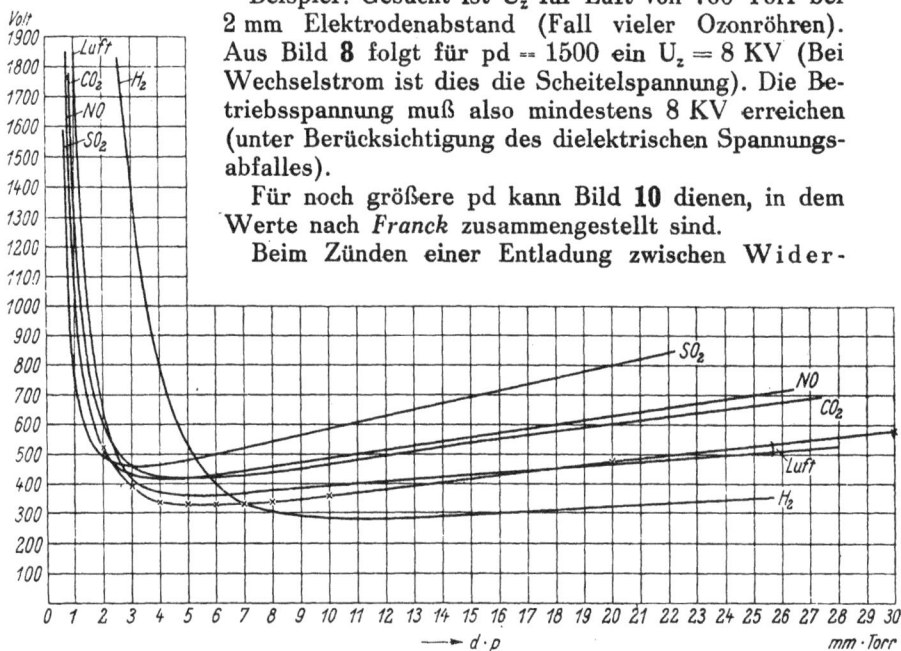

Bild 9: Funkenspannung in Luft, NO, CO_2, SO_2 und H_2 für ebene Elektroden, abhängig von d·p (Aus [13])

s t a n d s s c h i c h t e n herrscht im Gasraum an der am meisten beanspruchten Stelle die Zündfeldstärke $\mathfrak{E}_z$. An der Gasentladungsstrecke liegt in diesem Augenblick die Zündspannung U_z und an der Gesamtanordnung einschließlich Widerstandsschichten die Zündklemmenspannung U_{zK}.

Schichten mit Wirkleitfähigkeit und Gleichspannungsbeanspruchung

Hier gilt für alle geometrischen Anordnungen $U_{zK} = U_z$. Für den Zusammenhang zwischen $\mathfrak{E}_z$ und U_z gelten die bereits oben für blanke Metallelektroden abgeleiteten Beziehungen.

Isolierschicht mit Wechselspannungsbeanspruchung

Bezüglich $\mathfrak{E}_z$ und U_z gilt ebenfalls dasselbe wie für blanke Elektroden. Auch die absolute Höhe dieser Werte ist die gleiche [287].

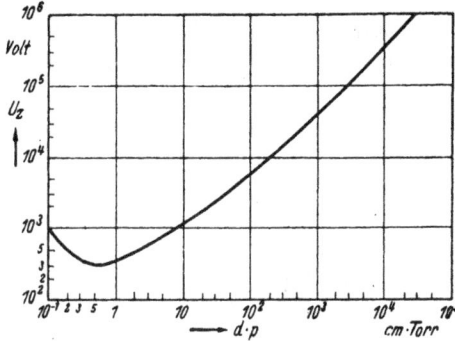

Bild 10: Funkenspannung in Luft, abhängig von
d·p (Aus [5]), II. Bd.)

U_{zK} ist jedoch nicht gleich U_z, sondern auch von der geometrischen Anordnung und den elektrischen Werten der Isolierschichten abhängig.

α) Ebene Anordnung nach Bild 11

d_s = Stärke einer Schicht, d_g = Entladungsbahnlänge.

$$U_{zK} = U_z \left(1 + \frac{2\,d_s}{d_g \cdot \varepsilon_r}\right).$$

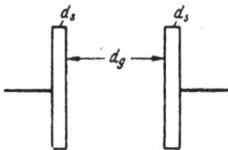

Bild 11: Ebene Anord=
nung der Widerstands=
schichten. ds = Dicke
einer Stabilisierungs=
schicht, dg = Elektro=
denzwischenraum

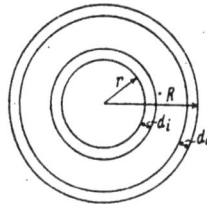

Bild 12: Konzentrische
Anordnung der Wider=
standsschichten. di, da =
Stabilisierungsschichten

β) Zylindrische Anordnung nach Bild 12

Innerer Halbmesser = r, äußerer = R, Stärke des inneren Zylinders = d_i, des äußeren = d_a, relative Dielektrizitätskonstante beider Zylinderschichten = ε_r. Aus elementarer Berechnung folgt für

$$U_{zK} = \frac{U_z}{\varepsilon_r \ln \frac{R-d_a}{r+d_i}} \left(\varepsilon_r \ln \frac{R-d_a}{r+d_i} + \ln \frac{R}{R-d_a} + \ln \frac{r+d_i}{r} \right).$$

γ) Allgemeiner Fall bei Wechselspannung

Für eine beliebige Anordnung gilt, wenn C_v die resultierende Ka-

pazität der Vorwiderstandsschichten und C_g die der Gasentladungsstrecke ist, im stromlosen Zustand, die Beziehung:

$$U_{zK} = U_z \left(\frac{C_g}{C_v} + 1\right).$$

§ 5. Materialien für Schichtstabilisierung

Glas:

Sehr gut verarbeitbar und weil durchsichtig, sehr angenehm für
Versuche. Die Dielektrizitätskonstante schwankt sehr je nach
Sorte und ist am besten vom Hersteller zu erfragen.
Kronglas $\varepsilon_r = 6 \ldots 8$, Flintglas $\varepsilon_r = 7 \ldots 9$, Spiegelglas $\varepsilon_r =$
$5,4 \ldots 7$. Spezialgläser mit hoher Warmwechselfestigkeit (*Schott
u. Gen.*).

Quarz:

$\varepsilon_r = 4,5$. Sehr durchschlagfest. Sehr wechselwarmfest. Wenig
schlagfest, nicht leicht zu verarbeiten. Sehr kleine dielektrische
Verluste.

Porzellan:

$\varepsilon_r = 6 \ldots 7$. Verluste steigen mit Temperatur stark an. Warmfest.

Rutil enthaltende Massen:

ε_r bis 100. Daher insbesondere für Arbeiten mit niedrigen Frequenzen geeignet. Röhren weniger durchschlagfest als Platten.
[288].
(Körper mit noch höherem ε_r [1]) sind z. B. die Titanate.)

Glimmer:

$\varepsilon_r = 4,7 \ldots 6,0$. Durchsichtig oder wenigstens durchscheinend.
Sehr durchschlagfest. Geringe dielektrische Verluste. Warm-
fest [67].

Preßspan:

$\varepsilon_r = 2 \ldots 3$. Nicht über 130^0 C verwendbar. Sehr hygroskopisch.
Hohe Verluste. Billig. Schlagfest und bruchsicher.

Plexiglas:

ε_r schwankt sehr und ist stark spannungsabhängig. Dielektrisch
mittelmäßig. Warmfest bis zu 100^0 C. Hochisolierend.

Cellon:

$\varepsilon_r = 5$, bis etwa 70^0 C verwendbar, dielektrisch schlecht.

Gesintertes Aluminiumoxyd:

$\varepsilon_r = 12$, (nach *Jenny*[64]), gute Wärmeleitfähigkeit. Dielektrische
Eigenschaften sehr temperaturunabhängig. Herstellbar in Röhren
und Platten für kleinere Abmessungen.

Elektrolytisch erzeugtes Aluminiumoxyd:

$\varepsilon_r = 7 \ldots 7,6$ [64]. Durchschlagfestigkeit abhängig von Schichtdicke und Herstellungsart [65, 66, 67]. Am besten geeignet für

---

[1]) Größenordnungsmäßig ε_r bis 10 000.

ebene Elektroden bis zu etwa 120^0 C. Auf gewölbten Elektroden aufgebracht wird es rissig.

Für das Gebiet kleinerer Drucke unterhalb 70 Torr und für Frequenzen zwischen 50 Hz als untere und etwa 2000 Hz als obere Grenze hat sich elektrolytisch erzeugtes Aluminiumoxyd als Dielektrikum zur Schichtstabilisierung gut bewährt [69]. Die Verwendung ist jedoch auf ebene Elektroden beschränkt, da sich an gekrümmten Flächen Risse bilden. Letzteres hängt mit dem Wachstum der Schichten am Metallgrunde zusammen [67].

Was die elektrolytisch erzeugten Aluminiumoxydschichten aber sonst so hervorragend geeignet zur Stabilisierung macht, sind hauptsächlich folgende Eigenschaften:

1. Die Schichten besitzen eine größere Leitfähigkeit in Richtung zum Grundmetall als parallel zu diesem; es ist also die Längsleitfähigkeit größer als die Querleitfähigkeit [70]. Dieser Unterschied in den Leitfähigkeiten ist durch die senkrecht zum Grundmetall stehenden Poren der Schichten bedingt (vergl. B i l d 13).

2. Die Schichten sind in außerordentlicher Gleichmäßigkeit herzustellen. Ihre Stärke kann durch entsprechende Dauer der elektrolytischen Einwirkung genau dosiert werden.

3. Die Haftung mit dem Grundmetall ist überaus innig. Somit können keine Verlustentladungen zwischen Grundaluminium und Schicht auftreten.

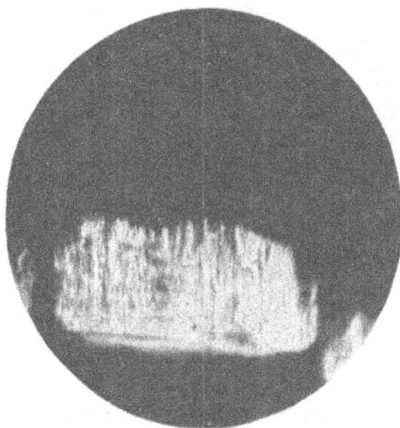

Bild 13: Struktur einer elektrolytisch erzeugten Aluminiumoxydschicht hoher Formierungsspannung (Aus [67])

4. Die relative Dielektrizitätskonstante von etwa 7...7,6 ist groß genug, um einen Betrieb mit 50 Hz zu ermöglichen.

5. Die Ohmsche Leitfähigkeit der Schichten, die im nassen Zustand bis 10^{-6} Siemens cm^{-1} beträgt, geht durch Trocknung bis auf 10^{-12} Siemens cm^{-1} zurück. Eine sehr wirksame Trocknung kann neben der gewöhnlichen Erhitzung durch elektrolytische Wasserzersetzung erfolgen [69]. Dies geschieht am einfachsten durch Einschalten der Schicht in eine Gleichspannungsentladungsbahn.

6. Der Verlustwinkel der trockenen und mit wasserabstoßendem Mittel imprägnierten Schichten kann bis auf etwa $0,3 \cdot 10^{-4}$ bei 50 Hz also auf einen sehr kleinen Wert herabgedrückt werden.

§ 6. Stromspannungs=Zeitkurven bei Wechselstromentladungen, Messungen

Der zeitliche Ablauf des Stromes in durch Schichten stabilisierten Entladungen hängt stark von den Versuchsbedingungen ab. Die genaue Kenntnis der Strom- und auch der Spannungsverhältnisse ist wichtig, um diese Werte so messen zu können, daß eine vernünftige Beziehung zu den stofflichen Umsetzungen besteht.

Bereits *Warburg* [72] hat die Stromzeitkurven der Ozonröhren (die mit Glasschichten arbeiten) im Schleifenoszillographen festgehalten. Im folgenden sollen die Stromkurven an Hand von Aufnahmen, die mit Hilfe eines *Braun*schen Rohres gemacht wurden, betrachtet werden[1]). Bild **14** zeigt den Strom- und Spannungsverlauf abhängig von der Zeit für den entladungslosen Fall einer *Siemens*-Ozonröhre. Der Strom eilt der Spannung um 90^0 vor, woraus der rein kapazitive Charakter desselben ersichtlich ist. Seine Augenblickswerte sollen i_c heißen. Die kleine Welligkeit rührt von Ober-

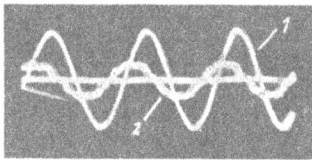

Bild 14: Spannung (1) und Strom (2) in Abhängigkeit von der Zeit (links Zeitanfang)

wellen der erregenden Wechselspannung her. Durch die rein kapazitive Last kommen diese Oberwellen beim Strom bevorzugt durch.

Wird in dem gleichen Gerät, dessen i_c in Bild **14** dargestellt ist, der Luftdruck von 760 Torr auf 300 Torr gesenkt, so tritt Zündung ein, der dazugehörige Stromverlauf ist in Bild **15** angegeben. Die Spannung ist darunter in richtiger Phasenlage dargestellt. Man

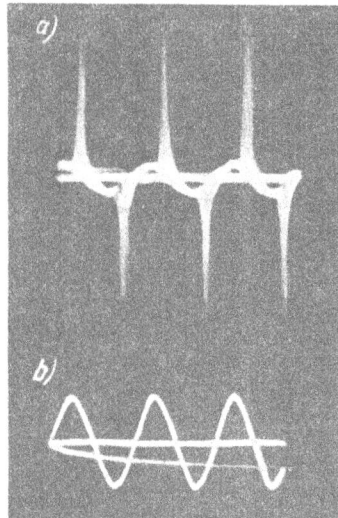

Bild 15: Strom (a) und Spannung (b) bei brennender Entladung

bemerkt, daß i_c in jeder Halbwelle einmal unterbrochen ist und eine Art Fahne sich über den betreffenden Stellen bis zu verhältnismäßig hohen Werten erhebt. Es addiert sich also zu i_c zeitweilig ein sehr ansteigender Stromwert. Eine genauere Beobachtung dieser Anstiegsgebiete ergibt, daß sich die Fahnen aus einzelnen sehr steil verlaufenden Stromstößen zusammensetzen. Weil die zur Erzielung ausreichender Lichtstärke (Photolichtstärke) eingestellte Strichbreite der *Braun*schen Röhre größer als die Abstände zwischen den einzelnen Stößen war, erscheinen letztere auf den Aufnahmen verwaschen. Bei unmittelbarer Beobachtung mit dem gegenüber der Kamera weit lichtstärkeren Auge sind die einzelnen Stromstöße bei eng eingestellter Strichbreite mühelos zu erkennen.

---

[1]) Dadurch werden Einzelheiten sichtbar, die der Schleifenoszillograph nicht in gleicher Weise wiederzugeben vermag.

Wird der Druck noch weiter ermäßigt, so daß die Zündung früher und das Löschen später einsetzt, so werden die Schwingungsgebiete zeitlich und was die Spitzenwerte angeht, auch intensitätsmäßig ausgedehnt. Dies geht aus Bild **16** hervor, das die Stromkurve für eine derart ausgeweitete Schwingung zeigt.

Wir wollen den zusätzlich auf i_c reitenden Strom i_g nennen. Er tritt offenbar nur dann auf, wenn die Entladung brennt. Der jeweilige Augenblickswert für den Gesamtstrom ist also gegeben durch den Ausdruck $i_t = i_c + i_g$. Diese Kurve ist für weitere Drucksenkung im nächsten Bild **17** gezeigt. Hier dauern die Schwingungen fast die ganze Halbperiode. Dies rührt von der niedrigen Zündspannung infolge des kleinen Druckes her.

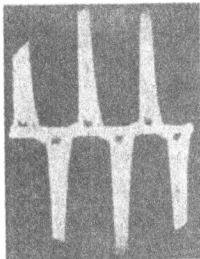

Wenn wir fragen, welcher Anteil des Stromes i_t für chemische Umsetzungen maßgebend ist, so kann gleich gesagt werden, daß der rein kapazitive Anteil i_c dabei ausscheidet. Es bleibt also nur i_g, also der „Fahnenstrom", für chemische Wirkungen übrig.

Wir haben bisher nur symmetrische Anordnungen betrachtet, da ja bei der normalen *Siemens*schen Ozonröhre sich vor beiden Elektroden Glasschichten befinden. Wie sieht das Bild jedoch aus, wenn nur eine Elektrode mit einer Schicht bewehrt ist?

Bild 16: Stromschwingungen

Bild **18** zeigt den Verlauf des Stromes und der Spannung abhängig von der Zeit für asymmetrische Anordnung. Die oberen Halbwellen der Stromkurve sind dabei dem Zustand zugeordnet, bei welchem die metallische blanke Elektrode Kathode ist.

Die Asymmetrie macht sich also in den Schwingungsströmen stark bemerkbar. Wird nun aber versucht, die Grundwelle des Stromverlaufes dadurch zu erhalten, daß ein Kondensator parallel zu den Ablenkplatten des *Braun*schen Rohres geschaltet wird, so erscheint die obere Halbwelle ähnlich der unteren zu werden. In Bild **19** wurde der Zustand bei noch nicht völlig nivellierten Oberschwingungen aufgenommen. Weil durch eine

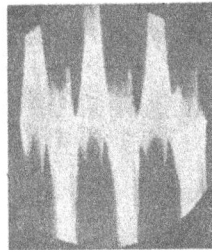

Bild 17: Zeitlich stark ausgedehnte Stromschwingungen

Kondensatorschicht niemals eine Gleichspannungskomponente durchgehen kann, so muß sich aus dem linearen Mittelwert der Grundwellen der Stromkurve ein Schluß auf die chemisch wirksame Elektrizitätsmenge ziehen lassen, vorausgesetzt, daß i_c gesondert bestimmt und abgezogen wird. Falsch wäre es jedoch etwa mit Hilfe eines Thermoumformers, der quadratisch mißt, und ohne Parallelschaltung eines genügend großen Kondensators die durchflossene Elektrizitätsmenge durch Zeitmultiplikation zu gewinnen. Durch den so bestimmten quadratischen Mittelwert würde eine Gleichstromkomponente vorgetäuscht werden, die gar nicht vorhanden ist. Die Oberwellen sind nur asymmetrisch verteilt, ihr lineares Gewicht ist aber auf beiden Seiten gleich. Leider findet man in der Literatur öfter die irreführende Angabe, daß bei einseitig mit Isolierschichten versehenen Entladungsanordnungen eine Gleichrichterwirkung zu erzielen wäre.

Welches ist nun die Ursache für die Schwingungen von i_g? Überlegt man sich den Stromverlauf in einer Wechselspannungsentladung, so erwartet man zunächst, daß bei jeder Halbwelle der die Entladung erregenden Wechselspannung einmal die Zündspannung erreicht und die Entladung ruhig bis zum Erreichen der Löschspannung brennen würde. Ein solches Verhalten ist für niedrige Widerstandswerte der Vorschaltschicht sowie für kleine Kapazitäten der Entladungsstrecke zu erwarten. Eine entsprechende Kurve ist in Bild 20 gezeigt. Statt dessen erhält man jedoch für die Stromwerte bei Entladungen mit stärkeren Stabilisierungsschichten, als dem mindest notwendigen Widerstandswerte entspricht, und ausgedehnten Elektrodenflächen den in den Bildern 15...17 dargestellten Verlauf von i_c $+ i_g$ und der Spannung.

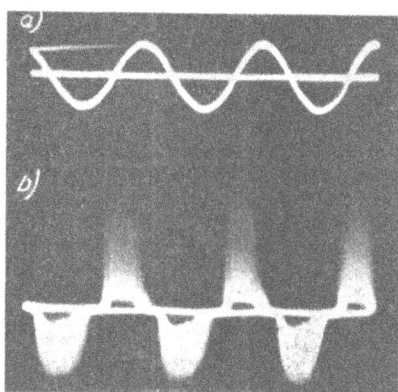

Bild 18: Schwingender Strom (b) und zugehörige Spannung (a) bei Anordnung Metall Glas-Elektrode

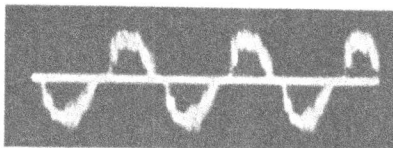

Bild 19: Stromkurve bei Unterdrückung der Oberschwingungen durch Kondensatoren

Beim Siemens-Rohr und ähnlichen mit Schichtstabilisierung und ausgedehnten Elektrodenflächen versehenen Entladungsanordnungen ist meist die Bedingung $w + W$ größer als τ/C (§ 1), die als Kriterium für das Auftreten von Kippschwingungen zu gelten hat, erfüllt. Infolge der großen Dickenabmessungen der dielektrischen Glasschichten ist W groß, die große flächenhafte Ausdehnung bedingt ein großes C. Von außen können diese Schwingungen nicht beeinflußt werden. Sie sind durch die Dimensionen und das Material der Entladungsanordnung sowie des zu behandelnden Stoffes bestimmt. Durch letzteren insofern, als unter Umständen · Dämpfung eingebracht werden kann, wodurch die Schwingungen geschwächt

werden. Ein Beispiel werden wir später beim Gas-Öl-Schaum (s. §
29) kennenlernen.

Die Messungen werden am besten wie folgend beschrieben aus-
geführt:

a) Strommessung

Eine Methode, um den für die stofflichen Umsetzungen maßge-
benden Stromwert zu bestimmen, ist die folgende:

1. Bei höherem Gasdruck wird volle Betriebsspannung angelegt
und darauf geachtet, daß keine Entladung brennt. Der dann mittels
Gleichrichtergerät bestimmte Strom
ist i_c. Sein Wert wird meist klein sein.

2. Der bei eingeschalteter Entladung fließende Betriebsstrom $i_c + i_g$
$= i_t$ wird am besten nicht unmittelbar
bestimmt, sondern ein Teil wird abgezweigt und gleichgerichtet gemessen. Der induktions- und kapazitäts-
freie Widerstand, an dem der Meß-
strom abgezweigt wird, soll nicht zu
klein sein, damit die Gleichrichtungs-
fehler vernachlässigt werden können.

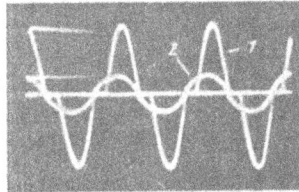

Bild 20: Spannung (1), Strom
(2) bei nichtschwingender Entladungsanordnung

3. i_g wird aus der Differenz $i_t - i_c$ errechnet.

Wenn Schwingungen nicht auftreten, genügt es in vielen Fällen,
um Relativwerte zu erhalten, mit Dreheiseninstrumenten oder Hitz-
drahtinstrumenten unmittelbar die Stromstärken zu bestimmen. Da
hierbei Mittelwerte bestimmt werden, ist i_c in vektorieller Weise
von i_t abzuziehen, um ein Maß für i_g zu erhalten. Die Methode ist
allerdings nur annähernd richtig, weil die Ströme ja auch bei Bestehen sinusförmiger Spannung oder bei Nichtauftreten von Schwingungen nicht sinusförmig sind.

Eine einwandfreie Methode besteht darin, mittels *Braunscher* Röhre
den elektrischen Strom sowie die Spannung aufzunehmen und hernach auszuwerten.

b) Spannungsmessung

Zur Spannungmessung gut geeignet ist das *Braunsche* Rohr.

Effektivwerte (also nicht Spitzenwerte) kann man auch sekundär-
seitig, (falls ein Transformator als Stromgeber verwendet wird)
durch Einschalten elektrostatischer Voltmeter messen.

Ungenauer und mitunter falsch (bei Vorliegen von Resonanzer-
scheinungen zwischen Kapazität der Entladung und Streuinduktivität
des Trafos, oder bei Vorliegen von Kippschwingungen) ist die Span-
nungsbestimmung von der Primärseite aus.

c) Leistungsaufnahme

Hierfür kann das Wattmeter in den Transformatorprimärkreis
gelegt werden. Es wird im Betrieb eine Ablesung L_1 gemacht und

davon der Eigenverbrauch des Transformators, der bekannt sein muß (er kann in üblicher Weise durch Leerlauf und Kurzschlußmessung ermittelt werden) und der gleich L_2 gesetzt werden soll abgezogen, so daß die Leistung $L = L_1 - L_2$ ist.

§ 7. Einige Formen von schichtstabilisierten Gasentladungskammern.

a) Die *Siemens*sche Ozonröhre

Die *Siemens*sche Ozonröhre ist die am meisten verwendete Anordnung mit Stabilisierung durch dielektrische Schichten. Sie kann nur mit Wechselspannung betrieben werden[1] [12]. In Bild **21** ist sie in ihrer ursprünglichen, durch *Werner v. Siemens* im Jahre 1857 erfundenen Form dargestellt. Das Dielektrikum (Glas) befand sich vor beiden Elektroden (Stanniol). Später hat man die Stanniolbeläge durch Wasser-Elektroden ersetzt, die gleichzeitig kühlend wirken können [74, 78]. Die Gasentladungskammer wird also gebildet durch den von zwei konaxial angeordneten dielektrischen Schichten eingeschlossenen Reaktionsraum, in dem die umzusetzenden Körper, in erster Linie Gase, der elektrischen Strömung unterworfen werden.

Sehr günstig zur Durchführung entladungschemischer Vorgänge erscheint die *Siemens*-Röhre auch deshalb, weil sich in ihr die Entladung über eine recht große Elektrodenfläche erstreckt und dabei einen nur vergleichsweise kleinen Gasraum durchsetzt. Die nicht von der Entladung erfaßten Toträume sind damit aufs äußerste verkleinert. Man betreibt die *Siemens*-Röhre am besten mit Wechselspannung höherer Frequenz (bis zu etwa 10 000 Hz). Gebräuchlich sind 500 Hz. Die benötigten Spannungen liegen dabei je nach Art des zu behandelnden Körpers, je nach der Höhe des Gasdruckes, der Stärke der Glasschichten (1...2 mm) sowie je nach der verwendeten Reaktionsringspaltstärke zwischen 6 und 20 KV.

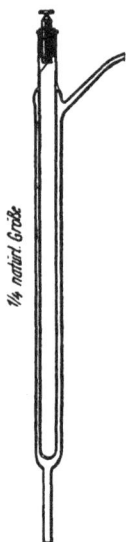

¼ natürl. Größe

⅔ natürl. Größ.

Bild 21:
Ozonröhre von
Werner v. Siemens
(Aus [12])

b) Rohre mit Metallinnenelektroden[2]

Das innere Glasrohr der *Siemens*-Röhre ist dabei durch einen Me-

---

[1] In der Literatur findet man des öfteren die Angabe, die *Siemens*-Röhre könne auch mit unterbrochenem Gleichstrom betrieben werden, der z. B. aus einem Funkeninduktorium geliefert würde. Ein solches Gerät ermöglicht den Betrieb einer Ozonröhre. Jedoch liefert der Funkeninduktor keine Gleichspannung, sondern eine asymmetrische Wechselspannung. Der durch die *Siemens*-Röhre gehende Wechselstrom ist solcher Natur, daß die in beiden Halbwellen transportierte Elektrizitätsmenge dieselbe ist.

[2] Literaturangaben über eine Gleichrichterwirkung der Halb-Metall-Halb-Glasapparate sind falsch. (Über die Gründe siehe § 6).

tallzylinder ersetzt. Die Entladung wird dadurch etwas ungleich-
mäßiger. Die Berührung mit Metallflächen ist für viele chemische
Wirkungen nicht ohne Einfluß auf diese (Katalyse). Die Verbindung zwischen Metall und Glas ist nicht so dicht herzustellen als
zwischen Gläsern untereinander, es sei denn daß man das Metall
mit dem Glase verblasen kann.

c) Ebene Abarten der *Siemens*-Röhre

Die Elektroden und die Stablisierungsschichten können auch in
parallelen Ebenen angeordnet werden [22]. In Bild 5 sind verschiedene Anordnungsmöglichkeiten gezeigt. Besonders einfach ge-
staltet sich dabei die Anwendung des elektrolytisch erzeugten Alu-
miniumoxydes als Dielektrikum [69] (z. B. auch in Bild 5).

Unter a und d in Bild 5 sind hauptsächlich von *A. de Hemptinne*
[22] für seine Konstruktionen für die Schmierölveredlung heran-
gezogene Elektrodenanordnungen dargestellt. Zwischen zwei blanken Aluminiumplatten befindet sich die dielektrische Schicht aus
Preßspan (s. auch § 242).

b) Sonstige Gasentladungen

§ 8. *Koronaentladung*

Von den stabilisierten Gasentladungen wurde früher viel die Koronaentladung verwendet. In physikalischer Hinsicht haben sich
mehrfach *M. Toepler* [279] sowie *A. v. Hippel* [280] damit beschäftigt.

Die Koronaentladung hat auch heute noch einige technische Anwendungen (s. §§ 46, 47, 228). Im Bild **22** ist schematisch eine Anordnung zur Erzielung von Koronaent-
ladungen gezeichnet. Die Spannung wird
so gewählt, daß nur in der Nachbarschaft der Spitze eine zur Ionisierung
ausreichende Feldstärke im Gase auftritt. Der übrige dunkle Teil der Entladung wird von der leuchtenden Spitze
gespeist und ist als unselbständige unipolar gespeiste Entladung aufzufassen.
Unipolar gespeist deshalb, weil nur mit
der Spitze gleichnamige Träger dieselbe

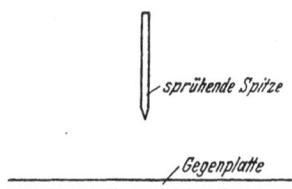

sprühende Spitze

Gegenplatte

Bild 22: Anordnung
für Koronaentladungen

verlassen können und in den unselbständigen Teil der Entladung
austreten können. Dieser dunkle lichtlose Teil der Entladung wirkt
als Stabilisierungsschicht, jedoch in einer höchst unvollkommenen
Art und Weise. Bei Erhöhung der Brennspannung wächst die Stromstärke und gleichzeitig dehnt sich aber auch die leuchtende an der
Spitze sitzende Entladung aus. Der dunkle lichtlose „Vorwiderstand"
wird also „angefressen". Eine Zeitlang stabilisiert er trotzdem noch.

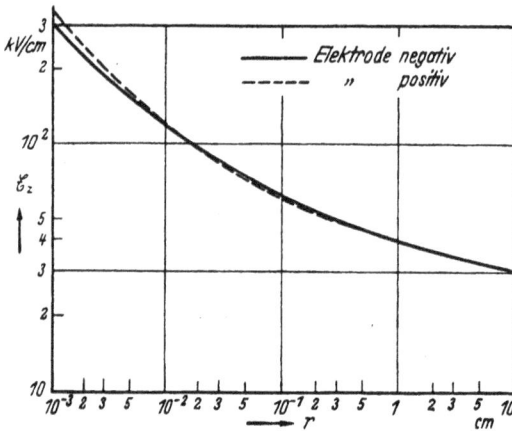

Bild 23: Oberflächenfeldstärke $\mathfrak{E}_z$ zylindrischer Leiter in atm. Luft bei 25°C, bei der eine selbständige Entladung zu einer genügend entfernten Gegenelektrode einsetzt, abhängig vom Zylinderradius r (Aus [5])

Plötzlich und unvermittelt setzt dann aber ein Überschlag zur Gegenelektrode ein. Die Spitze in Bild **22** kann auch durch einen Draht ersetzt werden. Die Gegenelektrode wird dann zweckmäßigerweise als konaxialer Zylinder ausgebildet. Mit einer solchen Anordnung können etwas höhere Stromdichten erzielt werden.

Die zum Betrieb notwendige Mindestspannung U_z ergibt sich, wenn r der Radius des Drahtes und R derjenige des äußeren Zylinders ist und $\mathfrak{E}_z$ die Zündfeldstärke bedeutet, zu

$$U_z = \mathfrak{E}_z \cdot r \cdot \ln \frac{R}{r} \qquad \text{(vergl. § 4).}$$

$\mathfrak{E}_z$ wird aus Kurven entnommen (s. Bild **23**). Die mit sprühenden Drähten zu erzielenden Ströme liegen bei einem inneren Sprühdrahtdurchmesser von etwa $1/_2$ mm und einem Zylinderdurchmesser von etwa 200 mm bei einer Gleichspannung von 30 KV in der Größenordnung von etwa 10^{-6} A je laufenden cm Länge.

Koronaentladungen eignen sich nur für höhere Drucke. Im Falle niedriger Druckwerte müßten die Abstände zwischen den sprühenden Teilen entsprechend vergrößert werden. Man würde also zu riesigen und technisch kaum zu verwirklichenden Abmessungen gelangen.

§ 9. Glimmentladung mit gekühlten und ungekühlten Elektroden

Bild **24** zeigt schematisch die wesentlichen Hauptteile einer voll entwickelten Glimmentladung, wie sie sich bei einem Druck von einigen Torr beobachten läßt.

Die Kathode K erscheint mit einer leuchtenden Haut, der negativen Glimmhaut bedeckt (A). Wenn sehr kleiner Druck angewandt wird, kann zwischen der Glimmhaut und der Kathode eine dunkle Schicht, der *Aston*sche Dunkelraum, erkannt werden. (Im Bilde nicht gezeichnet). Am Ende des *Aston*schen Raumes haben die aus der Elektrode austretenden oder von ihr startenden Elektronen eine

solche Geschwindigkeit
erreicht, daß die erste
Anregungsspannung
des Füllgases der Ent-
ladungsröhre erreicht
ist. Das Leuchten kommt
beim   Zurückspringen
der in den angeregten
Bahnen laufenden Elek-
tronen in den Grundzu-
stand zur Aussendung.

Davon rührt die ne-
gative Glimmhaut her.

Beim   Weiterverfolgen

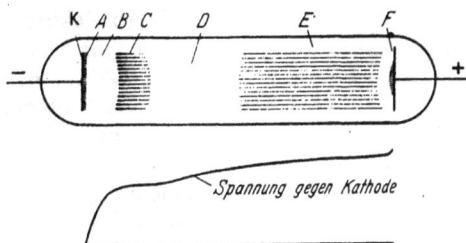

Bild 24 : Hauptteile einer Glimmentladung.
K = Kathode, A = negative Glimmhaut, B = *Hit-*
*torf*scher Dunkelraum, C = negatives Glimmlicht,
D = *Faraday*scher Dunkelraum, E = positive Säule,
F = anodisches Glimmlicht

der Entladung gegen die Anode zu verblaßt die Leuchterscheinung
wieder, weil die Anregungsspannung überschritten ist. Es folgt ein
relativ dunkler Teil, der meist gut zu erkennen ist. Er ist nicht
völlig lichtlos, weil in ihm hin und wieder Anregungsprozesse vor
sich gehen (im Gegensatz zum völlig dunklen *Aston*schen Raum).
Dieses Gebiet wird der *Hittorf*sche [59] Dunkelraum (B) genannt.
In ihm findet, da die Feldstärke groß ist (Folge der positiven
Raumladung hinter dem *Hittorf*schen Dunkelraum) eine recht erhebliche Trägerneubildung statt. Man kann rechnen, daß jedes
von der Kathode startende Elektron im *Hittorf*schen Raume 50...
100 Sekundärelektronen durch Stoßionisierung freimacht. Augen-
scheinlich werden die meisten Elektronen gegen das Ende des Hit-
torfschen Raumes zu gebildet. Sie durchfallen infolgedessen nur
mehr einen kleinen Potentialunterschied. Wenn die gesamte Potentialdifferenz im Dunkelraum, der *Kathodenfall* G Volt beträgt,
so ist die mittlere Elektronenenergie am Ende desselben nur etwa
0,15 G Volt (z. B. für Wasserdampf gemessen). Diese verhältnismäßig geringe Elektronengeschwindigkeit kommt auch dadurch zustande, daß im *Hittorf*schen Raum viele Elektronen infolge der häu-
figen Ionisierungsstöße so stark heruntergebremst werden. Im Verein mit der in den kathodenfernen Gebieten des Dunkelraumes nur
mehr geringen Feldstärke wird die Geschwindigkeit vieler Elektronen so gering, daß wieder Anregung möglich wird. (Die Energien müssen innerhalb eines gewissen Bereiches bleiben und dürfen auf keinen Fall zu klein, aber auch nicht zu groß sein!). Die
sich an den Kathodendunkelraum anschließende neue Leuchterscheinung heißt negatives Glimmlicht (C). Es ist leicht durch seine
scharfe Begrenzung gegen den *Hittorf*schen Dunkelraum zu erkennen. Im Glimmlicht machen die Elektronen weitere, meist zur Licht-
anregung führende Zusammenstöße. Daneben finden in erheblichem
Ausmaße Dissoziationen in Atome und Radikale statt. Schließlich
ist die aus dem Dunkelraum gewonnene kinetische Energie soweit
aufgebraucht, daß höchstens noch unter der Dissoziationsspannung
bzw. der niedrigsten Anregungsspannung liegende Energiebeträge

bei Zusammenstößen mit Gasmolekülen verfügbar werden. Damit
werden diese Zusammenstöße rein elastischer Natur. Neue zusätzliche Energie kann in diesem Gebiet nicht mehr gewonnen werden,
da das Feld fast null ist. Das Gebiet der durch die positive Raumladung vor der Kathode bedingten Feldzusammendrängung ist bereits überschritten. Das negative Glimmlicht ist verblaßt. Andererseits ist eine große Ladungsträgerdichte beiderlei Vorzeichens in
dem sich nun anschließenden *Faraday*schen Dunkelraum (D) vorhanden. Das Gebiet der großen Ladungsträgerkonzentration beginnt schon im Glimmlicht. Daher ist dort auch Wiedervereinigungs-
leuchten zu verzeichnen. Da die Feldstärke im *Faraday*schen Dunkelraum wieder etwas ansteigt, fällt hier die Wiedervereinigung
weniger ins Gewicht. Der *Faraday*sche Dunkelraum erstreckt sich
in den Entladungen, ohne nahe an den Entladungsweg seitlich her-
anragende Wände, wie sie meist für chemische Umsetzungen in Gasen angewendet werden, bis zur Anode. Bei kleinen oder gasenden
Anoden kann dann noch eine leuchtende Erscheinung an diesen beobachtet werden, die sich häufig auf kleine Ansatzpunkte konzentriert, das anodische Glimmlicht (F). Dieses bildet sich dadurch,
daß sich an der Anode größere Feldstärken ausbilden müssen, damit die Elektronen auf dieselbe auftreffen und eingefangen werden
können. Die Elektronen erreichen daher zur Anregung ausreichende
Geschwindigkeiten.

Zu den besprochenen Erscheinungen gesellt sich zwischen *Faraday*-Dunkelraum und der Anode oder Anodenglimmlicht noch eine
weitere Leuchterscheinung, die positive Säule (E), wenn längs des
betreffenden Gebietes Wände (z. B. Glaswände) an die Entladung
heranreichen. Diese entziehen nämlich so viele Ladungsträger, daß
bei gleichbleibenden Feldverhältnissen ein Verlöschen der Entladung erfolgen würde. Infolge eines hier nicht näher erläuterten
Mechanismus, der so abläuft, als wenn „die Entladung denken könnte"
[5], wird die Feldstärke in dem betreffenden Gebiet so groß, daß
der Trägerverlust durch Neuionisierung ausgeglichen wird. Bevor
die Ionisierungsgeschwindigkeit erreicht wird, durchlaufen die Elektronen aber den Geschwindigkeitsbereich der Anregungsspannung,
es kommt also zur Lichtaussendung. Der *Hittorf*sche Dunkelraum
und der Anfang des negativen Glimmlichtes sind immer zu beobachten. Die anderen Gebilde können bei geeigneter Versuchsbedin-
gung unterdrückt sein.

Wenn man Glimmentladungen für chemische Prozesse verwendet,
so muß man, um die Temperaturen abschätzen zu können, die Stromdichten kennen.

Für einen bestimmten Bereich der Gesamtstromstärke I der Glimmentladung ist die Kathodenstromdichte S_K konstant. Dies ist möglich, weil die Entladung entsprechend dem Gesamtstrom I nur eine
Teilfläche F_T

$$F_T = I/S_K$$

bedeckt. Dies ist natürlich nur für $F_T <$ Gesamtfläche F gültig. So-

lange S_K konstant ist, wird von einer normalen Stromdichte gesprochen. Die Glimmentladung und der dazugehörige Kathodenfall
werden dann ebenfalls als normal bezeichnet. Bei sehr starker Verkleinerung von I oder umgekehrt bei Erhöhung über den der vollständigen Bedeckung der Kathode entsprechenden Wert hinaus, ändern sich die Werte für S_K und den dazugehörigen Kathodenfall.
Wird bei Verkleinerung von I die flächenhafte Ausdehnung des
als Kathodenfleck bezeichneten auf der Kathode aufsitzenden Entladungsgebietes sehr klein, so wird damit die Oberfläche des auf
diesem aufsitzenden Entladungsgebietes des Kathodenfalles im Verhältnis zu seinem Rauminhalt und damit der absoluten Trägerzahl
sehr groß. Damit werden die Trägerverluste durch Diffusion und
Querfelder seitlich in den nicht von der Entladung erfaßten Raum
so beachtlich, daß nur durch Erhöhung des Kathodenfalles die für
die Entladung notwendige Trägerzahl durch Stoßionisierung gebildet werden kann. Diese Form der Entladung heißt unternormale
Glimmentladung. Wird umgekehrt die Stromstärke über den der
vollständigen Kathodenbedeckung entsprechenden Grenzwert $I_G =
F \cdot S_K$ gesteigert, so wird jetzt die Stromdichte proportional der
Stromstärke und es gilt die Gleichung: $S = I/F$.
(Nach *v. Engel* und *Steenbeck* [5] kann man sich das Zustande-
kommen der normalen Stromdichte bei der Glimmentladung auf
Grund einer Stabilitätsbetrachtung erklären).[1])
Die normale Stromdichte der Glimmentladung ist stark druckab-
hängig. Allgemein gilt: Je höher der Gasdruck, desto höher die
Stromdichte. Als Faustregel kann gelten: $S_K = c \cdot p^2$, worin c eine
Konstante und p den Gasdruck bedeutet. Gleichzeitig nimmt die freie
Weglänge mit p^{-1} ab, ebenso die Kathodenfallraumlänge. Die spezifische Leistung im Fallraum nimmt auf die Raumeinheit gerechnet
daher mit p^3 zu! Daher neigt die Glimmentladung bei höheren Druk-
ken viel eher dazu, in den Bogen umzuschlagen, als bei niedrigen
Drucken[2]). Wegen der starken Erwärmung mit steigendem Druck
gilt der Exponent 2 in der Gleichung $S_K = c \cdot p^2$ über 10 Torr nicht
mehr. Er muß infolge der wärmebedingten Gasverdünnung durch
einen kleineren ersetzt werden.
Was die quantitative Seite von S_K angeht, so gilt nach *Seeliger*
[1]: für annähernd ebene Kathoden im unteren Druckbereich bis
etwa 10 Torr und für Entladungen in Luft $S_K = 0,1 \cdot 10^{-3} \ldots$
$0,01 \cdot 10^3$ A/cm². *V. Engel, Seeliger* und *Steenbeck* [57] geben für
S_K eine Kurve an, die auch den Druckbereich über 10 Torr umfaßt
(s. Bild **25**). Für c kann man $\approx 10^{-4}$ A/cm² Torr setzen. Die Länge
des Kathodenfallraumes kann etwa zu $1 = c_1/p$ mit $c_1 \approx 0,4$ cm
Torr angenommen werden; [p = Druck (in Torr)]. In diesem Zu-

---

[1]) Auf die sogenannte „behinderte Entladung" wird hier nicht näher eingegangen, da sie für hochspannungsentladungschemische Prozesse bisher keine
Anwendung fand.
[2]) Bei Normaldruck schlägt die Glimmentladung bei Stromstärken etwa über
1 A regelmäßig in den Lichtbogen um.

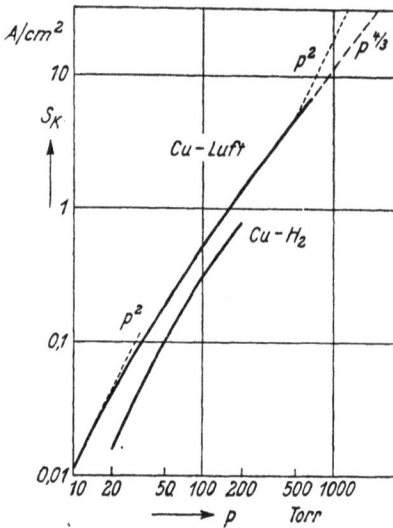

Bild 25: Experimentell ermittelter Verlauf der kathodischen Stromdichte S_K einer normalen Glimmentladung in Abhängigkeit vom Gasdruck p für Cu in Luft und H_2 (Aus [1077])

sammenhang seien hier nochmals die *Ähnlichkeitsgesetze* erwähnt[1]). Sie gelten für die Eigenschaften von Entladungen, die zwar mit gleichen Stoffen, jedoch mit verschieden freien Weglängen (also Gasdichten) und entsprechend geänderten geometrischen Dimensionen vor sich gehen. *Holm* [276, 277] hat sie zuerst allgemein entwickelt. *Steenbeck* [278] hat ihre Gültigkeit insbesondere auch auf solche Betrachtungen, in die die Zeit eingeht, ausgedehnt. Die wichtigste allgemeine Aussage der Ähnlichkeitsgesetze ist, daß zwei geometrisch ähnliche Entladungsstrecken bei gleicher Elektrodenspannung den gleichen Entladungsstrom führen und daß die elektrischen Potentialfelder und die Strömungsfelder geometrisch ähnlich sind. Die Stromspannungscharakteristik einschließlich des Wertes für die Zündung sind einander gleich! Wenn also die Lineardimensionen in Entladung 1 gleich a mal denjenigen in Entladung 2 sind, so ist die Gasdichte in Entladung 2 a mal so groß wie in Entladung 1. Der Wert S_K hängt außer von der stofflichen Zusammensetzung der Elektroden und des Füllgases noch von der Gestalt der Kathode ab. Deutlich wird diese letztere Abhängigkeit bei Verwendung der sogenannten *Hohlkathoden*, die auch bei chemischen Umsetzungen gelegentlich gebraucht werden (s. Bild 26). In den Hohlkathoden kann S_K mehrfach größer, als an ebenen Kathoden werden, wenn sich die auf der Innenseite des Hohlzylinders diametral gegenüberliegenden Kathodenfallgebiete überlappen [58, 275]. Dabei kann das Hin- und Herpendeln der ionisierenden Elektronen zwischen den diametral gelegenen sich innen an den Hohlzylinder anschmiegenden Fallraumgebieten eine Rolle spielen, weil die Ionisierungswahrscheinlichkeit für diese Elektronen größer als unter Normalumständen ist. Mit der Theorie der Hohlkathode hat sich insbesondere *Seeliger* [292] befaßt.

Es muß noch bemerkt werden, daß in Hohlkathoden die Temperatur infolge der hohen Stromdichten und

Bild 26: Hohlkathode

---
[1]) Im Zusammenhang mit der Zündung wurden die Ähnlichkeitsgesetze bereits im § 4 gestreift.

der allseitigen Erwärmung unkontrollierbare Werte annehmen kann. Die genaue Voraussage der Stromdichte S_K erübrigt sich damit.

Für Umsetzungen in Entladungen bei höheren Drucken ist eine Anordnung mit wassergekühlten metallischen Elektroden brauchbar, wie sie als erster wohl *Stuchtey* [68] angegeben hat. Er konnte mittels gekühlter Kupferelektroden in Atmosphärendruck ohne weiteres eine Glimmentladung erzielen, was sonst bekanntlich nicht, möglich ist. (S. auch *Grotrian* [1041].) Später haben *Thoma* und *Heer* [62] ähnliche Versuche durchgeführt.

Als günstig erwiesen sich zur Vermeidung des Überschlagens in den Lichtbogen solche Elektrodenmetalle, die hohe Wärmeleitfähigkeit aufweisen, wie Silber und Kupfer. Oxydhäute müssen auf alle Fälle entfernt werden. Wie eingehende Versuche ergaben, erweist sich eine hauchdünne Vergoldung als zweckmäßig.

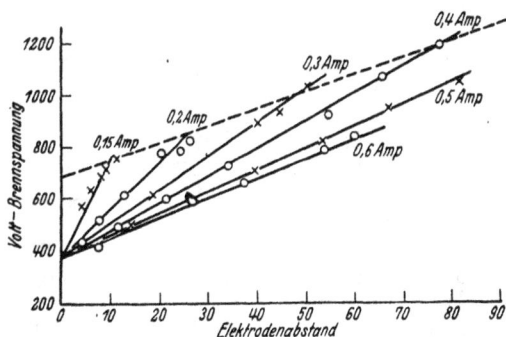

Bild 27: Kennlinien der Glimmentladung bei
Atmosphärendruck (Abstand in mm) (Aus [63])

In atmosphärischer Luft normalen Druckes wurde eine normale Stromdichte $S_K = 8 \ldots 10 \,\text{A/cm}^2$ gemessen, allerdings ist infolge der starken Erwärmung (bis zu $1000^0\,\text{C}$) die tatsächliche in der Entladung herrschende Luftdichte kleiner als diejenige der Umgebung. Über den Zusammenhang zwischen Brennspannung und Stromstärke gibt Bild **27** Auskunft.

Die Kühlung der Elektroden ist auch für Arbeiten bei niedrigem Druck mitunter für die entladungschemischen Prozesse von günstigem Einfluß. So müssen z. B. die Hohlkathoden, bei denen die Stromdichte besonders groß ist, häufig gekühlt werden, vor allem bei Arbeiten mit Entladungen im mittleren Druckbereich (2 . . . 25 Torr) und bei größerer Länge als Durchmesser der Hohlkathode.

§ 10. Elektrodenlose Induktionsentladungen

Die Induktionsentladungen besitzen eine geschlossene Entladungsbahn. Die zum Betrieb nötigen Spannungen werden also induziert. Der Entladungssekundärkreis kann sowohl aus einer wie auch aus mehreren Windungen bestehen. Für den ersten Fall gibt Bild **28**

eine Vorstellung. Im Bild bedeutet die Zahl 1 die Primärwicklung,
2 einen Glasballon, in dessen Innerem sich als gedachte einzige
Sekundärwicklung 3 die Entladung ausbilden soll. Mehrere Sekundärwindungen sind in Bild **29** dargestellt. 1 ist die Primärspule
und 2 die Sekundärspule, die hier eine mehrfach gewundene glä-
serne Röhre, die in sich geschlossen ist, sein kann. Zur Leitung des
Induktionsflusses ist ein Eisenjoch vorgesehen. Auf dieses kann
verzichtet werden, wenn die Primärspule eng auf die Sekundärspule
gewickelt ist. Allerdings sinkt dann die Kopplung.

Im Falle einer einzigen Sekundärwicklung erscheint die Entladung
als leuchtender Ring in der Ebene der Primärwicklung.

Auch mehrere konzentrisch gelagerte verschiedenfarbige Ringe
können beobachtet werden.

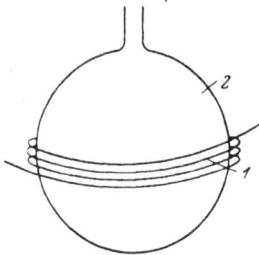

Bild 28: Anordnung zur Erzeugung
einer elektrodenlosen Induktions=
ringentladung.   1 = Primärwick=
lung, 2 = „Sekundärkreis" = ver=
dünnter Gasraum

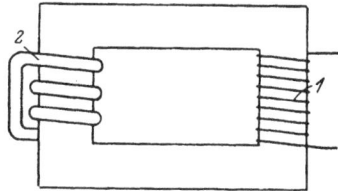

Bild 29: Anordnung zur Erzeugung
einer elektrodenlosen Induktions=
entladung mit Eisenkern. 1 = Pri=
märwicklung, 2 = Sekundärwicklung
aus Glasrohr

Wenn die Entladung in Glasröhren geleitet wird, so leuchtet die
Entladung überall gleichhell auf. Überhaupt ist bei den Induktionsentladungen keinerlei kathodenfallähnliches Gebiet zu bemerken.
Dies ist verständlich, da ja Elektroden ganz fehlen. Jedoch kann in
recht engen Rohren eine Schichtung beobachtet werden.

Da Elektroden fehlen, erfolgt der Ladungsträgerverlust hauptsächlich durch die Wände.

Für entladungschemische Zwecke ist bis jetzt nur die Form mit
einer Sekundärwicklung herangezogen worden [76, 77, 80, 81, 82].
Ein Umschlagen elektrodenloser Entladung in die Lichtbogenform
ist wegen des Fehlens der Elektroden unmöglich. Im übrigen erfolgt
die Stabilisierung durch den induktiven Widerstand der Entladungsbahn und über die Kopplung mit der Primärspule, durch die Stabilität des Primärkreises.

Bei sehr hohen Frequenzen und einigermaßen ausgiebiger Ionisierung und dadurch gegebener großer Leitfähigkeit der Entladungsbahn ist die Sekundärkreisstromstärke in erster Näherung nur durch
das Verhältnis zwischen induzierter Spannung und induktivem Widerstand des Sekundärkreises gegeben.

Die Induktionsentladung mit einer Windung ist nur mit sehr hohen Frequenzen (etwa 10^6 Hz und aufwärts) zu betreiben, weil anderen Falles die Primärströme zu hoch werden.

Die Anordnungen mit mehreren Sekundärwindungen und geschlossenem Eisenkreis können mit wesentlich niedrigeren Frequenzen (bis etwa 500 Hz) betrieben werden.

Der Druck muß stets niedrig gehalten werden, weil sonst bei den langen Entladungswegen zu hohe Betriebsspannungen nötig werden. Die Zündspannung kann *nicht* durch Ablesen aus den Kurven für Elektrodenentladungen ermittelt werden. *Mierdel* [78] hat für eine bestimmte elektrodenlose Ringentladung und einen gewissen Bereich von p·d die Zündspannung bestimmt. Letztere ist größer als bei einer Elektrodenentladung mit gleichem Entladungsweg, nämlich etwa doppelt so groß.

§ 11. Bogenentladungen[1])

Emittiert die Kathode in einer Entladungsanordnung Elektronen großer Zahl, ohne daß für diesen Vorgang ein Kathodenfall der gewöhnlichen bei Glimm- oder Kanalentladungen üblichen Größenordnung notwendig ist, so wird eine sich unter diesen Umständen ausbildende Entladungsart Bogen genannt. Diese Bezeichnung ist nicht eindeutig, weil sie eine Reihe der verschiedenartigsten Entladungsformen umfassen kann, sie hat sich jedoch eingebürgert und soll deshalb auch für die weiteren Erörterungen beibehalten werden. Die Emission der Elektronen an der Kathode kann überwiegend thermisch sein, sie kann aber auch durch andere Einflüsse z.B. durch Autoemission unter dem Einfluß hoher Felder erfolgen. Die Erwärmung kann durch die Entladungsverluste an der Kathode gedeckt werden, es kann jedoch auch eine Fremdheizung der Kathode (Glühkathode) vorgesehen werden. Der zweite Fall der Feldemission tritt nur bei sehr hohen Stromdichten auf, weil nur dann die zur hohen Feldstärke an der Kathode nötigen positiven Raumladungen sich ausbilden können. Dieser Fall der sogenannten Feldkathode liegt, wie die Erfahrung zeigt, bei leichter verdampfbaren Metallen, wie Quecksilber, Zink, Blei oder bei Kathoden vor, die erhebliche Gaseinschlüsse haben, weil zur Erzielung der für die starke Raumladung notwendigen hohen Stromdichten, die in gewöhnlicher Luft bei Atmosphärendruck vorhandenen Träger nicht ausreichen würden, auch wenn alle Mokelüle ionisiert würden. Rein thermischer Natur ist die Bogenträgererzeugung an schwer verdampfbaren Körpern, wie z. B. Kohle. Nach *Maxfield, Hegbar* und *Eaton* [810] kann der Übergang von der Glimmentladung zum Bogen auf Gasausbrüche an der Kathodenoberfläche zurückgeführt werden. Die Übergangswahrscheinlichkeit nimmt nämlich bei guter Ausheizung der Elektrode ab. Ferner nimmt die Übergangswahrscheinlichkeit bei mittleren Werten des Glimmstromes mit dem Druck zu, bei sehr kleinen

---

[1]) Zusammenfassendes s. z. B. *Bräuer* [270], *Hagenbach* [271], *Seeliger* [279].

Werten des Glimmstromes aber mit steigendem Drucke ab. Es zeigt sich, daß bereits 10^{10} Gasatome, als Gasstrahl von der Kathodenoberfläche ausgestoßen, den Übergang in den Bogen einleiten können. Es muß aber betont werden, daß neben dieser Gasemissionstheorie, die zur Erklärung der Einleitung höherer Stromstärken für den Übergang in den Feldbogen wesentlich sein kann, auch andere Übergangsgründe, insbesondere in den thermischen Bogen, möglich sind. Solche den Übergang fördernde Ursachen können bei Metallen schlecht leitende, also durch Stromverluste erwärmte Schichten an der Oberfläche sein. Dazu zählen vor allem Oxydschichten.

Für den Fall völlig ausgeheizter, reiner und oxydfreier Metallschichten scheint der Lichtbogen überhaupt fast unmöglich zu sein. Man gelangt dann kaum vom Glimmstrom zum Lichtbogen. Da die Brennspannung des Bogens stets kleiner ist als die der entsprechenden Glimmentladung, so wäre rein stromkreismäßig gesehen ein Übergang durch Stabilisieren und Konstanthalten der Stromstärke zu verhindern.

Bei der Bogenentladung gibt es wie bei der Glimmentladung eine Säule (vergl. § 9), die Bogensäule. Sie erstreckt sich in Anodennähe. Andere Aufteilungen der Entladungsstrecke sind meist nur schwer zu erkennen.

Die Stromdichte bei der *Bogenentladung* ist besonders im Gebiete höherer Drucke so groß, daß die thermischen Wirkungen meist über die eigentlich entladungschemischen das Übergewicht haben. Die Stromdichte kann mehrere hundert A/cm² Entladungsquerschnitt betragen.

In einem Bogen, der z. B. zwischen Kohleelektroden in Luft brennt, überwiegt die thermische Wirkung im allgemeinen so sehr, daß die eigentümlichen entladungschemischen Reaktionen unterbleiben. Für chemische Zwecke ist es jedoch oft recht nützlich, auch die elektrisch wirksame Komponente hervortreten zu lassen. Man nimmt in diesen Fällen von vornherein Bögen mit vergleichsweise niedriger Temperatur oder läßt das Reaktionsgut nur sehr kurze Zeit unter der Bogeneinwirkung.

a) Bögen mit vergleichsweise niedriger Temperatur

Niederdruckbogen mit geheizter Kathode

Die Elektronenemission wird durch eine Glühkathode bewerkstelligt. Der Bogen brennt in verdünnten Gasen. Abgesehen von der Glühkathode kann die Temperatur durch Wahl geeigneter Drucke und Stromstärken fast beliebige Werte annehmen.

Niederdruckbogen zwischen Metallelektroden (Feldbogen) unter Anwendung sehr hoher Frequenzen

Durch Anwendung von Feldkathoden (Hg, Cu, Zn) und geringer Drucke ist die Entladungstemperatur auch beim Gleichspannungsbogen viel niedriger als beim Kohlebogen. Durch Anwendung sehr

hoher Frequenzen (etwa 10^7 Hz) gelingt es, die Entladungsgebiete
sehr weit auszudehnen [281]. Die damit erzielten Temperaturen
sind verhältnismäßig niedrig (etwa $300\ldots400^0$ C), aber immer noch
zu hoch, um empfindliche Substanzen (z. B. Ozon [282]) aufbauen
zu können bzw. deren Zerfall zu verhindern. Stabile Stickstoffverbin-
dungen (z. B. NO) können aber synthetisiert werden [281, 289].

b) Bögen, die kurzzeitige Einwirkung ermöglichen

Funkenartige Entladungen

Folgen einzelne sehr kurzzeitige Bogenstöße in verhältnismäßig
langem zeitlichen Abstande aufeinander, so ist die Wärmewirkung
noch gering. Bei Entladungen unter Atmosphärendruck allerdings
ist sie zu groß, um empfindliche Substanzen behandeln zu können.
Die älteren entladungschemischen Arbeiten sind meist mit Hilfe
des Funkens durchgeführt worden. Neuerdings wurde ein ähnliches
Verfahren aufgegriffen [290, 291]. Auch wurde vorgeschlagen,
flüssige Leiter (Quecksilber) innerhalb des Reaktionsgutes fortwäh-
rend zu unterbrechen und dadurch Funkenentladungen kurzer Dauer
hervorzurufen [898].

Bewegte Elektroden bei Wechselstrombögen

Werden die Elektroden im Rhythmus des erregenden Wechsel-
stromes bewegt, so haben die Spaltprodukte aus chemischen Vorgängen gute Gelegenheit, aus dem Bogenbereich abzuwandern, so
daß thermische Sekundärreaktionen gebremst werden. [283].

§ 12. Kondensierte Entladungen

Um sehr große Stromdichten während kürzester Zeitdauer zu erzielen, was sich für die Erreichung bestimmter chemischer Wirkungen, z. B. Aktivierung des Stickstoffes [440, 441], als günstig
erwiesen hat, bedient man sich der kondensierten Entladungen, z. B.
in einer Anordnung gemäß Bild 30.

Die Gleichstromquelle lädt über den Widerstand R den Kondensator C, der mit seiner aufgespeicherten Energie $\frac{1}{2} CU^2$ über die
Entladungsstrecke S in sehr kurzer Zeit
über die Funkenstrecke F entladen wird.
Die sich ausbildende Entladung bezeichnet
man auch als Stoßfunken. In mäßig verdünnten Gasen bis herab zu etwa $\frac{1}{2}$ Torr
stellt sich nicht etwa eine Glimmentladung
mit dazugehöriger geregelter kathodischer
Bedeckung der blanken Elektrode ein, sondern es verdichtet sich die Hauptintensität
der Entladung stark nach der Mitte des
Rohrquerschnittes zu. Die Entladung erinnert in ihrer Entstehung stark an die

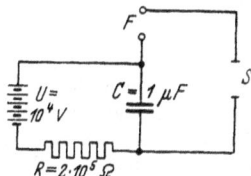

Bild 30: Schaltung für kondensierte Entladung. F =
Funkenstrecke, S = Entla-
dungsstrecke, C = Konden-
sator, R = Ladewiderstand,
U = Spannungsquelle

Kanalentladungen. Sie geht von einzelnen Punkten der Elektroden aus (*Wehrli* [447]).

Der Blitz ist z. B. eine auf Grund einer Kanalentladung sich in deren Schlauch abspielende sehr eindrucksvolle Entladungsform, bei der, wie schon einleitend mitgeteilt, bereits im Altertum chemische Umsetzungen beobachtet werden konnten.

Wie stellt man sich nun das Entstehen einer Kanalentladung z. B. zwischen ebenen Elektroden mit Randabrundung, so daß inmitten ein völlig homogenes Feld erzielt werden kann, vor?

Zunächst muß mindestens ein Elektron, sagen wir in unmittelbarer Kathodennähe vorhanden sein. Dieses eine Elektron ist wirklich völlig ausreichend zur Einleitung der elektrischen Ausgleichsströmung, die hernach zum Durchschlag (Schlauchbogen, Blitz) führt, wie die Untersuchungen von *Raether* [808, 977], *Flegler* und *Raether* [978] und *Kroemer* [979] mittels Beobachtung des Entladungsvorganges in der *Wilson*schen Nebelkammer ergeben haben. Wenn dieses Elektron längs 1 cm seines Weges x Ionenpaare durch Stossionisierung [973] erzeugt, dann werden längs des Weges x nach einer bei *Townsend* oder *W. O. Schumann* [13] zu findenden Ableitung $e^{\alpha x}$ Elektronen gebildet, so daß ihre Zahl lawinenartig anwächst. (Man spricht von der sogenannten T r ä g e r - l a w i n e).

Die gleichzeitig gebildeten positiven Ionen haben praktisch dabei keinerlei ionisierende Wirkung. Sie werden bei der Betrachtung der Kanalentladung daher ohne Schaden, was Neuionisierung anbetrifft, außer Betracht gelassen.

Die Energie der derart vermehrten und beständig vom Felde gegen die Anode getriebenen Elektronen wird aber außer ihrer Wirkung für die Stoßionisation nun auch rein thermische Wirkungen mit sich bringen. Besonders am Lawinenkopf wird mehr Wärme zugeführt als durch Strahlung oder Leitung abgeführt werden kann. So übertrifft schließlich die t h e r m i s c h e   I o n i s i e - r u n g des Gases bei weitem die rein elektrische durch Trägerstoß! Gleichzeitig kommt nach *Raether* eine nicht unbeträchtliche Photoionisierung und zwar vermutlich infolge Anregung der weit im Ultraviolett liegenden Banden gewisser Gase (z. B. der Moleküle O_2, N_2, H_2) hinzu.

War zunächst die Geschwindigkeit der Spitze der Elektronenlawine etwa $1,2 \cdot 10^7$ cm/s für Luft und

$$\frac{|\mathfrak{E}|}{p} = 40 \quad \frac{\text{Volt}}{\text{Torr} \cdot \text{cm}},$$

so kann sie unter dem Einfluß dieser starken Neuionisierungen sowie starker Feldverzerrungen durch Raumladungen, welche hauptsächlich von den entstehenden positiven Ionen herrühren, auf $7 \ldots 9 \cdot 10^7$ cm/s hinaufschnellen. So wird innerhalb sehr kurzer Zeit von dem von der Elektronenlawine erfüllten Entladungsschlauch die Anode erreicht. Es erfolgt nun eine rückläufige, also von der Anode gegen die Kathode zu vorstürzende Kanalentladung, die nach *Raether* eine Geschwindigkeit von 10^8 cm/s haben kann. Für diesen Vorgang sind wesentlich die Photoelektronen. Die Energie der positiven Ionen ist auch hierfür außer Betracht zu lassen.

Die Kanalentladung geht nach kurzer Zeit unter Spannungszusammenbruch in den Bogen über. Die starke ionisierende Strahlung hört dann auf. Die intensivste Strahlung mit größter Energie (Wellenlänge kleiner als 1000 $\overset{\circ}{A}$ —Einheiten) wird nach *Raether* in der nur 10^{-8} bis 10^{-9} sec dauernden Zeit des Spannungszusammenbruches ausgesandt.

Die Kanalentladung soll stets für größere Produkte von Druck p (in Torr) mal Elektrodenabstand d (in cm) als etwa 200 (für Luft) auftreten. Es müssen also viele freie Weglängen der Gasteilchen zwischen den Elektroden liegen. Dies ist bei den praktisch angewendeten kondensierten Entladungen stets der Fall, so daß man mit ziemlicher Wahrscheinlichkeit annehmen kann, daß hierbei die Kanalentladung eine wesentliche Rolle spielt. Die *chemischen Reaktionen* werden durch die hohen Energien der *kurzwelligen Strahlung* sehr *gefördert*.

Bei Betrachtung der thermischen Wirkung werden nach *Wrede* [441], in der kondensierten Entladung den Gasen für kurze Zeit Energien übermittelt, denen ähnliche Temperaturen zugeordnet sind, wie sie sonst bei der elektrischen Explosion feiner Drähte bekannt sind (40 000 ⁰ C). Diese hohen Temperaturen rufen naturgemäß starke kurzwellige Strahlungen hervor.

§ 13. Ladungsträgerstrahlen

Ladungsträgerstrahlen sind rasch bewegte Ladungsträger einheitlicher Richtung und Geschwindigkeit. Sie sind befähigt infolge der innewohnenden kinetischen Energie eine mehr oder weniger große Strecke ohne weitere Beschleunigung auch unter Überwindung materieerfüllter Räume zurückzulegen.

Es gibt solche Strahlen, die hauptsächlich Ionen und solche, die größtenteils Elektronen enthalten.

a) Elektronenstrahlen

Elektronenstrahlen können z. B. aus Gasentladungen bei niedrigen Drucken etwa unter 10^{-2} Torr erhalten werden. Durchbohrt man die Anode, so treten durch diese Öffnung nach der der Entladung abgewendeten Seite Elektronen hoher Geschwindigkeit aus [84], sofern man kleine Drucke und hohe Entladungsspannungen anwendet. Diese als Kathodenstrahlen benannten schnellen Elektronen können besser mittels der in Bild 31 dargestellten Anordnung gewonnen werden. Ist b die Kathode, so gehen von ihr schnelle Elektronen in der zeichnerisch angedeuteten Richtung, also senkrecht

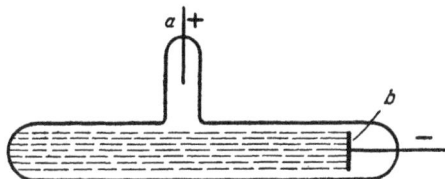

Bild 31: Erzeugung von Kathodenstrahlen

Richtung, also senkrecht zur Kathodenfläche, aus. Sie laufen gegen die Glaswand und erregen dieselbe an der getroffenen Stelle zur Fluoreszenz, sofern die Spannung über 9 KV ist.

Zur Gewinnung freier Elektronen kann z. B. eine Anordnung dienen, bei der eine Glühkathode einer durchbohrten Anode gegenübersteht. Das Entladungsgefäß ist hoch evakuiert, um reine Elektronenstrahlen, die nicht mit Ionen gemischt sind, zu erhalten. Die aus der Glühkathode austretenden Elektronen erlangen nach Überwindung der Raumladung (falls diese nicht durch positive Gitter aufgehoben ist)

im elektrischen Felde eine so große Geschwindigkeit, daß sie durch
die Öffnung der Anode hindurch fliegen.

Der Zusammenhang zwischen dem von den Elektronen durchlaufenen Potentialunterschied (in V) und der daraus entspringenden
Geschwindigkeit v (in cm/sec) ist durch die Beziehung

$$v \ (cm/sec) = 5{,}93 \cdot 10^7 \sqrt{V},$$

gegeben, solange die erzielte Geschwindigkeit genügend weit unter
der Lichtgeschwindigkeit liegt, so daß die relativistische Massen-
zunahme des bewegten Elektrons nicht berücksichtigt werden muß.
Dies ist bis etwa 10^4 V Beschleunigungsspannung der Fall.

Für v nahe der Lichtgeschwindigkeit gilt nach *Lenard* [84]

$$V = 5{,}11 \cdot 10^5 \left(\frac{1}{1-(v/c)^2} - 1 \right)$$

und für kleinere v:

$$V = 2{,}55 \cdot 10^5 \left[1 + {}^3/_4 \, (v/c)^2 + {}^5/_8 \, (v/c)^4 + \dots \right]$$
$$\text{(darin v in cm/sec)}.$$

Reichweite und Absorption:

Unter der Reichweite der Elektronenstrahlen versteht man die
direkte Länge ohne Umwege, die die Strahlelektronen zurücklegen,
bis sie ihre Bewegung eingebüßt haben. Man spricht dann von einer
Absorption des Elektronenstrahles. Die Elektronen selbst sind dann
in vielen Fällen (bei Gasen) noch frei vorhanden, aber ihre Geschwindigkeit ist bedeutungslos klein geworden.

In Gasen und auch in anderen Körpern ist mit dem Abbremsen
eine seitliche Abweichung bei jedem Zusammenstoß mit Körper-
teilchen ursächlich verknüpft. Deshalb streuen eine Vielzahl der
Strahlelektronen beim Durchgang durch Materie.

Die Energieabsorption und damit auch die Reichweite sind abhängig von der Masse der durchlaufenen Schichten [84]. Der Einfluß der chemischen Konstitution tritt dagegen zurück.

In Gasen ist die maximale Reichweite R (in cm):

$$R = 1{,}4 \cdot 10^{-7} T \cdot V^2 / (p \cdot M.),$$

worin M = Molekulargewicht, p = Druck in Torr, T = abs. Temperatur, V = Anfangsenergie (in Volt). Diese Beziehung ist versuchsmäßig gefunden. Sie hat erst bei einer Beschleunigungsspannung
von über 2000 V Gültigkeit. Ist P der Bruchteil der Reichweite,
den ein Elektron an einer bestimmten Stelle seiner Bahn besitzt,
so ist die noch verfügbare Energie (in Volt)

$$V_{rest} = V \sqrt{1-P}.$$

Die Absorption verläuft längs des Strahlweges nach einem Ex-
ponentialgesetz. Es wurde ein Absorptionskoeffizient a definiert
als die reziproke Dicke (in cm^{-1}) der Substanz, nach welcher der

Kathodenstrahl auf den „e"-ten Teil seiner Anfangsenergie abgeschwächt ist. Es ist demnach bei beliebiger Dicke d, wenn J die
betrachtete Energie und J_a die Anfangsenergie ist und d in cm gemessen wird:

$$d \cdot J = J_a \cdot e^{-ax}.$$

Für a wurde von *Lenard* die Beziehung

$$a/\gamma = 3200 \text{ cm} \cdot g^{\,1}$$

gefunden [84, 32], darin ist γ die Dichte des betreffenden Absorp-
tionsmaterials in g'/cm^2 (g' = Gramm Masse).

Die Mehrzahl aller untersuchten Gase, Flüssigkeiten und festen
Körper gehorcht dieser Beziehung.

Unter den Ausnahmen befindet sich der Wasserstoff, dessen
absorbierende Kraft größer ist, als der Gleichung entspricht. Mit
der Reichweite des Elektronenstrahles hängt auch die *Grenzschichtdicke* zusammen als derjenigen Stärke des absorbierenden Mate-
riales, bei welcher gerade alles absorbiert wird.

Die folgende Tabelle 1 nach *Lenard* [633] gibt die auch praktisch
wichtigen Daten für Aluminium. Gleichzeitig ist tabellarisch der
Zusammenhang zwischen Beschleunigungsspannung und Geschwindigkeit der Elektronen dargestellt.

Zur Feststellung von Geschwindigkeitsverminderungen aus dieser Tabelle hat man von der Grenzschichtdicke, die zur gegebenen
Anfangsgeschwindigkeit gehört, die gegebene Schichtdicke abzuziehen. Man erhält somit die Differenz von Grenzschichtdicke und
tatsächlicher gegebener Dicke. Die zu diesem Wert gehörige Geschwindigkeit ist die gesuchte Endgeschwindigkeit. Die Geschwin-
digkeitsverminderung ist dann durch einfache Subtraktion leicht zu
ermitteln.

Tabelle 1: Grenzschichtdicken für Aluminium (nach *Lenard* [33])

s	r	t
0,05	637	0,0002
0,10	2560	0,0003
0,15	5840	0,0007
0,20	10500	0,0019
0,24	15000	0,0043
0,30	24700	0,0110
0,40	46500	0,0380
0,50	79000	0,0700
0,60	128000	0,178
0,70	203000	0,320
0,80	342000	0,630
0,90	662000	1,33
0,95	1130000	2,36

s = Geschwindigkeit der Elektronen in Teilen der Lichtgeschwindigkeit
r = Beschleunigungsspannung in Volt
t = Grenzschichtdicke in mm

b) Ionenstrahlen

In ähnlicher Weise, wie die Elektronenstrahlen, kann man sich auch Ionenstrahlen entstanden denken; nachdem Ionen auf irgend eine Art und Weise freigeworden sind, werden sie im elektrischen Feld beschleunigt und die Gesamtheit der schnell bewegten Ladungsträger bildet dann den Strahl. Für chemische Umsetzungen sind bisher hauptsächlich *Kanalstrahlen* angewandt worden. Das sind Strahlen, die aus einem Loch in der Kathode einer Gasententladung nach der der Entladung abgewandten Seite heraustreten [83, 284], dabei liegt die Quelle der Kanalstrahlen wahrscheinlich am Anfang des negativen Glimmlichtes.

Sie bestehen hauptsächlich aus positiven Gasionen. Es sind aber auch negative Gasionen und Elektronen vorhanden sowie ungeladene Moleküle. Dabei werden die Ladungen gegenseitig ständig ausgetauscht. Es sind also sehr verwickelte Vorgänge. Beim Experimentieren mit Kanalstrahlen ist es deshalb auch nicht leicht, bezüglich der chemischen Umwandlungen eindeutige Schlüsse zu ziehen. Anders ist es, wenn mittels magnetischer oder elektrischer Felder die verschieden geladenen Teilchen auseinander gezogen werden, wie es bei der Massenspektroskopie der Fall ist (s. Schluß dieses § 13). Die chemische Wirkung der Kanalstrahlen wurde sehr frühzeitig beobachtet. So fanden *C. G. Schmidt* [93] sowie *Wendt* [94] die oxydierende Wirkung der Strahlen in Sauerstoff und ihre reduzierende in Wasserstoff.

Die Eindringtiefe der Kanalstrahlen liegt weit unter derjenigen der Elektronenstrahlen [83].

Das eigentümliche an den Kanalstrahlen ist die Tatsache, daß sie Massestrahlen sind, in denen sich hauptsächlich Atome oder Atomkerne bewegen. Während die in den Elektronenstrahlen bewegten Elektronen immer mit dem elektrischen Elementarquantum (e) verknüpft sind, können die Teilchen der Kanalstrahlen vielfache von (e) mit sich führen.

W. Wien fand 1898, daß die Kanalstrahlen durch elektrische oder magnetische Felder abgelenkt werden können [95].

Eine andere Art von Ionenstrahlen sind die *Anodenstrahlen*.

Gehrke und *Reichenheim* [96] evakuierten *Geißler*-Röhren (Glimmentladungsstrecke in Glasröhren) recht weitgehend, jedoch nicht bis zum Hochvakuum. Die Anode wurde aus dem Jodid eines Alkalioder Erdalkalimetalles erstellt. Bei Einschalten der Spannung an die beiden Elektroden (Kathode aus beliebigem Metall) gingen von den präparierten Anoden farbig leuchtende *Anodenstrahlen* aus. Das Licht zeigte die Spektrallinien der betreffenden Metalle. Im elektrischen oder magnetischen Felde abgelenkt, erweisen sich die Strahlen als durchweg positiv. Wie bei den Kathodenstrahlen erhalten die Ladungsträger (Metallionen) ihre Geschwindigkeit durch ein elektrisches Beschleunigungsfeld. Durch die Anwesenheit des Joddampfes, der stark elektronegativ ist, wird das elektrische Feld insbesondere an der Anode stark zusammengedrängt, so daß an dieser Stelle der Potentialabfall und damit das Feld besonders hoch sind. Dabei entstehen die schnellen, weitreichenden Anodenstrahlen. Die Anodenstrahlteilchen sind mit den Ionen der wässerigen Elektrolyse identisch. Ähnliche Untersuchungen wurden von G. C. Schmidt [100] sowie Kunsmann und Nelson [97, 98, 99] durchgeführt. Besonders gleichmäßige Emission wurde durch Einbetten von Alkalisalzen in Eisenoxyd mit Aluminiumoxyd erzielt.

Als Quelle von Ionenstrahlen sind auch die radioaktiven Stoffe herangezogen worden. Einzelne radioaktive Elemente senden bekanntlich bei ihrem Zerfall Heliumkerne, also zweifach geladene Heliumionen sehr hoher Geschwindigkeit, entsprechend Beschleunigungsspannungen von einigen Millionen Volt, aus.

Diese alpha-Strahlen genannten schnell bewegten Heliumkerne besitzen, sofern sie ein und demselben Stoff entstammen, eine sehr einheitliche Geschwindigkeit. Da die radioaktiven Körper jedoch sehr verschiedenartige Zerfallsprodukte mit unterschiedlichster Lebensdauer haben, werden fallweise Strahlen sehr verschiedener Energie ausgesandt.

Geschwindigkeiten, die diejenigen der alpha-Strahlen noch übertreffen, können auch durch Anlegen sehr hoher Beschleunigungsspannungen erzielt werden. Eleganter ist die Methode von Lawrence und Edlefson [904], das wiederholte Anlegen ein und desselben Beschleunigungsfeldes im sogenannten Zyklotron. Bisher wurde dieses Gerät hauptsächlich zur kernphysikalischen Forschung herangezogen. Es sind jedoch Ansätze für eine entladungschemische Verwendung (Elektronenschalenvorgänge, also keine Kernprozesse) vorhanden.

Das Zyklotron beruht auf der physikalischen Tatsache, daß die Winkelgeschwindigkeit eines geladenen Teilchens im homogenen Magnetfeld unabhängig von seiner Geschwindigkeit ist, solange die Massenänderung klein ist. Die Ionen kreisen innerhalb von zwei halbkreisförmigen Dosenhälften, von der Mitte aus nach außen zu in spiraligen Bahnen. Um dies zu erwirken, steht ein homogenes Gleich-Magnetfeld senkrecht zur Teilchenbahnebene. Außerdem wird an die beiden Dosenhälften eine Wechselspannung solcher Frequenz angelegt, daß die Ionen im Takte dieser Spannung umlaufen und so jedesmal zwischen den Dosenhälften in ein beschleunigendes Feld gelangen.

Wie läßt man nun Ladungsstrahlen auf die Körper einwirken?

a) Elektronenstrahlen

Kathodenstrahlquelle im Reaktionsgefäß

Die Methode, das Erzeugungsgefäß der Kathodenstrahlen zugleich als Reaktionsgefäß zu benutzen, ist nur zweckmäßig, wenn die zu verändernden Stoffe entweder Gase (also beliebig verdünnbar) oder Körper sehr niedrigen Dampfdruckes im Bereiche der Arbeitstemperaturen sind. Reaktionsprodukte werden meist ausgefroren (Kühlung mit flüssiger Luft).

Werden die Elektronenstrahlen mittels Gasentladungen geringen Druckes erzeugt, so empfiehlt es sich, die Kathode als drehbare Kugel auszubilden. Die Kugelkathode kann lange Zeit so gedreht werden, daß immer eine noch unangegriffene Stelle dem Ionenbombardement ausgesetzt ist.

Vorteile dieser Art der Erzeugung von Elektronenstrahlen, also durch Kathodenstrahlen sind: Einfachheit des Aufbaues der Anordnung, Anwendbarkeit bei allen Füllgasen (natürlich nur bei kleinsten Drucken). Nachteile sind: Langsamere Elektronen sind bei einigermaßen ausreichender Intensität nicht herzustellen. Die Regulierung der Menge und der Geschwindigkeit der Elektronen ist nicht unabhängig von einander durchzuführen, die Geschwindigkeit der Elektronen ist recht uneinheitlich.

Die Erzeugung mittels Glühkathode besitzt diese Nachteile nicht.

Die Bildung der Elektronen aus Glühkathoden mit nachheriger getrennter Beschleunigung im elektrischen Feld ist vorteilhaft, weil jede gewünschte Elektronengeschwindigkeit durch geeignete Bemessung der Beschleunigungsspannung erzielt werden kann. Die Intensität kann ebenfalls recht einfach, z. B. durch Regulierung der Glühkathodenheizung, beherrscht werden.

Als Glühkathodenmaterial kommt neben Platin und in gewissen Fällen den Oxyden der Erdalkalimetalle auch der *Nernst*-Stift in Betracht[1]).

Wie *Krüger* und *Zickermann* [982] gezeigt haben, lassen sich bei Gasdrucken von etwa 0,3 Torr auch bei Sauerstoffüllung Oxydkathoden anwenden. (Die Emission wird allerdings durch den Sauerstoff stark herabgesetzt).

Mit großem Vorteil werden positiv geladene Gitter angewendet, um Raumladungen abzuführen.

Eine Konzentrierung der Elektronen, etwa zur Behandlung einer Flüssigkeit oder fester Körper kann in einfacher Weise durch Magnetspulen erfolgen, deren Hauptachse mit der Hauptfeldrichtung übereinstimmt. Auch elektrostatische Linsen können Anwendung finden [101].

Kathodenstrahlquelle und Reaktionsgefäß getrennt.
Trennung durch Druckgefälle

Das Wesen dieser Anordnungen ist die Zulassung einer Gasströmung in den Elektronenerzeugungsraum hinein. Das nötige Vakuum wird in diesem durch kräftige Pumpen aufrechterhalten. Zwischen dem auf höherem Druck stehenden Reaktionsraume und dem Erzeugerraum befindet sich eine enge Düse, die einerseits die Strömung aus dem Reaktionsraum klein halten, andererseits aber einen Elektronendurchtritt zulassen soll.

Peters und *Schlumbohm* [102] haben den Druckübergang in Stufen vollziehen lassen, ähnlich wie dies auf dem Hochdruckgebiet auch geschieht (z. B. Abdichten bei Dampfturbinenwellen durch sogenannte Labyrinth-Dichtungen).

---

[1]) Dieser nach *Nernst* benannte früher in der Beleuchtungstechnik vorgeschlagene und kurze Zeit angewendete Stift besteht aus Oxyden der seltenen Erden, z. B. des Lanthans, Zirkons, Yttriums).

Trennung durch Wände

An Stelle von Druckgefällsübergangsstrecken können Erzeuger- und Reaktions-Gefäß mittels sehr dünner gasundurchlässiger Wände, die jedoch die Elektronen durchtreten lassen, abgeteilt werden. Voraussetzung für diese zuerst von *P. Lenard* [32] ausgeführte Methode ist wegen der großen Absorptionskraft der meisten Baustoffe die Anwendung größerer Beschleunigungsspannungen. Die austretenden Elektroden erleiden in diesen Schichten einen merklichen Geschwindigkeitsverlust.

Als Material für solche Zwischenwände hat man u. a. insbesondere Gold, Silber, Aluminium sowie Nickel [103] vorgeschlagen. Auch Kollodiumhäutchen wurden verwendet [982]. Am besten haben sich Aluminium und Nickel bewährt [32, 104]. Um die Schaffung sehr leistungsfähiger Anlagen zur Erzeugung freier Elektronenstrahlen nach Art der durch ein „*Lenard*-Fenster" durchtretenden „*Lenard*-Strahlen" hat sich *Coolidge* [103] verdient gemacht. *Coolidge* verwendete Nickelfenster von 0,0127 mm Stärke. Bei einer Beschleunigungsspannung von etwa 200 000 V erhielt er, nachdem die Strahlen das Nickelfenster passiert hatten, noch eine Reichweite in atmosphärischer Luft von 45 cm. Ohne Fenster würde die Reichweite 46,6 cm betragen. Die Schwächung durch das Fenster ist bei der verwendeten hohen Spannung also nicht mehr groß.

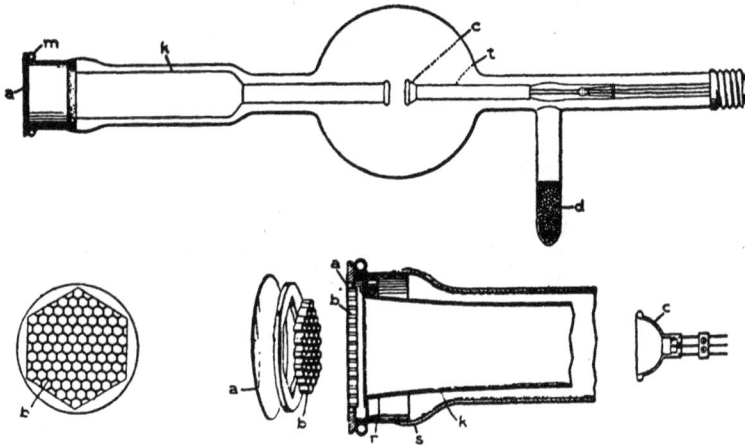

Bild 32: Kathodenstrahlröhre mit *Lenardfenster* nach *Coolidge* (Aus [726])

Vollrath [104] arbeitete mit noch höheren Beschleunigungsspannungen (bis zu 600 000 V) unter Verwendung von Aluminiumfenstern (siehe auch *Lauritzen* und *Cassen* [105]). Die prozentuale Strahlschwächung ist bei seiner Anordnung jedoch größer. In B i l d 32 ist eine Ausführung der *Coolidge*-Röhre dargestellt. Die Kathode ist eine flache Wolframspirale (5 mm Durchmesser, Drahtstärke 0,216 mm), die in einer Kalotte aus Molybdän (c) sitzt, welche zum Fokussieren des Elektronenstrahles dient. t ist eine Molybdänblechröhre, die eine Elektronenemission unter dem Einfluß hoher Felder an den Kathodenleitungen verhindern soll. Die Anode a wird durch das Nickelfenster, welches einen Durchmesser von 7,5 cm hat und gegen den atmosphärischen

Luftdruck durch den Rost aus Molybdän (b) abgestützt ist, gebildet. Der Rand des Fensters ist mit dem Ringe r verlötet, welcher auf das Ende s der Glasarme aufgekittet ist. Eine lange Kupferröhre K, die elektrisch mit dem Fenster verbunden ist, dient als elektrostatisches Schild, um das Glas des Anodenarmes vor Durchschlägen zu bewahren. Dieses Rohr ist beim Betrieb mit sehr hohen Spannungen durchaus notwendig. Wenn es fehlt, bildet sich das volle Kathodenpotential längs der Innenseite des Anodenarmes aus und zwar auch in unmittelbarer Nachbarschaft der Anode, so daß ein zum Durchschlag des Glases ausreichender Potentialgradient entstehen kann. Die Gesamtlänge der Röhre ist 89 cm, der Durchmesser der Glaskugel beträgt 20 cm.

Coolidge hat solche Rohre bis zu Betriebsspannungen von 350 000 V entwickelt.

Nickel ist als Fenstermaterial gegenüber Al aus folgenden Gründen günstiger, obwohl seine Durchlässigkeit gleiche Dicke vorausgesetzt geringer ist:

a) Nickel läßt sich dünner löcherfrei ausschlagen als Aluminium.
b) Der Oxydationswiderstand von Nickel ist besser.
c) Die Elastizitätsgrenze liegt für Nickel bei höheren Temperaturen.
d) Nickel kann leichter als Aluminium gelötet werden (Kitte würden sich infolge entladungschemischer Einwirkung zersetzen).

Das Arbeiten mit solchen stromstarken Röhren ist nicht ungefährlich, da überall, wo die schnellen Elektronen auftreten u. a. harte *Röntgen*-Strahlen entstehen. Dies gilt auch für Luft. Sie wird zum Leuchten erregt (Bild 33). Das Auftreten der freien Elektronenstrahlen auf biologische Gewebe ruft in kürzester Zeit schwere Schädigungen hervor, wie in Bild 34 gezeigt ist.

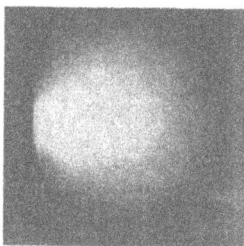

Bild 33: Luftleuchten durch
*Lenard*strahlen
(Aus [726])

Bild 34: Zerstörungen an einem Kaninchenohr
durch Einwirkungen von *Lenard*strahlen;
Dauer 10 sec (Aus [726])

b) Ionenstrahlen

Anordnungen mit Kanalstrahlen

Zur Erzielung chemischer Umwandlungen sind kräftige Kanalstrahlen erforderlich. Die siebförmige Kathode soll weite Maschen im Vergleich zu den Stegen besitzen. Eine technische Bedeutung haben die Ionenstrahlen in der Entladungschemie nicht erlangen können, dagegen wurden Kanalstrahlenanordnungen gelegentlich zu wissenschaftlichen Untersuchungen herangezogen. Dies gilt insbesondere für solche Anordnungen, bei denen die Kanalstrahlteilchen

elektrischen und magnetischen Feldern ausgesetzt werden. Diese
Anordnung ist noch mehr für die Massenspektroskopie von Bedeutung.

Massenspektroskopie (Ablenkung von Ionenstrahlen im
elektrischen und magnetischen Feld:

Ein Kanalstrahlbündel enthält, Teilchen verschiedener spezifischer Ladung e/μ
und verschiedener Geschwindigkeiten v. Für die Ablenkung im elektrischen Feld gilt:

Ist $\mathfrak{E}$ die Feldstärke, e die Ladung des beobachtenden Teilchens und μ seine
Masse und tritt es senkrecht zu den elektrischen Feldlinien mit der Geschwindigkeit v ins Feld ein, so hat es in t sec in der ursprünglichen Be-
wegungsrichtung den Weg $s = t \cdot v$ und senkrecht dazu (in der Kraftlinien-
Kraftrichtung) den Weg $x = \frac{1}{2} e \, t^2 \, \mathfrak{E}/\mu$ zurückgelegt. Für die Ablenkung durch
das elektrische Feld folgt daraus:

$$x = \frac{1}{2} \mathfrak{E} \cdot e \cdot s^2 (\mu \cdot v^2) \ \dots \dots \dots \ 1$$

Für die Magnetfeldablenkung folgt:

Sind im Ionenstrahl n Ladungseinheiten im laufenden cm Strahllänge, so
ist die entsprechende Stromstärke $v \cdot n \cdot e$. Verläuft die magnetische Feldstärke
$\mathfrak{H}$ senkrecht zum Strahl, so ist die Kraft je cm $= \mathfrak{H} \cdot v \cdot n \cdot e$, also für eine
Ladungseinheit gleich $\mathfrak{H} \cdot v \cdot e$. Für die Richtung gilt die bekannte Linke-Hand-
Regel. Die zentripetale Beschleunigung wird, wenn r der Krümmungshalbmesser
der Bahn ist,

$$\frac{\mu \cdot v^2}{r} = \mathfrak{H} \cdot v \cdot e \ \dots \dots \dots \ 2$$

oder umgeschrieben,

$$\frac{1}{r \cdot \mathfrak{H}} = \frac{v \cdot e}{\mu \cdot v^2} = \frac{e}{\mu \cdot v} \ \dots \dots \dots \ 3$$

Die Bahn ist ein Kreis. Mit größerer Geschwindigkeit wird der Kreis größer,
mit stärkerem Magnetfeld kleiner.

Nachdem der Strahl ins Magnetfeld eingetreten ist, habe er die Strecke s
in der ursprünglichen Richtung zurückgelegt. Senkrecht dazu ist er aber um
y abgewichen. Für kleine y gegenüber r kann s der tatsächlich durchlaufenen
Kreisbahn numerisch gleichgesetzt werden. Für die seitliche Abweichung gilt
dann,

$$y = \frac{\mathfrak{H} \cdot e \cdot s^2}{2 \mu \cdot v} \ \dots \dots \dots \ 4$$

Sind das elektrische und magnetische Feld parallel, so stehen x (Gl. 1) und
y (Gl. 4) aufeinander senkrecht. x, y sind die Koordinatenpunkte, in denen eine
senkrecht zur ursprünglichen Strahlrichtung gehaltene Ebene (photographische
Platte) vom Strahl getroffen wird. Der Ursprung des x,y-Achsenkreuzes ist der
Schnittpunkt des Strahles mit der Ebene bei ausgeschalteten Feldern.

Aus Gl. 1 und Gl. 4 sind x und y von e/μ und von v abhängig.

Ist e/μ für eine Zahl von Teilchen gleich, aber v verschieden, so mar-
kieren die Bildpunkte auf der Photoplattenebene eine Parabel. Die Gleichung
dieser Parabel folgt aus Gl. 1 und Gl. 4:

$$y^2/x = e/\mu \ \mathfrak{H}^2/\mathfrak{E} \cdot s^2/2 \ \dots \dots \dots \ 5$$

Wird darin

$$\mathfrak{H}^2/\mathfrak{E} \cdot e/\mu \cdot s^2 = 4 \, \mathfrak{p}$$

gesetzt, so folgt die allbekannte Parabelgleichung

$$y^2 = 2\,p\,x, \text{ mit dem Parabelparameter } v = \frac{\mathfrak{H}^2 \cdot e \cdot s^2}{4\,\mathfrak{E} \cdot \mu}.$$

Wenn die Lichtstärke zu einer photographischen Aufnahme der Parabel nicht ausreicht, wird nach der *Astons* Massenspektroskopie genannten Methode erst ein elektrisches Feld so angeordnet, daß die Strahlen je nach ihrer unterschiedlichen Geschwindigkeit auseinandergezogen werden. Hierauf gehen die Strahlen durch ein magnetisches Feld solcher Richtung und Stärke, daß die Wege aller Strahlen gleicher spezifischer Ladungen (e/μ) zu einem Punkte führen. Anderen e/μ Werten sind andere Punkte zugeordnet, die aber alle auf einer Geraden liegen.

Da bei dieser von *Aston* modifizierten Methode alle dieselbe spezifische Ladung e/μ tragenden Teilchen auch für verschiedene Geschwindigkeiten auf einen einzigen Punkt konzentriert werden, so ergibt sich, falls dort eine photographische Platte aufgestellt ist, eine große Empfindlichkeit (siehe auch *Mattauch* [972]). Mit der Massenspektroskopie können bekanntlich auch kleine Unterschiede im Atomgewicht erfaßt werden (wichtig für die Isotopen-Forschung). Mit Hilfe der Massenspektroskopie wurden auch eine Reihe von entladungschemischen Prozessen untersucht, insbesondere solche, die in Kanal-strahlen auftreten. Allerdings ist die Untersuchung auf niedrige Drucke (etwa zwischen 10^{-2} und 10^{-4} Torr) beschränkt. Bei hohen Drucken würde die mittlere freie Weglänge der Untersuchungskörper zu klein, was zu nicht eindeutigen Ergebnissen führen müßte.

B. Physikalisch=chemische Wechselwirkungen zwischen Reaktionsgut und Entladung

I. Gase

§ 14. Anordnungsmöglichkeiten

Zunächst soll die geometrische Anordnung der zu behandelnden Gase in den Gasentladungen betrachtet werden.

Die einfachste Form der Einwirkung, die zugleich sehr günstig ist, ist in der *Siemens*schen Ozonröhre (§ 7) verwirklicht. Bei dieser strömen die zu verändernden Gase quer zur Feldrichtung und die den verschiedenen Entladungsgebieten (Dunkelräume, Leuchtschichten usw.) ausgesetzten Gasteilchen sind, laminare Strömung vorausgesetzt, strömungsmäßig parallel geschaltet.

Eine andere Methode besteht darin, die Gase in Feldrichtung strömen zu lassen. Das kann gegenüber der soeben besprochenen Ausführung bei der Behandlung solcher Stoffe, aus denen sich unter dem Einfluß der Entladung feste oder flüssige Abscheidungen bilden, Vorteile haben. Diese meist zähen, harzartigen Produkte setzen sich häufig an den Elektroden ab und verändern dadurch die elektrischen Verhältnisse grundlegend; ein Absetzen auf Wänden wirkt lange nicht so störend. Die *Siemens*sche Röhre verschmutzt dementsprechend unter Umständen bei der Behandlung gewisser Substanzen völlig. Die aus Glas bestehenden Stabilisierungsschichten sind dann nach kürzerem oder längerem Betrieb mit dicken harzigen Schichten versehen.

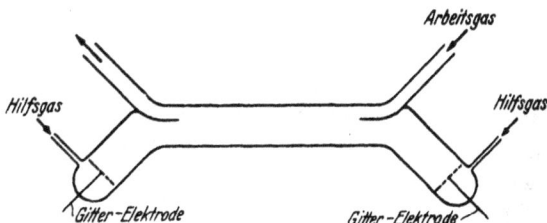

Bild 35 : Anordnung zur Vermeidung von Elektroden= verharzungen

Neben der Veränderung der elektrischen Werte bringt die Verschmutzung auch eine Verschlechterung der Durchströmungsverhältnisse, sowie der Ausbeuten mit sich. Ist aber, wie in Bild 35 angedeutet, die Hauptströmungsrichtung senkrecht zu den Elektrodenflächen, so kann die Berührung derselben mit den Reaktionsprodukten insbesondere bei gleichzeitiger Zuführung kleiner Mengen eines neutralen Hilfsgases in der aus der Zeichnung ersichtlichen Art und Weise völlig vermieden werden.

Will man die Reaktionen in den einzelnen Bereichen der Entla-dungen, z. B. Kathodengebiet, Anodengebiet, positive Säule, trennen, so ist dies auch mit Hilfe geeigneter Strömungsführung einiger-maßen erreichbar.

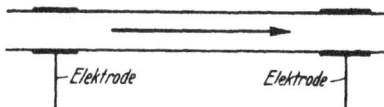

Bild 36: Einfache Anordnung zur
Behandlung von strömenden Gasen

Auch eine Kombination der beiden Hauptströmungsrichtungen ist durchführbar und ergibt sehr einfache Ausführungsformen (Bild 36). Völlig frei von Elektrodeneinflüssen ist man bei der Benutzung der elektrodenlosen Induktionsentladungen (§ 10). Für weitgehende Ver-meidung der Wandeinflüsse ist die Form mit einer „Sekundärwin-dung" innerhalb einer Glaskugel geeignet, während bei den Ausfüh-rungsformen mit mehreren Entladungswindungen die Wandeinflüsse dominierend werden. Die Strömungsgeschwindigkeit kann, wenn die je Zeiteinheit durch das Gerät gepumpte Gasmenge gleichbleibend sein soll, durch wechselnde Anzahl der symmetrisch verteilten Zu- und Ableitungen verändert werden. Diese Leitungen sind entweder sehr lang oder sehr eng zu wählen, um elektrische Entladungsneben-schlüsse zu vermeiden.

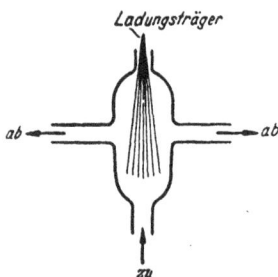

Bild 37: Einwirkung von
Ladungsträgern
auf strömende Gase

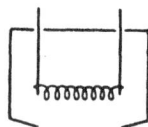

Bild 38:
Abgeschirmte
Kathode

Bei der Einwirkung von Ladungsträger-strahlen ist es zweckmäßig, die Strömungs-richtung so zu wählen, daß die Zuleitung gegenüber der Ladungsträgerquelle mündet und die Ableitung seitlich dazu angeordnet ist, wie aus Bild 37 her-vorgeht.

Die thermische Wir-kung von Glühkathoden kann in dem Falle, daß das Erzeuger- und Reak-tionsgefäß dasselbe ist, durch eine strömungsmä-ßige Abschirmung der Ka-thode, wie Bild 38 zeigt, abgeschwächt werden. Gleichzeitig kann durch diese Maßnahme die Heizleistung herabgesetzt werden.

Bei der Behandlung mit Kanalstrahlen wird häufig im Reaktions-raum ein etwas höherer Gasdruck eingestellt als im Gasentladungs-raum, damit keine im Gasentladungsraum chemisch veränderten Pro-dukte in den Kanalstrahl-Reaktionsraum eindringen können.

§ 15. Physikalische Wirkungen der Entladungen auf die Gase, Kräfte und Strömungen

Die einzelnen durch das elektrische Feld bewegten Ionen übertragen mittels der Reibung ihre Bewegung bis zu einem gewissen Betrage auch auf die umgebenden neutralen Gasteilchen. Diese Reibung wird umso größer, je dichter das betreffende Gas, also je höher der Druck ist.

Umgekehrt kann man bei hohem Druck die Ladungsträger mit der Gasströmung wegblasen. So gelingt es ohne weiteres einen stromschwachen Lichtbogen mit dem Munde auszublasen. Bei niedrigen Drucken ist aber die Reibung bedeutend kleiner. Man kann aus letzterem Grunde auch entgegengesetzt der Ionenströmung vor einer Elektrode eine mäßige Gasströmung aufrechterhalten, wenn niedrigere Drucke herrschen, ohne daß eine sehr deutliche Brennspannungserhöhung eintritt.

Messungen der natürlichen, in Gasentladungen auftretenden Strömungen haben ergeben, daß diese mit steigenden Feldstärkeunterschieden stark anwachsen. So ist die Erscheinung bei sprühenden Spitzen stark ausgeprägt („Elektrischer Wind") [286].

Dies wurde schon technisch verwendet beim Reinigen von Rauchgasen. Über die Größe der die Strömungen in Entladungen auslösenden Kräfte läßt sich eine einfache Abschätzung machen. Vorausgesetzt wird, daß die Ladungsträger dabei keine Relativgeschwindigkeit gegenüber den von ihnen mitgenommenen Gasteilchen haben. Wir gewinnen somit den in Frage kommenden Höchstwert der für die Strömungen verantwortlichen Kräfte. Die wirklichen Werte liegen umsomehr unter diesem abgeschätzten Wert, je geringer die Reibung zwischen den Ionen und dem neutralen Gase ist.

Das Druckgefälle ist bekanntlich gleich dem Gefälle der elektrischen Energiedichte, wobei für letztere das Quadrat der Feldstärken ein Maß ist. (Energiedichte $= \frac{1}{2}\varepsilon\, \mathfrak{E}^2$).

Der Druckunterschied oder die die Strömung antreibende Kraft zwischen zwei Punkten P_1 und P_2 ist dann gleich der Differenz der betreffenden Energiedichten, also

$$K = \frac{\varepsilon}{2}(\mathfrak{E}_1{}^2 - \mathfrak{E}_2{}^2).$$

ε ist bei Gasen fast genau gleich der Influenzkonstante $\varepsilon_0 = 0{,}886 \cdot 10^{-13}\,\mathrm{F/cm}$).

Diese Überlegung gilt nur für den ebenen Fall, bei welchem keine Tensoren auftreten.

Gasaufzehrung, physikalisch[1])

Hier soll zunächst nur die elektrische Gasaufzehrung behandelt werden, die nicht auf chemische Prozesse infolge der Entladungseinwirkung zurückgeführt

---

[1]) Über diesen Gegenstand siehe auch Pietsch [105]. Mit der nicht elektrischen Gasaufzehrung hat sich *Langmuir* [109] theoretisch beschäftigt.

werden kann. Eine „chemische Aufzehrung" liegt z. B. vor, wenn Nitrobenzoldämpfe einer Entladung ausgesetzt werden und sich an den Wänden und an den Elektroden häutige dunkle Niederschläge bilden, welche naturgemäß ein viel kleineres Volumen einnehmen, als die Gase, aus denen sie entstanden sind, wodurch der Druck in der Entladungskammer sinkt. (Über die entladungschemische Gasaufzehrung s. §§ 207 ... 210).

Die physikalische Aufzehrung, also eine Absorption von Gasen an Wänden und Elektroden, insbesondere aber an fein verteilten Metallen, kann ihrerseits durch chemische Vorgänge begünstigt bzw. erst ermöglicht werden. So erfolgt die Absorption des Wasserstoffes meist nicht unmittelbar unter Entladungseinfluß, sondern erst, nachdem er in die atomare Form infolge Entladungseinwirkung dissoziiert ist. Ähnliches soll auch für Stickstoff und Sauerstoff gelten [78, 23].

Die physikalische Gasaufzehrung beschränkt sich dann auf die Absorption bereits chemisch veränderter Körper. Sehr deutlich zu beobachten ist die physikalische Absorption der Gase, wenn feinverteilte Metalle, in erster Linie Iridium, Platin und andere Edelmetalle im Entladungsraum vorhanden sind. Häufig entsteht die feine Verteilung erst in der Entladungskammer durch Kathodenzerstäubung.

Nach *Pietsch* [106] ist die Gasaufzehrung bei höheren Drucken schlecht meßbar. Dies bezieht sich natürlich in erster Linie auf die physikalische Gasaufzehrung. Sie wirkt sich andererseits bei niedrigen Drucken des öfteren so einschneidend aus, daß die Entladungsbedingungen sich grundlegend ändern können.

Gefährlich kann nach *Güntherschulze* [984] die Aufzehrung des Wasserstoffes werden, weil sich dann in Verbindung mit Luftresten keine Wasserhaut mehr an den Wandungen ausbilden kann. Letztere ist aber für das Ableiten der Wandladungen wichtig. Diese bewirken durch Feldverzerrungen das sogenannte P s e u d o h o c h v a k u u m , bei dem trotz normalem Gasdrucke keine Entladung mehr zu zünden ist.

Eigenartig ist die Aufhebung der Gasaufzehrung, wenn Hg-Dampf anwesend ist. *Pietsch* [106] konnte dies für Stickstoff, *Campbell* [107] für Wasserstoff und andere Gase finden.

Die Gasaufzehrungsuntersuchungen sind durch den nach *Pietsch* nicht reproduzierbaren G e g e n e f f e k t der Gasbefreiung sehr erschwert. (Wir kommen später im § 34 und § 210 noch auf diesen Gegeneffekt, der bei der Entgasung von Ölen eine gewisse Rolle spielt, zurück).

Der Gegeneffekt scheint hauptsächlich an den Anodenoberflächen aufzutreten, während die Gasabsorption an der Kathode und an den Wänden vorherrschend sein soll. Eine sehr starke absorbierende Wirkung übt Phosphor aus [108], der praktisch in der Vakuumtechnik angewendet wird. Bei dieser Phosphorwirkung scheint es sich keineswegs um chemische Vorgänge zu handeln. Ähnliche Wirkung wie Phosphor sollen auch As, S, J, Mg, NaF, Na_2SiO_3, Alkali- und Erdalkalinitride, sowie allgemein Legierungen eines Alkali- oder Erdalkalimetalles zeigen, wenn sie elektrischen Entladungen ausgesetzt sind [106].

Für diese Vorgänge gibt es keine vollkommen befriedigende Theorie. Es wäre denkbar, daß für die starke elektrische Absorption angeregte Zustände oder Dissoziation förderlich wären. Andererseits können aber auch die Ionen absorbiert werden, wenn sie sich an den Wänden zu neutralen Gebilden wieder vereinigen. Die dabei frei werdende Energie könnte außer für chemische Vorgänge auch für die Absorption verfügbar werden.

Wirkung des Reaktionsgutes auf die Entladung

§ 16. Zündfeldstärke und chemische Natur des Füllgases

Es gilt als allgemeine Regel, daß die Zündspannung für elektropositive Gase kleiner ist als für elektronegative. Dementsprechend haben Halogene große Zündspannungen. Dies wird auch durch Messungen über das Verhalten elektronegativer Gase im Durchschlag von *Weber* [1073] bestätigt.

Ordnet man diese Gase nach ihrer kritischen Temperatur und nach ihrer Durchschlagsspannung, so ergibt sich nach *Kowalenko* [888] die gleiche Reihenfolge. Zur Ionisierungsspannung soll nach dem Autor keine merkliche Beziehung bestehen.

Nach *Natterer* [1044] haben unter Gasen gleicher Atomzahl die schwereren größere Durchschlagsspannung.

Stephenson [981] hat die Durchbruchsfeldstärke einer Reihe von Gasen gemessen und festgestellt, daß seine Messungen in zwei Gruppen zerfallen. Die eine Gruppe (Paraffine) war gekennzeichnet durch ein Produkt aus $\mathfrak{E}_z \cdot L_e = 0{,}85$ Volt; worin L_e die mittlere freie Weglänge der Elektronen in dem betreffenden Gase darstellt. Die andere Gruppe hatte ebenfalls ein konstantes Produkt $\mathfrak{E}_z \cdot L_e$, jedoch doppelt so groß, nämlich $= 1{,}71$ Volt (Gase der zweiten Gruppe waren z. B. Sauerstoff sowie Wasserstoff).

Thornton [812] hat die Beziehungen zwischen Durchschlagfestigkeit und mittlerer freier Elektrodenweglänge noch weiter verfolgt. $\mathfrak{E}_z \cdot L_e$ ist die Energie, die das Elektron mit der Ladung e gewinnt, wenn es im Felde $\mathfrak{E}_z$ eine freie Weglänge L_e bis zum nächsten Zusammenstoß mit einem Molekül zurücklegt. Als freie Elektronenweglänge ist hierbei wie üblich, der errechenbare Wert zu $L_e = 4\sqrt{2} \cdot L_g$ $L_g =$ freie Weglänge des Gasmoleküles) eingesetzt. Über diese Berechnung von L_e aus L_g s. [5]. Die reziproke freie Weglänge, also $1/L_e$ wird als *Wirkungsquerschnitt* bezeichnet.

Thornton hat die elektrische Festigkeit $\mathfrak{E}_z$ für etwa 50 Gase bestimmt und abhängig vom Wirkungsquerschnitt aufgetragen (Bild 39). Die gemessenen Gase zerfallen in verschiedene Gruppen, welche auf geraden Linien durch den Ursprung liegen. In jeder dieser Gruppen ist ähnlich wie bei den zwei von *Stephenson* bestimmten Gruppen das Produkt $\mathfrak{E}_z \cdot L_e$ konstant.[1])

Bemerkenswert ist im übrigen, wie aus den Messungen *Thorntons* hervorgeht, die hohe Festigkeit von Chlor, einem stark elektronegativen

---

[1]) Es mag dahingestellt sein, ob die weiteren Folgerungen *Thorntons* aus seinen Messungen zutreffend sind. So schließt er, daß die Ionisierungsspannung für alle Gase einer Gruppe konstant sei, weiter, daß die Wirkungsquerschnitte von Gasen mit gleicher Durchschlagspannung in den verschiedenen Gruppen sich um eine bestimmte und annähernd gleiche Stufe unterscheiden. Entsprechend ändern sich die Durchschlagfestigkeiten von Gasen gleichen Querschnittes auch nur stufenweise.

Gas, von 85 KV/cm gegen
Wasserstoff (15,5 KV/cm)
und Helium (4 KV/cm) bei
gleicher Meßanordnung.

Es wurde weiterhin der
Einfluß des Chlors auf
Kohlenwasserstoffe in seiner Eigenschaft als Sub-
stituent untersucht. Bild
40 zeigt dies am Beispiel
des Methans und seiner
Chlorderivate. In jedem
Fall hat die Einlagerung
von Chlor die Festigkeit
stark erhöht. Dichlor-
äthan, $C_2H_4Cl_2$ hat 240
KV/cm Festigkeit, Amyl-
chlorid, $C_5H_{11}Cl$, hat 264
KV/cm, CH_2Cl_2 hat 126
KV/cm. Siehe auch fol-
gende Tabelle 2 auf S. 64.

Der mittlere Anstieg
der Durchschlagfestigkeit
in der Paraffinserie be-
trägt für eine CH_2-Gruppe
12 KV (siehe Bild **41**).
Wasserstoff setzt meist
die Festigkeit herab; z. B. hat Acetylen, C_2H_2, 75,2 KV/cm, während

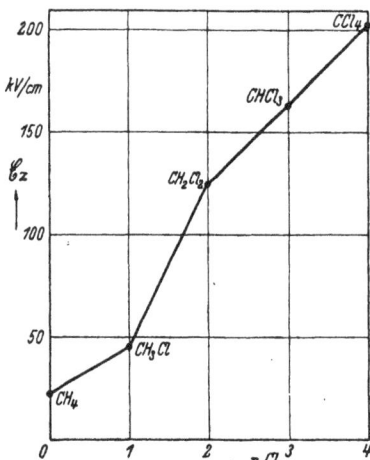

Bild 39: Zündfeldstärke $\mathfrak{E}_z$ als Funktion des Wirkungsquerschnitts für verschiedene Gase (Aus [55])

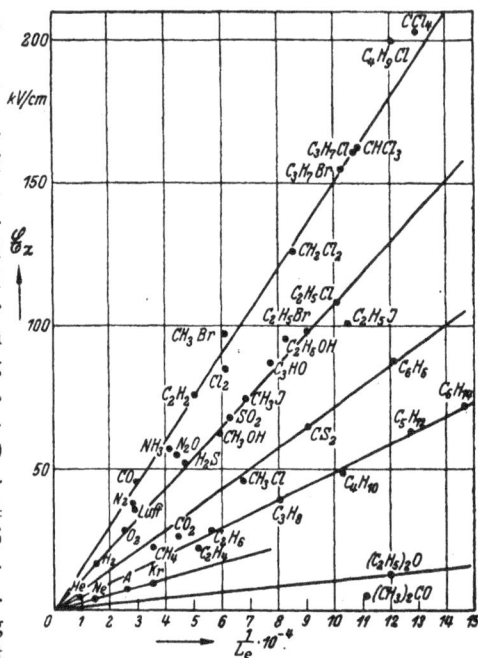

Bild 40: Steigender Verlauf der Durch-bruchsfeldstärke $\mathfrak{E}_z$ mit zunehmender Chlorierung für Methan (Aus [55])

Aethylen nur 21,3 KV/cm aufweist.
Überhaupt sind die ungesättigten Kohlenwasserstoffe durchwegs
elektrisch fester, als die gesättigten. Im zweiten Hauptteil dieses
Buches wird gezeigt, daß auch die
chemische Stabilität in der Entladung für die ungesättigten Kohlenwasserstoffe, was die Gasabspaltung betrifft, größer ist, als für
die gesättigten.

Bemerkenswert ist, wie aus den
Bildern **41** und **42** hervorgeht,
daß sich die Anlagerung einer
CH_2-Gruppe an bereits chlorierten
Kohlenwasserstoff viel stärker
auswirkt, als bei reinen Kohlenwasserstoffen oder, was in derselben Linie liegt, daß sich die
Substitution durch ein Chloratom

um so stärker auswirkt, je höher-molekularer der Kohlenwasserstoff ist (s. Bild **42**).

Nach *Moeller* [160] ist die elektrische Festigkeit des Ozons bedeutend größer, als die des Sauerstoffes. Dabei wirken eigenartigerweise schon Spuren stark durchschlagsfestigkeitserhöhend. Genaue Meßwerte liegen darüber jedoch nicht vor.

Bisher konnte für alle untersuchten Gase ähnlich wie bei Luft das Ähnlichkeitsgesetz (s. § 9) als erfüllt angesehen werden. Benzol schien eine Ausnahme zu machen. *Badareu* [285] hat aber auch für dieses Gas seine Gültigkeit nachweisen können. Die Messungen des Benzols sind deshalb besonders schwierig, weil dessen Dampf unter dem Einfluß der elektrischen Entladungen sehr schnell isolierende Lackschichten auf den Elektroden und Wänden bildet. Die Messungen sind außerdem häufig durch den Zündverzug, d. ist die Zeit, die zwischen Anlegen des Feldes und Einsetzen der Entladung liegt, erschwert.

Verhältnismäßig exakt unter Beachtung mancher Vorsichtsmaßregeln haben *Orgler* [1043] und *Ritter* [1042] für einige Gase die Zündspannung ermittelt.

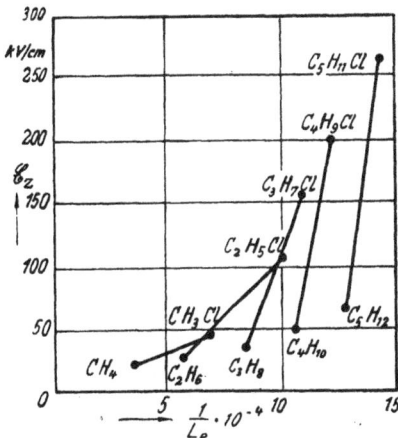

Bild 41: Auswirkung der Chlorierung auf die Durchbruchsfeldstärke $\mathfrak{E}_z$ abhängig von der Molekülgröße und steigender Verlauf der Durchbruchsfeldstärke $\mathfrak{E}_z$ mit zunehmender Zahl der (CH₂)-Gruppen für Paraffine (Aus [55])

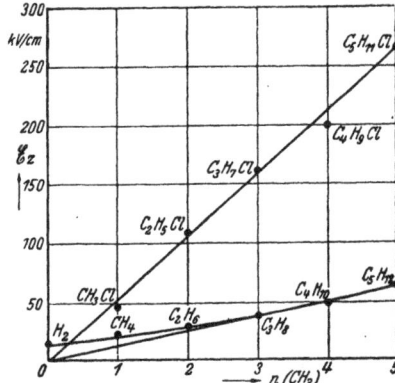

Bild 42: Ansteigende Auswirkung der Chlorierung von Paraffinen mit zunehmendem Wirkungsquerschnitt auf die Durchbruchsfeldstärke (Aus [55])

§ 17.
Kathodenfall und chemische Prozesse

Zahlenangaben über die Höhe des Kathodenfalles sind unsicher (vergl. § 9). Schon die Stelle in der Entladung, von der aus gerechnet werden soll, um die bis annähernd zur Kathode gehende Kathodenfallstrecke abzustecken, ist nicht eindeutig definiert. Außerdem ist der Wert des Kathodenfalles stark abhängig von dem Kathodenmaterial wie auch der Natur der Gase. Der normale Kathodenfall

Tabelle 2: Elektrische Zündfeldstärke für verschiedene Gase

Gas	$\mathfrak{E}_z$ in KV/cm	mittl. freie Weglänge des Gases cm	Wirkungs= querschnitt
Luft	35,5	$6,03 \times 10^{-6}$	$2,93 \times 10^4$
H₂	15,5	11,20	1,58
He	4,0	18,0	0,98
Ne	4,5	12,1	1,46
A	7,2	6,36	2,78
Kr.........	9,5	4,86	3,64
O₂	29,1	6,43	2,74
N₂	38,0	5,95	2,96
Cl₂	85,0	2,75	6,41
CO	45,5	5,91	2,98
CO₂	26,2	3,94	4,48
NH₃	56,7	4,18	4,24
N₂O	55,3	3,94	4,48
H₂S	52,1	3,76	4,69
SO₂	67,2	2,74	6,45
CS₂	64,2	1,93	9,17
CH₄	22,3	4,83	3,66
C₂H₆	26,2	2,89	5,64
C₃H₈	37,2	2,14	8,26
C₄H₁₀	47,7	1,71	10,35
C₅H₁₂	63,1	1,39	12,73
C₆H₁₄	72,0	1,20	14,72
C₂H₂	75,2	3,51	5,03
C₂H₄	21,3	3,37	5,24
C₃H₆	87,2	2,27	7,79
C₆H₆	86,7	1,45	12,20
CH₂Cl₂	126,0	1,87	8,63
CHCl₃	162,0	1,62	10,92
CCl₄	204,0	1,37	12,90
CH₃Cl	45,6	2,59	6,82
C₂H₅Cl	109,0	1,74	10,16
C₃H₇Cl	160,0	1,64	10,75
C₄H₉Cl	200,0	1,53	12,05
C₅H₁₁Cl....	264,0	1,25	14,1
CH₃Br	97,0	2,89	6,12
C₂H₅Br	98,0	1,93	9,2
C₃H₇Br	155,0	1,73	10,2
CH₃I	73,0	2,60	6,81
C₂HI₅......	101,8	1,66	10,65
CH₃OH	62,5	2,90	6,09
C₂H₅OH ...	97,0	2,10	8,41
(C₂H₅)₂O ...	15,3	1,47	12,02
(CH₃)₂CO ..	5,4	1,56	11,33
C₂H₄Cl₂	240,0	—	—

Aus: *W. M. Thornton*, Philos. Mag. *28*. 672 (1939).

soll für elektronegative Gase größer sein als für elektropositive. Bezüglich des Kathodenmaterials läßt sich eigentlich gar keine allgemeingültige Aussage vertreten, außer daß der Kathodenfall mit steigender Fähigkeit, Elektronen auszusenden, sinkt. Dies ist verständlich, weil dann die Ionisierung im Gase nicht mehr so nötig für die Trägerbildung wird. (Extrem: Glühkathode, Lichtbogen).

Bezüglich der Abhängigkeit des Kathodenfalles von der Natur des Gases hat *Güntherschulze* mehrere wesentliche, über die Abhängigkeit von der Elektronenaffinität hinausgehende Aussagen gemacht.

Danach soll zunächst eine Abhängigkeit von dem Molekulargewicht M des Gases derart bestehen, daß der Kathodenfall $U_k = (0{,}245 \cdot M + 4)V_j \cdot c$ ist [83], Die Ionisierungsspannung ist V_j, c ist ein Faktor, der die „Wirksamkeit der Stöße und Stoßverlust" ausdrückt (er ist im wesentlichen identisch mit dem Werte α der Stoßfunktion[1])).

Für den Hochspannungsentladungschemiker ist die Tatsache einer gewissen Abhängigkeit des Kathodenfalles von stofflichen Umwandlungen wissenswert.

Während normalerweise ein Bogen zwischen Metallelektroden bei etwa 20...30 Volt Spannung brennt, steigt dieselbe, und wie genaue Messungen ergeben haben, damit auch der Kathodenfall, wenn die Entladung in Wasserstoff brennt und sich aus den Molekülen durch Dissoziation Wasserstoffatome bilden [208, 209]. (Auf den atomaren Wasserstoff wird später eingegangen werden). Der infolge der Dissoziationsprozesse erhöhte Energiebedarf wirkt sich also auf die Entladungsverhältnisse stark aus. In umgekehrter Weise braucht ein Kohleelektroden-lichtbogen in Sauerstoff oder Luft weniger Spannung als in inerten Gasen, weil anderenfalles die durch Kohleverbrennung geleistete Arbeit wegfällt und elektrisch aufgebracht werden müßte.

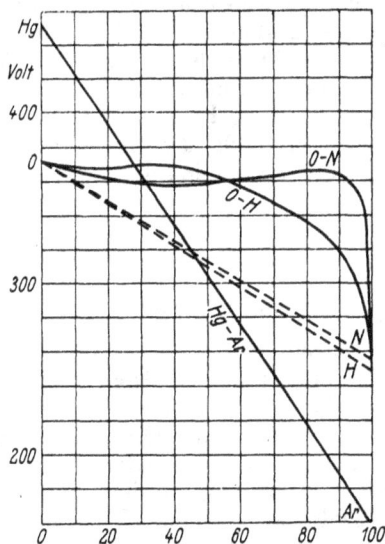

Güntherschulze [273, 274] fand, daß der Kathodenfall in Gasgemischen für zwei Gase, die nicht miteinander chemisch in der Entladung reagieren, sich einfach darstellen läßt als eine vom Mischungsverhältnis geradlinig abhängige Funktion (s. Bild 43). Wenn aber chemische Reaktionen auftreten, so ist ein *Überschuß-kathodenfall* festzustellen, der sich in der graphischen Darstellung abhängig vom Mischungsverhältnis durch eine gekrümmte Kurve zeigt. Für viele Vorgänge ist der „Überschuß" positiv, für manche aber auch negativ. Jedenfalls zeigen die

Bild 43: Der normale Kathodenfall in den Gasgemischen H_g - A_r (an Graphit-Kathode) O-H und O-N (an Eisenkathode) (Aus [382])

[1]) Über die Stoßfunktion ist z. B. bei *W. O. Schumann* [13] Näheres zu finden.

Untersuchungen, daß Zusammenhänge zwischen stofflicher Umsetzung und Kathodenfall bestehen. Die folgende Tabelle gibt einige größenordnungsmäßige Anhaltswerte für den Kathodenfall in Glimmentladungen, ohne daß chemische Reaktionen auftreten. Durch solche können Abweichungen von 10 % leicht erreicht werden.

Tabelle 3: Kathodenfall bei verschiedenen Kathodenmaterialien und Gasen

Kathodenmaterial	Luft	He	Ne	Hg	N_2	H_2	Ar
Kupfer	250	180	--	447	200	200	130
Eisen	270	160	150	300	220	200	131
Platin	280	170	150	340	220	280	130
Aluminium	230	140	120	250	180	170	100
Kalium	--·	60	68	—	170	95	65

Weitere Angaben bei *Mierdel* (Hdbch. d. Experimentalphysik 13, 3)

Die Zahlen gelten für einen Kathodenfall von der Kathode bis zum Beginn des negativen Glimmlichtes. Rechnet man bis zum Ende des Glimmlichtes, so sind Zuschläge zwischen 60 und 150 Volt zu machen. Außerdem beziehen sich die Werte auf den sogenannten normalen Kathodenfall, der sich einstellt, solange sich die Entladung über die Kathode frei ausbreiten kann und nicht durch eine zu kleine Kathode die Stromdichte erhöht wird. Dabei würde allerdings, solange kein Bogen gezündet hat, auch der Kathodenfall steigen.

§ 18. Trägerbildung durch chemische Prozesse

Verquickung physikalischer und chemischer Trägerbildung

Bemerkenswert ist die Tatsache, daß durch gewisse chemische Vorgänge Ladungsträger in Freiheit gesetzt werden. Jedoch müssen bei der Beantwortung der Frage, ob in chemischen Reaktionsprodukten aufgefundene Ladungsträger wirklich nur die Folge chemischer Prozesse sind, in vielen Fällen Bedenken auftauchen, wenn nicht die Verquickung physikalischer Nebeneffekte aufs sorgfältigste ausgeschlossen erscheint. Viele auf den ersten Blick rein chemisch hervorgerufene Ionisationen entpuppen sich bei näherer Betrachtung als durch Reibungserscheinungen bedingt. Wenn Reibung ausgeschlossen ist, kann auch noch der *Volta*-Effekt für die Bildung von Ladungen verantwortlich sein und bei geeigneter elektrostatischer Spannungserhöhung (etwa nach Art des Elektrophors) kann es hierauf zur Ionisierung kommen. Es ist z. B. nicht ausgeschlossen, daß die atmosphärischen Entladungen auf *Volta*-Spannungen zwischen den verschiedenen Konfigurationen und Aggregatzuständen des Wassers zurückzuführen sind. *(Lenard*-Effekt).

Auch auf die thermische Ionisierung [830] muß bei Untersuchungen über chemische Trägerbildung geachtet werden. Auch kann Chemilumineszenz zur lichtelektrischen Ionisierung führen.

De Broglie und *Brizard* [782] gehen so weit, daß sie chemisch bedingte Ionisierung überhaupt bestreiten, und alles physikalisch erklären wollen. Ihre Meinung wird geteilt von *Trautz* und *Henglein* [784]. *Brewer* [783] dagegen hat sich ganz entschieden für das Vorhandensein einer chemischen Trägerbildung ausgesprochen.

Theoretische Betrachtung der chemischen Trägerbildung

Eine chemische Ionisierung ist theoretisch denkbar bei exotherm verlaufenden Prozessen. Bekanntlich wird die bei der Vereinigung der Komponenten zu einem neuen Molekül freiwerdende Energie zunächst als innere potentielle Energie in diesem aufgespeichert. Wenn sie abgegeben wird, ist sie für andere Zwecke verfügbar. Die Chemilumineszenz beruht z. B. darauf, daß die aufgespeicherte potentielle Energie, die zu einem Anregungszustand des Moleküls geführt hat, in Form von Lichtstrahlung abgegeben wird.

Genau so gut kann, wenn die Energie ausreichend ist, auch die Ionisierung eines mit dem neuen Molekül zusammenstoßenden Körpers bewirkt werden. Unterstützend auf die Energiezufuhr wirkt die kinetische Energie, mit der das zu ionisierende Gebilde gegen das angeregte Molekül stößt. Weil eine geringe Ionisierungsarbeit zur chemischen Trägerbildung notwendig ist, (die aus chemischen Reaktionen zu erlangenden Energiebeträge je Molekül liegen niedrig, z. B. für die NaCl-Bildung bei 4,3 Ve), wird dieser Vorgang allerdings nicht häufig sein. Insbesondere sind die Verhältnisse für die chemische Trägerbildung günstig, wenn zur Ionisierung nur die kleinen Austrittsarbeiten aus Alkalimetallgrenzflächen aufgewendet werden müssen. Dies ist dann der Fall, wenn Reaktionen zwischen solchen Körpern und Gasen ablaufen.

Beispiele chemischer Trägerbildung

Helmholtz und *Richarz* [785] teilen eine größere Zahl von chemischen Prozessen, die mit Ionenbildung verbunden sein sollen, mit, so z. B. Bildung von Ammoniumchloridnebel aus HCl-Gas und Ammoniak (Verdacht auf Reibungselektrizität), Ozonisierung von Ammoniak, Oxydierung von gelbem Phosphor und die Ozonzersetzung.

Eine größere Zahl von Untersuchungen befaßt sich mit der Oxydation des gelben Phosphors bei niedrigen Temperaturen. *Harms* und *Trautz* [801] haben ältere Untersuchungen über diesen Gegenstand kritisch beleuchtet. Danach wird auf 10^8 verbrauchte Sauerstoffmoleküle nur ein einziges Ion gebildet. Es treten im übrigen Ladungsträger beiderlei Vorzeichens auf.

Da der Vorgang der langsamen Phosphoroxydation mit der Aussendung ultravioletten und sichtbaren Lichtes verknüpft ist, erscheint es zunächst nicht sicher, ob die Trägerbildung nicht doch über einen Photo-Effekt verläuft. *Meyer* und *Müller* [802] schließen jedoch den photoelektrischen Zwischenweg aus.

Schenk, Mihr und *Banthien* [803] fanden, daß Kohlenstoffdisulfid, Terpentinöl und weitere Körper der oxydierenden Luft beigemischt, die Ionisierung beim Überleiten dieser Mischung über gelben Phosphor stark herabsetzen. Wurde aber zuerst reine Luft über gelben Phosphor geleitet und hernach die mit Ionen beladene Luft mit diesen Zusatzkörpern in Berührung gebracht, so zeigt es sich, daß die einmal gebildeten Ionen nicht schneller als auch sonst zerstört wurden. Ähnlich wirkende „Gifte" (Cyclohexan und Isopren) wurden von *Trautz* und *Görlacher* [804] angegeben.

Die Ionisation steigt mit zunehmender Geschwindigkeit des oxydierenden Luftstromes an, auch sind größere Phosphorflächen günstiger als kleine [804].

Wasserdampf soll in gewisser Konzentration ein Maximum an Ionisierung bei der Phosphoroxydation hervorrufen. Dieses Maximum fällt nach *Russel* [805] jeweils mit dem Oxydationsmaximum zusammen.

Die Phosphoroxydation ist übrigens von Ozonbildung begleitet, wie von *Schönbein* [806] bereits im Jahre 1845 festgestellt wurde. Da die Zahl der gebildeten Ozonmoleküle um mehrere Größenordnungen über der Zahl der entstehenden Ladungsträger liegt, ist die Möglichkeit eines Zusammenhanges zwischen Ozonbildung und Ionisierung wohl nicht naheliegend. Dagegen kann der sicher auch auftretende Ozonzerfall vielleicht doch im Sinne der oben erwähnten, durch *Helmholtz* und *Richarz* angenommenen Ionenbildung durch Ozonzerfall gewertet werden.

Außer Phosphor soll von seinen Verbindungen nur das Phosphortrioxyd bei chemischen Reaktionen ionenbildend wirken. *Schenk* und *Breuning* [807], sowie *Schenk* und *Banthien* [803] stellten bei der Hydrierung dieses Körpers Ladungsträger fest.

Eine andere viel untersuchte Stoffklasse sind die Alkalimetalle. *Reboul* [786] konnte in mehreren Untersuchungen zeigen, daß die Alkalimetalle Kalium und Natrium sowie deren Amalgame, durch feuchte Luft oxydiert, positive, und noch mehr negative Ladungsträger hervorrufen, insbesondere bei erhöhter Temperatur.

Auch bei der Chlorierung von Arsen, Selen, Antimon und Zinn wurde von diesen Autoren Ionenbildung beobachtet.

Weitere Untersuchungen mit Alkalimetallen führten *Haber* und *Just* [787] aus. Wurden flüssige Natrium-Kalium-Legierungen gegenüber einer Gegenelektrode negativ geladen und mit einem Rasiermesser eine neue oxydfreie Oberfläche erzeugt, so konnte deutlich ein elektrischer Strom beobachtet werden, der offenbar von Ladungsträgern zwischen Legierung und Gegenpol durch die Luft hindurch erfolgt sein mußte. Nachrechnungen ergaben dabei, daß auf etwa 1600 reagierende Oberflächenmoleküle ein Elektron frei geworden war. Dieser Versuch konnte sowohl in der Dunkelheit wie auch im Licht vorgenommen werden. Damit erscheinen photoelektrische Ionisierungseffekte ausgeschlossen zu sein. Auch reibungselektrische Effekte (etwa infolge des Reinigens der Oberfläche verursacht) scheinen nicht vorzuliegen, weil das Strommaximum erst geraume Zeit nach Beendigung des Reinigungsvorganges auftrat. Bei positiver Schaltung der Legierung war die zu erzielende elektrische Strömung um ein mehrfaches kleiner als bei negativer.

Mit Wasserstoff oder Stickstoff, die unter Normalbedingungen keine chemischen Veränderungen von Alkalimetallen bewirken, konnten auch keine Ionisierungseffekte hervorgerufen werden, während HCl, Joddampf, reiner Sauerstoff, Phosgen sowohl mit der Legierung reagieren als auch zur Ladungsträgerbildung führen [788]. Dabei konnte bei umgekehrter Polung des die Ladungsträger zu beschleunigenden Feldes keine elektrische Strömung bemerkt werden.

Ähnliche Versuche wie mit Alkalimetallen wurden auch mit Kupfer, Silber und Aluminium bei 200^0 C gegen HCl durchgeführt. [789]. Bemerkenswert ist die Beobachtung, daß gleichzeitige Licht- und chemische Einwirkung bei manchen Versuchsbedingungen eine größere elektrische Wirkung zur Folge hatte als die berechnete Summe der Einzelwirkungen [789].

Richardson und Mitarbeiter [790, 792, 793, 794] sowie *Brotherton* [791] wiederholten die *Haber* und *Just*schen Versuche an Natrium-Kalium-Legierungen mit großer Sorgfalt und positivem Erfolg. Dabei wurde die Elektronenemission abhängig vom Drucke des die Legierung angreifenden Gases gefunden [793].

Denisoff und *Richardson* [794] arbeiteten in einem Druckgebiet von $2 \cdot 10^{-7}$ bis 10^{-2} Torr, mit Phosgen und Na-K-Legierung. Es konnte bei $3 \cdot 10^{-5}$ Torr ein Maximum des Elektronenaustrittes festgestellt werden. Allerdings ist dies Maximum mit Phosgen bedeutend niedriger als das von *Haber* und *Just* festgestellte für Luft-Oxydation. Erst auf $1,4 \cdot 10^4$ reagierende Oberflächenmoleküle konnte ein Elektron gefunden werden.

Denisoff und *Richardson* gelangten auf Grund von Versuchen, die sie mit 22 verschiedenen auf Alkalimetalle einwirkenden Gasen durchführten, zu folgenden Hauptergebnissen:

1. Die Energieverteilung der chemisch erzeugten Elektronen entspricht nicht der *Maxwell*schen Verteilungskurve.
2. Das Maximum der Energie ist schwierig zu beobachten und festzustellen; aber es gibt ein Maximum.
3. Die überwiegende Mehrzahl der Elektronen liegen mit ihrer kinetischen Energie unter einem als praktische Maximalenergie bezeichneten Wert E_m.
4. Für den Fall der Einwirkung von chlorhaltigen Gasen besteht eine einfache Beziehung zwischen der Dissoziationsenergie D der entstehenden Chlorverbindung und der maximalen kinetischen Elektronenenergie E_m. Die Beziehung lautet: $E_m + D = \text{const.}$

5. Die gebildete Elektronenzahl nimmt mit Verminderung der chemischen Vereinigungsenergie sehr schnell ab.

In dem Innenkegel der Bunsenflamme konnte *Haber* [795], sowie *Haber* und *Lacy* [796] Ladungsträger feststellen. Obwohl der Innenkegel bekanntlich im Vergleich zum äußeren Saume verhältnismäßig kühl ist, war doch die Ladungsträgerkonzentration im Innenkegel am höchsten. *Haber* hat die Ionisierung mit dem Auftreten von C_2- sowie CH-Banden (die neben den CH-Banden größtenteils das Emissionsspektrum des Flammenkegels bilden) in Zusammenhang gebracht. Allerdings findet *Habers* weitere Vermutung, daß diese beiden Moleküle bzw. Radikale nicht nur zur Strahlungsanregung, sondern auch zur Ionisation weniger Energie brauchen als andere Moleküle und Radikale, nach *Zeise* [77] keine Stütze (vgl. auch Tabellen 5...10).

Die Anwesenheit von Ladungsträgern in Flammen wurde mehrfach damit nachgewiesen, daß neben dem Stromdurchgang beim Anlegen elektrischer Felder eine mechanische Flammenbewegung, die bis zum „Ausblasen" führen kann, auftritt [797, 798, 799]. Es wurde gefunden, daß Flammen gegen die negative Elektrode gezogen werden, d. h. sie enthalten selbst positive Ionen neben den leicht beweglichen Elektronen. Neben der chemischen Ionisierung läßt sich in den Flammen bei normalem Drucke eine thermische Ionisierung nicht vermeiden. (Man vgl. *De Hemptinne* [831], *Becker* [830]).

II. Isolierflüssigkeiten

a) Anordnungsmöglichkeiten

§ 19. Reihenschaltung von Isolierflüssigkeit und Gasentladung

Aus dem Feinbau der Stoffe läßt sich keine einfache für verschiedene Zustände (rein oder verunreinigt, kalt oder heiß) gültige Angabe bezüglich der Leitfähigkeit machen. Dagegen läßt sich rein versuchsmäßig diese Größe bestimmen. Wenn nach diesen Werten eine Abgrenzung in Nichtleiter und Leiter vorgenommen werden soll, so muß die Scheidelinie willkürlich festgelegt werden. Flüssigkeiten, deren spezifische Leitfähigkeit schlechter als etwa 10^{-10} S/cm ist, sollen als isolierend gesehen werden. Ein *guter* flüssiger Isolator muß allerdings eine wesentlich geringere Leitfähigkeit haben (etwa 10^{-14} S/cm).

Im Bild 44 ist die Reihenschaltung einer Isolierflüssigkeit (z. B. Mineralöl) mit einer Gasentladungsstrecke dargestellt.

Die Flüssigkeitsoberfläche muß also als Elektrodenoberfläche der Entladung dienen. Bei Anwendung hochfrequenter Wechselspannung wird die Flüssigkeitsschicht von Verschiebungsströmen durchsetzt. Bei Gleichspannung ist *Konvektionsleitfähigkeit* (s. § 30) nötig, um größere Ströme zu führen.

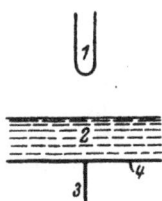

Bild 44: Reihenschaltung der dielektri=
schen Flüssigkeit mit der Entladungs=
strecke. 1=Gegenelektrode, 2=Öl, 3=
Elektrodenzuleitung, 4=Belegung
(Aus [31])

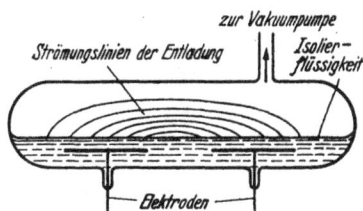

Bild 45:
Ölbehandlung
mit Hochfrequenzentladung

Bild **45** stellt eine für hochfrequente Wechselströmung gedachte
Anordnung dar. Die Stabilisierungsschicht ist dabei die Ölschicht
(Isolierflüssigkeit) selbst. Der Entladungsweg ist in der Zeichnung
angedeutet. Die erreichbare Stromstärke ist abhängig von der Fläche
F (in cm^2) je Isolierschicht, der Stärke d (in cm) beider Schichten
zusammengenommen, der relativen Dielektrizitätskonstanten ε_r, der
Wechselspannung (sinusförmig angenommen) U_{eff} und von der Fre-
quenz f. Es wird

$$I_{eff} = \frac{F \cdot \varepsilon_r \, 2\pi f \cdot N_{eff}}{9 \cdot 10^{11} \cdot 4\pi \cdot d} = \frac{F \cdot \varepsilon_r \cdot f \cdot N_{eff}}{2d \cdot 9 \cdot 10^{11}} \quad [\text{Ampere}].$$

Die Anordnung kann auch mit einem blanken oder mit fester Schicht
bewehrten Pol ausgebildet werden.

Beim Betrieb mit Gleichspannung müssen noch zusätzliche La-
dungsträgertransporte stattfinden, um bei selbständigen Gasentladungen die notwendigen Stromdichten zu ermöglichen.

Teilweise findet eine solche Elektrokonvektion selbsttätig statt.
(Darauf wird weiter unten, § 30, noch eingegangen). Sie kann auch
erzwungen werden. Eine geeignete Anordnung dafür zeigt Bild **46**.

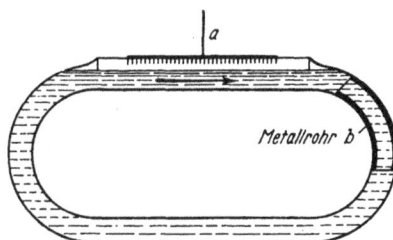

Bild 46: Reihenschaltung von Entladung und Flüssigkeit. Elektrizitätstransport
in der Flüssigkeit durch Konvektion

Das chemisch zu verändernde flüssige Dielektrikum wird dabei mit
der Geschwindigkeit v zunächst an der Geberelektrode a vorbeige-
führt. Es kann dann Elektrizität von a zum Flüssigkeitsstrahl über
eine Gasentladung fließen. Die Ladungsträger werden durch die Ab-

leitungselektrode b wieder abgenommen. Eine Gasentladungsstrecke wird seltener angewandt, weil es häufig erwünscht ist, die kathodische oder anodische Beeinflussung der Flüssigkeit zu erproben. Ist die durch die Anordnung fließende elektrische Stromstärke = I, der Spannungsabfall in der bewegten Flüssigkeitsstrecke = U_f, so ist die in der Flüssigkeitssäule in mechanische Leistung umgesetzte elektrische Leistung = $U_f \cdot I$.

Der sich einstellende Strom I wird weniger durch die Gasentladungsstrecke als vielmehr durch die „Bewegungsleitfähigkeit" der Flüssigkeitsstrecke bestimmt, da deren Leitwert meist viel geringer als derjenige der Gasstrecke ist. Wenn s der Querschnittsumfang des Strahles und q die Ladungsdichte ist, so wird $I = s \cdot q \cdot v$. Bei Normaldruck ist q begrenzt durch die Durchbruchfeldstärke des umgebenden Gases. (Bei 30 KV/cm Durchbruchfeldstärke ist der von *Gentner* [903] für *van den Graaf*sche Bandgeneratoren errechnete Wert für $q = 2{,}65 \cdot 10^{-9}$ Coul/cm^2).

Die zur Erreichung der Geschwindigkeit v bei Überwindung der Reibungswiderstände notwendige mechanische Leistung wird teils durch die elektrische Leistung $U_f \cdot I$, teils durch eine Pumpeinrichtung gedeckt.

§ 20. Nebeneinanderschaltung von Entladung und Isolierflüssigkeit

Dieser Fall ist in Bild **47** aufgezeichnet. Die Ladungsträger können sich größtenteils zwischen den Elektroden bewegen, ohne von der Flüssigkeit stark behindert zu sein. Diese Anordnung kann mit den Stromarten betrieben werden, mit denen die Gasentladung auch ohne Vorhandensein von Isolierflüssigkeit erregt werden könnte.

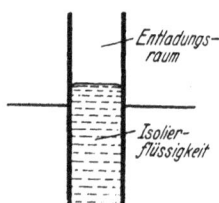

Bild 47 : Nebeneinanderschaltung von Entladung und Flüssigkeit (Infolge brennender Entladung besteht Kapillardepression)

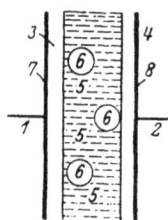

Bild 48 : Reihen-Nebeneinanderschaltung von Entladung und Flüssigkeit. 1, 2, 7, 8 = Belegungen m. Zuleitungen; 3, 4 = Dielektrikum; 5 = Öl; 6 = Gas

§ 21. Reihen=Nebeneinanderschaltung von Isolierflüssigkeit und Gasentladung

Diese gemischte Anordnung ist in Bild **48** mit dem Gase als disperse Phase dargestellt. Zur Entladungszündung müssen die Feldstärken in den einzelnen Gasblasen ausreichend sein.

Bei einer anderen Art der gemischten Schaltung stellt die isolierende Flüssigkeit die disperse Phase dar. Dies wird noch bei den
feinverteilten Körpern (§ 46, 47) behandelt werden.

§ 22. Flüssigkeit und Entladung sind räumlich getrennt (Behand= lung der Flüssigkeitsdämpfe)

Die räumliche Trennung stellt stets eine Behandlung von Flüssig-
keitsdämpfen dar. Da die Dämpfe Gase darstellen, gilt darüber
das bereits in den §§ 14, 15 Gesagte.

§ 23. Einwirkung von Ladungsträgerstrahlen auf Isolier= flüssigkeiten

a) Serienschaltung mit einer Gas- oder Vakuumsstrecke

Dabei durchsetzen die Ladungsträgerstrahlen einen flüssigkeits-
freien Raum, bevor sie in die zu behandelnde Substanz eintreten.
Diese Anordnung ist am Platze, wenn die Ladungsträger nicht durch
Trennwände (s. auch § 23) hindurchzudringen vermögen. Die Wirkung im Gase ist aber, weil die meisten Flüssigkeiten einen merklichen Dampfdruck besitzen, schlecht von derjenigen in der Flüssigkeit zu unterscheiden. Die durch die Ladungsträger auf die Flüssigkeit aufgebrachten Oberflächenladungen müssen entweder durch
Konvektion oder bei Wechselspannung durch Kondensatorwirkung
in ausreichendem Maße abfließen können. In Bild **49** ist eine zum
Behandeln mit Kanalstrahlen ge-
eignete Anordnung vereinfacht
gezeichnet. Die Kathoden sind
in der üblichen Weise durch-
löchert. Die Kanalstrahlen treffen auf die dünne Flüssigkeitsschicht. auf, welche durch Ein-
tauchen der sich drehenden
Scheibe in das Vorratsgefäß
immer wieder erneuert wird.

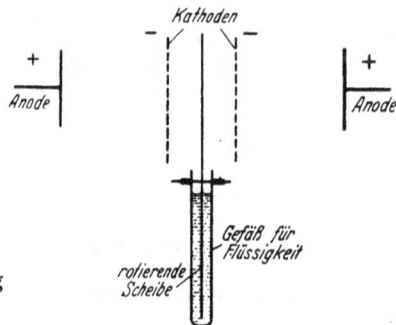

Bild 49: Behandlung mit Kanalstrahlen
(Aus [1078])

b) unmittelbare Einwirkung

Auch unter Verwendung der
in § 13 dargestellten *Lenard-*
Fenster ist es schwierig, eine
wirkliche Gasfreiheit zu erzielen,
auch wenn die Flüssigkeit unmittelbar an das Fenster angrenzt. Infolge chemischer Prozesse, welche durch die Ladungsträgerstrahlen
ausgelöst werden, können sich Gasbläschen bilden. Als Gegenmaß-
nahme kann der Druck stark erhöht werden (Begrenzung durch
Fenster-Festigkeit) und durch gleichzeitiges rasches Wegführen der
behandelten, Gasbläschen enthaltenden Flüssigkeitsteile der Gas-

raumeinfluß gering gehalten werden. Am besten wird ein Flüssig-
keitsumlauf unter Einschaltung einer Entgasungszelle bewerkstelligt.

b) Kräfte auf isolierende Flüssigkeiten durch Entladungseinwirkung

§ 24. Kräfte bei Reihenschaltung

Die zu isolierende Flüssigkeit bedeckt die Elektrode einer Gasentladungsstrecke, wie Bild 44 zeigt. Unter dem Einfluß eines auf der Flüssigkeitsoberfläche senkrecht stehenden elektrischen Feldes treten zunächst, solange noch
keine Entladung gezündet hat, Zugkräfte auf die Flüssigkeitsoberfläche auf, wie
Bild 50 zeigt. Deren Größe ist bekanntlich durch den Unterschied der elektrischen Energiedichten in den beiderseitig der Scheidelinie Flüssigkeit-Gas-
strecke benachbarten Grenzgebiete gegeben. Diese Kräfte P erhalten also in dem
vom AEF[1]) vorgeschlagenen System die Größe:

$$P = {}^1/_2 \, (\mathfrak{E}_1{}^2 \, \varepsilon_1 - \mathfrak{E}_2{}^2 \, \varepsilon_2)$$

(ε_1 = Dielektrizitätskonstante im Flüssigkeitsraum, $\mathfrak{E}_1$ = Feldstärke darin, ε_2, $\mathfrak{E}_2$
= entsprechenden Werte im Gasraume, ε_1 und ε_2 gehen aus den relativen Dielektrizitätskonstanten durch Multiplikation mit der Influenzkonstante $\varepsilon_0 = 0,886 \cdot 10^{-13}$
F/cm hervor).

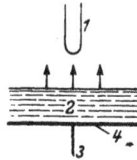

Bild 50: Reihenschaltung der dielektrischen Flüssigkeit mit der Entladungsstrecke. Wirkung des Feldes. 1 = Gegenelektrode, 2 = Öl, 3 = Elektrodenzuleitung
4 = Belegung, Pfeile = Kraftrichtung (Aus [69])

Dieses somit erläuterte Kräftebild ändert sich nach erfolgter Zündung einer
Entladung (z. B. an der Spitze 1 in Bild 50) sobald Ladungsträger auf die
Flüssigkeitsoberfläche auftreffen. Die Flüssigkeitsoberfläche wird mit Ladungsträgern angereichert, wodurch die energetischen Verhältnisse beiderseits der
Grenzlinie verschoben werden. In diesem Zustande ist die Anordnung am einfachsten als Kondensator aufzufassen, dessen Dielektrikum durch die Schicht der
isolierenden Flüssigkeit gebildet wird. Die Gegenbelegung zur unteren metallisch
leitenden Grundfläche bildet die mit Ladungsträgern behaftete Flüssigkeitsoberfläche. Jetzt treten überwiegend Kräfte auf, die die beiden Belegungen einander
zu nähern versuchen (Bild 51). Gleichzeitig ist der Potentialunterschied im
Gasraum infolge der brennenden Entladung bedeutend kleiner geworden. Von
der insgesamt zur Verfügung stehenden Potentialdifferenz entfällt nunmehr ein
größerer Anteil auf das von der dielektrischen Flüssigkeit erfüllte Gebiet.

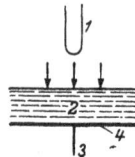

Bild 51: Reihenschaltung der dielektrischen Flüssigkeit mit der Entladungsstrecke. Einfluß der Entladung. Bezeichnungen wie in Bild 50 (Aus [69])

---

[1]) ETZ 53, 138 (1932).

Ist U die sich somit an der Flüssigkeitsschicht einstellende Spannung, d die Schichtstärke und ε_r die entsprechende relative Dielektrizitätskonstante, so ist die auf eine Flächeneinheit zwischen Oberfläche und Metallgrund angreifende Zugkraft gegeben durch:

$$P_z \text{ (in dyn/cm}^2) = 0{,}443 \cdot 10^{-6}\frac{U^2}{d^2}\,\varepsilon_r \cdot$$

Zu diesen Zugkräften zwischen Oberfläche und Grundmetall gesellen sich, sobald als Folge der durch die Zugkräfte hervorgerufenen Labilität, Abweichungen vom Krümmungsradius der Oberfläche eingetreten sind, **Abstoßungskräfte** der einzelnen gleichnamig geladenen Oberflächenteilchen, die *Auerbach* [985] für den Fall elektrostatisch geladener Kugelgrenzflächen vorwiegend leitender Flüssigkeiten abgeleitet hat. Dies gilt sinngemäß auch für nichtleitende Flüssigkeiten, die Ladungsträger tragen. *Auerbach* gelangt für die von ihm definierte elektrostatische Expansivspannung zu dem Ausdruck:

$$\text{Expansivspannung} = \frac{V^2}{16r}\pi\,\frac{dyn}{cm}$$

($V = z/r$, $z =$ Zahl der Potentialeinheiten, mit denen die Kugel aufgeladen ist, $r =$ Kugelradius). Auch diese Kräfte sind verhältnismäßig groß, wie *Auerbach* durch die Zerstäubung (also Ausbildung negativer Oberflächenspannungen) leitfähiger Flüssigkeiten, wie Wasser, Alkohol u. A. zeigen konnte.

Bei den isolierenden Flüssigkeiten kommt letzten Endes eine vereinigte Kraftwirkung zwischen Kondensatorzugkraft und Oberflächenspannungsverminderung zustande. Auf deren Auswirkungen kommen wir weiter unten zurück. Zunächst wenden wir uns jedoch den Kräften bei Nebeneinanderschaltung zu.

§ 25. Kräfte bei Nebeneinanderschaltung

Ist eine isolierende Flüssigkeit mit einer Gasstrecke nebeneinander geschaltet, so treten, sobald zwischen den beiden Belegungen ein Potentialunterschied herrscht, Kräfte an der Grenzlinie Flüssigkeit-Gas auf, welche den Körper mit höherer Dielektrizitätskonstante (meist die Flüssigkeit) gegen den mit der niedrigeren zu bewegen suchen. Ihre Größe ist gegeben durch den Unterschied der elektrischen Energiedichten in den beiden Medien, also durch den Ausdruck:

$$^1/_2(\mathfrak{E}_1{}^2\varepsilon_1 - \mathfrak{E}_2{}^2\varepsilon_2)$$

der formal dem bei der Reihenschaltung bereits angewendeten gleicht.

Besondere Verhältnisse treten ein, wenn die in den §§ 1...7 behandelte Schichtstabilisierung vorliegt. Beim Einsetzen einer Gasentladung bricht dann die Feldstärke im Entladungsraum zusammen, während sie im Flüssigkeitsraume in vorheriger Höhe bestehen bleibt. Nach Zünden der Entladung wird also $\mathfrak{E}_2{}^2 \ll \mathfrak{E}_1{}^2$ und es kann in Annäherung die nun entgegengesetzt wirkende Querkraft durch den Ausdruck $^1/_2\,\mathfrak{E}_1{}^2\varepsilon_1$ beschrieben werden.

Daneben kommt aber noch durch die Beladung der an die Gasentladungsstrecke grenzenden Benetzungs-Randwinkelzone, die in Serie mit dem Entladungsraum liegt, eine weitere Kraftwirkung zustande, für die das im § 24 über „Reihenschaltungs"-Kräfte gesagte gilt.

Bei blanken Elektroden wirken in erster Linie nur diese „Reihenschaltungs-Kräfte", während für mit Schichtelektroden bewehrte Entladungsanordnungen die vereinigte Wirkung zu verzeichnen ist.

c) Mechanische Auswirkungen der Kräfte

§ 26. Benetzungsaufhebung

Bei der Reihenschaltungsanordnung von Entladung und Flüssigkeit tritt als Folgeerscheinung der oben besprochenen „Entladungskräfte" eine Aufhebung der Benetzung ein, wenn die Flüssigkeitsschicht nicht allzu stark ist, so daß die Kräfte ausreichen, sie bis zum Grunde durchzudrücken (gilt auch für das Randwinkelgebiet bei Nebeneinanderschaltung). Zur Einleitung dieses Vorganges genügen geringste Unregelmäßigkeiten der Oberfläche, weil damit sogleich Feldstärkeunterschiede eintreten. Damit sind aber Anziehungskraftverstärkungen an den Stellen zu erwarten, deren Abstand zum Metallgrunde geringer ist, als derjenige an den Nachbargebieten. Darum wird die zunächst die Benetzung kennzeichnende Randwinkelzone (z. B. im Falle der Nebeneinanderschaltung von Entladung und Flüssigkeit) verkürzt.

Bei Reihenschaltung einer Flüssigkeitsschicht geht dieser Randzoneneinwirkung die Zerteilung und Durchdrückung bis zum Metallgrunde voraus. Eine genaue Betrachtung des Zustandes der Benetzungsaufhebung zeigt, daß der Randwinkel der einzelnen Tropfen noch größer als 90^0 wird (Bild 52).

Bild 52:
Benetzungsaufhebung
(vereinfachter Querschnitt)

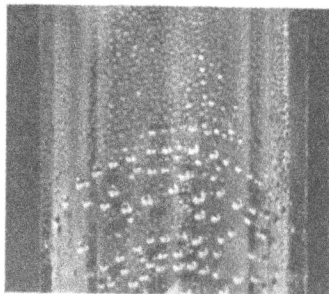

Bild 53: Benetzungsaufhebung von Paraffinöl
unter dem Einfluß einer Entladung von 500 Hz
in der *Siemens*-Röhre

Sobald der Rand der Flüssigkeit senkrecht auf der Unterlage aufsitzt, ist ein labiler Zustand erreicht. Eine kleine Vergrößerung in dieser Richtung zieht Kräfte herrührend von wahren Ladungen nach sich, die ihrerseits die eingeleitete Randwinkelvergrößerung verstärken. (In Bild 52 durch Pfeile angedeutet).

Die Aufhebung der Benetzung erfolgt bei dünnflüssigen Isolierstoffen so schnell, daß man mit bloßem Auge kaum zu folgen vermag. (Bild 53 ist die Photographie, der durch Benetzungsaufhebung einer ursprünglich 2 mm stark gewesenen Paraffinölschicht gewonnenen Flüssigkeitströpfchen).

§ 27. Entladungskapillardepression

Infolge der Benetzungsaufhebung der Randwinkelzone stellt sich eine Kapillardepression ein, die wir nach ihrer Herkunft als Entladungskapillardepression bezeichnen wollen. Diese ist wie die gewöhnliche Depression in engen Röhren oder Spalten stärker als in weiten. Sie kann in Ringkapillaren nach Art der *Siemens*-Röhre gut beobachtet werden. Die Aufhebung der Benetzung ist sowohl bei blanken als auch bei mit Schichten bewehrten Elektrodenflächen zu bemerken. Hierbei überlagern sich noch die Querkräfte, wodurch die Depression zunächst vergrößert erscheinen mag. Die überlagerten Querkräfte sind aber nicht mit der Entladungsdepression in gleicher Weise abhängig von der Weite der Kapillaren.

Bilder 54 und 55 zeigen den Zustand der Entladungsdepression in Ringkapillaren.

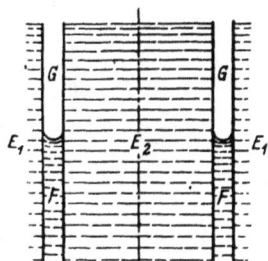

Bild 54: Ausschnitt aus dem Radial‹schnitt durch die Ringkapillare (Reak‹tionsraum des *Siemens*‹Rohres ohne Entladung. F = Flüssigkeit, G = Gas‹raum, E_1, E_2 = Belegungen (Aus [69])

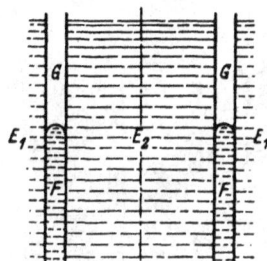

Bild 55: Ausschnitt aus dem Radial‹schnitt durch die Ringkapillare (Reak‹tionsraum) des *Siemens*‹Rohres mit Entladung. Bezeichnungen wie in Bild 54 (Aus [69])

§ 28. *Oberflächenfiguren und Strömungen in der isolierenden Flüssigkeit*

Ist bei der Reihenschaltung zwischen dielektrischer Flüssigkeit und Gas‹entladung die Flüssigkeitsschicht so stark, daß die Kräfte nach § 24 nicht aus‹reichen eine Zerteilung und damit Benetzungsaufhebung hervorzurufen, so treten eigenartige Oberflächenveränderungen ein.

Die erste Entwicklung der Erscheinungen verläuft fast stets wie bei der Aufhebung der Benetzung. Es treten also Zugkräfte zwischen Oberfläche und Grund auf, die den Anschein erwecken, als würde die Entladung einen Druck auf die Flüssigkeitsoberfläche ausüben. Der gewöhnliche allgemein bekannte Reaktionsdruck der Entladung (auch der elektrische Wind) ist für diesen Vor‹gang nicht verantwortlich zu machen. Dieser ist um Größenordnungen kleiner als zur Auslösung der Erscheinungen notwendig wäre. Davon kann man sich leicht durch einen Parallelversuch mit einer leitfähigen Flüssigkeit — etwa Wasser — überzeugen. Abgesehen von einer kleinen Einbuchtung infolge des elektrischen Windes ist nichts zu bemerken.

Bei nichtleitenden Flüssigkeiten aber treten kurze Zeit nach Einschalten einer Entladung eigenartige Oberflächenfiguren auf. Diese können verschieden‹artiges Aussehen haben. So wurden Kugelkalotten oder von Polygonen begrenzte, erhöhte, auf der allgemeinen Flüssigkeitsoberfläche aufsitzende Gebilde, sowohl regelmäßiger als auch scheinbar regelloser Art beobachtet. Auch spiralartige Anordnungen sowie nur auf Punkte oder Striche begrenzte Vertiefungen können beobachtet werden. Allen diesen Gebilden gemeinsam ist jedoch eine Strömung im Inneren derselben, wie aus der vereinfachten Zeichnung (Bild 56) hervor‹

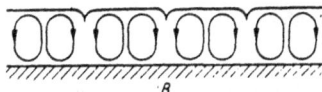

Bild 56: Schematischer Querschnitt durch die dielektrische Flüssigkeit während der Gasentladung (zur Aufnahme der Strom‹Spannungs‹Charakteristik (Aus [69])

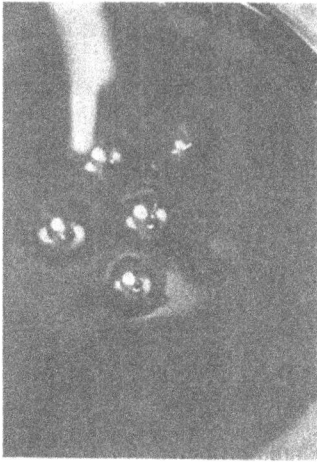

Bild 57: Oberfläche des Öles bei
U = 25 kV; Druckpunkte ($^9/_8$ nat.
Größe)

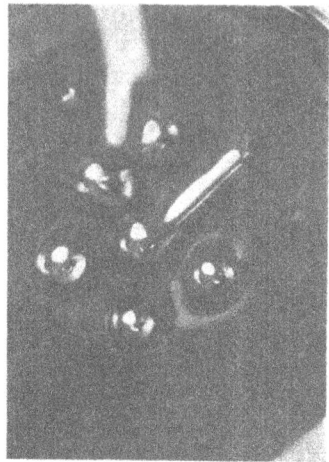

Bild 58: Oberfläche des Öles bei
U = 30 kV; Verbindungskanal ($^9/_8$
nat. Größe)

geht. Die Strömung verläuft also so, daß in den Vertiefungen eine Abwärts-
bewegung und umgekehrt an den erhöhten Stellen eine Aufwärtsbewegung zu
verzeichnen ist. Diese Strömungen haben an der Ausbildung der Figuren über-
ragenden Anteil.[1]) Sie werden durch die Bewegung der Ladungsträger hervor-

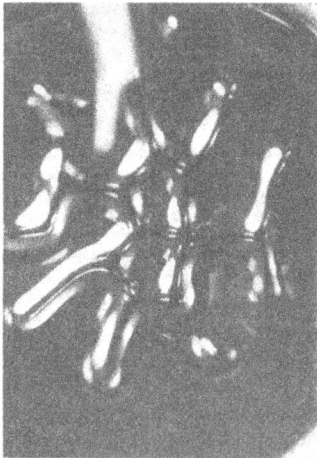

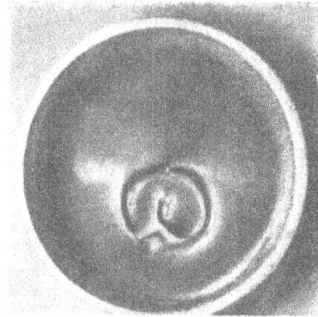

Bild 60: Gebogene Verbindungskanäle ($^9/_{10}$ nat. Größe) (Aus [69])

Bild 59: Oberfläche des Öles bei
U = 36 kV ($^9/_8$ nat. Größe)

---

[1]) Eine Ähnlichkeit dieser Figuren mit den durch Wärmegefälle bedingten
Bénard-Figuren (Experimentelles s. [1034, 1035, 1036, 1038], Theorie [1037,
1039]) haben wohl als erste Avsec und Luntz [1033] festgestellt.

gerufen. Betreibt man die Gasentladungsstrecke mit höheren Frequenzen (z. B. 10 000 Hz), so sind wohl die Druckeffekte (bei genügender Feldstärke Aufhebung der Benetzung) zu erkennen, da jedoch eine über ausreichende Zeit gleichgerichtete Strömung fehlt, kommt es nicht zur Ausbildung der eigentümlichen Oberflächenfiguren.

Wenn die Unterlage der Flüssigkeit von Gasblasen befreit ist und auch sonst sich keine Ionisierungsmöglichkeit bietet, so daß nur von der Oberseite her, also aus dem Gasraume Ladungsträger auftreffen können, so beginnen die Figuren mit einzelnen punktförmigen Vertiefungen, wie aus dem Bild 57 hervorgeht. Bei Spannungssteigerung bilden sich zwischen diesen Punkten Verbindungslinien (Bild 58) die schließlich zu einem Muster zusammenwachsen können (Bild 59). Die Verbindungskanäle müssen jedoch nicht immer geradlinig sein (Bild 60).

Bild 61: Isolierflüssigkeit in Schale von 8 cm ⌀ kurz nach Einschalten einer an der Spitze sitzenden Gleichspannungskoronaentladung (Aus [30])

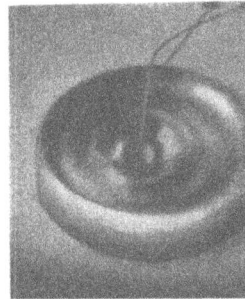

Bild 62: Ausbildung einer Oberflächenfigur (¹/₁₀ sec später als Bild 61) (Aus [30])

Die Entwicklung der Oberflächenerscheinungen kann also nach dem erstmaligen Auftreten der Druckpunkte verschiedenartig verlaufen. Es zeigt sich, daß dies im einzelnen nicht nur eine Funktion der Zähflüssigkeit ist, vielmehr auch noch von anderen Eigenschaften der Flüssigkeit (Struktur) abzuhängen scheint. Diese Zusammenhänge sind jedoch noch nicht eingehend erforscht.

An Hand photographischer Abbildungen sollen noch weitere Beispiele der Entwicklung der Oberflächenerscheinungen gebracht werden. Bild 61 stellt die in einer kleinen Schale von etwa 8 cm Durchmesser befindliche Isolierflüssigkeit dar, kurz nachdem die Entladung an der Spitze (im Bilde sichtbar) gezündet hat. Die ganze Anordnung befindet sich in freier Luft. Bild 62 ist etwa ¹/₁₀ s später aufgenommen. Es hat sich bereits eine Oberflächenfigur ausgebildet, die aus einem zentralen Rundhügel und einem diesen konzentrisch umgebenden Ringwall besteht.

Die Bilder 63, 64, 65 und 66 zeigen den Teilungsvorgang an einer hügeligen Oberflächenfigur nach Art der auch im Bilde 67 dargestellten Figur, mit steigender Spannung.

Eine Vermehrung der Oberflächenfiguren ist auch bei den Bildern 68 und 69 festzustellen.

Gänzlich andere Formen zeigt Bild 70. Spiralartige Anordnungen sind aus den Bildern 71 und 72 zu ersehen.

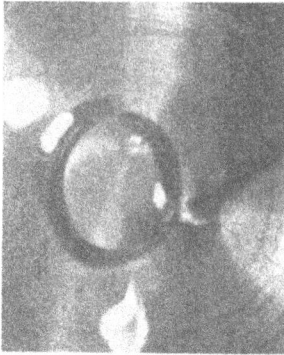

Bild 63:

Bild 64:

Verlauf der Teilung einer Oberflächenfigur (Kugel=Kalotte) bei Erhöhung der
Entladungsspannung (Rüböl) (Aus [30])

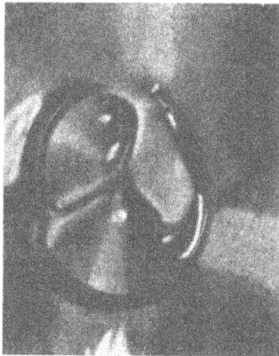

Bild 65:

Bild 66:

Verlauf der Teilung einer Oberflächenfigur (Kugel=Kalotte) bei Erhöhung der
Entladungsspannung (Rüböl) (Aus [30])

Es muß noch bemerkt werden, daß Erscheinungen dieser Art nicht nur von
Trägern aus Gasentladungen ausgelöst werden können, sondern auch durch
Ladungsträgerstrahlen.[1]

Die Frequenz hat auf die Erscheinungen insofern einen Einfluß, als gleich=
bleibenden Verschiebungsstrom vorausgesetzt, die Spannung an der Flüssigkeits=
schicht mit steigender Frequenz immer kleiner wird und die Strömungen in der
schon erwähnten Weise abnehmen. Auch bei Parallelschaltung finden Strömungen
und Zerteilungen statt. Die Reihen-Parallelschaltung zwischen Entladung und
Flüssigkeit (Bild 48) geht nach Zündung innerhalb der Gasblasen durch
Streckung derselben bis auf die Elektroden in den Parallelschaltungszustand
über (Bild 77).

[1] Neuerdings will man den Effekt zur Fernsehprojektion verwenden. (Vor=
schlag von *Carolus* nach einem Vortrag des Verfassers auf der *Bunsen*-Tagung
1940 in Leipzig). („Eidophor").

Bild 67: Weitgehend unterteilte Ober=
fläcenfigur (Rüböl) (Aus [30])

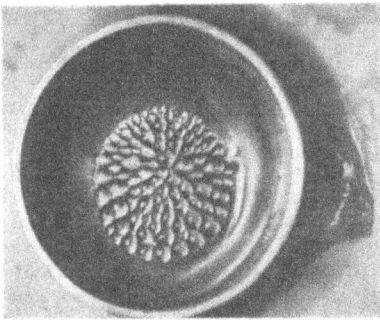

Bild 68: Sprunghafte Vermehrung
der Oberflächenfiguren ($^9/_{10}$ nat. Gr.)
(Aus [69])

Bild 69: Weitere sprunghafte Vermeh=
rung der Oberflächenfiguren ($^9/_{10}$ nat.
Größe) (Aus [69])

Bild 70: Oberflächenfiguren bei Clophen
(Aus [30])

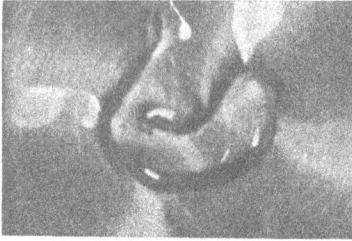
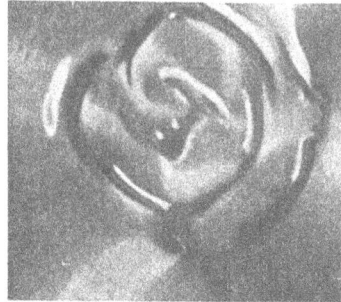

Bild 71:   *Bild 72:*
Oberflächenfiguren bei einem Mischöl (Mineralöl mit hochmolekularem,
synthetischem Körper) (Aus [30])

§ 29. Schaumbildung

Werden die im vorigen § 28 erwähnten Versuche an sehr dünnflüssigen
Isoliermaterialien durchgeführt, so sind die eingeleiteten Wirbelbewegungen so
heftiger Natur, daß es zu einem regelrechten Aufschäumen kommen kann, was
in Bild 73 dargestellt ist.

Wichtig ist das Aufschäumen der dielektrischen Flüssigkeiten in Neben-
einanderschaltungs-Anordnungen (§ 20). Auf diesem Effekt beruhen eine Anzahl
technischer Geräte zum Behandeln von isolierenden Flüssigkeiten mit Gasentladungen. Das Aufschäumen beginnt mit der Benetzungsaufhebung, also der
Ablösung der Flüssigkeit von den Wänden. Wenn schichtbewerte Elektroden
vorliegen, so treten außerdem noch starke „Entladungsdrücke" auf (vgl. § 24,
25). Schließlich wird die Ablösung weit unter den ursprünglichen Flüssigkeits-
spiegel weitergetrieben. Dazu tritt häufig infolge entladungschemischer
Einwirkung eine starke Gasentwick-
lung, die dann zum regelrechten Aufschäumen führt.

Dieser Aufschäumvorgang ist in
den Bildern 74 und 75 festgehalten. Zunächst ist die halb mit
Paraffinöl gefüllte Siemensröhre zu
sehen, bevor noch eine Entladung
gezündet hat. Nach Einsatz derselben
(500 Hz, Gesamtspannung an den
Wasserbelegungen etwa 6 KV, Brennspannung in der Ringkapillare bei
etwa 2 Torr 0,6 KV) tritt spontanes
Aufschäumen ein. Bild 76 ist das
mit dem eigenen Entladungslicht auf-
genommene Lichtbild dieses Zustandes. Bild 77 ist eine vereinfachte

Bild 73: Tetrachlorkohlenstoff unter
dem Einfluß einer sprühenden negativen
Spitze ($^1/_2$ nat. Größe) (Aus [69])

Querschnittsdarstellung einer mit Schaum erfüllten Ringkapillare. Die Ladungsträger treffen zu einem großen Teile auf die Isolierflüssigkeit auch längs der
einzelnen Entladungskanäle auf. Damit werden u. a. starke mechanische Wirbel

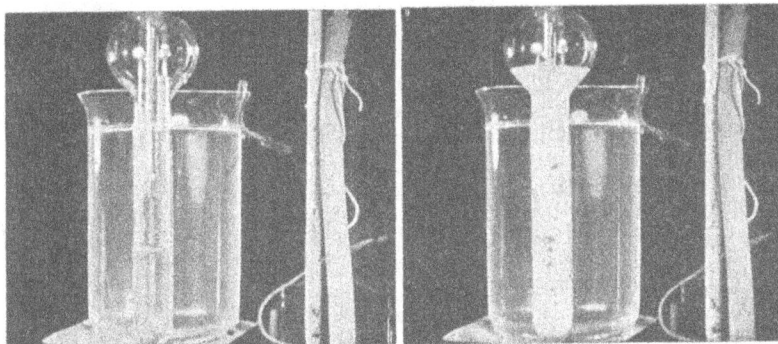

Bild 74: Paraffinöl in Ringkapillare
ohne Entladung (Aus [30])

Bild 75 : Schaumbildung bei Entladungseinwirkung (Aus [30])

hervorgerufen, weil die im Feld bewegten Ladungsträger die Isolierflüssigkeit
durch Reibung mitnehmen.[1])

d) Beeinflussung der elektrischen Verhältnisse

§ 30. Elektro-Konvektionsleitfähigkeit

Überall da, wo Ladungsträger auf dielektrische Flüssigkeiten aufgebracht
werden, also bei der Reihen-, der Nebeneinander- sowie der Nebeneinander-
Reihenschaltung mit Gasentladungen und beim Auftreffen von Ladungsträgerstrahlen, erfahren die Ladungen im elektrischen Feld einen Bewegungsantrieb.
Dabei wird die umgebende neutrale Molekülmasse durch Reibung mehr oder
weniger mitgenommen. Es findet ein Elektrizitätstransport durch Konvektion
statt. Bei der Reihenschaltung zwischen einer Gleichspannungsentladungsstrecke
und einer isolierenden Flüssigkeitsschicht ist die Elektrokonvektion die einzige
Art des Elektrizitätstransportes durch die Isolierflüssigkeit. Sie vermag so
große Werte anzunehmen, daß allein dadurch Gasentladungen dauernd gespeist
werden können.

---

[1]) Neuerdings hat sich *Umstätter* mit den Stabilitätsbedingungen beim Schaum-
verfahren befaßt [1074]. Angesichts der dort niedergelegten Anschauungen und
Berechnungen muß folgendes besonders erwähnt werden:
1. Ohne Fremdgaszufuhr werden die Schaumblasen durch chemisch oder physikalisch abgespaltene Gase gespeist. Die Blasen wachsen dann und sind keineswegs beständig. (vergl. § 34).
2. Die Spannung am Entladungsrohr ist nicht gleich der Spannung an den Blasen.
3. Die Blasen sind nicht rund, sondern in der Längsachse stark eingeschnürt.
Sie haben keinen einheitlichen Radius.
4. Die Blasen haben keine einheitliche Größe.
5. Die aus Isolierflüssigkeit bestehenden Wandungen der Blasen sind in Bewegung und Transportieren durch Elektrokonvektionsleitfähigkeit Ladungsträger, die aus der Entladung, welche die Blasen durchsetzen, gespeist werden
(vergl. § 33).
6. Zwei Begrenzungsflächen der Blasen sind durch die die elektrische Vorwiderstandsschicht gegeben (vergl. Bild 77).

6*

Theoretisch ohne Berücksichtigung von Flüssig-
keitsstrukturen müßte aus energetischen Gründen
unter der Einwirkung der Oberflächenkräfte und
der· Strömungen eine Unterteilung in Zylinder,
deren Deckelflächen durch regelmäßige Sechsecke
umschlossen werden, stattfinden. Es wäre dies eine
analoge Unterteilung, wie sie auch bei der Herstellung eines Temperaturgefälles in einer Schicht
geschmolzenen Paraffins leicht beobachtet werden
kann (*Bénard* - Effekt [vergl. § 28]). Wie wir gesehen haben, ist dies aber nicht immer der Fall.
Zur qualitativen Abschätzung kann man jedoch
die Unterteilung nach Art eines Honigwabenmusters
anwenden. Man gelangt dann nach *Rummel* [69]
für die Konvektionsleitfähigkeit ϰ bei Gleichspannung zu folgendem ʿAusdruck:

$$\varkappa = \frac{2}{\sqrt{2}} \cdot \frac{U^2}{d^2} \cdot \frac{\varepsilon^2}{r} \cdot \frac{1}{w}.$$

Darin ist: U = Spannung zwischen Oberfläche
und Grund, d = Schichtdicke der Flüssigkeit, ε = Dielektrizitätskonstante der Flüssigkeit, r = Radius
des umbeschriebenen Kreises der Sechseckfigur und
w = ein von der Zähigkeit und vom Strömungs-
zustand — Struktur-, laminares —
Strömungsgebiet) abhängiger Widerstand von der
Dimension Masse/Zeit. Der turbulente Strömungs-
zustand innerhalb eines Wirbelgebietes (begrenzt
durch Sechseck-Zylinder) kommt praktisch nicht

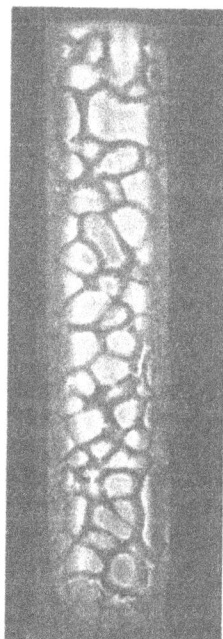

Bild 76: Schaumbildung
(¹/₄ nat. Größe) (Aus [31])

zur Ausbildung. Sobald er erreicht wird (bei zunehmender Geschwindigkeit)
findet eine weitere Unterteilung in neue Einzelfiguren statt.

w ist einer mathematischen Behandlung nur schwer zugänglich. Die Messung
der Konvektionsleitfähigkeit ergibt unabhängig von der Sorte der Oberflächenfiguren ein mit der theoretisch abgeleiteten Gleichung qualitativ übereinstimmendes Bild (siehe Bild 78).

Die Unstetigkeitsstellen sind jeweils einer Vermehrung der Oberflächen-,
figuren (Verkleinerung von r) zugeordnet. Wie das Experiment ergibt, ist
gleichzeitig damit die Erhöhung der Konvektionsleitfähigkeit verknüpft.

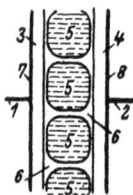

Bild 77:
Ionisierte Gasblasen in dielektrischer
Flüssigkeit zwischen den Elektroden.
1, 2 = Elektrodenzuleitungen, 3, 4 =
Stabilisierungsschicht, 5 = Öl, 6 = Gas-
blasen, 7, 8 = Belegungen (Aus [31])

§ 31. Verteilung der Entladung über den Querschnitt

Bei Serienschaltung wird die Verteilung der Stromdichte über den Entladungsquerschnitt sowohl bei Bestehen
der Oberflächenfiguren (§ 28) als auch
und zwar in erhöhtem Maße bei Aufhebung der Benetzung (§ 26) ungleich-
mäßig. Letzterer Fall ist dabei der wich-
tigere, weil er bei technischen Geräten
häufig vorkommt. Die Entladungslinien
enden dann hauptsächlich auf den flüssig-
keitsfreien Stellen der Elektroden. Nur

Zweigströme treffen auf die Flüssig-
keitskugeln auf und werden von dort
durch Konvektionsströme zum Grunde
weitergeleitet. Eine unmittelbare Einwirkung der Hauptmasse der Ladungsträger auf die Flüssigkeitsoberfläche ist
damit unmöglich gemacht. Außerdem
wird dabei die wirksame Elektrodenfläche verkleinert. Damit können über-
normale Stromdichten auftreten. In ähnlicher Art und Weise erfolgt für den Fall
der Parallelschaltung eine Konzentration
der Entladung auf einzelne Kanäle.

§ 32. Brennspannungserhöhung
und Leistungszunahme

Durch die Einschnürung der Entladungskanäle bei Parallelschaltung, die
noch durch gewisse ponderomotorische
Wirkungen[1]) verstärkt werden kann,

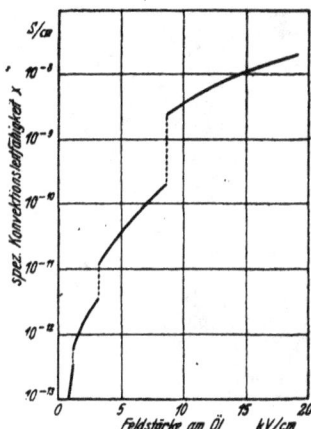

Bild 78:
Elektro = Konvektionsleitfähigkeit
eines Transformatorenöles

erfolgt ein starker Trägerverlust an den die Einschnürung bewirkenden Flüssig-
keitsflächen. Nur durch Neuionisierung an den betreffenden eingeschnürten
Stellen kann dieser Verlust ausgeglichen werden. Aus dem dadurch bedingten
notwendigen Anstieg der Feldstärke ergibt sich zwangsläufig eine nicht unerhebliche Brennspannungserhöhung.

Da bei Entladungsgeräten mit verhältnismäßig starken dielektrischen Stabilisierungsschichten die Stromstärke in Annäherung durch das Verhältnis zwischen Klemmenspannung und dielektrischem Schichtwiderstand gegeben ist —
der in der Entladung herrschende *Ohm*sche Spannungsabfall kann als klein
angenommen werden — so steigt die Leistungsaufnahme dieser Geräte mit
Erhöhung der Brennspannung an.

§ 33. Schwingungsdämpfung bei Nebeneinanderschaltung

Wie in § 1 ausgeführt wurde, können in Entladungsanordnungen mit Schichtstabilisierung und großen Entladungsflächen leicht Kippschwingungen auftreten.
Wenn sich Flüssigkeits-Gas-Schaum in der Entladungsanordnung befindet
(siehe Bild 77), sich also die Einschnürungen der Entladungswege einstellen,
so bleiben die Schwingungen aus. Bild 79 ist die photographische Wiedergabe
eines mittels *Braun*scher Röhre aufgenommenen Strom-Zeit-Diagramms, woraus das Fehlen der Schwingungen klar hervorgeht. (Man vergleiche die B i l d e r

---

[1]) Hier soll die Zusammenziehung stationärer Entladungen bei höheren
Stromdichten und insbesondere bei größeren Elektrodenabständen erwähnt werden. Sie kann durch die ponderomotorische Wirkung zwischen bewegten Ladungsträgern und dem von diesen erzeugten Magnetfeld bedingt sein. Bei Elek-
trizitätsleitung durch Flüssigkeiten tritt eine ähnliche, z. B. von *Pohl* [838]
beschriebene Erscheinung auf. (Unterbrechung eines aus Quecksilber bestehenden
Strompfades bei hohen Stromdichten. Bei Gasentladungen sind die Stromdichten
kleiner, dafür aber auch die zur Einschränkung notwendigen Kräfte geringer.
Die Erscheinung der Strompfadeinschnürung bei flüssigen Metallen wird als
Pinch-Effekt bezeichnet).

Bild 79: Strom (1) und Spannung (2)
einer mit Gas=Öl=Schaum gefüllten
Siemens=Röhre

15, 16, 17). Offenbar ist der Entladungskreis stark gedämpft. Dies kann auf zwei Ursachen zurückgeführt werden. Zunächst fließt ein Teil des Stromes im „Entladungsraum" als Elektrokonvektionsstrom und geht somit für die Entladung verloren. Die Konvektion hat aber eine stark steigende Charakteristik (siehe B i l d 78). Ein weiterer großer Trägerverlust wird durch Wiedervereinigung auf den Flüssigkeitsoberflächen hervorgerufen. Die diesen Vorgang unterstützende Einschnürung wird um so schneller fortschreiten, je stromstärker die Entladung brennen soll. Der im § 32 erwähnten Einschnürungsstrecke mit Felderhöhung ist also eine steigende Charakteristik zugeordnet.

e) Weitere physikalische Wirkungen der Entladung auf Isolierflüssigkeiten

§ 34. Entgasung bei Entladungen mit Schichtstabilisierung

Eine Isolierflüssigkeit, die gelöste Gase enthält, werde in eine durch Stabilisierungsschichten ausgezeichnete Entladungsanordnung (siehe § 7) eingebracht, z. B. in eine *Siemens*-Röhre. Die Füllung erfolge nur so weit, daß oben noch eine der Flüssigkeiten parallel geschaltete Entladungsstrecke gezündet werden kann. Nach Einsetzen der Entladung erfolgt ein Aufschäumen, verbunden mit spontaner Entgasung der Flüssigkeit [31, 69]. Dabei werden, insbesondere bei gleichzeitiger Evakuierung Gasmengen frei, die mit Hilfe anderer Methoden in der gleichen Zeit nicht aus den Flüssigkeiten entfernt werden können.

Wie eingehende Untersuchungen ergeben haben, wird die Entgasung wirksam durch die bereits erwähnte Bildung mechanischer Wirbel (siehe § 28) unterstützt.

Wird andererseits mit zu hohem Drucke gearbeitet, so kann unter Umständen sogar eine Gasaufnahme durch „Einrühren" eintreten.

Aus verschiedenen Beobachtungen kann der Schluß gezogen werden, daß die eigentliche Entgasung durch Ladungsträgerstoß auf das Öl — die dem der Gasaufzehrung entgegenwirkenden Gegeneffekt entsprechen würde — auf keinen Fall tief ins Öl hineinwirken kann.

Die stete Oberflächenerneuerung durch die Wirbelbildung ist also recht wesentlich.

Die physikalisch ausgetriebenen Gase sind von den chemisch abgespaltenen zu unterscheiden. Dies wird erleichtert durch die Beobachtung, daß die bereits bei sehr geringen Stromdichten kräftig einsetzende Entgasung auch bei Erhöhung derselben nicht wesentlich schneller vor sich geht, während die chemische Gasabspaltung im allgemeinen mit steigender Stromdichte verstärkt wird. Bei geringer Stromdichte können daher in vielen Fällen die neben der entgasenden Wirkung eventuell noch einherlaufenden chemischen Gasabspaltungen und sonstigen Veränderungen vernachlässigt werden.

Der Ladungsträgerstoß wirkt nur dann entgasend, wenn die Flüssigkeit Anode ist, die Träger also negativ geladen sind. Man kann sich davon leicht durch Gleichspannungsuntersuchungen unter Reihenschaltung einer Flüssigkeit mit einer Koronaentladung überzeugen.

§ 35. Zerstäubung der Isolierflüssigkeiten

Die Zerstäubung von Isolierflüssigkeiten tritt wie die allgemein bekannte Zerstäubung fester Leiter an der Kathode infolge des Stoßes positiver Ionen auf. Auch in Wechselspannungsentladungen kann sie beobachtet werden, wenngleich dabei nur die Halbwelle wirkt, welche die Flüssigkeit zur Kathode macht.

Die in der Zeiteinheit zerstäubte Flüssigkeitsmenge wird zweckmäßig auf die Stromdichte bezogen. Dabei müssen die normalerweise durch Abdampfen verloren gehenden Gewichtsmengen berücksichtigt werden. Wesentlich ist die Anwendung eines über die Flüssigkeitsoberfläche hinziehenden Spülgases, um die zerstäubten und normal verdampfenden Anteile fortzuschaffen. Das Spülgas soll möglichst inerter Natur sein, weil sonst chemische Reaktionen das Bild der physikalischen Zerstäubung trüben.

Allgemein beträgt die je cm^2 und Ah zerstäubte Flüssigkeitsmenge zwischen etwa 0,7 und 20 g, je nach Stromdichte und Art der Substanz. Die kleineren Werte sind dabei den niedrigen Stromdichten zugeordnet. Mit sinkendem Gasdruck nimmt die zerstäubte Menge zu.

Eigenartig ist, daß auch in Entladungsanordnungen eine merkliche Zerstäubung beobachtet wird, bei denen die die Kathode bildende Isolierflüssigkeitsschicht nicht an das Kathodenfallgebiet grenzt, sondern an eine dunkle unselbständige Entladungsstrecke, die etwa von einer positiven sprühenden Spitze gespeist wird. Die Kationen treffen demnach nur mit sehr kleiner Geschwindigkeit auf die Flüssigkeit. Die untenstehende Zahlentafel 4 bringt einige kennzeichnende Versuchswerte für den Fall der Wechselspannungszerstäubung mit 500 Hz. Die selbständige Entladung grenzt dabei unmittelbar an die Flüssigkeitsschicht. Die Stromleitung durch diese erfolgte durch Elektrokonvektion, hauptsächlich jedoch durch Verschiebungs-(= Kondensator-)Ströme.

Taballe 4: Zerstäubung von Isolierflüssigkeiten

	M	S	Druck in Torr (N_2)
Waltran	1,08	$0,7 \cdot 10^{-4}$	760
Waltran	11,52	$0,3 \cdot 10^{-4}$	4
Waltran	16,31	$0,8 \cdot 10^{-4}$	4
Sardinentran	2,09	$0,9 \cdot 10^{-4}$	760
Sardinentran	6,27	$0,9 \cdot 10^{-4}$	20
Sardinentran	13,11	$0,9 \cdot 10^{-4}$	4
Paraffinöl	4,02	$1,7 \cdot 10^{-4}$	760
Paraffinöl	15,3	$1,5 \cdot 10^{-4}$	4
Paraffinöl	21,09	$4,7 \cdot 10^{-4}$	4

M = zerstäubte Flüssigkeitsmenge in g je Ah und 1 cm^2 Oberfläche.
S = Stromdichte in A/cm^2.

Bei der Ermittlung der Ah wurden die tatsächlich verbrauchten Ah durch 2 geteilt, da Gleichspannungsmessungen eindeutig ergeben hatten, daß die anodische Zerstäubung zu vernachlässigen ist.

§ 36. Siedepunktserhöhung bei Reihenschaltung

Infolge der gemäß § 24 auftretenden Kräfte bei Reihenschaltung von Entladung und Flüssigkeit ist eine nicht unbeträchtliche Siedepunktserhöhung feststellbar [69], die jedoch ohne Einfluß auf die Kathodenzerstäubung (§ 35) ist. Bei Gleichspannungsentladung kann die Siedepunktserhöhung mehrere Zehntelgrade betragen, bei Wechselspannungsentladungen weit weniger.

III. Leitfähige Flüssigkeiten

a) Anordnungsmöglichkeiten

§ 37. Serienschaltung mit Gasentladungen

Da eine aus einer leitfähigen Flüssigkeit bestehende Brücke zwischen spannungsführenden Teilen einen Verluststrom bedingen würde, so scheiden alle Anordnungen mit Nebeneinanderschaltung von leitender Flüssigkeit und Entladung aus. Es bleibt somit im wesentlichen nur die Reihenschaltung übrig.

Bei der Serienschaltung erfolgt die Stromleitung in der Flüssigkeit mit wenigen, für entladungschemische Zwecke nicht in Betracht kommenden Ausnahmen durch Elektrolyse. Die Stabilisierung erfolgt bei Flüssigkeiten geringer Leitfähigkeit (bis zu etwa 10^{-6} S/cm) in ausreichendem Maße durch die Flüssigkeit selbst. Wenn dielektrische Stabilisierungsschichten angewendet werden, so müssen diese durch Heizung vor dem Niederschlag leitfähigen Kondensates bewahrt werden.

§ 38. Behandlung der Dämpfe

Auch hier ist hauptsächlich das Niederschlagen leitfähiger Flüssigkeiten auf und zwischen den Elektroden zu vermeiden. Im übrigen gelten die für die reine Gasbehandlung angegebenen Grundsätze (s. § 14, 18).

b) Physikalische Wirkungen auf leitfähige Flüssigkeiten

§ 39. Siedepunktserhöhung

Die Siedepunktserhöhung ist bei leitfähigen Flüssigkeiten nur für den Fall höherer Stromdichten zu beobachten, weil dann auch der durch das Abbremsen der Ladungsträger auf die Flüssigkeitsoberfläche ausgeübte Druck beachtlich werden kann. Die Zugkräfte zwischen Oberfläche und Grund sind wegen der nur geringen Feldstärken im Innern der leitfähigen Flüssigkeiten sehr klein.

§ 40. Zerstäubung leitfähiger Flüssigkeiten (Hg in Thermometern)

Die Zerstäubung kann bei leitfähigen Flüssigkeiten erhebliche Werte annehmen, weil sehr große Stromdichten zu erzielen sind. Auch ist die zerstäubende Wirkung von Gleichspannungsentladungen gut zu beobachten.

Für die Entladungschemie ist die Zerstäubung in Quecksilberthermometern, wenn diese in genügend starken Wechselfeldern sind, zu beachten. Die Thermometersäulen oberhalb des flüssigen Quecksilbers sind mit dessen Dampf erfüllt, der ionisiert wird. Das als eine Elektrode dienende flüssige Hg (die Gegenelektrode ist das entgegengesetzte Ende der Glaswand) zerstäubt und kondensiert sich in Tröpfchenform an den Glaswänden. Die Thermometer werden dadurch unbrauchbar. (Beim Arbeiten an Wechselfeldern daher Hg-freie-z. B. Toluol-Thermometer verwenden!)

§ 41. Entgasung von leitfähigen Flüssigkeiten

Die entgasende Wirkung infolge Elektronenstoßes kommt bei der Beeinflussung leitfähiger Flüssigkeiten nicht ohne weiteres zur Geltung, weil die kräftige Durchwirbelung und damit verbundene ständige Oberflächenerneuerung fehlt, wie sie bei den isolierenden Flüssigkeiten, insbesondere für den Fall der Entladungen mit Stabilisierungsschichten vorhanden ist. Es muß deshalb künstlich umgerührt werden, um eine entgasende Wirkung zu erzielen.

IV. Feste Körper

a) Anordnungsmöglichkeiten

§ 42. Anordnung bei Gasentladungen

Die gebräuchlichste Methode ist, die zu beeinflussenden Körper als Elektrode zu schalten [114]. Soweit es sich um Leiter handelt, ist dies für alle Stromarten grundsätzlich möglich. Werden starke hochfrequente Ströme angewendet, so kann eine sehr ungleichmäßige Stromverteilung über die Elektrodenfläche eintreten. Die Randteile der Elektrodenflächen übernehmen dabei in erster Linie den Stromtransport. Dieser Effekt wächst proportional mit der Wurzel aus der Leitfähigkeit und der Wurzel aus der Frequenz (Skin-Effekt).

Sollen porenfreie Isolatoren als Elektroden geschaltet werden, so ist dies nur bei Verwendung von Wechselspannungsentladungen möglich. Die Isolatoren werden dann als Schichtelektroden geschaltet. Die Nebeneinanderschaltung ist nur für Isolatoren und Gasentladungen sinnvoll. Die unmittelbare Wirkung von Ladungsträgern aus der Gasentladung besteht dabei in ihrer Wiedervereinigung auf dem Versuchskörper.

In die Technik hat auch eine Anordnung Eingang gefunden, bei welcher der feste Versuchskörper wohl im Gasentladungsraum angeordnet ist, jedoch nicht als Elektrode geschaltet oder mit derselben verbunden ist.

§ 43. Anordnung bei Ladungsträgerstrahlen

Die Einwirkung von Ladungsträgerstrahlen auf Metalle und andere Leiter des elektrischen Stromes bietet keinerlei Schwierigkeiten grundsätzlicher Natur. Dagegen ist die Behandlung der Isolatoren schwierig, weil die Ladungen nicht ohne weiteres abfließen. Werden sehr schnelle durchdringende Strahlen, z. B. Elektronenstrahlen aus *Lenard*-Fenstern mit hoher Geschwindigkeit angewendet und gleichzeitig dünne isolierende Schichten behandelt, z. B. Papier, so bleiben die Aufladungen so klein, daß die weiteren ankommenden Ladungsträger nur unwesentlich abgelenkt werden. Anders ist es, wenn die Strahlen das Versuchsobjekt nicht zu durchdringen vermögen, so daß die Ladungen „steckenbleiben". Dann muß für Ableitung der Ladungen gesorgt werden. Dazu können Strahlen der entgegengesetzten Polarität Verwendung finden (z. B. Kanalstrahlen im Falle langsamer Elektronenstrahlen).

b) Physikalische Wirkungen

§ 44. *Kathodenzerstäubung der leitenden festen Körper*

Von den physikalischen Entladungswirkungen ist die auffälligste die Kathodenzerstäubung, die hier nur physikalisch beleuchtet, behandelt wird. Die chemische Seite werden wir später (§§ 207...209) kennen lernen.

Zerstäubung findet man sowohl in Gasentladungen bei kathodischer Schaltung als auch beim Auftreffen von positiven Ionenstrahlen auf Metalle (z. B. Quecksilberionen auf Eisen).

Infolge der Rückdiffusion bereits zerstäubter Teile auf die Kathoden ist die Messung der wahren Zerstäubung erschwert. Auch dünne Oxydhäute, die einen wenn auch vergänglichen Schutz für das darunter liegende Metall vorstellen, verfälschen das Bild. In gleicher Richtung können sich adsorbierte Gasschichten auswirken. Durch diese werden, wie *Oliphant* [116] an Untersuchungen über die Zerstäubung mittels Alkaliionenstrahlen zeigen konnte, die auftreffenden Ionen zurückgehalten. Erst oberhalb einer je nach der Natur der adsorbierten Gase verschiedenen kritischen Geschwindigkeit werden die Gasschichten von den Ionen durchbrochen, so daß die Zerstäubung beginnen kann. Daher die großen Unsicherheiten der Zahlenangaben über die die Zerstäubung bedingenden Faktoren.

Im großen ganzen haben sich aus einer Vielzahl von Untersuchungen folgende allgemeine Gesichtspunkte als vertretbar herausgestellt:

1. Die zerstäubte Substanz verläßt das Muttermaterial in Form ungeladener Atomstrahlen. Eine spätere Ladung ist jedoch möglich.
2. Die Rückdiffusion auf die Kathode ist sehr groß (daher ist die primär zerstäubte Menge für den Fall normaler Entladungsanordnungen kaum richtig zu erhalten).
3. Die zerstäubende Wirkung hängt u. a. gelegentlich von der Summe aus potentieller Energie (Ionisierungs-Anregungs-Dissoziations-Energien usw.) und kinetischer Energie ab.
4. Versuche mit Kanalstrahlen ergaben, daß die von einem kleinen vom Strahl getroffenen Bezirk des Metalles ausgehende Zerstäubung gleichmäßig nach allen Seiten hin erfolgt [131].
5. Die Sublimationswärme steht im umgekehrten Verhältnis zur zerstäubten Menge, sofern man mehrere Metalle vergleicht.
6. Die Zerstäubung nimmt mit wachsendem Atomgewicht des die Entladung tragenden Gases zu. (Daher Zerstäubung bei Hg-Entladungen sehr groß.)
7. Die Zerstäubung in Glimmentladungen nimmt mit zunehmendem Abstand der Elektroden ab.

8. Mit der Stromstärke nimmt die Zerstäubung nicht genau proportional zu.

9. Bei anomaler brennender Entladung ist die Zerstäubung sehr groß (nach *Seeliger* [1], *Pietsch* [106]).

10. Wenn durch geeignete geometrische Form der Kathode die Rückdiffusion erschwert ist, was z. B. der Fall ist, wenn so dünne Drähte verwendet werden, daß die freie Weglänge der diffundierenden Atome mit den Drahtdurchmessern vergleichbar wird, so wird die Zerstäubung abnorm groß. *Güntherschulze* [124].

Es gibt also eine Reihe versuchsmäßig gesicherter Angaben über die Zerstäubung. Trotzdem erscheinen sie noch lange nicht ausreichend, um die Theorien über die Zerstäubung genügend zu stützen. Es gibt deren drei, nämlich die S t o ß theorie nach *Kingdon* und *Langmuir* [117], die t h e r mische Theorie, um die sich insbesondere *v. Hippel* [118] und *Blechschmidt* [119] bemüht haben, sowie die dritte Theorie, wonach die Zerstäubung eine Folge plötzlicher G a s e x p l o s i o n e n herrührend von der Befreiung eingeschlossener Gase im Metall unter der Einwirkung des Ladungsträgerstoßes sei, die jedoch kaum mehr vertretbar ist, nachdem sich gezeigt hat, daß die Zerstäubung einigermaßen gleichmäßig für kalte wie auch für warme Metalle verläuft [121 . . . 123]. Man darf dabei allerdings nicht solche Wärmegrade in Betracht ziehen, bei denen rein thermische Verdampfung stattfindet wie sie z. B. die Glühdrähte in Glühlampen erleiden.

Nach der S t o ß theorie verursachen die auftreffenden Ionen Sekundäremission von Atomstrahlen durch Stoß. Diese Atomstrahlen müssen, wenn die ursprüngliche Richtung der auftreffenden Ladungsträger bekannt wäre, eine bestimmte von dieser abhängige Sekundäremissionsrichtung besitzen. Dies ist jedoch, wie aus Punkt 4 obiger Aufstellung hervorgeht, nicht der Fall.

Die t h e r m i s c h e Theorie erklärt die Zerstäubung durch eine lokale Verdampfung, hervorgerufen durch den Energieverlust der auftreffenden Ladungsträger. Mit dem vierten Punkt (oben) steht dies nicht in Gegensatz. Auch erscheint die Tatsache, daß die Sublimationswärme für die Zerstäubung maßgebend ist (Punkt 5) eine weitere Bestätigung für die thermische Theorie zu sein.

Aber die thermische Theorie befriedigt nicht vollkommen. Wie *Oliphant* [120] gezeigt hat, ist die Ladung der Ionen doch wohl von spezifischem Einfluß auf die Zerstäubung und nicht immer nur die Gesamtenergie, wie dies aus der thermischen Theorie folgen würde. Er fand nämlich, daß metastabile Heliumatome, also solche angeregter Natur, mit größerer Verweilzeit, auch wenn sie auf solche Geschwindigkeit gebracht wurden, daß ihre Gesamtenergie (potentielle + kinetische) gleich derjenigen von vergleichsweise angewandten positiven Heliumionen war, eine viel geringere zerstäubende Wirkung hatten, als letzere.

Verschiedentlich sind empirische Gesetze aufgestellt worden, um die Größe der Zerstäubung für bestimmte Materialien abhängig von den Entladungsbedingungen festzulegen. Für Silber hat z. B. *Güntherschulze* [124] die folgende Beziehung abgeleitet:

$Q = C \cdot V/(c \cdot P)$ worin Q = zerstäubende Menge in mg/Ah, V = Kathodenfall in Volt, c = Elektrodenabstand in cm und P = Druck in Torr darstellen. C ist eine Konstante, die für Silber zu 0,868 bestimmt wurde. Eine andere von der G. E. C., London [125] bei der Auswertung von Versuchen über die Zerstäubung des Wolfram angewandte Formel lautet:

$Q = C (V — V_0)$, worin V_0 einen Schwellenwert der angelegten Spannung bedeutet, unterhalb dessen also gar keine Zerstäubung auftreten solle.

Seeliger [1] teilt die Metalle in eine edlere und weniger edle Gruppe ein, die jeweils nach steigenden Sublimationswärmen geordnet sind, so daß die Zerstäubung von links nach rechts abnimmt.

Edle Reihe: Ag, Cu, Au, Ni, Pt,
unedle Reihe: Cd, Bi, Sb, Pb, Sn, Fe, W, Zn.

Der zweiten Reihe könnten nach den heutigen Erkenntnissen noch Al und Mg hinzugefügt werden.

Bemerkenswert ist die geringe Zerstäubung der meisten Metalle in He, während sie in den anderen Edelgasen fallweise kräftiger ist. In He soll tatsächlich ein Schwellenwert der Zerstäubung zu finden sein, der bei 800 V liegt. Die Zahlenangaben über zerstäubte Mengen schwanken außerordentlich. Als Anhaltspunkt mag dienen, daß je Ah in Hg-Dampf zerstäubte Mengen zwischen 1 und 20 g für verschiedene Metalle gemessen worden sind.

§ 45. Kathodenzerstäubung der festen Isolatoren

a) Primärzerstäubung

Wie bei den festen Leitern werden wir auch bei der Zerstäubung der Isolatoren die chemische Seite später (§§ 207 . . . 210) besprechen. Hier wird versucht, die „physikalische" Zerstäubung herauszugreifen. Über die Zerstäubung von Isolatoren gibt es nur sehr wenige Untersuchungen. Für denjenigen, der sich mit Entladungschemie beschäftigen will, sind aber gerade diese Zerstäubungserscheinungen von großem Interesse, weil gerade in der Hauptgruppe der für chemische Umsetzungen angewandten Entladungsarten, nämlich bei den mit Schichten stabilisierten Entladungsformen, feste Isolatoren dauernd der Einwirkung von Ladungsträgerstößen ausgesetzt sind.

Die rein physikalische Zerstäubung der festen Isolatoren ist geringer als die der Metalle oder der flüssigen Isolatoren. Außerdem kann sie praktisch nur unter dem Einfluß von Wechselspannungsentladungen beobachtet werden, wobei dann nur die den Isolator zur Kathode machende Halbwelle der elektrischen Strömung wirksam ist.

Nur bei sehr dünnen Isolierschichten sind auch Gleichspannungsentladungen möglich. Solche Verhältnisse liegen bei einer Reihe von Metallen vor, die mit natürlichen oxydischen dünnen Schichten überzogen sind (Aluminium, Tantal, Magnesium, Niob, Wismut, Cer usw.). Bei solchen Körpern ist die oxydische Schicht zunächst ein Schutzwall für das darunter liegende Metall. In der oxydischen Schutzschicht bilden sich jedoch bald Poren und Löcher oder sie wird, was seltener ist, gleichmäßig abgetragen [119, 130]. Sehr dünne elektrolytisch erzeugte Aluminiumoxydschichten sind für geringe Stromdichten recht beständig. Bei größeren Stromdichten — etwa von 10 mA/cm^2 an — ist die Zerstäubung unverhältnismäßig größer. Insbesondere gilt dies für Quecksilberdampfentladungen.

Gegen den Angriff von Entladungen in Luft von Atmosphärendruck ist Glimmer hervorragend beständig. Weniger beständig ist Glas. Es ist eine bekannte Erscheinung, daß längere Zeit in Betrieb gewesene Ozonröhren auf den den Entladungen zugewandten Glasflächen matt sind.

Punktförmiger Angriff von Isolatoren deutet entweder auf entladungschemische Wirkungen oder auf ungleichmäßige Stromverteilung hin. Feuchte Glasplatten werden stets punktförmig angegriffen. Es läßt sich bisher keine Abhängigkeit der Zerstäubung von der Härte oder auch vom Erweichungspunkt oder von der Sublimationswärme erkennen. Im Falle des elektrolytisch erzeugten Aluminiumoxyds hat sich ergeben, daß mittelharte noch verhältnismäßig viel Aluminiumoxyd enthaltende Schichten widerstandsfähiger sind als ganz weiche oder besonders harte [69]. Ähnliches gilt auch für Glas. Thüringer

Geräteglas ist z. B. widerstandsfähiger als sogenanntes Jenaer Hartglas. Andererseits ergab sich für eine große Zahl gehärteter Lacke eine bedeutend geringere Zerstäubung als für ungehärtete. Auch gehärtete Gelatine ist bedeutend widerstandsfähiger als gewöhnliche Weichgelatine.

Auch für die Isolatoren gilt, daß zunehmender Kathodenfall (entsprechend größerer Energie der auftreffenden Ionen) und anomale Stromdichte einen starken Anstieg der Zerstäubung bewirken.

b) Sekundärzerstäubung

Unter Sekundärzerstäubung wollen wir die zusätzliche Zerstäubung eines Isolators verstehen, der von den Metalldampfstrahlen getroffen wird, die ihrerseits selbst durch Auftreffen von Ionen, also durch Kathodenzerstäubung entstanden sind. Die Sekundärzerstäubung tritt also bei augenblicklicher anodischer Schaltung des Isolators (Empfängers) gegenüber augenblicklicher kathodischer Schaltung des Metalles (Gebers) auf. Sie wird merklich nur bei sehr kleinem Abstand Geber-Empfänger und bei höheren Stromdichten. Sie scheint mit dem Atomgewicht des Gebers zuzunehmen. Bild 80 zeigt zwei versuchsmäßige Anordnungen in vereinfachter Darstellung. Bei Platin als Geber und Glas als Empfänger ist die Zerstäubung größer als bei Silber als Geber und bei diesem größer als bei Aluminium.

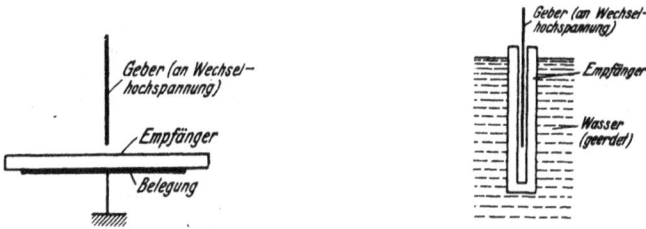

Bild 80 a: Bild 80 b:
Anordnungen zur Erzielung der Sekundärzerstäubung

V. Feinverteilte Körper

§ 46. Anordnung und Wirkungsweise

Bild 81 stellt eine Anordnung zur Beeinflussung kleiner Schwebeteilchen (Rauch, Nebel usw.) dar. Inmitten eines Zylinders Z ist ein dünner Draht D ausgespannt, der eine so hohe Spannung gegenüber Z erhält, daß er sprüht (Koronaentladung § 8). Der Zylinder wird meist geerdet, der Draht negativ gepolt (z. B. für Luft). Bei elektropositiven Gasen kann umgepolt werden.

Die gebildeten Ladungsträger lagern sich an die zu beeinflussenden Schwebeteilchen an und werden durch das elektrische Feld auf die Gegenelektrode gezogen. Dieser Vorgang wird zur Luftreinigung sowie Rauchgasbefreiung von Asche und Ruß ausgewertet. Auch für die Entladungschemie kann er Bedeutung erlangen, wie später (z. B. Rauchgasreinigung und Elektro-Kracken [s. § 228]) gezeigt werden wird.

In neuerer Zeit wurden Geräte entwickelt [889], deren Merkmal in der Trennung der beiden Aufgaben, nämlich der Ladung der Teilchen und deren

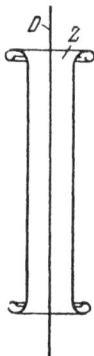

Bild 81:
Anordnung zur Beeinflussung von strömenden Körpern
mittels Koronaentladungen.   D = Sprühdraht, Z = Zylinder

darauffolgende Abscheidung besteht. Dadurch gelang es bei gleicher Abschei-
dungsintensität die benötigten Spannungen, Abstände der Elektroden und damit
auch die Kosten erheblich zu senken. In dem Bild 82 ist der Aufbau sowie
die Wirkungsweise der Geräte angedeutet. Ein sehr feiner Wolframdraht erhält
z. B. 12 KV (positive) Gleichspannung gegenüber zwei geerdeten Walzen. Dadurch wird ein Sprühen des Drahtes erreicht. Die Teilchen werden durch die
aus der Sprühzone kommenden Ladungsträger aufgeladen und dann mit der
Gasströmung zwischen Platten geführt, welche bei je 0,8 cm Abstand abwechselnd
geerdet sind und an 5 KV angeschlossen sind. Dort werden dann die Teilchen
abgeschieden.

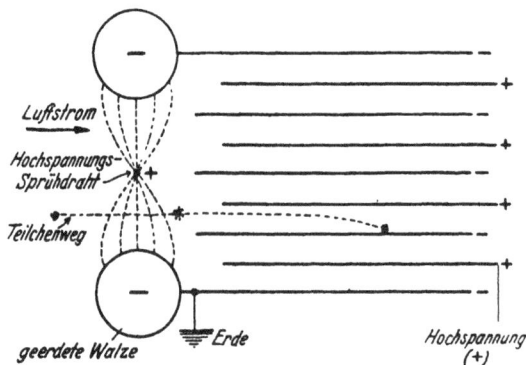

Bild 82: Aufladung und Abscheidung getrennt
(Aus [889])

§ 47. Einiges über die Abscheidung und deren Bedeutung

Die durch Ionenlagerung geladenen Teilchen wandern im Feld und werden
an der Gegenelektrode niedergeschlagen. Sind nicht unipolare Ladungsträger-
quellen vorhanden, sondern, wie es bei entladungschemischen Prozessen meist
der Fall ist, Wechselströmungen vorhanden, so wird trotzdem meist eine Elektrode
für den Niederschlag bevorzugt, weil die Teilchen selbst eine Ladungsart be-

vorzugen. Ob die abgeschiedenen Teilchen Leiter oder Isolatoren sind, hat bei Wechselstrombetrieb im Gegensatz zum Gleichstrombetrieb keine Bedeutung. Bei der Gleichspannungsabscheidung kann es vorkommen, daß die isolierenden Schichten an der Niederschlagselektrode hoch aufgeladen werden und damit den weiteren Abscheidungsvorgang aufhalten oder es findet ein elektrischer Durchbruch durch die abgeschiedenen Teilchen statt, der sich dann bis zum Sprühdraht fortpflanzt, was einem elektrischen Kurzschluß nahekommt. Bei Wechselspannungsbetrieb, insbesondere bei solchem mit etwas höherer Frequenz, können sich die elektrischen Strömungslinien der Gasentladungsstrecke in Form von Verschiebungslinien durch die abgeschiedenen Isolierschichten hindurch fortsetzen, (Kondensatorwirkung).

Meist wird bei stofflichen Umsetzungen in Entladungen, insbesondere bei der Behandlung von Flüssigkeiten, angestrebt, die sich absetzenden Teilchen sogleich von den Elektroden fortzunehmen, also der zu verändernden Flüssigkeit beizumischen. Wird dies nicht angestrebt bzw. durchgeführt, so kommt es, vorzugsweise bei Anwendung von Entladungen mit höheren Frequenzen, zur Ausbildung lochfreier und sehr gleichmäßiger Niederschlagsschichten. Es ist dabei nicht notwendig, daß die chemischen Prozesse der Teilchen im Augenblick der Abscheidung bereits abgeschlossen sind. Eine bedeutende Anwendung kann die Beeinflussung der Schwebeteilchen außer für Abscheidung fester oder flüssiger Reaktionsprodukte bei Gasreaktionen auch für die Reinigung von Ausgangsstoffen besitzen. Daneben kann auch Materialverlust an wertvollem Staub, der von Abgasen mitgetragen wird, vermieden werden, worauf insbesondere *Peters* [851] hingewiesen hat.

C. Die entladungschemischen Reaktionen

§ 48. Vorbemerkung

Unter dem Einfluß der elektrischen Entladungen können sich mannigfaltige chemische Vorgänge abspielen. Manche Reaktionen, die sonst nur träge verlaufen, gehen unter Entladungseinfluß mit sehr großer Geschwindigkeit vonstatten. Umgekehrt gibt es auch Prozesse, die durch die Entladungseinwirkung unterdrückt werden. Eine große Zahl von Reaktionen kann sowohl mit der üblichen Methode der Erwärmung als auch durch Einwirkung von Entladungen beschleunigt werden.

Ganz allgemein läßt sich sagen, daß alle drei Hauptgruppen chemischer Vorgänge, nämlich Zersetzung, Vereinigung und Umsetzung auch durch elektrische Entladungen verursacht werden können. Die Entladung kann dabei auch lediglich mittelbar über durch sie gebildete kurzlebige Zwischenprodukte beteiligt sein.

Verwickelt werden die Verhältnisse, weil verschiedene Entladungsformen meist auch zu verschiedenen Produkten führen. Auch innerhalb der Entladungen selbst werden an den verschiedenen Punkten derselben verschiedene Produkte gebildet. Leider läßt sich keine stets gültige Antwort auf die Frage nach der Bezugsgröße für die Veränderungen finden. Eine dem *Faraday*schen Gesetz entsprechende Regel für den Stromverbrauch abhängig vom Mol umgesetzter Substanz ist nicht gefunden worden. Dazu kommt noch, daß die meisten der durchgeführten Untersuchungen nur das Endergebnis der stofflichen Umwandlungen erfassen lassen und die Elementarvorgänge vielfach unerforscht geblieben sind. Nur in wenigen Fällen gelang es bisher durch Anwendung besonderer Methoden, wie z. B. Ausfrieren der neu gebildeten Verbindungen oder durch Beobachtung der Emissionsspektren sowie durch die Massenspektroskopie, Einblicke in den Mechanismus der Reaktionen zu erlangen.

Es ist somit nicht verwunderlich, daß über die Theorie der ursprünglichen Auslösung der chemischen Veränderungen unter Entladungseinfluß noch keine befriedigenden Erklärungen gegeben werden können.

Da aber andererseits schon eine große Zahl von Reaktionen durch elektrische Hochspannungsentladungen durchgeführt wurden, soll nachstehend eine Zusammenstellung derselben gegeben werden. Trotz des anscheinenden Mißverhältnisses zwischen der Menge des experimentellen Materials und der wissenschaftlichen Erkenntnis zeichnet sich bereits eine Reihe von praktisch verwertbaren Gesichtspunkten ab.

1. Allgemeiner Teil

I. Verschiedene Arten der Reaktionen

a) Reaktionen in Gasen

§ 49. Bildung von Zersetzungsprodukten

Vorgänge, bei denen aus einem Stoff ohne Hinzutritt eines anderen zwei oder mehr neue Stoffe entstehen, bezeichnet man als Zersetzungen. Das Schema lautet: $AB = A + B$ oder $ABC = AB + C$ usw.

Zersetzung findet in Entladungen häufig statt. Wir können dabei den Begriff der Zersetzung auch auf die Zerlegung von Elementen, die molekularer Natur sind, in die betreffenden Atome (also Dissoziation) ausdehnen. Die Zersetzungsvorgänge können auch hinsichtlich der Lebensdauer der aus ihnen hervorgehenden Produkte in mehrere Gruppen eingeteilt werden. Es lassen sich kurzlebige, langlebige sowie stabile Zersetzungsprodukte unterscheiden. Sehr häufig sind die Zersetzungsprodukte nur kurze Zeit unverändert, weil sie infolge der ihnen innewohnenden potentiellen Energie bald weitere Reaktionen eingehen, die unabhängig von der Entladung verlaufen können. Unter den kurzlebigen Zersetzungsprodukten treten, wie die lichtspektroskopische sowie die massenspektroskopische Beobachtung lehren, besonders Atome und Radikale hervor.

Diese Vorgänge können recht vielgestaltig verlaufen, was am Beispiel des Methans erläutert sein·soll: Sowohl massenspektroskopisch wie lichtspektroskopisch wurden folgende Prozesse beobachtet:

$$CH_4 = CH_4^+ + e^- \; ; \; CH_4 = CH_3^+ + H + e^- \; ;$$
$$CH_4 = CH_2^+ + 2 H + e^-; \; CH_4 = CH^+ + 3 H + e^-; \; CH_4 = C^+ + 4 H + e^-$$

[132 ... 137]. Neben atomarem Wasserstoff entstehen also alle möglichen Radikale.

Für kompliziertere Verbindungen werden die Zersetzungsprodukte immer unübersichtlicher. Große organische Moleküle werden in Atome und in Radikale der mannigfachsten Art aufgespalten. Ist Sauerstoff im Ausgangsmaterial vorhanden, so tritt besonders die OH-Gruppe in Erscheinung. Auch die CH-Gruppe wird bei der Behandlung von Kohlenwasserstoffen immer beobachtet. Enthält die Ausgangssubstanz Stickstoff, so werden entweder CN oder NH oder auch beide auftreten.

Viele derart gebildeten Radikale verschwinden nach kurzer Zeit durch Rekombination zum Ausgangskörper bzw. durch weiteren Zerfall oder durch Zusammentritt zu neuen Verbindungen. Durch starke Abkühlung lassen sich diese Sekundärreaktionen einschränken, so daß die Lebensdauer der Zersetzungsgebilde etwas erhöht werden kann.

§ 50. Bildung langlebiger Zersetzungsprodukte

Langlebige Zersetzungsprodukte bei Normaltemperatur sind sehr selten und auch nur in Form der zu Molekülen zusammengetretenen atomaren Zersetzungsprodukte bekannt. So kann man die Produkte der endothermen Wasserzersetzung oder der endothermen Ammoniak-Zerlegung, nämlich Wasserstoff, Sauerstoff, Stickstoff, sobald sie sekundär von der atomaren Form in die molekulare übergegangen sind, als langlebige Produkte auffassen.

§ 51. Vereinigung als Primärakt

Vereinigung von Stoffen zu einem neuen Körper sind mit Sicherheit als Primärakt nicht beobachtet worden. Vielleicht finden manche Polymerisationsprozesse stark ungesättigter Verbindungen, die z. B. durch Lichteinwirkung angeregt werden können, auch in Entladungen statt.

§ 52. Sekundäre Vereinigung

Die sekundäre Vereinigung der primär in Entladungen gebildeten kurzlebigen Spaltprodukte zu größeren Molekülen ist ein häufig zu beobachtender Vorgang. Diese sekundär entstandenen Vereinigungsprodukte können, falls sie nochmals der Einwirkung der endotherme Reaktionen begünstigenden Entladungen ausgesetzt werden, wiederum in Radikale zerlegt werden, wodurch eine große Mannigfaltigkeit sowohl in der Größe wie auch der Zusammensetzung und Art der Endprodukte möglich ist.

Bei der Behandlung des Methan z. B. mit Ladungsträgerstrahlen sind massenspektroskopisch (§ 13) neben den in § 49 erwähnten Primär-Radikalen CH, CH_2 und CH_3 auch die an Masse bedeutend schwereren Radikale C_3H, C_3, C_3H_2, C_3H_3, C_4 und C_4H beobachtet worden [137]. Massenspektroskopisch konnten noch größere Reaktionsprodukte nicht festgestellt werden. Durch *Regelung der Temperatur*, insbesondere derjenigen der Entladungs*wände* gelingt es, die sekundären Vereinigungsvorgänge zu beeinflussen.

Wird z. B. Methan einer Glimmentladung ausgesetzt, ohne daß eine besondere Kühlung angewendet wird, so sind die erhaltenen stabilen Produkte außer molekularem Wasserstoff ganz entgegen den Erwartungen, auf Grund der massenspektroskopischen Ergebnisse, nicht die nächsten Wiedervereinigungsstufen der beobachteten Radikale, sondern es resultiert ein Körper eines sehr großen Molekulargewichtes, der nicht gasförmig oder flüssig, sondern fest ist. [138]. Wird dagegen die Wand scharf gekühlt, so bildet sich in der Hauptsache Aethylen [139...141], welches bekanntlich gasförmig ist.

Diese Abhängigkeit der Molekülgröße des Endproduktes von der Temperatur im Reaktionsraum kann bei fast allen entladungschemischen Reaktionen, insbesondere aber bei denjenigen aus dem Gebiet der organischen Chemie beobachtet werden und ist ein Beweis für die Bedeutung der exothermen Sekundärreaktionen der zuvor durch endotherme Entladungsprozesse gebildeten Atome und Radikale.

§ 53. Umsetzungen

Auch die Umsetzungen verlaufen nicht als Primärreaktionen, sondern über primär gebildete Atome und Radikale. Eine wichtige Umsetzung ist die Reduktion. Wird ein Gemisch aus CO_2 und Wasserstoff in einer *Siemens*-Röhre (§ 7) behandelt, so findet eine Reduktion des CO_2 zu CO nach dem folgenden Bruttoschema statt:

$$CO_2 + H_2 = CO + H_2O.$$

Diese Reaktion verläuft in Wirklichkeit nicht in dieser vereinfacht dargestellten Form, sondern es werden erst Atome (H-Atom, O-Atom) und Radikale (C, OH, usw.) gebildet, die ihrerseits schließlich zu den Endprodukten CO und H_2O führen. Das Gleichgewicht ist dabei jedoch nicht völlig auf der $CO + H_2O$-Seite. Insbesondere wird das Wasser wieder dissoziiert.

Auch Oxydationsvorgänge können als Umsetzungen verlaufen. So reagieren Hydroxylradikale, die bei der Dissoziation des Wasserdampfes in elektrischen Entladungen entstehen, mit CO nach folgendem Schema in *Sekundärumsetzung:*

$$OH + CO = CO_2 + H.$$

Durch die reduzierende Wirkung des atomaren Wasserstoffes bildet sich ein Gleichgewichtszustand zwischen Reduktion und Oxydation aus [142, 143].

Den Beweis für die sekundäre Wirkung der Hydroxylradikale liefern die Reaktionen derselben, wenn sie mehrere cm außerhalb der Entladungen mit den Partnern zusammentreffen [144...147]. Wir kommen darauf noch im § 131 zurück.

b) Reaktionen in und an Flüssigkeiten

§ 54. Primäre Zersetzung

Im Inneren von Flüssigkeiten sind primäre Zersetzungsvorgänge nur bei Anwendung durchdringender, also schneller Ladungsträgerstrahlen zu erwarten. Eindeutige und übersichtliche Versuchsbedingungen werden durch Anwendung schneller, aus *Lenard*-Fenstern austretenden Elektronenstrahlen erreicht (vgl. § 13), wenn die Flüssigkeit ohne Gaseinschlüsse an das Fenster grenzt. Solche Versuche ergeben z. B. bei Kohlenwasserstoff tatsächlich Zertrümmerung unter Wasserstoffentwicklung unter gleichzeitigem Auftreten geringer Mengen anderer niedermolekularer Gase. Auch diese Zersetzungsprodukte in Flüssigkeiten sind nur kurzlebig. Nur sekundäre Vereinigungsprodukte konnten bisher gefaßt werden. Werden langsame Ladungsträger, etwa aus Gasentladungen, auf die Flüssigkei-

ten aufgebracht, so sind unmittelbare Einwirkungen nur auf der
obersten Schicht zu erwarten und tatsächlich auch nur dort zu verzeichnen. Die Wirkung ist deshalb, wenn nicht für stete Oberflächenerneuerung gesorgt wird, nur sehr gering. Um eine Beeinflussung
der Versuchsergebnisse durch Wirbelbildung möglichst auszuschalten, müssen Untersuchungen dieser Art deshalb mit Flüssigkeiten
kleinen Dampfdruckes und hoher Zähigkeit durchgeführt werden.

§ 55. Sekundäre Vereinigung

Primäre Vereinigung in und an der flüssigen Phase sind ebensowenig wie in Gasen (§ 52) beobachtet worden. Dagegen finden sekundäre Vereinigungen mit Sicherheit auf der Flüssigkeitsoberfläche statt. Und zwar gelangen die in der Gasphase begonnenen
Reaktionen häufig an der Phasengrenze zu ihrem Abschluß. Die
sich endgültig ergebende Molekülgröße hängt, wie auch praktische
Versuche ergeben haben, außer von der Temperatur der Reaktionszone auch von der Geschwindigkeit der Oberflächenerneuerung ab.
Es hat sich gezeigt, daß bei träger Bewegung die aufbauenden Vorgänge weiter fortschreiten können als bei rasch wirbelnder Oberflächenerneuerung. Ist bei Kohlenwasserstoffen die Wirbelung fast
gänzlich unterbunden, so können sich auf der Oberfläche Riesenmoleküle ausbilden, die eine feste Haut darstellen[69].[1]

Innerhalb der flüssigen Phase bilden sich bei gewissen flüssigen
Kohlenwasserstoffen, nachdem diese mit Umwandlungsprodukten angereichert sind, insbesondere bei Anwendung höherer Temperaturen
sehr große Moleküle. Dieser Vorgang ist mit einer gewöhnlichen
thermischen Polymerisation gleichzusetzen. Die Entladung hat lediglich die polymerisierenden Bausteine geliefert.

§ 56. Umsetzungen in Flüssigkeiten

Auf der Oberfläche von Flüssigkeiten können sekundäre Umset-
zungserscheinungen beispielsweise mit Hilfe von Wasserstoff erzielt werden. Es handelt sich dabei um Reduktionsvorgänge. So
wird $HAuCl_4$ in wässriger Lösung in der *Siemens*-Röhre zu Gold
reduziert. Dieses scheidet sich kolloidal aus. Ähnliche Reaktionen
wurden auch in nicht-wässrigen Metallsalzlösungen beobachtet [149].
(Näheres § 232).

Umsetzungsvorgänge als Primärwirkungen der Entladungen wurden bei Flüssigkeiten ebensowenig wie bei den Gasen beobachtet.

---

[1]) Hier seien auch die teils elektrolytisch- teils gasentladungs-bedingten Prozesse erwähnt, die beim Angrenzen eines Elektrolyten an eine Gleichspannungs-
gasentladungsstrecke vor sich gehen. Diese Vorgänge gehören jedoch in das
Gebiet der Elektrolyse, der gewöhnlichen Elektrochemie. Es lassen sich auf der
Phasengrenze z. B. Metalle wie Kupfer, Silber, Gold usw. niederschlagen. (Erste
Arbeit dieser Art stammt wohl von *Gubkin* [627], siehe auch *Klemenc* [148,
452—457, 625]).

c) Reaktionen mit festen Körpern

§ 57. Primäre Zersetzung

Zersetzung kann wie bei den Flüssigkeiten in der Tiefe nur mit schnellen Ladungsträgerstrahlen erreicht werden. So wird Papier durch solche Einwirkungen so stark angegriffen, daß es Gase abgibt und in Staub zerfällt [150]. Halogensilberverbindungen werden durch Ladungsträgerstoß in Silber und das betr. Halogen zerlegt.

§ 58. Sekundäre Vereinigung

An der Oberfläche der festen Körper finden häufig sekundäre Vereinigungsvorgänge statt. So wird z. B. Aluminium oxydiert, Edelmetalle verbinden sich mit Stickstoff auf dem Umwege über Aktivitäts- und Dissoziationszustände [151]. Auch Nichtmetalle können oxydiert werden, z. B. Selendioxyd zu Selentrioxyd [152, 153], Zinkoxyd und Zinkperoxyd [154]. Da diese Vorgänge stets sekundärer Natur sind, ist es vielfach möglich, diese Vereinigungsvorgänge nur mittels aktivierter Partner vornehmen zu lassen. Dies gilt auch für die nachfolgend zu besprechenden Umsetzungen.

§ 59. Umsetzungen

Es ist möglich, Eisen aufzukohlen, indem es mit einem ursprünglich aus Acetylen bestehenden in Entladungen veränderten Gasstrome in Berührung gebracht wird. Bromsilber wird durch Wasserstoff, der die Entladung passiert hat, schnell in Bromwasserstoff und Silber umgesetzt. Andere Umsetzungsbeispiele sind die Reduktionen von Quecksilberoxyd, Bleioxyd, Kupferoxyd unter der Einwirkung von mittels Entladungen aktivierten Wasserstoffes. Ähnlich verhalten sich auch viele feste Metallsalze (z. B. Sulfate [156, 157, 158]). Auch kompliziertere Umsetzungen wurden beobachtet, die auf eine Verquickung von sekundären Vereinigungs- mit primären Zersetzungsprozessen zurückzuführen sind. (Etwa die Umsetzung von Wasserstoff und $Cu(NO_3)_2 \cdot 3H_2O$ zu Kupfer, Kuprioxyd, NO_2, NO, Ammoniumnitrat, Ammoniumnitrit und freiem Ammoniak).

§ 60. Reaktionen mit festen Körpern im feinverteilten Zustand

Durch die feine Verteilung erfolgen alle Reaktionen mit größerer Geschwindigkeit. So wird Aluminiumstaub durch Sauerstoff in einer Entladung schnell oxydiert. (Bei erhöhtem Druck explosionsartig). Ag_2O wird durch Wasserstoff sehr schnell reduziert. Derselbe Vorgang tritt auch ein, wenn das Silberoxyd in wässriger Suspension vorliegt [149].

II. Über den Ort der Primär= und Sekundärprozesse

a) Gase

§ 61. Gasphase und Wand

Die Primärzersetzung (§ 54) findet in der Gasphase selbst statt. Sekundäre Erscheinungen können im Gase und an den Wänden vor sich gehen. Die sekundären Aufbauvorgänge erfolgen vielfach an den Wänden und zwar an denjenigen Stellen, die den Gebieten der Primärakte benachbart sind. Werden Entladungen in Anordnungen betrieben, bei denen die Wandeinflüsse größtenteils ausgeschaltet sind (weite Gefäße, elektrodenlose Induktionsentladung § 10), so werden andere Produkte gewonnen, als in Gefäßen mit Wandeinfluß. Bei der Behandlung von polymerisierbaren Substanzen (z. B. Kohlenwasserstoffen) fallen die Endprodukte verhältnismäßig niedermolekular aus. Bei empfindlichen Körpern, die leicht sekundär zerfallen (Ozon), wird die Ausbeute ohne Wandeinflüsse größer.

§ 62. Bedeutung der Entladungsgebiete mit der dichtesten Ener= gieumsetzung, Druckeinfluß

Es hat sich bezüglich des Ausmaßes der Umwandlungen in Entladungen gezeigt, daß die stärksten stofflichen Veränderungen in den Gebieten der größten Energieumsetzungen stattfinden.

In leuchtenden Entladungen sind das im wesentlichen die Gebiete des Kathodendunkelraumes und des Anfanges des Glimmlichtes. In diesen Teilen wird z. B. nach *Warburg* [162...167] in erster Linie das Ozon gebildet. An Hand von Koronaentladungen in den zu verändernden Substanzen kann durch Variation der Ausdehnung des positiven *Faraday*schen Dunkelraumes gezeigt werden, daß dieser nichts zu den chemischen Reaktionen beiträgt. Dies kann auch an Glimmentladungen auf mehrfache Art und Weise gezeigt werden. So haben *Brewer* und *Westhaver* [168] bei der Ammoniaksynthese durch Ausfrieren der Reaktionsprodukte an den Wänden und Wägung die in Bild **83** dargestellte Verteilung erhalten. Ähnlich sind die Ergebnisse von *Brewer* und *Kueck* [169] bezüglich der Bildung von Aethylen aus Methan (Bild **84**).[1]
Mit diesen Ergebnissen steht in Einklang, daß mehrfach [138, 140, 168, 169, 273, 911] beobachtet werden konnte, daß durch Druckänderung über nicht allzu große Bereiche (etwa 0,5...10 Torr) — so daß die thermischen Verhältnisse nicht grundlegend geändert wurden — die Menge und die Art der Reaktionsprodukte für eine gegebene Ausgangssubstanz auf die umgesetzten Coulomb bezogen

---

[1] *Alsfeld* und *Wilhelmy* [355] konnten überzeugend nachweisen, daß durch Erhöhung des Kathodenfalles (anomale Stromdichten) größere Stromausbeuten und bei Erniedrigung (Erdalkali-Kathoden) kleinere Stromausbeuten bei der Ammoniaksynthese resultierten.

unverändert blieben. Voraussetzung
ist dabei, daß der Elektrodenabstand auch für die kleinsten zur
Anwendung gelangenden Drucke
(große Weglängen) zur Vollent-
wicklung der Entladungen ausreicht.
Wachsender Druck drängt wohl
die für die Reaktionen in Betracht

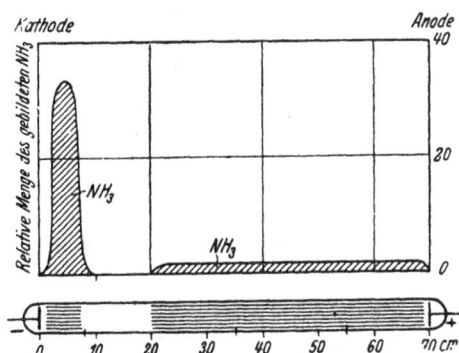

Bild 83: Sitz der Ammoniakbildung in
der Glimmentladung (nach A. K. Brewer
und J. W. Westhaver)   (Aus [168])

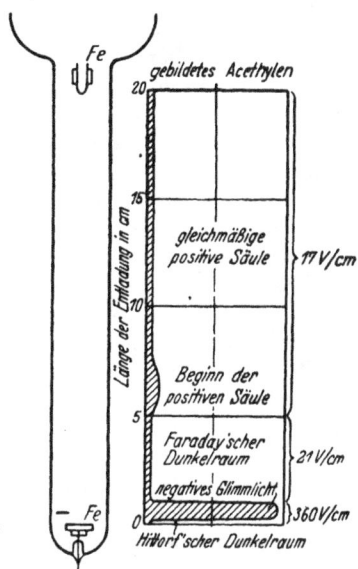

Bild 84: Sitz der Methanzersetzung
in der Glimmentladung (Aus [169])

kommenden Teile der Entladung zusammen, jedoch wird in gleichem Maßstabe auch die freie Weglänge verkleinert, so daß die
Zahl der Zusammenstöße dieselbe bleibt. Der Energieverbrauch in
diesen Gebieten ist daher — konstante Stromstärke vorausgesetzt —
druckunabhängig, obwohl der Gesamtverbrauch der Entladung bei
höherem Druck und gleichbleibendem Elektrodenabstand natürlich
infolge des in den länger werdenden, nichts zu den Reaktionen bei-
tragenden Gebieten sich vergrößernden Spannungsabfalls, ansteigt.
Neben den vorerwähnten thermischen Nebenwirkungen (bei höherem Druck und damit dichterer Energieumsetzung steigt die Temperatur) gilt das Gesetz von der Druckunabhängigkeit auch noch aus
folgender Erwägung nicht über beliebig weite Bereiche: Durch Änderung der freien Weglänge werden die Zeitpunkte zwischen zwei
Zusammenstößen mit verändert. Die Lebensdauer mancher vorübergehend auftretender Zwischenprodukte kann aber in die Größenordnung solcher zwischen zwei Zusammenstößen liegenden Zeiten gelangen. So können manche Zwischenprodukte spontan zerfallen, bevor sie als Ganzes reagiert haben.

b) Flüssigkeiten

§ 63. Bedeutung des Gasraumes über der Flüssigkeit

Schon in den §§ 54, 56 wurde gezeigt, daß bei langsamen Ladungsträgern Reaktionen hauptsächlich an der Flüssigkeitsober-

fläche stattfinden können. Die Primär-Produkte stammen dabei größtenteils aus dem Gasraum. Es können aber auch Sekundärprodukte vom Gasraum herkommend auf die Flüssigkeit auftreffen und dieser dann beigemischt werden. Es hat sich überhaupt gezeigt, daß die Reaktionen im Gasraume bei allen Flüssigkeiten mit merklichem Dampfdrucke eine ausschlaggebende Rolle für die chemischen Veränderungen der Flüssigkeiten spielen können.

Diese Ansicht wird z. B. auch durch die Beobachtung gestützt, daß selbst bei durch Reihenschaltung zwischen isolierenden Flüssigkeiten aufgehobener Benetzung der Unterlage (s. § 26), sehr wohl noch starke bleibende Veränderungen der betreffenden Versuchsflüssigkeit beobachtet werden. Dies ist ohne die Annahme, daß wesentliche Prozesse in der Gasphase ablaufen, schlecht erklärlich, treffen doch nach Aufhebung der Benetzung die meisten Ladungsträger nicht mehr auf die Flüssigkeitströpfchen, sondern ziehen den widerstandsfreieren unmittelbaren Weg zur Grundelektrode vor.

Weitere Versuche ergaben, daß die Veränderungen an gewissen Flüssigkeiten (Kohlenwasserstoffölen) fast null werden, wenn ihr Dampfdruck klein ist. Flüssigkeiten mit höherem Dampfdruck ergaben größere Veränderungen (Bei den Kohlenwasserstoffölen festgestellt durch Zähigkeitszunahme). (*Rummel* [69]).

Wenn der Dampfdruck der zu verändernden Flüssigkeit sehr klein ist, müssen nicht an den Reaktionen beteiligte Fremdgase eingeleitet werden. Bei Apiezonöl mit einem Dampfdruck von 10^{-7} Torr bei 20^0 C ist z. B. sonst keine Gasentladung zu unterhalten. Allgemein zeigt sich, daß die nicht an den Reaktionen beteiligten Gase wohl Energie verbrauchen, zur Flüssigkeitsreaktion jedoch nichts beitragen.

Auch weitere Untersuchungen nach Art der von *Warburg* an Ozon ausgeführten Versuche (s. § 62) ergaben auch für Flüssigkeiten, daß der Hauptsitz der Reaktionen (zumindest der Primär-Reaktionen) in der Gasphase und zwar wie im § 62 ausgeführt, in den Gebieten der dichtesten Energieumsetzungen liegt. (*Rummel* [69]).

§ 64. Zusammenwirken von Reaktionen im Gasraum und an den Wänden sowie an der Flüssigkeitsoberfläche

Im folgenden ist versucht worden, ein ungefähres Bild der zu den Flüssigkeitsveränderungen führenden Vorgänge zu zeichnen:

1. Bei Anwesenheit der Flüssigkeiten im Entladungsraum (Anordnungsmöglichkeiten s. §§ 19 ... 21) verdampfen diese entsprechend ihrem bei der betreffenden Temperatur herrschenden Dampfdruck bis zu einem bestimmten Grade. Im gleichen Sinne wirken eventuell auftretende Zerstäubungserscheinungen (§ 35).
2. Der Flüssigkeitsdampf wird vorwiegend in den energiedichten Entladungsteilen (§ 62) in Atome und Radikale zerlegt.
3. Auf die Zerlegung folgen die Vereinigungs- und Umsetzungsprozesse, die sekundärer Natur sind. Sie werden vielfach in der Gas-

phase begonnen, meist aber erst auf den Wänden bzw. wenn
Flüssigkeiten vorhanden sind, auf deren Oberflächen vollendet.[1])

4. Um eine gleichmäßige Veränderung der Gesamtflüssigkeit zu erzielen, müssen die nun an der Oberfläche vorhandenen Reaktionsprodukte der Gesamtflüssigkeit beigemischt werden, z. B. durch
Spülung der Elektroden. Bild **98** zeigt die Verharzung von Elektroden, wenn eine Spülung unterbleibt. Im Falle der Behandlung
isolierender Flüssigkeiten kann dieser Mischvorgang automatisch
durch elektro-konvektive Vorgänge (s. §§ 28, 29) erfolgen [69].
Bei leitfähigen Flüssigkeiten muß künstlich gespült werden
[850].

5. Mit dem Eintritt der Reaktionsprodukte in die Flüssigkeit sind
die chemisch verlaufenden Umwandlungsvorgänge im allgemeinen
abgeschlossen. Ausnahmen sind rein chemische Ausflockungen
gelartiger Natur, die bei gewissen leicht polymerisierenden Substanzen noch nach Jahren auftreten können.

6. Neben den unter 1...5 beschriebenen Wirkungen gibt es auch
noch Veränderungen, die ihren Ursprung in Primärvorgängen in
den der Entladung zugewandten Flüssigkeitsschichten haben. Diese
Vorgänge führen absolut genommen nur zu mäßigen Veränderungen. Sie treten relativ um so stärker in Erscheinung, je geringer
der Dampfdruck der behandelten Flüssigkeit ist, weil dann die
unter 1...5 beschriebenen Vorgänge in den Hintergrund treten.

c) Feste Körper

§ 65. Sitz der Reaktionen bei Körpern mit und ohne Sublimation

Einfluß der Zerstäubung

Die Veränderungen im Gasraum sind bei der Behandlung von
festen Körpern nur dann beachtenswert, wenn ihre Sublimation groß
ist. Sonst können in die Tiefe gehende Veränderungen, wie bereits
in § 57 ausgeführt wurde, mit schnellen Ladungsträgerstrahlen erzielt werden.

Bei Zerstäubung gilt das im § 60 über die Reaktionen an fein
verteilten Körpern gesagte.

III. Wärme= und Entladungswirkungen

§ 66. Über das Massenwirkungsgesetz

Auf Abweichungen von der strengen Proportionalität des Massenwirkungsgesetzes in elektrischen Entladungen haben *Schumb* und

---

[1]) Auch sonst sind Oberflächen-Reaktionen in Chemie und Physik eine bekannte Erscheinung. Bekanntlich vereinigt sich Knallgas an Oberflächen ad-
sorbiert bei niedrigerer Temperatur, als der Verbrennung in einer Flamme entsprechen würde, zu Wasser.

Hunt [601] an Hand des Gleichgewichtes in der Reaktion $2CO_2 \rightleftharpoons 2CO + O_2$ hingewiesen. Auch *Briner* und *Durand* [684] haben die „Ungültigkeit" des Massenwirkungsgesetzes für entladungschemische Reaktionen betont.

Nach *Le Blanc* und *Nüranen* [567] hat aber das Massenwirkungsgesetz in heißen elektrischen Entadungen bei höheren Temperaturen Gültigkeit, wenn eine rein thermische Einstellung des Gleichgewichtes vorliegt. Der entgegengesetzte Fall spricht für stärkeres Hervortreten der eigentümlichen elektrischen Einflüsse [566].

Es ist vielleicht richtiger, nicht von einer Ungültigkeit des Massenwirkungsgesetzes zu sprechen, sondern von einer bei den betreffenden Versuchsbedingungen vorhandenen Unmöglichkeit, es nachzuprüfen. Erinnert sei hier nur, daß durch Veränderungen in den Mengenverhältnissen der reagierenden Körper durch Druckänderungen und dergl. meist ganz andere Versuchsbedingungen erzielt werden. So kann die Stromdichte, der Kathodenfall (bei Änderungen der Stoffzusammensetzung) die Brennspannung und auch die Leistungsaufnahme sich verändern. Der ganze Charakter der Entladungen kann sich durch diese zur Nachprüfung des Massenwirkungsgesetzes veranlaßte Maßnahmen grundlegend wandeln.

§ 67. Energieverhältnisse bei Wärme= und Entladungsanregung von exothermen Prozessen

Exotherme Prozesse, wie z. B. die Ammoniaksynthese oder die Wasserbildung aus den Elementen, werden in elektrischen Entladungen, soweit die Reaktionspartner unter dem unmittelbaren Einfluß der Entladung stehen, nicht ohne weiteres gefördert. Das Gleichgewicht kann infolge der sehr hohen zur Verfügung stehenden Energie in Richtung der endotherm verlaufenden Gegenreaktionen verschoben werden. Dies rührt wohl daher, daß auf die jeweils betroffenen Moleküle ein weit über dem „Schwellenwert", der zur Einleitung der exothermen Vorgänge notwendig wäre, liegender Energiewert übertragen wird, so daß eine vielleicht vorübergehend eingeleitete insgesamt exotherme Reaktion wieder endotherm rückgängig gemacht wird.

Demgegenüber genügt bei Wärmeanregung nicht selten eine geringe Temperaturanregung, um die Reaktionen einzuleiten. Katalysatoren können hierbei die Anwendung tieferer Temperaturen ermöglichen, weil sie die *Reaktionsgeschwindigkeit* vergrößern.

§ 68. Energieverhältnisse bei Wärme= und Entladungsanregung von endothermen Prozessen

Die zur Einleitung endothermer Reaktionen durch elektrische Entladungen benötigten Energien liegen meist über den Werten, die sich aus den Reaktionswärmen berechnen lassen. Besonders eindringlich zeigt sich diese Abweichung bei der Dissoziation einfacher Körper mittels des Elektronenstoßes.

So beträgt beispielsweise bei Wasserstoff die Dissoziationswärme 10^5 cal/Mol [176, 177]. Da einem eV (Elektronenvolt) gleich $3,8 . 10^{-20}$ cal entsprechen, so berechnet sich daraus die Dissoziationsenergie des Wasserstoffes zu ca. 4,34 eV oder kürzer 4,34 Volt. Aber erst bei einer Beschleunigungsspannung der Elektronen von etwa 11,2 ... 11,6 Volt [178] beginnt beim Elektronenstoßversuch die Dissoziation. Bis zu diesem Betrage sind die Zusammenstöße rein elastisch und verlaufen daher ohne Energieübertragung. Wenn jedoch der Schwellenwert von etwa 11,2 ... 11,6 V erreicht ist, können Stöße, die mit einem Energieübergang verbunden sind, auftreten. Der Unterschiedsbetrag zwischen der zur Verfügung stehenden Energie von 11,2 ... 11,6 V und der aufgenommenen Dissoziationsenergie von ca. 4,34 V geht in nicht elektrische Energieformen wie kinetische Energie (Wärme) oder Strahlungsenergie, also auch letzten Endes Wärme, über.

Bei Anwesenheit von Quecksilberdampf ist der gemessene Elektronenstoß-Schwellenwert niedriger; er liegt dann bei etwa 7,7 Volt [181], weil die Energie über die angeregten Quecksilbermoleküle durch Stöße zweiter Art dieser Moleküle auf die Wasserstoffmoleküle gewonnen werden kann. Aber auch der Wert von 7,7 V liegt noch beträchtlich über dem der thermischen Dissoziation.

Ähnlich wie bei der Wasserstoffdissoziation liegen die Verhältnisse bei den meisten anderen endothermen Prozessen. Wie ist dies zu erklären?

Wir wollen beim Beispiel der Moleküldissoziation in Atome, da diesem Vorgang wohl häufig grundlegende Bedeutung bei entladungschemischen Prozessen zukommen dürfte, bleiben. Um das Molekül zu zerlegen, muß ihm zunächst Energie zugeführt werden. Es wird also in einen Zustand höherer potentieller Energie gebracht. Beim spontanen Zurückgehen in den Grundzustand (nach Ablauf einer gewissen Verweilzeit) wird wieder Energie frei verfügbar. Ein Teil davon wird zum chemischen Vorgang der Zerlegung in Atome (Dissoziation) verbraucht. Der Rest wird frei in Form von Strahlung oder kinetischer Energie.

Es ist grundsätzlich möglich, sowohl durch die ungeregelten Wärmestöße als auch durch die mit einer Richtungskomponente behafteten Ladungsträgerstöße (Elektronenstöße), die zum Einsatz der Reaktion durch Quantenbedingungen festgelegte notwendige Mindeststoßenergie zu übertragen. In beiden Fällen wird, sofern nur die notwendigen Impulse auftreten, der Zerlegungsvorgang eintreten können.

Wie beim Wärmestoß wird auch im Falle des elektrischen Stoßes die nicht in chemische Energie übergeführte Energie letzten Endes in Wärme übergehen.

Das bedeutet jedoch energetisch gesehen einen grundlegenden Unterschied. Während bei der rein thermischen Dissoziation die überschüssige Energie in derselben Energieart wie sie die Eingangsenergie darstellt, frei wird, nämlich als Wärme, ist dies beim Elektronenstoß nicht der Fall. Es kann dort die freiwerdende Wärme nicht der eingehenden elektrischen Energie zugute kommen.

Bei der Wärmedissoziation kann das betrachtete System gut wärmeisoliert werden, so daß fast nichts an Energie außerhalb des betrachteten Raumes gelangt und die im stationären Zustand zugeführte Wärmemenge in erster Annäherung nur die Dissoziationsenergie, also nur die in chemische „Spannung" übergehende Energie deckt. Anders beim Elektronenstoß; hier muß, da eine Rückgewinnung der in die ungeregelte Wärmebewegung oder Strahlung übergegangenen Energie in elektrische nicht stattfindet, sondern die Wärme, (sofern zur Ausschaltung thermischer Dissoziation die Temperatur niedrig gehalten werden muß) abgeführt wird, ein um deren Betrag über der zur Dissoziation notwendigen Energie liegende Zufuhr stattfinden. Wird das System wärmeisoliert, so daß also eine Temperaturerhöhung eintritt, so kann der Energieverbrauch herabgehen, weil dann ein teilweiser Ersatz der elektrischen Arbeit durch thermische stattfinden kann. (Ein solcher Vorgang wird beispielsweise bei der Acetylenbildung aus Methan beobachtet). (S. § 161).

Die Zusammensetzung der durch gemischte „thermisch-elektrische" Anregung entstehenden Produkte ist jedoch nur dann dieselbe wie bei rein elektrischer Einwirkung, wenn die überlagerten thermischen Stöße allein nicht ausreichen, die chemischen Vorgänge zu bewirken, die elektrisch anzuregenden Teilchen von vornherein also nur auf einem etwas höheren Energieniveau gehalten werden. (Vergl. auch die Ausführungen des folgenden § 69).

Von den in diesem § 68 behandelten Wirkungen ist die wärmebedingte Sekundärvereinigung (z. B. an Wänden [s. §§ 52, 55, 58, 61]) scharf zu trennen.

§ 69. Vergleich der thermischen mit der elektrischen Primäraktivierung, bezüglich der Art der chemischen Reaktionen

1. Bei der thermischen Primäreinwirkung nehmen alle im betrachteten System befindlichen Moleküle unabhängig von Bau und Zusammensetzung im Rahmen der statistischen Verteilung an der die chemischen Reaktionen einleitenden Wärmebewegung teil. Ob die den Molekülen übertragene Energie zur chemischen Reaktion führt, hängt in jedem Falle davon ab, ob dem betreffenden Molekül durch die Wärmebewegung genügend Aktivierungsenergie übertragen wird.

2. Wir nehmen an, daß verhältnismäßig stabile Moleküle erst bei hohen Temperaturen angegriffen werden, wobei dann leicht der Zerfall in mehrere Bestandteile ausgelöst werden kann. Bei der thermischen Aktivierung werden in großen Molekülen, welche mehrere „empfindliche Stellen" besitzen, ohne weiteres innerhalb kürzester Zeit mehrere Aktivierungszentren an ein und demselben Molekül gebildet. Dabei werden im Molekül zunächst die am mei

sten temperaturempfindlichen Stellen bevorzugt beeinflußt werden. (Solche Stellen sind bei langkettigen Kohlenwasserstoffen und anderen organischen Verbindungen häufig die Molekülenden). Wenn gleichartige Moleküle (z. B. Grenzkohlenwasserstoffdämpfe) einer Wärmeeinwirkung unterzogen werden, so werden alle Moleküle in ähnlicher Art und Weise und nahezu gleichzeitig an der thermischen Energiezufuhr teilhaben.

3. Bei der elektrischen Beschießung eines Gemisches durch Ladungsträger, sei es in Gasentladungen oder mittels gerichteter Ladungsträgerstrahlen, werden im Vergleich zur Häufigkeit der thermischen Stöße nur verhältnismäßig wenige Moleküle mit einer Energie, die meist weit über der bei der Wärmeeinwirkung erreichbaren liegt, getroffen. Bei der elektrischen Aktivierung ist es weiterhin wegen der relativ geringen Schußzahl recht unwahrscheinlich, daß große Moleküle nahezu oder völlig gleichzeitig an mehreren Stellen getroffen werden. Wenn Treffer vorkommen, so findet auch keine selektive Auswahl der empfindlichsten Stellen statt. Ganz gering ist die Wahrscheinlichkeit für eine Koinzidenzaktivierung der Molekülenden (etwa bei kettenartig gebauten Kohlenwasserstoffen). Es kommt ferner nur sehr selten vor, daß benachbarte Moleküle gleichzeitig oder nahezu zur selben Zeit getroffen werden, so daß zwei elektrisch aktivierte Gebilde für kurze Zeit nebeneinander liegen.

4. Aus Punkt 1, 2 und 3 läßt sich auch noch folgendes ableiten: In einem Gemisch verschiedenartiger Moleküle ist bei steigender *Erwärmung* die Reihenfolge der chemisch wirksam werdenden Bestandteile durch die Größe der zur chemischen Veränderung der betreffenden Ausgangsmoleküle notwendigen Energie gegeben, oder anders ausgedrückt, durch Erwärmung auf bestimmte Temperaturen könnten nur die jeweils bis zum betreffenden Temperaturbetrag aktionsfähigen Moleküle reagieren. Es findet also eine nach Temperaturempfindlichkeit gestaffelte Aktivierung statt. Somit gelingt es in Gemischen mittels Wärmeeinwirkung eine beschränkt selektive Wirkung auszuüben.

Diese Auswahlerscheinung tritt beim Beschuß des Gemisches mit Ladungsträgern nicht ein. Da die bei Treffern angebotene Energie meist auch zur Aktivierung der „temperaturfesten" Moleküle ausreicht, verteilen sich die aktivierten Teilchen auf die verschiedenen Molekülarten gemäß dem Anteil der letzteren an der Gesamtzahl aller Moleküle. Dadurch läßt sich nach *Mertens* [681] auch die von *von Have* [682] gefundene Tatsache verstehen, daß bei der Wärmebehandlung von Leinöl, die Linolensäure (ein Bestandteil des Leinöls)[1] weitgehend polymerisiert wird, während dies bei elektrischer Behandlung lange nicht in gleichem Maße der Fall ist.

---

[1] Nach *Schröder* [772] enthält Leinöl etwa 20,1 % a-Linolensäure und 2,7 % Iso-Linolensäure.

An beiden Enden thermisch aktivierte Moleküle können sich mit den in einen ebensolchen Zustand versetzten Nachbarn oder auch in sich zu Ringen schließen. Soweit dieser Ringschlußvorgang nicht eintritt, wird häufig bei dazu geeigneten Verbindungen auch eine Bildung sehr langer Ketten beobachtet.

Die Möglichkeit zur Ringbildung ist bei elektrischer Aktivierung recht gering, weil es, wie oben ausgeführt, selten ist, daß mehrere geeignete an den Enden aktivierte Bestandteile benachbart sind. Dies steht auch in Einklang mit Untersuchungen von *Andrejew* [774] über die Polymerisation von Aethylen, Propylen und Butylen in der *Siemens*-Röhre. (50 Hz, 15 KV, atm. Druck). Es wurde dort Polymerisation zu Olefinen, zu geringen Mengen gesättigter Kohlenwasserstoffe und nur in sehr geringem Ausmaß zu aromatischen Kohlenwasserstoffen gefunden. Andersartig waren die Produkte bei der Wärmepolymerisation, wobei vorwiegend die cyklischen Aromate und Naphtene gebildet wurden. Analog sind die Ergebnisse *F. Fischers* [826] über die bei der Wärmebehandlung von Methan entstehenden Produkte. Bevorzugt werden cyklische Verbindungen gebildet. (Wir kommen darauf noch bei der Organischen Hochspannungs-Entladungschemie im § 159 zurück).

Bei der elektrischen Aktivierung können die an einem beliebigen Punkt „angeschossenen" Moleküle sich räumlich vernetzt zusammenschließen. Dieser Vorgang wird tatsächlich häufig beobachtet, z. B. bei der Behandlung vieler organischer Verbindungen. Die Vorstufe dazu ist die Bildung bimerer, also aus zwei Ausgangspartnern entstandenen Moleküle, da jedes elektrisch getroffene Molekül meist nur mit einem nicht getroffenen reagieren kann. (Wie dies geschehen kann, wird später im § 152...155 bei der organischen Entladungschemie erläutert).

Neben diesen Vorgängen können Zerreißungen der Ursprungskörper in mehrere Bruchstücke stattfinden.

Mit dem Abbruch der elektrischen Energiezufuhr ist in der Regel ein Aufhören der chemischen Reaktionen verbunden, während bei thermischer Aktivierung wegen der Wärmeträgheit der Reaktionsmasse auch nach Abstellen der Heizung die Reaktionen weiterlaufen. Sind dabei die Gesamtreaktionen exotherm, so muß bei vorhergegangener thermischer Aktivierung scharf gekühlt werden.

IV. Einfluß der Art der Entladungen auf die Natur der stofflichen Umwandlungen

§ 70. Schnelle und langsame Ladungsträgerstrahlen

Schnelle Ladungsträgerstrahlen führen meist zu Endprodukten kleinerer Molekülgröße als langsame. Dies rührt hauptsächlich von der starken Einwirkung der schnellen Strahlen auf die bereits abgeschiedenen Sekundärprodukte her. Infolge der hohen Energie der schnellen Strahlen können dabei sowohl die Sekundärprodukte als auch die Ausgangskörper im Primärprozeß in mehrere kleine Bruchstücke zerschlagen werden.

Die unter Verwendung langsamer Ladungsträgerstrahlen zu erzielenden Produkte stimmen vielfach mit solchen überein, welche mittels Gasentladungen gewonnen werden können. Deshalb werden langsame Elektronen- und Ionenstrahlen häufig angewendet, um bestimmte Veränderungen, die erst in Gasentladungen beobachtet worden sind, unter den besser kontrollierbaren Bedingungen von Ladungsträger-Strahlungseinwirkungen zu untersuchen. (Häufig für die Untersuchung der Ozonbildung und der Ammoniaksynthese angewandt).

§ 71. Kalte und heiße Gasentladungen

Es hat sich gezeigt, daß in den kalten Entladungen, wozu wir die stabilisierten *Townsend*-Entladungen sowie die stromschwächeren Glimmentladungen bei Niederdruck und in gewissen Fällen auch manche Formen der Bogenentladungen mit Glühkathode (bei sehr kleinen Drucken) rechnen können, ziemlich gleichartige Produkte entstehen. Durch verschiedene Temperaturgrade wird allenfalls das Ausmaß der Sekundärvereinigungen (§ 52) verschieden groß. In den heißen Entladungen werden demgegenüber naturgemäß gänzlich andere Produkte (vergl. § 69) erzielt. Unter heißen Entladungen wollen wir dabei nur solche Formen verstehen, bei denen bereits die Primäraktivierung (s. §§ 49, 54, 57, 69) thermisch hervorgerufen ist.

Zu diesen heißen Entladungen müssen häufig die Hochdruck-Glimmentladung (§ 9), die Funkenentladung aller Arten sowie die Bogenentladung bei nicht allzu kleinen Drucken gerechnet werden. Beispielhaft ist die Behandlung der Luft in einer gleichmäßigen milden Entladung, wobei hauptsächlich Ozon entsteht und im Funken, wo die NO-Bildung überwiegt [420].

Aber auch die Entladungen in der *Siemens*-Röhre müssen häufig zu den heißen gerechnet werden. Dies ist dann der Fall, wenn durch Wasserhäute oder sonstige leitende Schichten die Stabilisierung (s. § 2) so schlecht wird, daß heiße Stromfäden sich häufen. Zu den heißen Entladungen müssen auch die infolge Einschnürung durch die Flüssigkeitswirbel bei der Behandlung flüssiger Dielektrika im *Siemens*-Rohr sich einstellenden kanalartigen Entladungsformen (s. §§ 12, 31, 33) gerechnet werden. Allerdings nehmen diese Formen eine Sonderstellung ein, weil sie nur jeweils eine geringe Raumausdehnung besitzen und starke Wirbel vorhanden sind, wodurch das Reaktionsgut jeweils nur kurze Zeit in der heißen Zone verweilt.

§ 72. Frequenzeinfluß

Für alle Entladungsarten hat sich ergeben, daß ein unmittelbarer Einfluß der Frequenz weder auf die Menge noch auf die Art der Reaktionsprodukte festzustellen ist. Nur für sehr hohe Frequenzen über 10^{7} Hz wurde gelegentlich ein etwas abweichendes Verhalten festgestellt [421].

V. Festellung der chemischen Veränderungen

§ 73. Über chemische Analysen der Entladungsprodukte

Theoretisch könnten die in Hochspannungsentladungen vor sich gegangenen chemischen Veränderungen durch Analysen sowohl qualitativ als auch quantitativ festgestellt werden. Bei der praktischen Durchführung zeigt es sich jedoch, daß infolge der großen Mannigfaltigkeit der entstehenden Verbindungen die analytischen Methoden äußerst langwierige und schwierige Arbeiten darstellen. Es erfordert häufig schon die Durchforschung der Zusammensetzung einer einzigen chemischen Verbindung, insbesondere auf dem organischen Gebiet, Jahre mühseliger Arbeit. Dies gilt naturgemäß in erhöhtem Maße für viele Fälle der Hochspannungs-Entladungschemie, wo die Reaktionsprodukte äußerst verwickelt aufgebaut sein können. Die genaue Ermittlung des Aufbaues der veränderten Körper ist also stets nur mit einem großen Material- und Zeitaufwand durchzuführen. Abgesehen davon sind in vielen Fällen sogar die Ausgangskörper noch nicht erforscht (z. B. manche Fette und Öle aus dem Tier- und Pflanzenreich). Man muß sich häufig mit der Feststellung einiger kennzeichnender Größen begnügen. Davon soll im folgenden die Rede sein.

§ 74. Zweckmäßige Feststellungen bei Gasen

Gewichtsbestimmungen sind bei vorkommenden Aggregatszustandsänderungen sehr wertvoll. Es können damit abgeschiedene feste oder flüssige Substanzen erfaßt werden. *Volumenmessungen* und *Druckmessungen* können Mengenbestimmungen häufig vereinfachen.

Molekulargewichtsbestimmungen bei Gasen sind eventuell nach erfolgter Trennung der Komponenten durch auf scharfe Abkühlung (Verflüssigung) folgende fraktionierte Destillation, durchzuführen. Häufig wird dadurch die Untersuchung der Gase im *Orsat*-Apparat überflüssig.

§ 75. Einfache Feststellungen bei Flüssigkeiten

Die Wägung hat wie bei den Gasen dann Sinn, wenn Aggregatszustandsänderungen aufgetreten sind (z. B. Austreiben von Gasen oder chemische Gasentwicklung). Auch feste abgeschiedene Stoffe können gewichtsmäßig bestimmt werden. Lassen sich die Substanzen ohne vorherige Zersetzung vergasen, so können einfache Molekulargewichtsbestimmungen durchgeführt werden. Andere Verfahren, wie z. B. durch Gefrierpunktserniedrigung sind umständlicher.

Die Siedepunkt- und Erstarrungspunkt-Bestimmung ist in vielen Fällen möglich, ebenso die Ermittlung der chemischen, auch sonst zur Kennzeichnung üblichen Werte wie: *Säurezahl, Verseifungszahl, Jodzahl* u. s. f. Dies gilt in besonderem Maße für die Jodzahl[1]), welche bekanntlich einen Anhaltspunkt für den Grad der Ungesättigtheit einer Substanz darstellt.

Da sich die Zähigkeit häufig geradezu auffallend infolge entladungschemischer Einwirkungen verändert und zwar meist im Sinne einer Zunahme derselben, ist ihre genaue Erfassung ein wesentliches Hilfsmittel zur Verfolgung der Vorgänge geworden. Man soll sie jedoch entgegen der allgemeinen in technischen Kreisen geübten Gepflogenheit nicht mehr in Engler-Graden messen, sondern in absolutem Maße, z. B. in Poisen oder centi-Poisen (abgekürzt cP).

Die Zähigkeit wird zweckmäßigerweise abhängig von der Temperatur aufgenommen. Diese Abhängigkeit läßt insbesondere in Verbindung mit elektrischen Messungen wie des Verlustwinkels und der Dielektrizitätskonstanten wertvolle Einblicke in den Bau der Flüssigkeiten zu.

Elektrische Messungen sind besonders für die Verfolgung der Vorgänge an isolierenden Flüssigkeiten wertvoll. Für die Beurteilung des Verhaltens solcher Flüssigkeiten bei Niederfrequenz ist dabei häufig die Bestimmung von Durchschlagfestigkeit und Leitfähigkeit ausreichend. Wenn die Leitfähigkeitsverluste weit überwiegen, so gilt:

$$\mathrm{tg}\,\delta = G/\omega\,C,$$

worin $\mathrm{tg}\,\delta$ der Tangens des Verlustwinkels, G der Leitwert $\omega = 2\pi \cdot f$ (Kreisfrequenz) und C die Kapazität darstellen.

Auch die Feststellung der Dielektrizitätskonstante ist wichtig, da sie ein Maß für das Dissoziationsvermögen darstellt. Eine Aufnahme abhängig von der Frequenz ist wertvoll. Liegen die Absolutwerte der Dielektrizitätskonstanten für das Endprodukt über den Werten, die sich aus der Elektronen- und Atompolarisation berechnen lassen (für Kohlenwasserstoffe etwa um 2,3) und ist ein Ansteigen derselben nach tiefen Frequenzen zu beobachten, so sind polare Molekel[1]) im Sinne *Debyes* [937] vorhanden.

Da diese Polarität ganz bestimmten Molekülgruppen (z. B. OH, COOH) zu eigen ist, lassen sich wertvolle Rückschlüsse ziehen.

---

[1]) Über die verschiedenen Bestimmungsmethoden der Jodzahl hat *Hilbcrath* [296] eine kritische Zusammenstellung gegeben (Vorschriften von *Wijs, Kaufmann, Hanus, Francis* und von *Grosze-Oetringhaus*).

[2]) Nach der Theorie der polaren Molekel (Dipol-Theorie) entstehen aber auch elektrische Verluste durch Einwirkung der elektrischen Wechselfelder auf die mit dem elektrischen Moment (+ und −Pol) behafteten Moleküle. Diese werden aus ihrer ungeordneten Wärmebewegung einen Antrieb erfahren, der sie in die Feldrichtung zu drehen versucht. (Die +Seiten werden gegen die negativen Pole und umgekehrt gedreht). Diese Richtbewegungen gehen nicht ohne Reibungsverluste ab. Da es auf die Eigenschwingungszeit der Moleküle und der erregenden Frequenz ankommt, ist eine Frequenzabhängigkeit der Verluste zu verstehen. Auch die Abhängigkeit von der Zähigflüssigkeit, die den Widerstand bestimmt, ist erklärlich.

Ähnlich wichtig wie die Bestimmungen der Dielektrizitätskonstante sind die Messungen der dielektrischen Verluste. Damit sie analytisch auswertbar sind, werden sie zweckmäßig über ein größeres Frequenz- und Temperaturgebiet ausgedehnt. [1])

Einen typischen Verlauf der Dielektrizitätskonstante für behandelte und nicht behandelte Ölproben (Rüböl) zeigt Bild **85**. Die Zunahme der DK infolge der Behandlung ist auffällig. Der starke

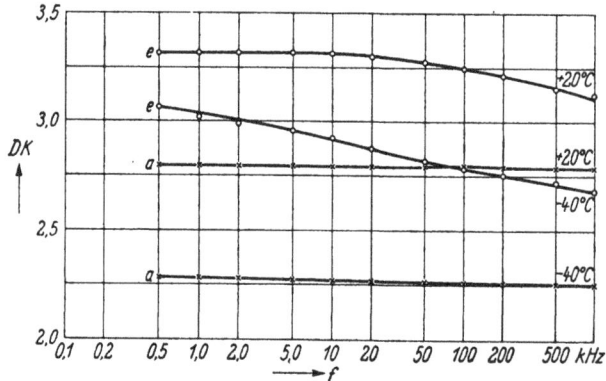

Bild 85: Frequenzgang der DK Rüböl Probe e nach 1,46 kWh Zähigkeit bei 20° C = 10833 cP, Rüböl Probe a unbehandelt Zähigkeit bei 20° C = 90 cP
(Aus [69])

Anstieg des polaren Charakters ist hier vor allem auf den Einbau von Sauerstoff zurückzuführen. Meßkurven der dielektrischen Verluste für Transformatorenöl sind in Bild **86** gebracht. Bild **87** stellt DK-Kurven für Transformatorenöl dar [2])

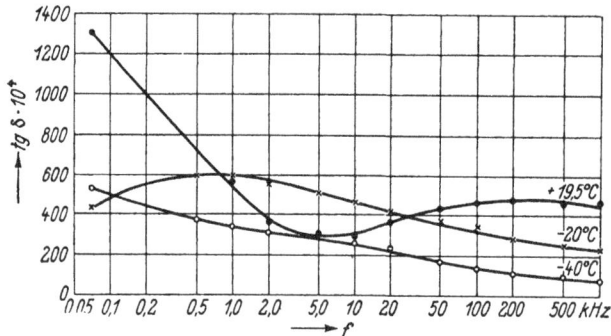

Bild 86: Frequenzgang des Verlustwinkels. Transformatorenöl Probe 5 nach 4,2 kWh Zähigkeit bei 20° C = 279 cP (Aus [69])

[1]) Über die Messung der Dielektrizitätskonstanten sowie des Verlustwinkels und die sich daraus ergebenden Rückschlüsse ist Näheres zu finden u. a. bei *Schupp* [912], *Kyropoulos* [913], *Heinze, Marder, Döring* und *Blechstein* [914] sowie bei *W. O. Schumann* [939].

[2]) Die Kurven fußen auf Meßergebnissen, die *P. Henninger* erarbeitet hat.

Sehr häufig ist nicht zu entscheiden, ob die Verluste auf Reibung polarer Molekel oder auf Inhomogenitäten im Sinne der von *Maxwell* [940] und *K. W. Wagner* [938] entwickelten Inhomogenitätsvorstellungen zurückzuführen sind.[1]) Tatsächlich treten infolge der entladungschemischen Behandlung starke Inhomogenitäten auf.

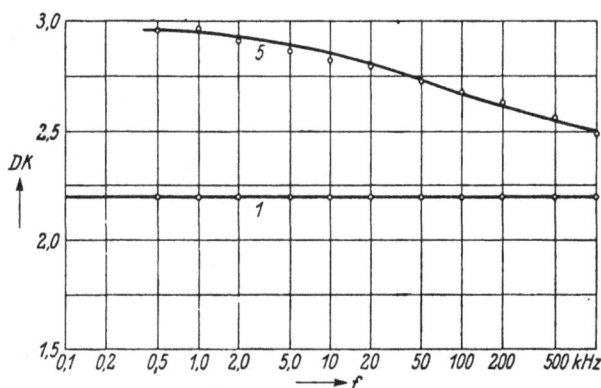

Bild 87: Frequenzgang der DK von Transformatorenöl, t = 19° C
1 = Öl unbehandelt (gesprüht), Zähigkeit bei 20° C = 27 cP
5 = Öl nach 4,2 kWh/l, Zähigkeit bei 20° C = 279 cP (Aus [69])

Optische Messungen an Flüssigkeiten können ebenfalls wertvolle Aufschlüsse geben. Kolloidale Ausscheidungen lassen sich unter günstigen Umständen ultramikroskopisch nachweisen. Auch Trübungs- (*Tyndall*-Effekt) und Farbmessungen können in dieser Hinsicht angewandt werden. Letztere gewinnen noch an Wert, wenn geeichte Farbskalen vorhanden sind.

Auch Bestimmungen des Brechungsindex', sowie der Dispersion sind geeignet, als reproduzierbares Maß für die Veränderungen zu dienen.

§ 76. Feststellungen bei festen Körpern

Bei festen Körpern ergibt neben der Wägung auch noch die Bestimmung der Oberflächenbeschaffenheit nach erfolgter Behandlung einen deutlichen Hinweis auf Veränderungen. Gefügeveränderungen sind dabei zweckmäßig mit dem Mikrohärteprüfer, z. B. von *Zeiss*, feststellbar. Außerdem ist eine Bestimmung der in den Reaktionen verbrauchten Gase verhältnismäßig einfach durchzuführen. Eine

---

[1]) Nach diesen entstehen die Verluste durch Ansammlung und Verschwinden von Ladungen an den Grenzen der verschiedenen Substanzen. Da die Ladungen in Form von elektrischen Strömen zu- bzw. abgeleitet werden, entstehen *Ohm*sche Reibungsverluste. Die Frequenzabhängigkeit hängt mit der Verteilung der Stromleitung auf Wirk- und Blindströme (*Ohm*sche und Kondensator-Leitung) zusammen. Die Temperaturabhängigkeit ist hauptsächlich durch diejenige des Wirk-Anteiles bedingt. Sowohl die *Wagner*sche wie auch die *Debye*sche Anschauung führen in quantitativer Hinsicht zu denselben Zahlenwerten.

solche Bestimmung ist meist von Wert, weil die Mehrzahl der Reaktionen mit festen Körpern unter Beteiligung von Gasen vor sich
geht.

Eine elegante Methode ist die Aufnahme von Elektronenbeugungs-
bildern.

VI. Veränderungen und elektrische Meßgrößen

§ 77. Bezugnahme der Veränderungen auf die Elektrizitätsmenge

Die richtige Bezugnahme der in den Entladungen vor sich gegangenen Veränderungen auf die elektrischen Meßgrößen ist nicht einfach. Man ist versucht zunächst zu den für die Elektrolyse gültigen
*Faraday*schen Gesetzen entsprechend für die Entladungschemie
gültige Beziehungen hinzuzufügen. In all den Fällen, in denen Ionisation, Anregung, Dissoziation usw. proportional der Stromstärke
verlaufen, hat sich tatsächlich eine lineare Abhängigkeit des Ausmaßes der Veränderungen von der verbrauchten Elektrizitätsmenge
(Strom mal Zeit) ergeben.

Bei ein- und derselben Entladungsanordnung und gleichbleibender
Stromdichte ist auch mehr oder weniger eine Unabhängigkeit vom
Druck festzustellen.

Dabei ist Linearität nur vorhanden, wenn keine nachträglichen
konzentrationsabhängigen Zersetzungserscheinungen, wie sie etwa
beim Ozon beobachtet werden können [160], auftreten.

Beispiele der linearen Abhängigkeit zwischen Veränderung und
Strommenge gibt es viele. (Ammoniaksynthese [169...174, 183],
Kohlenwasserstoffbeeinflussung [140, 138, 273, 175, 895, 911]).

Der Zusammenhang zwischen der Elektrizitätsmenge und den Veränderungen unter dem Einfluß von Ladungsträgerstrahlen kann nur
bei gleichbleibender Geschwindigkeit der Ladungsträger gleich bleiben. Für die Zähigkeitsänderung von isolierenden organischen Flüssigkeiten hat sich, gleichbleibende Entladungsverhältnisse vorausgesetzt, eine einigermaßen befriedigende Gesetzmäßigkeit abhängig
von der aufgewendeten Elektrizitätsmenge finden lassen [69].

Es zeigt sich nämlich, daß der Ausdruck:

$$K = \frac{\log \eta_2 - \log \eta_1}{Q \cdot V} \quad \text{konstant ist,}$$

worin η_2 die End- und η_1 die Anfangszähigkeit, Q die Elektrizitätsmenge (z. B. in Ah) und V das Volumen der betrachteten Flüssigkeit (in l) bedeutet. Die Beziehung gilt für kurze und auch für längere Behandlungszeiten. Das zweite *Faraday*sche Gesetz, nach welchem die von 96 500 Coulomb abgeschiedene Stoffmenge gleich dem
Mol des betreffenden Körpers ist, konnte bei Entladungswirkungen
nie bestätigt werden.

Die Ausbeute ist für Gasentladungen meist viel größer, als nach
demselben erwartet werden müßte. Ein *Mol Ozon* kann unter gün-

stigen Bedingungen schon durch *einige hundert Coulomb* entstehen
[164]. Je langsamer aber die Ladungsträger fliegen oder ein je ge-
ringeres Potentialgefälle sie durchlaufen, desto ungünstiger (kleiner) wird z. B. die je Coulomb gebildete Ozonmenge. Bei langsamen
Ladungsträgerstrahlen beträgt die erzeugte Ozonmenge nur mehr
einen Bruchteil der bei gleicher Stromdichte in derselben Zeit mit
hoher Trägergeschwindigkeit erreichbaren Menge.

Es ist anzunehmen, daß bei größerem Spannungsgefälle die Vorgänge, welche für die chemischen Reaktionen verantwortlich zu machen sind, längs des Entladungsweges öfter hintereinander auftreten.
In der Brennspannung, vor allem aber im Kathodenfall selbständi-
ger Entladungen (einige hundert Volt), ist die „Ozonbildungsspan-
nung" von etwa 10 V vielfach enthalten. Es sind dies also Verhältnisse, die grob gesprochen mit denjenigen bei der Serienschaltung von elektrolytischen Zellen in Vergleich gesetzt werden können. Auch dort steigt für einen keinen näheren Einblick habenden
Beobachter scheinbar die je Coulomb abgeschiedene Stoffmenge um
ein mehrfaches an. Was für Ozon gilt, kann auch für andere Körper
festgestellt werden.

§ 78. Bezugnahme auf die elektrische Arbeit

Eine Bezugnahme der Menge der abgeschiedenen Produkte, bzw.
des Ausmaßes der gesamten stofflichen Umsetzungen, auf die Entladungsspannung ist ohne Berücksichtigung des Stromes wertlos.
Unter Beachtung beider Faktoren gelangt man zu der, insbesondere den Betriebspraktiker interessierenden Bezugnahme auf die
elektrische Arbeit.

Im Falle der Zähigkeitsänderung von flüssigen Substanzen hat
sich eine analog dem für die Abhängigkeit von der Elektrizitätsmenge gültigen Gesetz aufgebaute Beziehung zwischen den Anfangs-
und Endzähigkeiten einerseits und der verbrauchten elektrischen
Arbeit (in KWh) andererseits ergeben. Sie lautet:

$$\frac{\log \eta_2 - \log \eta_1}{W \cdot V} = k.$$

Darin ist η_2 = End- und η_1 = Anfangszähigkeit, W die verbrauchte
elektrische Arbeit und V das Volumen der betrachteten Flüssigkeit.
k ist eine Konstante, die für jede Anordnung und Flüssigkeit, sowie
für jede Entladungsbedingung bestimmt werden muß (*Rummel,*
[69]).

§ 79. Auswahl der elektrischen Bezugsgrößen

Werden energieschwache Entladungsgebiete variiert, in denen
chemische Reaktionen praktisch nicht eingeleitet werden (vergl.
§ 62), ist die Bezugnahme auf die Elektrizitätsmenge angezeigt.
Durch Bezugnahme auf die elektrische Arbeit erhielte man in diesen
Fällen trotz verschiedener Leistungen (und bei gleichen Zeiten ver-

schiedener Arbeiten) gleiche Ausmaße der Veränderungen. Dagegen wird die betreffende Elektrizitätsmenge in linearer Abhängigkeit zu den Veränderungen stehen.

Wird andererseits eine Entladungsanordnung so variiert, daß in erster Linie die energiedichten Gebiete betroffen werden, so ist die Bezugnahme auf die elektrische Arbeit vernünftiger. Es wird sich dann deren Erhöhung infolge Spannungsanstieges auch eine Zunahme der chemischen Veränderungen zuordnen lassen. Dies ist z. B. der Fall, wenn durch Einwirkung von Magnetfeldern die leuchtenden Entladungsteile intensiviert sowie der Spannungsabfall im Kathodendunkelraum erhöht werden [174, 175, 170].

§ 80. „Wirkungsgrad" bei endothermen und exothermen Prozessen

Wenn wir feststellen, wieviel von der umgesetzten elektrischen Arbeit A_{el} in chemisch gebundene Arbeit A_{chem} übergeht, so gewinnen wir durch Bildung des Quotienten A_{chem}/A_{el} einen Ausdruck für den Wirkungsgrad. A_{el} kann stets gemessen werden (z. B. mittels KWh-Zähler). A_{chem} kann entweder aus den Bildungswärmen berechnet oder durch Bestimmung der Differenz $A_{el} - A_{chem}$, welche der entwickelten Wärmemenge gleichkommt und aus der Größe für A_{el} abgeleitet werden.

Für exotherme Prozesse, wie etwa Polymerisationen, Oxidationen usw. wird der „Wirkungsgrad" formal negativ. Formal gesehen spielt dabei also die Entladung etwa die Rolle eines Katalysators. Sind hingegen die Gesamtveränderungen endothermer Natur, so wird der Wirkungsgrad positiv. Praktische Messungen ergaben, daß diese positiven Wirkungsgrade kaum große Werte annehmen. Bei der Behandlung von Paraffinöl wurden 2 % Wirkungsgrad beobachtet [69]. Die Acetylenbildung aus Koksofengas verläuft mit höheren Werten (38 %) [184]. Andere Reaktionen erreichen jedoch bei weitem nicht diesen Wert und bleiben in der Gegend weniger %.

VII. Überblick über theoretische Erklärungsversuche der entladungschemischen Wirkungen[1])

§ 81. Zusammenballung an Ionen

Nach *Lind* [185] sollen Agglomerate um die Ionen (sogenannte „Cluster") als Aktionszentren der chemischen Vorgänge in Entladungen angesehen werden. Der Grundgedanke dieser Hypothese entstammt der von ihm beobachteten Gesetzmäßigkeit chemischer Reaktionen unter dem Stoß von alpha-Teilchen. Die infolge des

---

[1]) Eine Zusammenstellung über die älteren Meinungen der Vorgänge gab *Dixit* [297].

Stoßes dieser Teilchen gebildeten Ionen sollen dank des ihnen eigenen elektrischen Feldes um sich herum andere neutrale Moleküle durch wahre oder influenzierte Polarisation anziehen und so die Bildung eines „Molekülhaufens", also eine Zusammenballung von Molekülen verursachen. Wird nun das den Gesamtverband zusammenhaltende Ion durch Zusammenstoß mit einem Ladungsträger entgegengesetzter Polarität entladen, so kann die dadurch frei werdende Energie zur chemischen Aktivierung der Moleküle dienen. Da viele Reaktionen mit alpha-Teilchen und in Gasentladungen gleichartig verlaufen können, übertrug *Lind* seine Anschauung auch auf die chemischen Umwandlungen in letzteren.

Die Originaltheorie von *Lind* wurde von *Mund* [186...189], *Rideal* [190] und *Livingston* [191] erweitert und abgeändert.

Mund gelangte zu der Ansicht, daß die Moleküle der äußeren Zonen des Molekülhaufens in beständigem Austausch mit denjenigen stünden, die dem Zentral-Ion benachbart sind. Solange sich die Moleküle in der Nachbarschaft des Ions befänden, seien sie durch dieses Feld deformiert, sie befänden sich in einem innerlich gespannten Zustand und sollen nach *Mund* dann besonders chemisch aktiv sein können. Bei der Neutralisation soll dann das Ganze auseinanderfliegen, weil die bindende Zentralkraft des Ions wegfällt.

Die *Mund*sche Vorstellung weicht also von der ursprünglichen *Lind*schen ganz erheblich ab, nach der die Aktivierung nur während der Neutralisation des Zentralions eintreten sollte. Nach dem *Mund*schen Schema hat das Zentralion nur die Rolle eines Katalysators. Dabei kann man sich gleich die Frage vorlegen, woher die z. B. zur Durchführung endothermer Prozesse (etwa der Dissoziation) benönötigte Energie stammt. Es muß, sofern man das *Mund*sche Schema für richtig hält, angenommen werden, daß die Energieentnahme zunächst auf Kosten der kinetischen Energie erfolge und erst bei der Neutralisation wieder eine Erhöhung der verminderten Geschwindigkeiten eintrete. *Livingston* hat die ursprüngliche Theorie von *Lind* wieder aufgegriffen und nimmt an, daß die Reaktionen durch die Neutralisationsenergie ausgelöst würden. Er spricht von einem heißen Bezirk oder Fleck (hot-spot), den die Umgebung des Zentralions nach der Neutralisation darstellen würde. Infolge dieser hohen Energie würden die Moleküle chemisch aktiviert. Wir können dabei gleich die Frage stellen, warum die Moleküle, die nach der Agglomerationshypothese infolge der natürlichen oder induzierten Polarität alle mit dem gleichen Ende „auf dem heißen Bezirk sitzen" müßten, nicht auch alle an dieser gleichen Stelle aktiviert werden. Wie die Erfahrung zeigt, findet eine solche Aktivierung jedoch offenbar verstreut statt (vergl. § 69).

Die Agglomerationshypothese konnte in der Hand *Livingstons* bei entsprechender Wahl ihrer Konstanten mit einigem Erfolge für die Auswertung der Ergebnisse der entladungschemischen Kondensation von Acetylen Verwendung finden. Sie scheint jedoch heute noch so wenig wie auch die weiter unter erwähnten „Theorien" bewiesen zu sein.

§ 82. *Angeregte Moleküle, metastabil angeregte Moleküle*

Kobossew, Wassiljew und *Erjemin* [192, 193] glauben, daß gewöhnliche Anregung durch Molekeln durch Ladungsträgerstoß ohne die Zwischenbildung von Atomen und Radikalen zur chemischen Reaktion in elektrischen Entladungen niedrigen Druckes führen könne. Für das Gebiet der kleinen Drucke erscheint dies unwahrscheinlich, da ja z. B. bei einem Druck von einigen Zehntel Torr die Zeit zwischen zwei thermischen Zusammenstößen nur etwa 10^{-7} sec beträgt und gewöhnlich angeregte Moleküle inzwischen mehrmals durch Ausstrahlung ihre Anregungs-Energie verloren haben können. Eher könnten schon metastabile Zustände, die langlebiger sind, zu chemischen Umwandlungen führen. (*Willey* [194, 195]).

§ 83. *Vereinigung von Ionen*

Brewer und *Westhaver* [170, 174, 175] erwägen die Vereinigung von Ionen entgegengesetzter Polarität als Ursache für chemische Reaktionen in Entladungen. Damit können aber nicht die chemischen Umwandlungen durch unipolare Ladungsträger erklärt werden wie z. B. die Bildung von Ozon durch langsame Elektronen unterhalb der Ionisierungsspannung des Sauerstoffes.

§ 84. *Atome und Radikale*

Nach mehreren Autoren [196, 197] sollen Atome und Radikale für die Bewirkung chemischer Veränderungen in Entladungen verantwortlich zu machen sein. Im einzelnen wurde von ihnen allerdings nicht erläutert, wie diese Atome und Radikale gebildet werden. Wie bereits ausgeführt (§§ 49...53), sind die Atome und Radikale bereits in entladungschemischen Prozessen gebildete Primärprodukte, sie stellen also bereits chemisch veränderte Substanzen dar. Wie weit zur Atom- und Radikalbildung Ionisierung notwendig ist, läßt sich nicht allgemein gültig beantworten.[1]) Wie die untenstehenden Tabellen 5...11 zeigen, liegen die Ionisierungsarbeiten meist weit über den Dissoziationsarbeiten und letztere über den Anregungsarbeiten. Entsprechend liegen die elektrisch notwendigen Dissoziationsspannungen (vergl. § 68) meist *unter* den ebenfalls elektrisch bestimmten Ionisierungsspannungen (dch. Elektronenstoßversuche festgestellt).

---

[1]) *Linder* und *Davis* [141] machen die plausible Annahme, daß Atom- und Radikal-Bildung sowohl als Folge anregender, wie auch ionisierender Stöße auftreten k a n n.

Tabelle 5: Energiewerte der ersten Anregungszustände einiger wichtiger Atom arten[1]) bezogen auf den Grundzustand (nach Zeise [779]).

Atom oder Molekül	Anregungsenergie in		
	cal/Mol	cm^{-1}	e-Volt
	(Von unten nach oben zu lesen)		
H	293870	102820	12,748
	278620	97485	12,086
	235100	82256	10,198
$^2S_{1/2}$	0	0	0
	211320	73768	9,146
	96580	33793	4,190
O	45350	15868	1,967
	649	227	0,028
	452	158	0,020
$^3\Gamma_2$	0	0	0
	172600	60391	7,487
	172490	60351	7,482
C	172430	60331	7,480
	61870	21647	2,684
	29130	10192	1,264
	120	42	0,005
	120	42	0,005
	43	15	0,002
$^3P_0$	0	0	0
	238270	83367	10,336
	238130	83320	10,330
N	238030	83286	10,326
	82330	28808	3,572
	54880	19202	2,381
$^3S_2$	0	0	0
	100850	35285	4,375
	99910	34958	4,334
Pb	84190	29456	3,652
	61320	21456	2,660
	30430	10648	1,320
	22340	7817	0,969
$^3P_0$	0	0	0

Anmerkung zu Tabelle 5: Der tiefste Zustand des C-Atoms entspricht der Elektronenanordnung 1 s^2 2 s^2 2 p^2, ^{3}P und der anomalen Zweiwertigkeit des Atoms. Dagegen liegt wahrscheinlich im freien Atom ebenso wie im festen Kohlenstoff die normale Vierwertigkeit vor, die der Elektronenanordnung 1 s^2 2 s 2 p^3, ^{5}S entspricht. Dieser Zustand liegt nach Beobachtungen im CO-Spektrum von *Schmid* und *Gerö* [Ztschr. physikal. Chem. (B) **36**, 105 (1937)] um 4,17 eV, nach theoretischen Schätzungen von *Voge* [Journ. chem. Phys. **4**, 581 (1936)] bzw. *Ufford* [Physical Rev. **53**, 568 (1938)] um ca. 4,5 bzw. 3,16 eV über dem Grundzustand ^{3}P.

[1]) Die Werte für die A t o m e sind übernommen für Wasserstoff von *W. Gro-trian:* „Graphische Darstellung der Spektren von Atomen und Ionen", Berlin 1928, für die anderen Atome von *R. F. Bacher* und *S. Goudsmit:* Atomic Energy States; New York und London 1932.

Tabelle 6: Energiewerte der ersten Anregungszustände einiger zweiatomiger
Moleküle und Radikale, bezogen auf den Grundzustand*) (nach Zeise [779])

Molekül oder Radikal		Anregungsenergie in			Quelle
		cal/Mol	e-Volt	cm^{-1}	
		jeweils von unten nach oben zu lesen:			
H$_2$	$^1\Sigma_g$	319040	13,78	111630	
	$^3\Sigma_g$	283700	12,25	99270	
	$^3\Pi_u$	283200	12,23	99090	1)
	$^1\Sigma_u^+$	257800	11,13	90200	
	$^1\Sigma_g^+$	0	0	0	
C$_2$	d $^1\Pi_g$	122000?	5,3 ?	42700 ?	
	D $^3\Pi_g$	113770	4,935	39807	
	B $^3\Pi$	83200	3,61	29100	
	C $^1\Sigma$	?	?	?	
	B$^3\Pi_g$	55100	2,39	19300	2)
	b $^1\Pi_u$	48000 ?	2,1 ?	16900	
	a $^1\Sigma$	?	?	?	
	A $^3\Pi_u$	0	0	0	
N$_2$	b ($^1\Pi$?)	290010	12,52	101470	1); 3);
	B $^3\Pi$	215500	9,35 ?	75420	5) 4);
	a $^1\Pi_u$	197100	8,51	68960	
	A $^3\Sigma$	141800	6,1	49620	
	X $^1\Sigma_g^+$	0	0	0	
O$_2$	B $^3\Sigma_u^-$	141000	6,10	49400	
	F $^3\Sigma_u^+$(?)	109000 ?	4,7 ?	38100 ?	
	E	74900	3,2	26200	
	D	59700	2,6	20900	1); 6);
	C	53400	2,3	18700	
	A $^1\Sigma_u^-$(?)	37500	1,62	13120	
	$^1\Delta$	22415	0,973	7849	
	$^3\Sigma$ X$^3\Sigma-$	0	0	0	
OH	$^2\Sigma+$	92630	4,00	32410	
	$^2\Pi \{$	394	0,017	138	1)
		0	0	0	

*) Die Anregungszustände der zweiatomigen Moleküle und Radikale sind
noch nicht so weitgehend bekannt wie für freie Atome; noch weniger für viel-
atomige Moleküle, wo man oft nur aus der Lage der Ursprungsstellen (v^0 ^{0}) der
beobachteten Bandensysteme schließen kann, daß die Anregungsenergien dieselbe Größenanordnung wie bei zweiatomigen Molekülen besitzen.

1) W. Jevons, „Report on Band-Spectra of diatomie Molekules", London 1932,
S. 268 ff.

2) J. G. Fox und G. Herzberg, Physical Rev. 52, 638 (1937). Dagegen gibt
neuerdings R. S. Mulliken, Physical Rev. 56, 778 (1939) eine Schätzung, in der
die möglichen Grund- und Anregungszustände von C^2 gruppenweise zusammengefaßt sind, wobei nur Anregungsenergien von 3 und 6 eV angegeben werden.

3) Watson und Koontz, Physikal Rev. 45, 561 (1934).

4) Büttenbender und Herzberg, Ann. Physik 21, 593 (1935).

5) L. Vegand, Nature 124, 697 (1934).

6) G. Herzberg, Nature 133, 759 (1934).

(Fortsetzung der Tabelle 6)

Molekül oder Radikal		Anregungsenergie in			Quelle
		cal/Mol	e-Volt	cm^{-1}	
		jeweils von unten nach oben zu lesen:			
NH	$^1\Pi$	112 980	4,876	39 530	$^1)$
	$^3\Pi$	85 030	3,670	29 750	
	$^1\Delta$	25 210	1,088	8 820	
	$^3\Sigma$	0	0	0	
CH	C $^2\Sigma^+$	90 980	3,928	31 832	$^9)$
	B $^2\Sigma^-$	73 530	3,175	25 729	
	A $^2\Delta$	66 240	2,860	23 177	
	X$^2\Pi\{$	81,2	0,0035	28,4	
		0	0	0	
CO	A $^1\Pi$	185 100	7,99	64 760	$^8)$
	d $^3\Pi$	182 900	7,93^6	64 010	
	a' $^3\Sigma$(?)	158 300	6,86^6	55 380	
	a $^3\Pi$	138 400	6,0	48 440	
	X $^1\Sigma^+$	0	0	0	
CN	B $^2\Sigma^+$	73 740	3,184	25 800	$^1); ^7)$
	A $^2\Pi\{$	31 240	1,355	10 930	
		31 100	1,349	10 880	
	X $^2\Sigma^+$	0	0	0	
NO	D	152 200	6,57	53 270	$^1)$
	C $^2\Sigma^+$	149 600	6,46	52 350	
	B $^2\Pi\{$	130 100	5,617	45 510	
		130 000	5,613	45 490	
	A $^2\Sigma^+$	126 300	5,455	44 200	
	X $^2\Pi\{$	346	0,015	121	
		0	0	0	

$^7)$ *H. Bärwald, G. Herzberg, L. Herzberg*, Ann. Physik 5 **20**, 591 (1934).

$^8)$ *W. Jevons*, berichtigt von *R. Schmid* und *L. Gerö* (private Mitteilung), s. auch *L. Gerö* und *R. Schmid.* Ztschr. Physik **106**, 205 (1937); **112**, 676 (1939).

$^9)$ *W. Jevons*, s. auch *H. Henkin* und *M. Burton*, Journ. chem. Phys. **8**, 297 (1940).

§ 85. *Photochemische Wirkung und Ladungsträgerstoß*

Bei der Primäraktivierung in relativ kalten Gasentladungen kann auch an die photochemische Wirkung der in manchen Entladungsformen (z. B. Kanalentladungen, Funkenentladungen) besonders intensiv auftretenden sehr energiereichen kurzwelligen Strahlung gedacht werden. Schon *Warburg* hat z. B. photochemische Ozonbildung angenommen. Es ist bekannt, daß kurzwellige Strahlung chemische Reaktionen auszulösen vermag. Ultraviolettes Licht bildet aus Luft Ozon. Es ist mit großer Wahrscheinlichkeit anzunehmen, daß mindestens ein Teil der in den Hochspannungsentladungen sich abspielenden Reaktionen photochemischer Natur ist.

Tabelle 7: Dissoziationsenergien D_0 einiger unangeregter zweiatomiger
Moleküle und Radikale in unangeregten Atomen. (nach Zeise [779])

Molekül oder Radikal	Dissoziationsenergie in			Quelle
	cal/Mol	e-Volt	cm^{-1}	
F_2	102 480	4,445	35 870	[1]
C_2	82 800	3,6		[2]
N_2	170 200	7,348	59 560	[2]; [7]
C_2	117 200	5,082	40 990	[2]
$CH \rightarrow C(^3P) + H(^2S)$	80 000	3,47	27 990	[6]
NH	79 000	3,43	27 600	[5]
OH	99 000	4,3	35 000	[2]
$CO \rightarrow C(^3P) + O(^3P)$	159 000	6,87	55 600	[3]
$CO \rightarrow C(^5S) + O(^3P)$	255 000	11,06	55 600	[3]
NO	122 000	5,29	42 700	[2]
$CN \rightarrow C(^5S) + N(^4S)$	186 500	8,09	65 500	[4]
$CN \rightarrow C(^3P) + N(^4S)$	147 000	6,4	51 500	

Eine quantitative Theorie hierüber fehlt leider noch. Bezüglich
der Abgrenzung gegen andere auslösende Ursachen ist man noch auf
Vermutungen angewiesen. Hier ist noch ein weites Feld der Forschung vorbehalten.

Nach *Esmarch* [987] ist in vielen Fällen die Verstärkung der hoch-
spannungsentladungschemischen Reaktionen durch Verstärkung des
ultravioletten Lichtes nachweisbar. Es zeigt sich, daß in Entladungsröhren aus Quarz, welches bekanntlich das in der Entladung auftretende Ultraviolett fast ungehindert nach außen treten läßt, die Reaktionen bedeutend kleineres Ausmaß haben als in Entladungsröhren aus Glas, in denen eine starke Ultraviolett-Reflexion an den In-
nenwänden auftritt. (Vergl. auch § 122). Neben der photochemischen
Primäraktivierung in relativ kalten Gasentladungen scheint die Aktivierung durch Ladungsträgerstoß eine bedeutende Rolle zu spielen.

[1] *H. Beutler*, Ztschr. physikal. Chem. (B) **27**, 287 (1934); **29**, 327 (1935). Der
angegebene Wert gilt für das normale Ortho-Para-Gemisch.

[2] *G. Herzberg*, Molekülspektren und Molekülstruktur, I. zweiatomige Moleküle, Dresden und Leipzig 1939, S. 332 ff.

[3] *R. Schmid* und *L. Gerö*, Ztschr. physikal. Chem. (B) **36**, 105 (1937). Vgl.
White, Journ. chem. Phys. **8**, 459 (1940). — Auf Grund der zweiten Spaltungs-
art sollen *Schmid* und *Gerö* (private Mitteilung) ein in sich widerspruchsfreies
System der Spaltungsenergien von zwei- und mehratomigen Kohlenstoffverbin-
dungen aufgestellt haben, in denen das C-Atom im vierwertigen Valenzzustand
^5S als Normalzustand vorausgesetzt ist.

[4] *R. Schmid*, *L. Gerö* und *J. Zemplen*, Proceed. physical Soc., London **50**,
283 (1938).

[5] *G. W. King*, Journ. chem. Phys. **6**, 384 (1938). Dieser gibt für CH $D^0 =$
78 900 cal an.

[6] *L. Gerö*, Physica **7**, 155 (1940).

[7] Nach *Schmid* und *Gerö* (private Mitteilung an *Zeise*) wäre vorläufig D =
7,34 eV zu setzen.

Tabelle 8: Dissotiationsenergien einiger unangeregter zweiatomiger Ionen (Produkte: ein unangeregtes Atom und ein unangeregtes Atomion). (nach Zeise [779])

Molekülion und Dissoziationsprodukte	Dissoziationsenergie in			Quelle
	cal/Mol	e-Volt	cm^{-1}	
$N_2+ \rightarrow N + N+$	145000	6,3	50700	[1]
$O_2+ \rightarrow O + O+$	141800	6,15	49610	[2]
$OH \rightarrow \begin{matrix} O+ + H \\ O + H+ \end{matrix}$ }	90000	3,9	31500	[3]
$CO+ \rightarrow C+ + O$ }	148900	6,46	52000	[4]

Beschleunigte Ladungsträger können chemische Reaktionen hervorrufen, wie z.B. aus den Versuchen über Ozonbildung (§§ 127, 128), Dissoziation des Wasserstoffes (§ 88), des Stickstoffes (§ 105) ersichtlich ist.

2. Spezieller Teil

Anorganische Hochspannungs=Entladungschemie

I. Verhalten der Edelgase in der Entladung

§ 86. Metalle und Helium

Morrison [328] hat die Bildung von Heliden des Bleis und Wismuts vermutet. Ob seine Beobachtungen richtig waren, erscheint zweifelhaft, obwohl es gelungen sein soll, Verbindungen des Heliums mit anderen Metallen, ja sogar den Edelmetallen zu erzielen. Insbesondere hat *Damianovich* zusammen mit einer Reihe von Mitarbeitern eine größere Anzahl von Veröffentlichungen auf diesem Gebiet gemacht.

Wird Platin kathodisch in einer Heliumentladung zerstäubt, so lassen sich in dem Niederschlag an der Gefäßwand etwa 14...34 cm^3 He / g Pt nachweisen [151]. Mikroaufnahmen sowie Röntgenogramme zeigen Strukturverschiedenheiten gegenüber reinem Platin, die jedoch nicht mit Sicherheit auf echte chemische Bindung schließen lassen [329...331]. Die Dichteänderung ist beachtlich [344]. Das erzielte HePt-Agglomerat wird in einer Schichtstärke von etwa 1000...3000 Atomdicken gewonnen: es läßt sich durch Kö-

[1] *H. H. Brons*, Proceed. Akad. Amsterdam 37, 793 (1934). *Büttenbender* und *Herzberg* (l. c.) geben 6,2 eV an.

[2] *W. Jevons*, Report on Band Spectra of diatomic Molecules, London 1932, S. 268 ff.

[3] Vom Verfasser geschätzt nach der Formel von *Birge* und *Sponer* (s. *Jevons*, S. 194) mit den Angaben von *F. W. Loomis* und *W. H. Brandt*, Physical Rev. 49, 55 (1936), wobei OH als nicht-polares Molekül vorausgesetzt ist.

[4] *R. Schmid*, Mitt. Ung. Univ. Sapion, berghüttenmänn. Abt. 7, 171 (1935). Jedoch ist der angegebene Wert nach *Schmid* und *Gerö* (private Mitteilung) infolge der fraglichen Zuordnung ziemlich unsicher und vermutlich zu groß.

Tabelle 9: Dissoziationsenergien D einiger unangeregter vielatomiger Moleküle
(nach Zeise [779])

Molekül und Dissoziationsprodukte	Dissoziationsenergie in			Quelle
	cal/Mol	e-Volt	cm^{-1}	
$H_2O \rightarrow H_2 + \frac{1}{2} O_2$	57110	2,477	19990	[1]; [2]
$H_2O \rightarrow \frac{1}{2} H_2 + OH$	63000	2,73	22000	[1]
$H_2O \rightarrow H_2 + O$	115760	5,022	40520	[2]
$H_2O \rightarrow H + OH$	114400	4,963	40040	[2]
$CO_2 \rightarrow CO + \frac{1}{2} O_2$	66760	2,896	23370	[3]
$CO_2 — CO + O$	125360	5,438	43860	Zeise
$(CN)_2 — 2\,CN$	146000	6,33	51100	[5]
$CH_3OH \rightarrow CH_3 + OH^x$	182000 ?	7,9	63700	[4]
$C_2H_5OH \rightarrow C_2H_5 + OH^x$	182000 ?	7,9	63700	[4]
$HCOOH \rightarrow HCO + OH^x$	182000 ?	7,9	63700	[4]
$CH_3COOH \rightarrow CH_3CO + OH^x$	182000 ?	7,9	63700	[4]
$C_2H_6 \rightarrow CH_3 + CH_3$	72000	3,1^2	25200	[6]
$(CH_3)_2CO \rightarrow CH_2CO + CH_3$	73500	3,19	25700	[6]
$CH_3CHO \rightarrow HCO + CH_3$	75000	3,2^5	26200	[6]
$(CHO)_2 \rightarrow HCO + HCO$	83000	3,6^0	29000	[6]
$CH_3CO \rightarrow CH_3 + CO$	4000	0,17	1400	[6]
$CH_4 \rightarrow CH_3 + H$	95000	4,1^2	33200	[6]
$HCHO \rightarrow HCO + H$	85000	3,6^9	29700	[6]
$CH_3CHO \rightarrow CH_3CO + H$	91000	3,9^5	31800	[6]
$HCO \rightarrow CO + H$	19000	0,82	6650	[6]
$HCHO \rightarrow CH_2 + O$	164000	7,1	57300	[7]

nigswasser ablösen [332]. Die Zersetzung durch Erwärmung tritt in zwei Stufen bei 90...95^0 C und 310^0 C auf [333].

Ähnliche Versuche wurden mit Palladium vorgenommen. Bei etwa 1...3 Torr Druck wurde eine Heliumentladung unter Verwendung einer Palladiumkathode betrieben. Das kathodisch verflüchtigte bzw. zerstäubte Palladium nimmt 19,8 cm^3 He/g auf. Die Zersetzungstemperatur des gebildeten Agglomerates liegt über 300^0 C [395]. Die Zersetzung wurde an Hand der Dichteänderung verfolgt und gleichzeitig die Menge des entweichenden He bestimmt. [336]. Bei

---

[1] B. Lewis und G. v. Elbe, Journ. chem. Physics 3, 63 (1935) für T = 0^0 K. ausgehend von der Bildungswärme $\Delta H = -57809$ cal/Mol bei T = 298,16^0 K nach Rossini (1931). Mit der von Giauque und Stout (1936) bestimmten Verdampfungswärme folgt $\Delta H = -57813 \pm$ cal/Mol, s. Schumann und Aston, Journ. chem. Phys. 6, 480 (1938). Die neuesten Messungen von Rossini, Chem. Rev. 27, 1 (1940) ergeben $\Delta H = -57819 \pm 13$ cal/Mol bei T = 298,16^0 K.

[2] H. Zeise, Ztschr. Elektrochem. 43, 704 (1937) für T = 0^0 K.

[3] L. S. Kassel, Journ. Amer. Chem. Soc. 56, 1838 (1934) für T = 0/ K, ausgehend von der Bildungswärme $\Delta H = -67623$ cal/Mol nach Rossini (1931) für T = 298,16^0 K. Neuester Wert $\Delta H = -67635 \pm 29$ cal/Mol, s. Rossini, Journ. chem. Phys. 6, 569 (1938).

[4] A. Terenin und H. Neujmin, Journ. chem. Physics 3, 436 (1935); aus der zur Photodissoziation erforderlichen Grenzwellenlänge $\lambda = 1560$ A abgeleitet.

maximaler Heliumaufnahme ist die Wichte des Systems He-Pd = 10,8, nach dem Erhitzen und dem damit verbundenen Austreiben des Heliums ist die Wichte auf 11,8 gestiegen.

Eisen und Helium wurden ebenfalls durch kathodische Verflüchtigung des Eisens in der Entladung zu einer „Verbindung" gebracht. Ihre Farbe ist in der Durchsicht braun, in der Reflexion stahlgrau. Bei 150⁰ C findet wieder Trennung in Eisen und Helium statt. Die Wärmetönung wurde zu 13620 cal/mol bestimmt. Eine Amalgamierung ist nicht gelungen [337].

Helium und Natrium lassen sich ebenfalls durch Zerstäubung des Na in einer He-Entladung (2...4 Torr) in eine sich bei 80⁰ C wieder lösende Vereinigung bringen. Das Produkt hat eine dunkelbraune Farbe [338].

§ 87. Metalle und Argon

Auch Argon läßt sich in ähnlicher Weise wie Helium mit einer Reihe von Metallen „verbinden". Mit Na bildet sich eine dunkelbraune Masse, die sich in Hg löst. Aus dem Amalgam wird bei 150 . . . 180⁰C das Helium wieder frei.

II. Entladungschemisches Verhalten des Wasserstoffes

a) Aktiver Wasserstoff
(Wasserstoff nach Verlassen der Entladungszone)

§ 88. Erzeugung von atomarem (aktivem) Wasserstoff und Energiebedarf

Es hat sich gezeigt, daß Wasserstoff, der durch elektrische Entladungen geleitet wurde, eine besondere chemische Aktivität erlangt hat, die nach geraumer Zeit wieder verloren geht. Genaue Untersuchungen ergaben, daß der aktive Wasserstoff atomarer Natur

---

(Fortsetzung der Fußnoten zu Tabelle 9)

Hukomoto, Journ. chem. Phys. **3**, 164 (1935) hat ähnliche Messungen an zahlreichen organischen Verbindungen durchgeführt und für CH_3OH bzw. C_2H_5OH D = 133600 bzw. 137500 cal/Mol gefunden, wobei wie oben das OH angeregt ist. Die Anregungsenergie wird von *Terenin* und *Neujmin* zu 92000 cal/Mol angenommen (vgl. Tab. 2).

[5] *J. U. White*, Journ. chem. Phys. **8**, 459 (1940). Unterer Grenzwert nach *White* D^0 = 138100 cal/Mol.

[6] *M. Burton*, Journ. chem. Phys. **7**, 1072 (1939); aus vorliegenden Daten berechnet. Aus der Prädissoziation ergeben sich nach *Burton* sehr fehlerhafte Werte, selbst bei HCHO.

[7] *W. C. Price*, Journ. chem. Phys. **3**, 256 (1935), aus einer Absorptionsbande und deren Deutung durch Prädissoziation. Thermochemisch 164000 cal/Mol. — Eine Zusammenstellung von D-Werten und Kernabständen für die Bindungen C—C, C=C, C≡C und C—H geben *Fox* und *Martin*, Journ. chem. Soc. **1938**, 2106. Für $C_2H_2 \rightarrow 2$ CH ist nach *Henkin* und *Burton*, Journ. chem. Phys. **8**, 297 (1940) D^0 = 137900 cal/Mol, mit der Sublimationswärme 125100 cal für Graphit berechnet .

Tabelle 10: Ionisierungsenergien einiger unangeregter Atome, Moleküle und Radikale (Energieaufwand zur Erzeugung positiver Ionen). (nach Zeise [779])

	cal/Mol	e-Volt	cm^{-1}	Quelle
Atome				
H	311 840	13,527	109 140	[1]
C	258 590	11,217	90 510	[1]
N	333 800	14,48	116 840	[1]
O	312 370	13,550	109 330	[1]
Pb	170 100	7,38	59 550	[1]
Moleküle u. Radikale				
H$_2$	354 300	15,37	124 570	[2]
C$_2$	$\leqq$ 380 400	16,5	133 100	[7]
N$_2$	357 390	15,503	125 090	[4]
O$_2$	288 000 ?	12,5 ?	101 000 ?	[3]
H$_2$O	290 200 $\pm$ 1 200	12,59 $\pm$ 0,005	101 600 $\pm$ 400	[7a]
CO	312 400 $\pm$ 1 200	13,55 $\pm$ 0,05	109 300 $\pm$ 400	[5]
CO$_2$	316 500 $\pm$ 250	13,73 $\pm$ 0,01	110 700 $\pm$ 100	[17]
OH	321 000	13,9	112 400	[6]
CH	$\leqq$ 327 000	14,2	115 000	[7]
	oder $\leqq$ 355 000	15,4	124 000	[7]
NH	$\leqq$ 443 000	19,2	155 000	[7]
CN	$\leqq$ 378 000	16,4	132 000	[7]
C$_2$N$_2$	325 000	14,1	113 500	[7]
HCN	316 000	13,7	110 500	[7]
CH$_2$	$\leqq$ 242 000	10,5	84 700	[7]
	oder 265 000	11,5	92 800	[7]
CH$_3$	258 000 $\pm$ 18 000	11,2 $\pm$ 0,8	90 400 $\pm$ 6 500	[8]
	oder $\leqq$ 240 000	10,4	83 900	[9]
CH$_4$	357 000	15,5	125 100	[13]
	oder 332 000	14,4	116 000	[13]
C$_2$H$_2$	258 000	11,2	90 400	[7]
C$_2$H$_3$	$\leqq$ 253 000	11,0	88 700	[7];[9]
C$_2$H$_4$	249 000	10,80	87 140	[7]
	oder 240 900 $\pm$ 700	10,45 $\pm$ 0,03	84 320 $\pm$ 450	[10]
C$_2$H$_5$	244 000 $\pm$ 18 000	10,6 $\pm$ 0,8	85 500 $\pm$ 6 500	[8]
	oder $\leqq$ 226 000	9,8	79 100	[9]
C$_2$H$_6$	267 500	11,6	93 600	[9]
C$_3$H$_6$	221 000	9,6	77 500	[19]
	oder 230 500	10,0	80 700	[11]
C$_3$H$_8$	260 500	11,3	91 200	[11]
Trans-C$_4$H$_8$-(2)	212 000	9,2	74 200	[10]
C$_6$H$_{10}$	212 000	9,2	74 200	[10]
C$_6$H$_{12}$	254 000 $\pm$ 5 000	11,0 $\pm$ 0,2	88 800 $\pm$ 1 600	[12a]
H$_2$C:C:CH$_2$ (Allen)	228 000	9,9	79 900	[11]
C$_6$H$_6$	226 000 $\pm$ 2 300	9,8 $\pm$ 0,1	79 100 $\pm$ 800	[12a]
	oder 211 900	9,19 $\pm$ 0,005	74 130	[12b]
Pb(C$_2$H$_5$)$_4$	284 000 $\pm$ 18 000	12,3	99 200 $\pm$ 6 500	[8]
HCHO	249 700 $\pm$ 250	10,83 $\pm$ 0,01	87 360 $\pm$ 100	[18]
CH$_3$CHO	242 000	10,5	84 700	[18]
(CH$_3$)$_2$CO	233 000 $\pm$ 9 000	10,1 $\pm$ 0,4	81 500 $\pm$ 3 000	[18]
CH$_3$OH	~ 249 000	~10,8	~87 100	[19]
C$_2$H$_5$OH	~ 249 000	~10,8	~ 87 100	[19]

Anmerkung zu Tabelle 10. Die Ionisierungsenergien der Atome und einiger Moleküle sind spektroskopisch (*Rydberg*-Serien), die der anderen Moleküle und Radikale meist massenspektrographisch (Elektronenstoß bei sehr kleinen Drucken) gefunden worden. Bei Untersuchungen der letzten Art treten viel mehr Radikale (als positive Ionen) in Erscheinung als in Tabelle 10 angegeben sind; z. B. finden *Delfosse* und *Bleakney*[11]) bei der Ionisierung von Propan, Propylen und Allen durch Elektronenstoß mehr als 60 verschiedene Ionenarten; ferner beobachtet *Hipple* jr.[9]) in Äthan 14 einfach positive Ionenarten, 2 doppelt positive Ionenarten und das negative Ion H-. Meistens sind aber hierfür nur, die „Erscheinungspotentiale" bekannt, die nicht ohne weiteres mit den Ionisierungspotentialen identifiziert werden können; z. B. erscheint das Ion O+ in CO bei 27 ± 1 e-Volt[14]), das Ion H+ in C_2H_2 bei $22,2 \pm 0,5$ e-Volt[14]), ferner die Ionen OH+ und H^3O+ in H_2O-Dampf (abhängig vom Druck) bei 18,7 $\pm$ 0,2 bzw. $13,8 \pm 0,5$ e-Volt[15]). — Auch n e g a t i v e Ionen werden gelegentlich durch Elektronenstoß erzeugt und massenspektrographisch nachgewiesen; so finden z. B. *Bradbury* und *Tatel*[16]) negative Ionen zwar nicht in C_2 aber in H_2O-Dampf schon bei kleinen Werten von X/p (abhängig vom Gasdruck p), in größeren Mengen aber bei Werten von X/p > 10, und zwar OH—-Ionen (X = Feldstärke in Volt/cm; p in mm Hg); ferner finden *Hustrulid, Mann* und *Tate*[15]) O—-Ionen in H_2O-Dampf bei $7,5 \pm 0,3$ e-Volt.

Die von einem Elektron beim ionisierten Stoß abgegebene Energie ist gewöhnlich um einige e-Volt größer als die Summe aus Dissoziations- und Ionisierungsenergie; so haben die aus C_2H_2 entstehenden Ionen G+ und CH+ kinetische Energien bis etwa 1,5 e-Volt, H+ bis 6 e-Volt[14]), ferner die aus C_2H_2 entstehenden CH_2+-Ionen eine kinetische Energie von 2,2 e-Volt[7]).

1 *R. F. Bacher* und *S. Goudsmit*, loc. cit.; s. auch *G. Herzberg*, Atomspektren und Atomstruktur, Dresden und Leipzig **1936**, S. 152.

2) *W. Jevons*, loc. cit., S. 268.

3) *W. Jevons*, loc. cit., S. 200.

4) *R. E. Worley* und *F. A. Jenkins*, Physical Rev. **54**, 305 (1938).

5) *S. Savard* und *M. de Hemptinne*, Journ. Physique Radium [7] **10**, 30 (1939); aus Elektronenstoßversuchen. Aus den von *R. Schmid* (loc. cit.) bestimmten Dissoziationsenergien von CO = $C(^3P) + O(^3P)$ — 6,89 eV sowie von CO+ = C $(^2P) + O(^3P)$ — 6,46 eV und der Ionisationsenergie von C (^3P) = 11.22 eV berechnet sich der Wert I = 11,65 eV (Schätzung des Verf. *Zeise*).

6) In ähnlicher Weise wie bei 5 berechnet vom Verf. *Zeise* (Schätzung).

7) *P. Kusch, A. Hustrulid* und *J. T. Tate*, Physical Rev. **52**, 843 (1937). Die Unsicherheit beträgt 0,2 bis 1,5 eVolt. Hierbei wurde für C^2 die Dissoziationsenergie D_0 = 5,5 e-Volt gesetzt.

7a) *L. G. Smith* und *W. Bleakney*, Physical Rev. **49**, 883 (1936), ebenso *W. C. Price*, Journ. chem. Physics **4**, 147 (1936). *A. Hustrulid, M. M. Mann* und *J. T. Tate*, Physical Rev. **56**, 208 (1939), geben das Erscheinungspotential 13,0 $\pm$ 0,2 e-Volt an.

8) *R. G. Fraser* und *T. N. Jewitt*, Physical Rev. **50**, 1091 (1936). Proceed. Roy. Soc., London (A) **160**, 563, 572 (1937). Grenzwert für CH : I $\leqq 9,9 \pm 0,4$.

9) *J. A. Hipple* jr., Physical Rev. **53**, 530 (1938).

10) *W. C. Price . W. T. Tutte*, Proc. ed Roy. So ., London (A) **174**, 207 (1940).

11) *J. Delfosse* und *W. Bleakney*, Physical Rev. **56**, 208 (1939).

12a) *A. Hustrulid, P. Kusch* und *J. T. Tate*, Physical Rev. **54**, 1037 (1938).

12b) *W. C. Price* und *R. W. Wood*, Journ. chem. Physics **3**, 439 (1935); s. auch *G. Nordheim, H. Sponer* und *E. Teller*, Journ. chem. Physics **8**, 455 (1940).

13) Der höhere Wert stammt von *Hogness* und *Kvalness* (1928), der untere Wert von *Smith* (1937), laut *Fraser* und *Jewitt*, Proceed. Roy. Soc., London (A) **160**, 563, 572 (1937). beide für $CH_2 \rightarrow$ CH + + H + e—.

14) *J. T. Tate, P. T. Smith* und *A. L. Vaughan*, Physical Rev. **48**, 525 (1935).

15) *A. Hustrulid, M. M. Mann* und *J. T. Tate*, Physical Rev. **56**, 208 (1939).

16) *N. E. Bradbury* und *H. E. Tatel*, Journ. chem. Physics **2**, 835 (1934).

17) *W. C. Price* und *D. M. Simpson*, Proceed. Roy. Soc., London (A) **169**, 501 (1939).

18) *W. C. Price*, Journ. chem. Paysics **3**, 256 (1935). *W. A. Noyes* jr., loc. cit. S. 430; *A. B. F. Duncan*, loc. cit. S. 131.

19) *G. Herzberg* und *G. Scheibe*, Ztschr. physikal. Chem. **7**, 390 (1930). *W. C. Price*, Journ. chem. Physics **3**, 256 (1935); s. auch *R. S. Mulliken*, Journ. chem. Physics **3**, 506, 514 (1935).

Tabelle 11: Einige Ionisierungs- und Anregungsarbeiten (nach Zeise [779])

Element	Ionisierungsarbeit 1. Stufe in eV	Anregungsarbeit
He	24,5	19,3
Na	5,1	2,1
K	4,3	1,6
Cs	3,9	1,4
O_2	12,5	7,9
Hg	10,4	4,7
N_2	15,8	6,3

ist.[1]) Die Dissoziation von molekularem Wasserstoff kann u. a. durch Beschuß mit Elektronen von etwa 11,2...11,66 Volt [178] erfolgen. (Andere Autoren geben etwas davon abweichende Werte an: 13,5 V [179], 11,4...11,6 [180, 198]). Haben die stoßenden Elektronen eine gewisse Überschußenergie, so ist die auf die Elektrizitätsmenge bezogene Ausbeute druckunabhängig [178]. Daraus kann geschlossen werden, daß die Dissoziation des H_2 zu 2H nicht auf Stößen zweiter Art (Zusammenstoß zwischen neutralem und angeregten Molekül) beruht. Bei Anwesenheit von Quecksilber finden dagegen solche Stöße statt, so daß schon bei geringerer Spannung die Dissoziation einsetzt (7,7 V). Die Anregung des Hg selbst könnte schon bei 4,9 V erfolgen [181].

Zu größerer Bedeutung hat die Erzeugung von atomarem Wasserstoff dank der Untersuchungen *Woods* [199] gelangen können. Dieser konnte zeigen, daß man den atomaren Wasserstoff aus längeren bei niedrigem Druck betriebenen Glimmentladungsröhren in der Mitte zwischen den Elektroden ableiten kann, um ihn für weitere Reaktionen zu verwenden.[2]) [3])

Eine gewisse Feuchtigkeit der Glaswände verhindert bis zu einem gewissen Grade die Wiedervereinigung an den Wänden zu moleku-

---

[1]) Wasserstoff kann auf Grund verschiedener Einwirkungen in atomarer Form auftreten. Durch Photonen (unter 850 Å Wellenlänge) wird Wasserstoff dissoziiert. In einem Gemisch von H_2 und Hg gelingt es bereits durch Bestrahlung mit der 2536,7 Å Linie des Hg den Wasserstoff zu dissoziieren (*Cario* und *Franck* [235]). Es handelt sich dabei um eine sensibilisierte Lichtreaktion. Das Hg wird von der Resonanzlinie angeregt und stößt in diesem Zustand mit dem H_2 zusammen. Die Dissoziation erfolgt dann direkt oder über eine intermediär auftretende HgH-Verbindung (*Compton* und *Turner* [236]). Auch durch hohe Temperaturen (Lichtbogen, weißglühende Drähte) kann atomarer Wasserstoff erzeugt werden. Auch bei der wässrigen Elektrolyse tritt er an der Kathode auf. Er diffundiert in die Metalle hinein und kann, wenn er auf Hohlräume trifft, infolge Bildung von molekularem H_2, der nicht mehr durch das Metall diffundieren kann, eine nicht unerhebliche Kraftwirkung (Druckanstieg in den Hohlräumen) hervorrufen.

[2]) *Wood* wollte im Laboratorium die höheren Glieder der *Balmer*-Serie erzeugen, die man sonst nur in den Fixsternspektren finden konnte. Bei seinen diesbezüglichen Versuchen mit Glimmentladungsröhren (*Geißler*-Röhren) kam

larem Wasserstoff. Um die Wiedervereinigung infolge von Dreierstößen möglichst zu verhindern, werden kleine Drucke angewendet.

In Bild **88** ist eine *Woodsche* Entladungsröhre dargestellt. Der
in die Röhre über eine dünne Kapillare eintretende Wasserstoff
kann mit Vorteil elektrolytisch erzeugt werden. Das Gas wird durch
kräftige Pumpen durch die Entladungsröhre gezogen. Bei größerer
Strömungsgeschwindigkeit gelingt es noch mehrere Meter hinter der
Entladungsröhre den atomaren Wasserstoff, z. B. durch Ausfrieren
oder Eingehenlassen chemischer Verbindungen nachzuweisen.

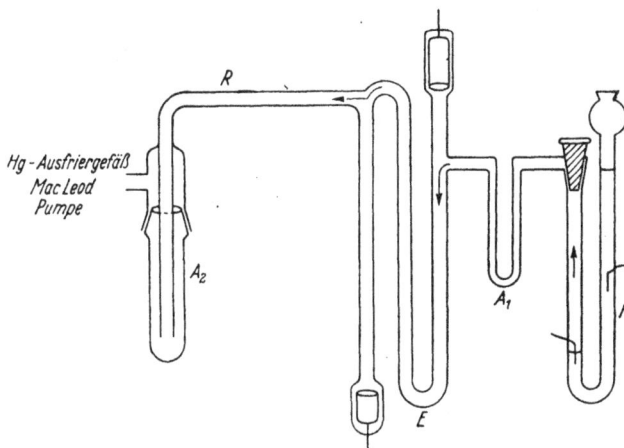

Bild 88: Woodsche Röhre. E=Entladungsrohr, H=Elektrolysierapparat (liefert
Wasserstoff), A₁, A₂=Ausfriergefäß, R=Ansatzrohr (Aus [155])

§ 89. Nachweis des atomaren Wasserstoffes und Bestimmung seiner Konzentration mittels Druckmeßmethoden

Wenn das Erzeugungsgefäß des atomaren Wasserstoffes oder
ein unmittelbar daran angeschlossener Raum nur durch einen engen
Durchgang mit einem zweiten Gefäß, in welchem eine Erzeuger-
oder Nachlieferungsmöglichkeit für den atomaren Wasserstoff fehlt,

---

er zu folgendem Ergebnis: Das bei der Entladung auftretende Spektrum ist vielfach ein G e m i s c h von *Balmer-* und V i e l l i n i e n spektrum. Wasserstoff-
Atome erzeugen das *Balmer-*, die H_2Moleküle das Viellinienspektrum. Das In-
tensitätsverhältnis der beiden Spektren muß daher Rückschlüsse auf den Gehalt
an H-Atomen zulassen. Bei wachsender Stromdichte sind mehr H-Atome vorhanden, daher wird auch das *Balmer*spektrum intensiver. Da bereits *Wood*
feststellte, daß in Elektrodennähe das Viellinienspektrum überwiegt, hat er die
Entnahme in der Mitte zwischen den Elektroden vorgenommen, weil so die
höchste H-Atomkonzentration im abgeleiteten Gase zu erwarten ist (vergl.
Bonhoeffer [155, 219]).

   [3]) Auch in Kanalstrahlen tritt das H-Atom auf, meist jedoch mit positiver
Ladung als positives Atomion, dagegen gelegentlich, wie *Luhr* [202] massenspektroskopisch nachwies, auch als negatives Wasserstoffatomion.

9*

verbunden ist, so stellt sich ein Druckunterschied ein, der nach *Wrede* [200, 441] sowie *Harteck* [201, 562] als Maß für die Konzentration der H-Atome im ersten Raume gelten kann.

Nach *Harteck* ist es zur Einstellung der Druckdifferenz zwischen den beiden Gefäßen notwendig, daß die sie verbindende Kapillare so eng ist, daß die freie Weglänge ein mehrfaches der lichten Weite beträgt. Da ein H_2-Molekül zweimal so schwer wie ein H-Atom ist, dagegen nur den $\sqrt{2}$ ten Teil langsamer fliegt, stellt sich als Diffusionsgleichgewicht ein Druck ein, der den $\sqrt{2}$ ten Teil des Druckes der Atome beträgt, falls einerseits nur H-Atome, andererseits nur H_2-Moleküle vorliegen. Falls nur teilweise Dissoziation eintritt, erhält man formelmäßig als v. H.-Gehalt an H-Atomen, wenn der Druck vor der Kapillare p_1 Torr und hinter ihr p_2 Torr beträgt:

$$\text{Anteil der Atome (in \%)} = \frac{100\ (1-p_2/p_1)}{1-1/\sqrt{2}}.$$

Unter Berücksichtigung von Temperaturunterschieden gilt nach *Wrede:*

$$\text{Anteil der Atome (in \%)} = \frac{100\ (1-P_o/P_e)\sqrt{T_e/T_o}}{1-\sqrt{M_e/M_o}}.$$

Darin bedeuten: P_e Druck in der die Atome enthaltenden Kammer, P_o Druck in der anderen Kammer, T_e abs. Temperatur in der Erzeugerkammer, T_o Temperatur in der anderen Kammer, M_o Molekulargewicht, M_e Atomgewicht. Der Nenner wird für Wasserstoff gleich 0,293.
(Beide Formeln sind also bis auf die Temperaturkorrektur völlig identisch).

Falls sehr hohe Konzentrationen auftreten, so können dieselben qualitativ am Aufglühen von Staubteilchen im Wasserstoffstrom, infolge Wiedervereinigung zu Molekülen (vergl. § 90) festgestellt werden [200]. Atomarer Wasserstoff sowie atomares Deuterium erhöhen die quantitative Ausbeute an Elektronen von lichtempfindlichen Metallen [304, 305]. Dieser Effekt kann ebenfalls zum Nachweis des atomaren Wasserstoffes dienen.

Bonhoeffer [155] hat, um einen Anhaltspunkt für die erhaltenen H-Konzentrationen zu gewinnen, folgenden Weg beschritten: Er setzte einen Wolframdraht in die Wasserstoffentladung ein und einen zweiten genau gleichen in ein Gefäß mit gleichem Wasserstoffdruck, in welchem jedoch keine Entladung brannte. Infolge der Wiedervereinigung (s. § 90) glühte der Wolframdraht im Entladungsgefäß auf. Der zweite Draht wurde durch Durchleiten eines Stromes auf gleiche Temperatur gebracht. Durch Vergleich der notwendigen Heizleistung mit der bei vollständiger Dissoziation zu erwartenden Energieaufnahme des ersten Drahtes gelangte er zu dem Schluß, daß mindestens 20 v. H. freie Atome vorhanden sein müßten, ein Betrag, der bei weitem denjenigen der Ionen übersteigt. Zu ähnlichen Ergebnissen kam *Wood* [199]. *Harteck* [562] glaubte sogar, daß bis zu 95 v. H. dissoziierte Atome vorhanden sein können.

§ 90. Rekombination des atomaren H zu molekularem H₂

Bei niedrigen Drucken ist die Vereinigung im Volumen zu vernachlässigen. Trotzdem erhält man auch bei niedrigen Drucken unter 1 Torr nicht immer größere Konzentrationen. Wie sich bei näherer Betrachtung zeigt, wirkt in diesen Fällen eine sehr erhebliche Rekombination an den Wänden, die nach *Smith* [947] sehr stark durch Erhöhung der Temperatur gefördert wird. Es wirken aber nicht alle Wände in gleicher Weise. Es gibt Materialien, die gegenüber anderen ausgesprochen vereinigungsfördernd sind. Die Rekombination des H zu H_2 an Wänden soll nach *Böhm* und *Bonhoeffer* [219] nach folgendem Schema verlaufen:

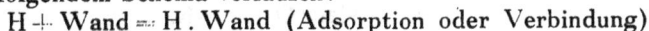

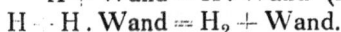

H + Wand = H . Wand (Adsorption oder Verbindung)
H + H . Wand = H_2 + Wand.

(Man vergleiche auch *Boltzmann* [203]).

Der bei höherem Druck eine Rolle spielende Dreierstoß kann wie folgt angenommen werden:

H + HX = H_2 + X, worin X Gase wie Argon, Stickstoff, Helium, Xenon usw. oder auch Wasserstoff bedeuten kann. Die schweren Edelgase sind dabei wesentlich wirksamer als H_2, He und Ne (*Senftleben,* und *Hein* [561]).

Werden die Wände mit weniger vereinigungsfördernden Körpern überzogen oder bestehen sie daraus, so geht naturgemäß die Rekombination zurück.

Solche Körper sind mehrfach bekannt. So läßt sich die Ausbeute an atomarem Wasserstoff steigern, wenn die Wasserhaut auf dem Glase durch Verwendung feuchten Gases ständig erneuert wird [947]. Eis soll ähnlich wirken [205]. In derselben Richtung sollen Phosphorsäure, Kaliumhydroxyd, Wasserglas [206], Acetaldehyd [207] wirken.

Im Gegensatz dazu stehen diejenigen Stoffe, welche schon in minimalen Schichtdicken von einigen Atomlagen die Wiedervereinigung katalytisch beschleunigen. In erster Linie sind dies die Metalle [1]. Schon außerordentlich kleine Mengen von Metallen können damit nachgewiesen werden (z. B. 10⁻⁸ g Silber).

Bei den Metallen konnte eine Reihe steigender Wirksamkeit festgestellt werden. (z. B. Hg, Pb, Cu, Ag, Cr, Fe, W, Pd, Pt.) Nach *Bonhoeffer* zeigt die katalytische Wirksamkeit deutlichen Paralle-

---

[1]) Auf dieser Tatsache fußend, hat *Langmuir* [208, 209] das Schweißen mit atomarem Wasserstoff begründet. Dabei wird der im Lichtbogen dissoziierte (atomare) Wasserstoff auf die zu erhitzenden Metallteile gelenkt und erwärmt diese infolge der spontanen Wiedervereinigung, die mit 100 000 cal/Mol exotherm verläuft. Ein Vorteil dieser Schweißart ist u. a. die damit verbundene Anwendung der stark reduzierenden Atmosphäre [210, 211, 213].

lismus mit der bei der elektrolytischen Wasserstoffentwicklung an der Kathode auftretenden Überspannung, insofern Metalle mit hoher Überspannung erheblich schwächer katalysieren als solche mit niedriger.

Die katalytische Wirksamkeit der Metalle hängt von der Vorbehandlung ab. Behandlung mit aktivem Wasserstoff steigert dieselbe (Befreiung von Oxydhäuten?). Luft oder Sauerstoff machen diese Steigerung rückgängig.

Bei sehr hoher Temperatur wirken die Metalle nicht mehr vereinigungsfördernd, es tritt ja wieder Dissoziation ein. So wurde gemessen [301, 302], daß die Wiedervereinigung an auf 1600^0 C erhitzten Platindrähten null ist.

Neben den Metallen katalysiert insbesondere, wie schon erwähnt, trockenes Glas außerordentlich stark die Wiedervereinigung zu Molekülen (212). Auch viele Salze insbesondere der seltenen Erden und der Erdkalimetalle, sowie viele Oxyde wirken, wenn auch nicht so stark wie die Metalle, auf die Vereinigung fördernd ein. Nach *Bonhoeffer* (155) sollen darunter MgO, CaO, BaO, Al_2O_3, Cr_2O_3 sich durch besonders starke Wirkung auszeichnen.

Über die Lebensdauer der H-Atome konnte *Bonhoeffer* [155] die Aussage machen, daß etwa $1/_3$ sec nach Verlassen der erzeugenden Entladung die Wirksamkeit des die Atome enthaltenden Wasserstoffstromes auf etwa die Hälfte absinkt.[1]

§ 91. Chemische Reaktionen des atomaren Wasserstoffes mit Gasen

Beim Studium der chemischen Einwirkung von atomarem Wasserstoff auf Gase ist deren Zurückdiffusion in den Entladungsraum zu vermeiden. Unter Beachtung dieser Vorsichtsmaßregel erhielten *Böhm* und *Bonhoeffer* [219] mit Sauerstoff Wasserstoffsuperoxyd. Vorübergehend entsteht dabei nach *Geib* und *Harteck* [221] unter Wandvermittlung oder durch Dreierstoß nach dem Schema: $H + O_2 + X = HO_2 + X$, das Radikal HO_2! (s. auch *Rodebusch* [222]). Die Halogene reagieren mit atomarem H schneller als mit molekularem Wasserstoff zu den betreffenden Halogenwasserstoffen.[2] Mit Co und CO_2 wird etwas Formaldehyd gebildet.

---

[1]) *Bonhoeffer* bediente sich zur Feststellung der Lebensdauer folgender Methode: Thermometer, deren Rohre mit vereinigungsfördernden oder mit den zu untersuchenden Stoffen überzogen waren, wurden, an den interessierenden Stellen des Atome enthaltenden Wasserstoffstromes eingebracht und die Temperaturerhöhung, die ein Maß für die vorhandenen Mengen an Atomen bzw. über die Wirkungskraft der betreffenden Prüfstoffe darstellte, abgelesen. Auf Grund solcher Versuche fand *Bonhoeffer*, daß die Aktivität des Wasserstoffstromes in etwa $1/_3$ sec auf die Hälfte sank.

[2]) Da die gebildeten Halogenwasserstoffe die Wiedervereinigung der H-Atome fördern, müssen sie schnell aus der Reaktionszone entfernt werden [219].

Keine Aktivität des atomaren Wasserstoffes soll nach *Böhm* und und *Bonhoeffer* gegen Stickstoff feststellbar sein, im Gegensatz zu *Anderegg* und *Herr* [233], die in einer mit Glaswolle gefüllten Entladungsanordnung die Bildung von NH_3 durch bloßes Einwirken der H-Atome auf den molekularen Stickstoff ohne Entladungseinwirkung nachgewiesen zu haben glauben.

Bemerkenswert sind die mit Hilfe des atomaren Wasserstoffes erzielbaren Austauschreaktionen [224, 227 ... 229]. Eine solche Reaktion mit Deuterium (schwerem Wasserstoff) lautet:

$$H + D_2O = D + HDO.$$

Die Additionen von H an NO zu HNO und an Blausäure zu H_3CN gehen nach *Harteck* [225] bzw. *Geib* und *Harteck* [221] bei tiefen Temperaturen vor sich.

Mit den Kohlenwasserstoffen geht atomarer Wasserstoff eine Reihe interessanter Reaktionen ein.

Bonhoeffer und *Harteck* [226] untersuchten z. B. Methan, Aethan, Petroläther, Aethylen, Benzoldämpfe sowie Acetylen und Azobenzol. Das edelgasähnliche Methan wird nicht angegriffen. Alle anderen Stoffe gehen eine Reihe von Reaktionen ein. Azobenzol geht schließlich in Anilin über. Die Kohlenwasserstoffe (außer Methan) erleiden Hydrierung, Dehydrierung und Zerlegung. Summarisch lassen sich dafür folgende Gleichungen aufstellen:

a) Hydrierung (Beispiel Aethylen)

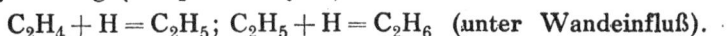

$$C_2H_4 + H = C_2H_5; \ C_2H_5 + H = C_2H_6 \ \text{(unter Wandeinfluß)}.$$

b) Dehydrierung

$$C_n H_m + H = C_n H_{m-1} + H_2; \ (C_n H_{m-1} \ \text{kann, da stark ungesättigt, polymerisieren (s. auch § 92).}$$

c) Zerlegung (Krakkung)
beobachtet an Aethan nach dem Schema: $C_2H_6 + H = \underset{\text{Radikal}}{C H_3} + CH_4.$

§ 92. Reaktionen des atomaren Wasserstoffes mit flüssigen und festen Substanzen

Die chemischen Veränderungen unter dem Einfluß des atomaren Wasserstoffes an einfacheren anorganischen Verbindungen laufen meist auf Reduktionen hinaus. Nach *Bonhoeffer* [155] werden die Salze der Sauerstoffsäuren, wie Sulfate, Nitrate in manchen Fällen zum Metall reduziert. Verbindungen mit höheren Bildungswärmen widerstehen jedoch meist der Reduktion.

Die Metalle liefern großenteils Hydride; Zinn, Wismut und Blei konnten *Foresti* und *Mascerati* [214] hydrieren. Silber hat *Bonhoeffer* [155] in ein Hydrid übergeführt. Dabei trat Zerstäubung auf. *Pietsch* [630] untersuchte einige mittels Überleiten von atomarem Wasserstoff erzeugte Metallhydride näher.

Das Silberhydrid löst sich in Wasser und färbt Lackmus blau, also ist das Silber in kationischer Bildung gegen Wasserstoff vorhanden. Nach *Moers* [631] verhält sich das Lithiumhydrid genau so.

Das Kupferhydrid ist eine bläulich-weiße Substanz. *Pietsch* konnte Cu˙˙-Ionen nachweisen. Es zerfällt bei hoher Temperatur.

Das Goldhydrid ist weißlich und bei Zimmertemperatur beständig. Es konnten Au-Ionen nachgewiesen werden.

Das Beryllium wurde bei 170...260° C mit atomarem Wasserstoff behandelt und bildete hierauf eine salzartige Verbindung von weißer Farbe, die in Wasser eingeführt Gasentwicklung herbeiführte. (In dest. Wasser aufgelöst, 5 Min. gekocht, dann filtriert, gelingt der spez. Nachweis auf Beryllium mit dem *Fischer*schen Reagenz [632]). Galliumhydrid ist grau und färbt wäßriges Lackmus blau.

Indiumhydrid ist rein grauweiß.

Thallium und Blei bilden gasförmige Hydride.

Tantalhydrid ist ein samtschwarzes matt aussehendes Pulver.

Wolfram ist beständig und bildet kein Hydrid [630].

Die Metalloide P, S, As, Sb geben mit atomarem Wasserstoff die entsprechenden Hydride [155].

Auf Gläser und Quarz wirkt atomarer Wasserstoff unter Bildung von Siliciumwasserstoff (SiH_4 und Si_2H_6) (*Hiedemann* [215]). Nach *Mierdel* [216] kann der Siliciumwasserstoff eine Reihe von Reaktionen bewirken, die auch dem atomaren H zugeschrieben werden. (Reduktion des blauen Indigo zu weißem, Reduktion des Wolframoxyd (blau und grün), Fällung von *Bleiacetat aus Lösungen*). Es erscheint fraglich, ob die von *Scheffers* [944] beobachtete Reduktion von Bleioxyd in Gläsern (kenntlich an der Dunkelfärbung) nur auf der reduzierenden Wirkung des atomaren Wasserstoffes beruht.

Wäßrige Lösungen behandelten *Harteck* und *Roeder* [218] mit atomarem Wasserstoff. Nach *Birse* und *Melville* [303] reagiert Hydrazin heftig mit atomarem Wasserstoff.

Das Verhalten des atomaren Wasserstoffes gegenüber flüssigen organischen Verbindungen ist (wie bei der gasförmigen, s. § 91) sehr mannigfaltig.

Ölsäure wird nach *Bonhoeffer* zu Stearinsäure hydriert [155, 220, 823]. Auch andere Fettsäuren verhalten sich ähnlich, Fette Öle, wie Fisch-, Oliven-, Seidenraupenpuppenöl können nach *Aono* [217] ebenfalls hydriert werden.

Seto und *Ozaki* [775] hydrierten Sojabohnenöl. Linolen- und Linolsäure werden zu Öl- und Iso-Ölsäure hydriert. *Bogdandp* [823] hydrierte Olivenöl, m-Kresol, Chinolin (zu Di-Hydrochinolin), Nitrobenzol, Zimtaldehyd, Zimtsäureäthylester.

Die hydrierenden Wirkungen verlaufen jedoch allgemein nicht ohne Nebenreaktionen, wie sie bereits bei den gasförmigen Kohlenwasserstoffen (§ 91) besprochen wurden. Insbesondere wurde von vielen Seiten neben der Hydrierung stets eine Polymerisation beobachtet. Das stellten u. a. *Watermann* und *Bertram* [442, 443], vor allem aber *Nagel* und *Tiedemann* [680], letztere in einer glänzenden Experimentaluntersuchung fest. Bei der Behandlung der Ölsäure mit atomarem Wasserstoff zeigte es sich, daß auf ein Teil gebildete Stearinsäure stets zwei Teile polymere Substanzen gebildet wurden. *Nagel* und *Tiedemann* konnten auch die Polymerisierung des Phtalsäurediäthylesters durch atomaren Wasserstoff nachweisen.

§ 93. Bewirkung von Chemiluminescenz durch atomaren Wasserstoff

Manche Reaktionen des atomaren Wasserstoffes außerhalb der Entladungen konnten durch Untersuchung der Chemiluminescenz aufgeklärt werden. Die Chemiluminescenz besteht darin, daß während des Ablaufens chemischer Reaktionen die Emission von Lichtwellen (auch ultravioletter sowie ultraroter Strahlen) erfolgen kann.

Bei der Behandlung der Kohlenwasserstoffe mit atomarem Wasserstoff werden stets das CH- und das C_2-Spektrum emittiert. Daraus konnte z. B. geschlossen werden, daß bei der Einwirkung auf alle höheren Kohlenwasserstoffe Reaktionen stattfinden, die auf eine Zersprengung der Kohlenstoffketten und auf Bildung wasserstoffärmerer Verbindungen hinauslaufen. Solche Reaktionen (Dehydrierung, Krakkung) konnten tatsächlich beobachtet werden, wie wir in den §§ 91, 92 gesehen haben. Chemiluminescenz kann auch auftreten, wenn im Endeffekt nur eine Rekombination des atomaren zu molekularem Wasserstoff stattfindet, wie es etwa bei der Einwirkung von atomarem Wasserstoff auf Acetylen bei Normaltemperatur beobachtet werden konnte [226].

Auch beim Zusammentreffen mit Wasserdampf kommt es zur Chemiluminescenz und zwar wird die im Ultraviolett liegende Strahlung von 3064 $\overset{\circ}{A}$ Wellenlänge ausgesandt. [231, 232, 233]. Auch Energiespeicherwirkungen können festgestellt werden. So kann durch atomaren Wasserstoff die Resonanzlinie 2537 $\overset{\circ}{A}$ des Quecksilbers angeregt werden, obwohl die Rekombinationsenergie von 4,34 V (nach anderen Autoren von 4,445 V) nach dem Energieprinzip nicht ausreichen dürfte, um die für die Resonanzlinie entsprechende Energie von 4,9 V zu liefern. Erklärbar wird die Erscheinung durch die Annahme des folgenden Reaktionsverlaufes:

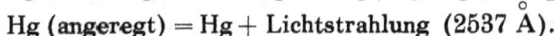

$$Hg + H = HgH; \quad H + HgH = Hg(\text{angeregt}) + H_2$$

$$Hg\,(\text{angeregt}) = Hg + \text{Lichtstrahlung (2537 } \overset{\circ}{A}).$$

Über das Hydrid findet also eine Speicherwirkung statt. (Man vergleiche damit die in der Fußnote [1]) des § 88 erwähnten sensibilisierten Lichtreaktionen zwecks Erzeugung des atomaren Wasserstoffes).

§ 94. Polarisierbarkeit des atomaren Wasserstoffes

Die Wasserstoffatome können nach *Scheffers* [944, 946] sowie *Scheffers* und *Starck* [945] in elektrischen Feldern polarisiert werden.

b) Chemisches Verhalten des Wasserstoffes in der Entladung

§ 95. Neben dem atomaren Wasserstoff innerhalb der Entladungen auftretende Formen

Außer der atomaren Form treten in Entladungen auch noch andere durch höhere Energien ausgezeichnete Zustände des Wasserstoffes auf. Neben angeregten Molekülen und Atomen findet man noch Molekül- sowie Atomionen. Ihre Konzentration ist zwar im Mittel im Vergleich zu derjenigen des atomaren Wasserstoffes infolge der geringeren Lebensdauer nur klein, doch ist es nicht von der Hand zu weisen, daß auch sie Anlaß zu chemischen Verbindungen geben können. Aus den massenspektroskopischen Untersuchungen ließen sich z. B. Verbindungen erkennen, die sonst im freien ladungslosen Zustand nicht bekannt sind. Dazu gehören insbesondere Verbindungen der Edelgase mit Wasserstoff[1]) und ganz allgemein Verbindungen mit drei-, ja vereinzelt sogar vieratomigem Wasserstoff.[2]) [237, 239, 210, 212, 261, 244, 262, 260, 263].

Die Reaktionsfähigkeit des Wasserstoffes in der Entladung ist anscheinend größer als die des atomaren Wasserstoffes außerhalb der Entladung. In vielen Fällen dürfte dies auf die gleichzeitig in der Entladung stattfindende Aktivierung von Reaktionspartnern zurückzuführen sein.

§ 96. Wasserstoff und Gruppe I des periodischen Systems

In der Wasserstoffglimmentladung bildet sich auf einer Natriumkathode das entsprechende Hydrid, ebenso verhalten sich Kalium sowie Legierungen der beiden Metalle [306]. Zu ähnlichen Ergebnissen gelangte man in der elektrodenlosen Induktionsentladung (§ 10). [316]. In der unselbständigen Entladung mit Glühkathode gibt Kaliumdampf mit Wasserstoff ab 12 Volt ein Hydrid. Sobald die Ionisierungsspannung des Wasserstoffes (15,9 V) erreicht ist, geht die Reaktionsgeschwindigkeit sprunghaft in die Höhe [307]. Natrium-, Kalium- sowie Lithiumoxyd werden, wenn sie als heiße Anode in Wasserstoffentladungen eingebracht werden, zu den Metallen reduziert [99]. Das Metall bildet sich dabei auch auf den festen Anoden aus (Zum Unterschied von der Bildung der Metallionen bei den Anodenstrahlen. s. § 13). Kaliumchlorat kann in der *Sie-*

---

[1]) So wurden gefunden: HeH^+, HeH_2^+, NeH^+, NeH_2^+, ArH^+, HeD^+.

[2]) In diesem Zusammenhang sei daran erinnert, daß man neuerdings erkannt hat, daß der Wasserstoff vielfach nicht rein einwertig auftritt. Man denke nur an die experimentell sichergestellten Wasserstoffbrücken.

mens-Röhre reduziert werden [308]. Die Karbonate, Halogenide, Nitrate, Sulfate sowie Sulfide und auch die Oxyde des Na und K werden in der Wasserstoffgasentladung in einigen sec. reduziert, diejenigen von Li und Rb etwas schwerer [309, 156, 158, 312]. *Mpamoto* hat ebenfalls eine Reihe von Reduktionen beobachtet, darunter K_2SO_3 zu KOH, H_2S; $KClO_4$ zu KCl, H_2O; NaSCN zu Na_2S, H_2S, HCN; KCN erlitt keine Veränderung [310]; dagegen ging KCNS in der Wasserstoffentladung in HCN, H_2S und K_2S über [311]. Weitere Arbeiten: Über die Reduktion von Aluminium- und Lithiumnitrat [313]. $SiClO_3$ zu SiCl; $NaBrO_3$ zu NaBr; Na_2SeO_4 zu Na_2SeO_3, Se [314]; $K_2S_2O_8 + 6H_2O$ zu K_2SO_4, H_2S, $4H_2O$; $K_2S_2O_8$ zu K_2SO_4; $NaClO_3$ zu NaCl, H_2O; $K_2Cr_2O_7$ zu KOH, Cr_2O_3, H_2O [315]; Kaliumarsenat und Kaliumarsenit zu Kalium und Arsen [341]; Kaliumferricyanid zu Kaliumferrocyanid [156].

Die Oxyde des Kupfers, wie Cu_2O sowie CuO werden verhältnismäßig langsam zu CuO bzw. Cu reduziert, wenn sie als Elektroden in Wasserstoffentladungen gebraucht werden [114]. Kupferchlorid wird ebenfalls, wenn auch nur teilweise, reduziert [156] Silberchlorid wird zu Silber reduziert [308, 341], ebenso Silberbromid und Silberjodid [41]. Silbernitrat gibt Silbernitrit und metallisches Silber [156]. *Nagoaka* und *Mishima* [309] haben Silber- und Kupfer-Halogenide, -Karbonate, -Nitrate, -Sulfate, -Sulfide und -Oxyde in wenigen Sekunden reduzieren können und zwar im Endergebnis zum Metall. *Mpamoto* [310] hat AgCn zu Ag und HCN umgesetzt.

§ 97. Wasserstoff und Gruppe II des periodischen Systems

Schumb und *Hunt* [316] glauben die Reduktion von Calciumoxyd in der elektrodenlosen Induktionsentladung beobachtet zu haben. Dagegen konnten *Nagoaka* und *Mishima* [309] in der stromschwachen Glimmentladung und bei stabilisierter *Townsend*-Entladung bei 0,01 Torr keine Reduktion des Calciumkarbonates und der Carbonate des Mg und Ba erreichen [309]. *Mpamoto* [311] hat aus Ba $(ClO_3)_2$ mit Hilfe der stromschwachen Wasserstoffentladung BaCl und H_2O erhalten. BaS wird zu Ba reduziert [315], Bariumsulfat zu BaS [157]. *Mpamoto* [157] gelang auch die Reduktion des Strontiumsulfat zum Sulfid. Bariumchlorat kann in der Wasserstoffentladung in Bariumchlorid übergeführt werden [311]. Berylliumnitrat geht in das Hydrid und teilweise in das Nitrit über [313].

Kadmiumbromid kann zum Metall reduziert werden [310]. HgO wird, wenn es als Elektrode in leuchtenden Wasserstoffentladungen verwendet wird, zum metallischen Quecksilber reduziert [114, 341]. Merkurisulfozyanid wird zum Metall reduziert [321]. Wenn sich metallisches Quecksilber in Form einer dünnen Haut auf Kohle befindet, so entsteht vorübergehend HgH_3 [317]. $HgCl_2$ wird in Wasserstoffentladungen zu HgCl und Hg reduziert [156]. Analog verläuft die Bildung von HgJ und Hg aus HgJ_2 [341]. Zink- sowie

Kadmium-Halogenide, -Karbonate, -Nitrate, -Sulfate, -Sulfide und -Oxyde lassen sich reduzieren, teilweise bis zum Metall. [158, 309, 312, 318].

§ 98. *Wasserstoff und Gruppe III des periodischen Systems*

In der *Siemens*-Röhre wird BCl_3 zu B reduziert [319]. Al_2O_3 wird unter den gleichen Umständen nicht reduziert [114]. Wohl aber wird Aluminiumnitrat reduziert. Aus dem NO_3-Ion wird dabei NO_2 [313]. Der Vorgang soll auch zur Bildung von Al_2O_3 weiterlaufen können. Die Halogenide, Nitrate, Sulfate des Aluminiums sollen sich teilweise zu Hydroxyden, bzw. Nitriden, Oxyden und Sulfiden umwandeln lassen [157, 309].

Thalliumnitrat gibt teilweise metallisches Thallium [847].

§ 99. *Wasserstoff und Gruppe IV des periodischen Systems*

Titantetrachlorid und Wasserstoff geben in der *Siemens*-Röhre HCl und ein braunes sowie ein blaues Titantrichlorid [320]. Titansulfat geht ins Sulfid über. Zirkonverbindungen sollen dagegen stabil bleiben [309]. Thoriumnitrat wird in der Wasserstoffentladung zu Thoriumhydroxyd reduziert [315].

Mit dem Kohlenstoff geht Wasserstoff eine Reihe von Verbindungen ein, von denen hier nur die einfachsten erwähnt sein mögen. Die anderen werden bei der Organischen Entladungschemie behandelt. Nach *Nagoaka* und *Mishima* [309] wird Lampenruß sofort zu CH_4 und geringen Mengen C_2H_6 hydriert, wenn er als Belegung einer Elektrode in Wasserstoffentladungen dient. Versuche mit Graphitelektroden mißlangen jedoch. Auch *Güntherschulze* [88] beobachtete Hydrierung von Kohlenstoff zu Kohlenwasserstoffen, wenn er als Kathode geschaltet war.

Brennt in einer Mischung von CO_2 und Wasserstoff eine Glimmentladung, so kann neben elementarem Kohlenstoff und Wasser eine dickflüssige, Ameisensäure und höhere Kohlenwasserstoffe enthaltende Substanz entstehen [322]. Losanitsch [323] erhielt aus CO_2 und Wasserstoff in der Hauptsache Ameisensäure. *Berthelot* [325] konnte aus den gleichen Ausgangsstoffen bei 24stündiger Behandlung im abgeschlossenen System eine sehr zähflüssige Masse erhalten, deren genaue Analyse jedoch fehlt. Interessant ist, daß *Luni* [324] mit Hilfe einer mittels Quarzschichten stabilisierten Hochfrequenzentladung aus CO_2 und Wasserstoff nur CO und Wasser und keine Anteile anderer insbesondere höhermolekularer Stoffe erhalten konnte. Aus CO und Wasserstoff bilden sich nach *Berthelot* [325] teilweise wasserlösliche feste Körper. Auf Grund weiterer Versuche wurden folgende schematische Reaktionen aufgestellt: $CO + H_2 = HCOH$; HCOH geht über in CH_2 CHCHO und dieses polymerisiert in der Entladung zu $(CH_2$ OH $CHO)_n$ [326, 327].

Elementares Silicium wurde bisher noch nicht in der Entladung mit Wasserstoff behandelt. Wirkt Wasserstoff auf Quarz oder

Quarz enthaltende Verbindungen oder Gemische (Gläser) ein, so bildet sich, wie bei der Einwirkung des atomaren Wasserstoff (s. § 92) bereits erwähnt, SiH_4 oder Si_2H_6. Diese Silane erleiden im allgemeinen in der Entladung wieder eine Zerlegung in Silicium und Wasserstoff [325]. Nur bei Anwendung stromdichteschwacher Entladungen erscheinen Polymere der Silane, insbesondere bei gleichzeitiger Anwesenheit von Sauerstoff. Dabei bilden sich neben komplizierter aufgebauten Verbindungen unter Umständen auch SiO_2 und SiO. Letzteres ist aber nicht beständig.

Zinnchlorid wird meist nur bis zum Stannochlorid reduziert [156, 341]. Zinnsulfat gibt Zinnsulfid [341].

Metallisches Blei bildet in der Entladung mit Wasserstoff ein Bleihydrid [318, 340]. Die Oxyde des Bleis werden reduziert. Aus PbO entsteht metallisches Blei [314, 309, 341]. Bei der Reduktion von Blei-Stickstoffverbindungen wird das NO_3-Ion zu NO_2, N_2O_3, ja bis zur NH_3-Stufe reduziert [313]. Als Endprodukt kann auch metallisches Blei in Erscheinung treten [309]. Ebenfalls reduziert werden, wenn auch nicht immer vollständig, die Halogenide, Karbonate, Sulfate und Sulfide des Blei [309, 341].

§ 100. Wasserstoff und Gruppe V des periodischen Systems

Keinerlei reduzierende Wirkung der Wasserstoffentladungen konnte auf Vanadinverbindungen erzielt werden [309].

Die Beziehungen des Wasserstoffs zum Stickstoff werden später behandelt (s. § 115).

Phosphor gibt in der Wasserstoffentladung leicht Phosphorwasserstoff. So bindet eine mit Phosphor bedeckte Kathode sehr schnell Wasserstoff [365]. Ähnliche Versuche in der Glimmentladung ergaben feste Verbindungen zwischen Wasserstoff und Phosphor, wenn der Phosphor in der Dampfform reagieren konnte [366]. Den gasförmigen Phosphorwasserstoff erhielten *Smits* und *Aten* [349] in der *Siemens*-Röhre, gleichzeitig beobachteten sie den umgekehrten Vorgang der Zersetzung zu Wasserstoff und Phosphor.

Berthelot fand, daß sich PH_3 je nach der verwendeten Entladungsart verschieden verhielt. In der *Siemens*-Röhre erhielt er folgende Reaktionen: $2PH_3 = P_2H_2 + 2H_2$ [74, 367], dagegen wurde dieser Körper im Funken vollkommen zu Wasserstoff und teils zu weißem, teils zu rotem Phosphor zersetzt. *P.* und *A. Thenard* [368] erhielten in der *Siemens*-Röhre ähnlich wie *Berthelot* eine unvollständige Zersetzung, während *Buff* und *Hoffmann* [370, 369] wiederum in der heißen Entladungsform, im Bogen, vollständige Zersetzung beobachten konnten.

Arsen verbindet sich in der *Siemens*-Röhre mit Wasserstoff leicht zu AsH [88, 241, 341]. Auch As_2O_3 wird bis zu diesem Stoff umgewandelt [156]. Bei Funkentladungen tritt die Zersetzung in den Vordergrund [14]. Arsenpentoxyd wird in der *Siemens*-Röhre zu Arsentrioxyd, Arsenwasserstoff und Wasser reduziert [156].

Die Einwirkung von Glimmentladungen auf Arsenchlorid soll zur Bildung einer sehr chlorarmen Arsen-Chlor-Verbindung, etwa entsprechend einer Zusammensetzung $As_{11}Cl$, führen [319].

Arsentrioxyd hat *De Hemptinne* [308, 309] langsam in der stromschwachen Wasserstoffentladung reduzieren können. AsS_3 wird zu AsH_3, H_2S und As reduziert. (Arsentrisulfid gibt H_2S sowie As und AsH_3 [156]). Antimonwasserstoff bildet und zersetzt sich in der Entladung, ähnlich wie Arsenwasserstoff [156, 88, 341]. Antimonchlorid wird teilweise zu Antimon reduziert, ebenso verhalten sich Antimontrioxyd, Antimonsäure und Antimontrisulfid [341]. Wismut verbindet sich in der Entladung mit Wasserstoff zum Hydrid [88]. Verschiedene Salze des Wismut hat *Mpamoto* [313, 318] in der Wasserstoffentladung behandelt und bis zum Hydrid verwandelt.

§ 101. Wasserstoff und Gruppe VI des periodischen Systems

Chromsulfat wird zum Sulfid in der Entladung reduziert [157]. $K_2Cr_2O_7$ wird in der Wasserstoffentladung zu KOH, Cr_2O_3 und Wasser umgesetzt. Das Cr_2O_3 wird jedoch nicht mehr weiter reduziert [315]. *Nagoaka* [309] hat Halogenide, Karbonate, Nitrate und Sulfide des Chrom mit Wasserstoff in der Entladung teilweise reduzieren können.

Molybdän- sowie Uransalze verhalten sich in der Wasserstoffentladung wenig aktiv. Ihre Reduktion erfolgt teils nur sehr langsam, in vielen Fällen unterbleibt sie völlig [309].

Die Reaktionen des Wasserstoffs mit Sauerstoff werden später (§§ 130, 131) behandelt.

. Schwefel verbindet sich dampfförmig oder gepulvert in der Wasserstoffentladung zu H_2S [846, 156]. Der umgekehrte Vorgang findet dabei gleichzeitig statt [349, 418]. Um das Gleichgewicht zwischen beiden Vorgängen zu untersuchen, setzten *Schwarz* u. *Kunzer* [414] Schwefelwasserstoff den Entladungen in einer *Siemens*-Röhre bei variabler Temperatur aus. Dabei waren den höheren Temperaturen die Vereinigungserscheinungen zugeordnet und umgekehrt. *Schwarz* und *Kunzer* führen die verstärkte Vereinigung bei höheren Temperaturen auf eine erhöhte Aktivität des Schwefeldampfes zurück. Aus Versuchen von *Schwarz* und *Schenk* [415] geht hervor, daß tatsächlich dem Zustand des Schwefels bei solchen Prozessen eine große Bedeutung zukommt. Hiebei wurde Schwefeldampf im Argonstrom durch die *Siemens*-Röhre getragen und somit der Einwirkung der Entladung ausgesetzt. Durch Mischung des Schwefel enthaltenden Argondampfes mit Wasserstoff konnte auch außerhalb der Entladung Schwefelwasserstoff erhalten werden. Dabei dürfte der Schwefel in einer aktiven polymeren Form wirksam sein. Tatsächlich ließ sich in der reinen Schwefelentladung ein Polymer von der Form S_3 (also ein trimerer Schwefel) feststellen. *Schwarz* und *Ropen* (416) arbeiteten mit Schwefeldampf von $460^0 C$ und verwendeten die elektrodenlose Induktionsentladung (vergl. § 10).

Den Zersetzungsvorgang des Schwefelwasserstoffes in der *Siemens*-Röhre untersuchte *Kolodkina* [417] näher und fand, daß dabei vorübergehend ein Poly-Schwefelwasserstoff entsteht, der an den Wänden in seine Bestandteile zerfällt.

Berthelot machte ähnliche Untersuchungen im Funken und fand sofortige Zersetzung [418].

Selen verhält sich im wesentlichen ähnlich wie Schwefel. Selenwasserstoff wird in der *Siemens*-Röhre zersetzt [418]. Auch die Synthese des Selenwasserstoffes in der *Siemens*-Röhre aus den Elementen wurde beobachtet [419].

Tellur bildet als Kathode geschaltet nach *Güntherschulze* [88] ein Hydrid. Nach *Nagoaka* und *Mishima* [309] lassen sich in der Wasserstoffentladung die Halogenide, Karbonate, Nitrate, Sulfate, Sulfide sowie Oxyde des Tellurs reduzieren.

§ 102. Wasserstoff und Gruppe VII des periodischen Systems

Eine Reihe von Manganverbindungen haben *Nagoaka* und *Mishima* [309] in der Wasserstoffentladung behandelt, ohne jedoch eine Veränderung feststellen zu können. Andererseits glaubt *Mpamoto* [312] Mangannitrat bis zum Hydroxyd in der Wasserstoffentladung reduziert zu haben. *De Hemptinne* [114, 308] konnte den Angriff einiger Manganverbindungen (auch Oxyde) in der Wasserstoffglimmentladung beobachten. Uranverbindungen ließen sich bisher nicht reduzieren [309]. Die Beziehungen des Wasserstoffes zu den Halogenen innerhalb von Entladungen werden gesondert besprochen. (§ 142).

§ 103. Wasserstoff und Gruppe VIII des periodischen Systems

Von den Oxyden des Eisens wird nur der Magnetit (Fe_3O_4) durch den Wasserstoff in kalten elektrischen Entladungen reduziert [114, 308]. Die Halogenide des Eisens sowie die Karbonate, Sulfate und Sulfide werden bei intensiver Berührung mit Wasserstoff innerhalb der Entladung, allerdings nicht immer bis zum Metall, reduziert [309, 318, 156, 158].

Die Kobaltverbindungen können teilweise reduziert werden [309]. Kobaltnitrat wird zu Nitrit, Hydroxyd sowie metallischem Kobalt reduziert. Kobaltsulfat wird zum Sulfid verwandelt [158, 312]. Kobaltsulfid wird im *Siemens*-Rohr teilweise, Kobaltchlorid völlig zu Kobalt reduziert [318].

Nach *De Hemptinne* [114, 308] erleidet NiO in der Wasserstoffentladung keinerlei Reduktion. *Nagoaka* und *Mishima* [309] haben dagegen Nickeloxyde, -Nitrate, -Sulfate, -Halogenide, -Karbonate innerhalb weniger Sekunden reduzieren können. Auch *Mpamoto* [318] untersuchte die Einwirkung des Wasserstoffes auf Nickelsalze in Entladungen. Danach gibt Nickelchlorid metallisches Nickel, Nickelsulfat geht in Nickelsulfid und Nickelnitrat in Nitrit, Hydroxyd und metallisches Nickel über. Palladium verbindet sich mit Wasserstoff in der Entladung zu Palladiumwasserstoff [437].

Osmiumsäure wird in der Wasserstoffentladung sogleich zu Osmium, das als feinster Rauch frei wird, reduziert.

Damianovich und Mitarbeiter [330, 338] versuchten ohne Erfolg echte Platin-Wasserstoffverbindungen zu erzielen.

III. Entladungschemisches Verhalten des Stickstoffes

a) Aktiver Stickstoff

§ 104. Nachleuchten des aktiven Stickstoffes

Ähnlich wie Wasserstoff vermag auch Stickstoff außerhalb bzw. nach Verlöschen elektrischer Stickstoffentladungen Reaktionen einzugehen, die mit Hilfe der gewöhnlichen molekularen Form unter Normalbedingungen nicht zu erzielen sind. Der aktive Stickstoff ist vor dem aktiven Wasserstoff vor allem durch die fast stets beobachtete Erscheinung des Nachleuchtens ausgezeichnet.[1])

Diese Erscheinung besteht darin, daß gasförmiger Stickstoff, nachdem er einer elektrischen Entladung ausgesetzt war, auch dann noch leuchtet (nachleuchtet), wenn er der unmittelbaren Entladungseinwirkung entzogen ist.

Bei Anwendung einer Strömung kann nach dem Verlassen der Entladungsanordnung oft noch meterweit in den Rohrleitungen das Nachleuchten (ohne Zutritt weiterer Substanzen) beobachtet werden. Im ruhenden Gase kann nach Unterbrechung der Entladung unter günstigen Bedingungen das Nachleuchten (kurz als NL bezeichnet) noch stundenlang, bis zu 6 Stunden beobachtet werden *(Lord Raleigh* [499]). *Kneser* [450] hat eine exakte photometrische Vermessung des charakteristisch gelben NL vorgenommen.

Weil das NL nicht immer bei der durch besondere chemische Aktivität ausgezeichneten Form des aktiven Stickstoffes auftreten muß, ist es nach *Kneser* [458] nur ein unzureichendes Kriterium für diesen Zustand.

§ 105. Erzeugung der aktiven Modifikation des Stickstoffes durch Ladungsträgerstöße bekannter Geschwindigkeit

Wie beim Wasserstoff zeigt sich auch bei der Erzeugung der aktiven Form des Stickstoffes durch Elektronenstoß, daß die bei der elektrischen Aktivierung benötigte Spannung über dem aus der thermischen Dissoziationsenergie berechenbaren Werte liegt. Aus der thermischen Dissoziation läßt sich ein Wert der je nach Autor zwischen 7,4 Volt [986] und 8,5 Volt [445] liegt, ermitteln. Aber erst bei ungefähr dem doppelten Betrage von 17,6 Volt konnte *Hughes* [179] die Dissoziation in Atome beobachten. *Kentp* und *Turner*

---

[1]) Später wird in den §§ 109, 110 gezeigt werden, daß gelegentlich auch eine nicht nachleuchtende aktive Form des Stickstoffes auftritt.

[446] erhielten schon bei etwa 11 V eine chemisch aktive Form, doch ist es nicht sicher, ob es sich dabei um atomaren Stickstoff handelte.

Da die Ionisierungsspannung des Stickstoffmoleküles bei etwa 15 Volt liegt, (vgl. Tabelle **10** sowie *Landolt-Börnstein-Roth-Scheel* [444]) könnte die Atombildung auch über die Molekülionenbildung mit darauf folgenden Stößen an dritte Körper (Wand) erfolgen.

Auch durch Ionen bekannter Masse und Geschwindigkeit (z. B. Alkaliionen) wurde Stickstoff in eine aktive Form übergeführt [359].

§ 106. Erzeugung aktiven Stickstoffes in normalen Gasentladungen

Normalerweise ist die in gewöhnlichen Glimmentladungen oder auch in *Siemens*-Röhren-Entladungen zu erzielende Konzentration an aktivem Stickstoff recht gering. Das NL ist dann nur schwach ausgeprägt.

Gleichspannungsentladungen geben dabei meist weniger aktiven Stickstoff als Wechselspannungsentladungen. *König* und *Elöd* [462] konnten jedoch auch mittels Gleichspannungsentladungen bei sorgfältigem Fernhalten von Quecksilberdämpfen aktiven Stickstoff erhalten. Durch sorgfältige Entgiftung der Wände konnten *Kaplan* [500], sowie *Jones* und *Grubb* [501] ein verhältnismäßig starkes NL auch in gewöhnlicher nicht kondensierter Entladung erhalten.

Zenghelis und *Evangelides* [621] konnten in einer NO-Entladung neben der Bildung von N_2, O_2, O_3 und höheren Stickoxyden auch die Anwesenheit von aktivem Stickstoff feststellen.

§ 107. Erzeugung des aktiven Stickstoffes in besonderen Entladungsformen

Die höchsten Ausbeuten an aktivem Stickstoff konnten in kondensierten Entladungen (s. § 12) erreicht werden. Nach *Wrede* [441] sind dabei wenige starke Stromstöße wirksamer als viele insgesamt dieselbe Elektrizitätsmenge tragende schwache Stöße. Der Druck wird zweckmäßig in der Gegend von einem Torr gehalten.

Außerdem hat sich auch die elektrodenlose Induktionsentladung mit einem Sekundärkreis (§ 10), bei der die Wandeinflüsse klein sind, zur Erzeugung von aktivem Stickstoff bewährt.

Zur Bildung des aktiven Stickstoffes ist die Beimengung geringer Fremdgasanteile notwendig [461]. Es gibt eine ganze Reihe fördernder Hilfsgase, die bei zu großer Konzentration jedoch das Gegenteil bewirken. Spuren unter 0,5 % sind am wirksamsten. Nach *Pirani* und *Lax* [502] wirken insbesondere die stark elektronegativen Gase günstig. *Kneser* [458] hat die Hilfsgase in folgender nach abnehmender Wirksamkeit geordneten Reihe zusammengestellt:

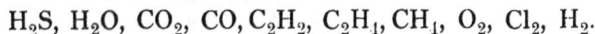

$$H_2S, H_2O, CO_2, CO, C_2H_2, C_2H_4, CH_4, O_2, Cl_2, H_2.$$

§ 108. Über die Natur des aktiven Stickstoffes
(1. Metastabile Moleküle)

Im Laufe der Entwicklung sind verschiedene Auffassungen über die Natur des aktiven Stickstoffes vorgetragen worden. Keine derselben vermag jedoch alle Erscheinungen des aktiven Stickstoffes befriedigend zu erklären.

Nach *Saha* und *Sur* [459] und *Birge* [460] sind die aktiven Bestandteile metastabile Stickstoffmoleküle. Die zur Versetzung der Moleküle in diesen längere Zeit bestehenden angeregten Zustand erforderliche Spannung (Energie) beträgt nach *Birge* [460] etwa 11,4 V und nach *Saha* und *Sur* etwa 8 V. Das NL käme durch Zusammenstöße mit neutralen Molekülen zustande, wobei die Anregungsenergie frei würde und zur Lichtemission führte.

Da bekanntlich die Lebensdauer metastabiler Moleküle, das heißt ihre Verweilzeit in angeregtem Zustand, höchstens einige Zehntel sec. betragen kann und ein 100 bis 10000faches dieser Zeit das NL leicht beobachtet werden kann, müssen wir schon aus diesem Grunde die reine Molekülauffassung ablehnen. Weiter sprechen dagegen die Messungen der Intensität des Nachleuchtens als Funktion der Zeit (Abklingen des NL). Nach *Kneser* [458] ergibt sich nämlich theoretisch unter der Annahme, daß jeweils zwei aktive Teilchen mit einem Molekül zusammenstoßen und dabei ihre Energie unter Lichtemission einbüßen, eine Abhängigkeit der Nachleucht-intensität J, die gemäß $1/J^{\frac{1}{2}}$ gleich einer Konstanten mal der Zeit verläuft, sofern die Wandentaktivierung durch geeignete Behandlung ausgeschlossen ist. Die Mehrzahl der Messungen [450, 465, 466] ergaben einen dieser Formulierung entsprechenden Verlauf, so daß die folgend behandelte Atomhypothese, deren Hauptstütze die Entaktivierung durch den Dreierstoß darstellt, recht viel Wahrscheinlichkeit für sich hat.

§ 109. Über die Natur des aktiven Stickstoffes
(2. Atomauffassung)

Lewis [467] hat 1903 vermutet, daß im aktiven Stickstoff Atome vorhanden seien und diese seine besondere Natur ausmachten. Da aber die Molekülbildung infolge von Zusammenstößen zweier Atome, die mit der Emission der Anregungsenergie verbunden sein müßte, sehr unwahrscheinlich ist [469], entstanden gewisse Schwierigkeiten. *Strutt* (später = *Lord Raleigh*) [468] erkannte ebenfalls schon frühzeitig Schwierigkeiten der Atomauffassung, die naturgemäß noch nicht mit quantenhaften Vorstellungen verknüpft waren.

Sponer [470] brachte 1925 neben einer Auffrischung der Atomanschauung auch die bereits im vorhergehenden § 109 genannte Dreierstoßhypothese für die Wiedervereinigung vor. Damit ließ sich die lange Nachleuchtdauer, abgesehen von dem genauen Verlauf des Abklingens des NL, rein qualitativ durch die Seltenheit von Dreierstößen bei niedrigem Druck erklären.

Es lassen sich eine Reihe von Versuchsergebnissen, die für die reine Atomauffassung sprechen, angeben. So beobachtete *Wrede* [441] eine Druckverminderung während des NL. Für die Atomauffassung spricht auch die wie beim atomaren Wasserstoff sehr veränderliche katalytische Wirkung der Wände. Das von *Kneser* [450] gefundene Aufhellen des NL bei Vermehrung der Dreierstoßmöglichkeit, z. B. durch plötzlich zugeführte Fremdgase, dürfte ebenfalls für das Vorhandensein von Atomen sprechen. Darüber hinaus ist der lichtspektroskopische Nachweis der Atome in kondensierten Entladungen durch Auffinden der roten und ultraroten Atomlinien in großer Intensität, erbracht worden [427]. In der gleichen Richtung liegen spektroskopische Beobachtungen in Glimmentladungen mit Stickstoff-Helium-Gemischen [472], sowie solche an Stickstoff-Kanalstrahlen [473].

Im aktiven Stickstoff außerhalb der erzeugenden Entladung wurden mittels Anregung durch schwache elektrodenlose Entladungen die den Atomen zugehörigen Funkenlinien des Stickstoffes nachgewiesen [440]. In Kanalstrahlen kann übrigens auch massenspektroskopisch der Nachweis für das Vorhandensein der Atome erbracht werden [39, 136, 239, 250, 253, 246, 257, 474, 475, 476, 477, 478, 479].

Den am meisten überzeugenden Nachweis für das Vorhandensein von Atomen im aktiven Stickstoff lieferte *Wrede* [441] mittels der bereits für atomaren Wasserstoff (§ 89) erläuterten Druckdifferenzmethode.

In normalen Glimmentladungen erhielt *Wrede* nur 2% Atome. In kondensierten Entladungen (§ 12) konnte er mittels der von ihm angewandten Meßmethode bis zu 40 % Atome feststellen.[1])

Neben den soeben erwähnten durchaus für die Atomauffassung sprechenden Untersuchungsergebnissen gibt es aber auch unbestreitbare Beobachtungen, die noch eine Modifikation der Atomauffassung erheischen.

So hat *Willey* [480] in einer Reihe von Untersuchungen zeigen können, daß die der Atomauffassung zugeschriebene Erscheinung des Nachleuchtens nicht immer vorhanden sein muß, wenn chemische Aktivität des Stickstoffes beobachtet wird. *Willey* konnte das NL mittels einer stromschwachen Hilfsentladung zum Verschwinden bringen und konnte hierauf eine noch unverminderte chemische Reaktionsfähigkeit des so behandelten Gases gegenüber NO beobachten. Außerdem konnte er auch nach vermittels Erhitzung erfolgten Auslöschen des Nachleuchtens die chemische Aktivität nachweisen. Ebenso konnte er Eisennitrid im Stickstoffbogen zwischen Eisenelektroden erzielen, ohne daß auch nur das kürzeste NL zu entdecken war [481]. In einer weiteren Untersuchung zeigte *Willey*

---

[1]) Die N₃-Hypothese [493] kann heute wohl als überholt bezeichnet werden.

[482], daß reinster Stickstoff, der bekanntlich nicht zum NL angeregt werden kann, auch dann keine chemische Aktivität zeigte, wenn
er durch eine sonst anregende Entladung geschickt wurde, im Gegensatz zu unreinem Stickstoff, der in allen Fällen mit Ausnahme
der Reaktion mit Wasserstoff chemische Aktivität nach dem Durchgang durch die Entladung zeigt, unabhängig davon, ob er wie üblich
nachleuchtet, oder ob das NL unterdrückt wurde [483].

Strutt (= Lord Raleigh) [484] stellte fest, daß Phosphordampf
erst dann mit aktivem Stickstoff unter Luminescenz reagiert, wenn
das Nachleuchten völlig verschwunden ist. Kneser [485] fand ähn-
licherweise, daß Phosphordampf von aktiviertem, aber nicht mehr
leuchtendem Stickstoff zur Luminescenz angeregt wird.

§ 110. Über die Natur des aktiven Stickstoffes
(3. Kombinierte Auffassung)

Cario und Kaplan [486] stellten eine Hypothese auf, die dank
ihres ins einzelne gehenden Aufbaues fast die gesamten bekannten
Versuche über den aktiven Stickstoff in sich einordnen läßt. Nach
ihr sind die eigentlichen aktiven Teilchen nach wie vor Atome, deren
Entaktivierung (Wiedervereinigung unter Energieabgabe) in zwei
aufeinanderfolgenden Vorgängen abläuft. Einmal reagieren die
Atome im Sponerschen Sinne, also im Dreierstoß mit einem neutralen Molekül, das durch diesen Vorgang nun aber in einen metastabilen Zustand von 8 Elektronenvolt Energie gehoben wird. Außerdem werden metastabile Atome von 3,7 oder 3,55 eV Energie gebildet [487], die bei weiteren darauf folgenden Stößen ihre Energie
an das metastabil gewordene Molekül abgeben, gemäß der Gleichung:

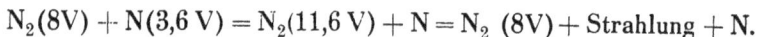

$$N_2(8V) + N(3,6 V) = N_2(11,6 V) + N = N_2 (8V) + Strahlung + N.$$

Wird die Schwingungsenergie der metastabilen Moleküle durch
Erhitzen vergrößert, so sollen diese unter Emission ultravioletter
Banden in den Normalzustand zurückkehren, wodurch der zweite
Prozeß verhindert würde. Ein NL kann dann nicht mehr auftreten,
wohl wird aber noch die chemische Wirkung infolge der beim ersten
Prozeß frei werdenden Dissoziationsarbeit ausgelöst werden. Auch
reicht die Energie der dunklen Modifikation noch aus, um die Na-
trium-D-Linie anzuregen.

Die solcher Art von Cario und Kaplan geforderten metastabilen
Atome glauben Jackson [488] sowie Jackson und Broadway [489]
durch Experimente nachgewiesen zu haben.[1])

Eine von der Cario-Kaplanschen Auffassung abweichende Hypothese stellten Okubo und Hamada [490, 491, 492] auf. Sie nehmen
u. a. an, daß der aktive Stickstoff sowohl in der nachleuchtenden
als auch in der dunklen Modifikation dieselbe Energie besäße. Die
Beweise dafür erscheinen aber vorläufig noch unzureichend. Aus

---

[1]) U. a. durch ein Stern-Gerlach-Experiment.

ihren experimentellen Befunden, daß sowohl die leuchtende als auch die dunkle Modifikation Quecksilber zu dem nämlichen Leuchten anrege, folgern sie, daß das Thermschema des Stickstoffes noch nicht genügend ausgearbeitet sei.

§ 111. Sonstige Erklärungen der Natur des aktiven Stickstoffes

Burke [503] konnte durch Anlegen eines Hochspannungsfeldes quer zum Strom des aktiven Stickstoffes keine Veränderungen desselben erzwingen, woraus er schließt, daß Ionen nicht enthalten oder zumindest ohne Bedeutung sind. Ähnliche Versuche unternahm *Strutt* [484, 506].

Constantinides [504, 497] sowie *Kichlu* [505] weisen darauf hin, daß der bei solchen Versuchen zwischen den Elektroden fließende Strom lediglich Photostrom sein könne. Ionen seien also im aktiven Stickstoff nicht enthalten, sobald er die Erzeugerentladung verlassen hat.

Magnetfelder beeinflussen den aktiven Stickstoff nicht [446, 507]. Bei sehr tiefen Temperaturen ist das NL sehr hell, klingt aber rascher ab, als bei höheren Temperaturen [508]. Nach *Strutt* [484] enthält der aktive Stickstoff keine bei der Temperatur der flüssigen Luft kondensierbaren Bestandteile, so daß das blitzartige Aufleuchten und Abbrechen des NL bei der Temperatur der flüssigen Luft nicht durch Druckänderung zu erklären sei. (Normalerweise ist die Abklinggeschwindigkeit, wie schon erwähnt, infolge der Notwendigkeit der Dreierstöße druckabhängig [468]).

§ 112. Über die Energie des aktiven Stickstoffes

Wie bereits erwähnt, konnten die Elektronenstoßversuche [446, 179] kein eindeutiges Bild über die Aktivierungsenergie liefern. Auch andere Methoden, wie die Bestimmung der Energie aus thermischen Effekten der Rekombination an Metalldrähten [491] oder aus chemischen Effekten wie Entaktivierung durch NO [495], Dissoziation von HJ und HBr, sowie NO [496] ergaben recht uneinheitliche Werte (zwischen 1,8 und 7,3 V).

Die aus Ionisationsversuchen gewonnenen Zahlen liegen dagegen innerhalb engerer Grenzen. *Constantinides* [497] konnte aus der Joddampfionisierung mittels aktiven Stickstoffes und dem negativen Ergebnis mit Quecksilber die Entaktivierungsenergie als zwischen 10,1 und 10,4 V liegend bestimmen. Dieser Wert liegt ungefähr in derselben Größenordnung wie der von *Mulliken* [445] zu 9 V bestimmte. Ähnliche Werte ergeben auch spektroskopische Beobachtungen. (Nach *Okubo* und *Hamada* [498] wurden so 9,6 V bestimmt). *Knauss* [499] erhielt auf Grund von Anregungsversuchen von H_2- sowie CO-Molekülen die Grenzwerte 9,0 und 11 V. (Der Mittelwert von 10 V entspräche 235000 cal/Mol).

Die dunkle Modifikation des aktiven Stickstoffes vermag die Na—D-Linie (2,1 V) anzuregen, jedoch nicht mehr die gelb-grüne (3,4 V). Zwischen diesen Werten muß also die Energie der dunklen Modifikation liegen [486].

§ 113. Katalytische Zersetzung des aktiven Stickstoffes

Metalloxyde wie CuO zerstören das NL sofort, ohne daß Anzeichen einer chemischen Reaktion wahrgenommen werden können. [509]. Metalle wirken in ähnlicher Weise, z. B. Cu, Fe, Zn, Ag, Pt, W. Nach *Willey* [510] sollen dabei die eigentlichen Katalysatoren Nitride sein, die jedoch oft nur in bestimmten Temperaturbereichen beständig sind. So würde sich die teilweise temperaturgebiets-begrenzte katalytische Wirksamkeit mancher Metalle deuten lassen.

§ 114. Chemische Wirkungen des aktiven Stickstoffes und Chemiluminescenz

Viele Metalle bilden mit aktivem Stickstoff Nitride. Am besten werden die betreffenden Metalle in Form ihres Dampfes zur Reaktion gebracht. Jedoch konnten die Nitride von Na, Ca, Cu, Ag, Au, Fe und Ni mit Hilfe von sehr kräftig, z. B. in kondensierten Entladungen aktiviertem Stickstoff auch ohne Verdampfung dieser Metalle erhalten werden [512]. NaN wurde von *van der Held* und *Miesowicz* [513] sogar in chemisch nachweisbarer größerer Menge erzeugt. K, Zn, Cd und Hg (dieses gibt ein explosibles Nitrid) wurden durch *Strutt* [484, 506] in die entsprechenden Nitride übergeführt. Indium bildet kein Nitrid [514]. Magnesiumpulver leuchtet im aktiven Stickstoffstrom intensiv weiß auf, ohne daß im Gegensatz zum Verhalten bei Magnesiumdampf, chemische Umsetzungen nachgewiesen wurden [441].

Bor, Arsen und Schwefel zeigen echte Nitridbildung [515]. Phosphor verbindet sich nicht mit dem Stickstoff im atomaren Strom, jedoch wird weißer Phosphor in roten verwandelt [509]. Die Halogene reagieren nicht mit akt. Stickstoff [510]. Ammoniak wird nur mit Wasserstoff gebildet, wenn er in atomarer Form vorliegt [356, 357, 358, 359, 439, 451, 197, 484, 496, 516].

Eigenartig verhalten sich die Halogenwasserstoffe. HJ und HBr zerfallen, HCl erweist sich dagegen als stabil [484, 496]. Dementsprechend wird auch in Gemischen der betreffenden Halogene mit Wasserstoff unter Einwirkung des akt. Stickstoffes HCl gebildet, dagegen nicht HJ und HBr [484, 496]. Die Zersetzung von HJ und HBr ist mit Leuchterscheinungen verbunden [517, 518]. Das Leuchten wird an der Einmischstelle der betreffenden Halogenwasserstoffe orangefarben und bedeutend heller als das NL. Etwas stromabwärts an Stellen schwächeren Leuchtens wird die entsprechende Stickstoffhalogenverbindung gefunden.

Wasser, Kohlensäure und Kohlenmonoxyd werden von aktivem Stickstoff nicht verändert, dagegen wird Ammoniak heftig zersetzt

[484, 496]. NO wird teils zersetzt [496], teils unter grüner Luminescenz in N_2O_3 übergeführt [484, 519].

CS_2 liefert mit akt. Stickstoff ein tief indigoblaues festes Polymerisat der Formel $(NS)_n$, das sich in den wärmeren Teilen der Apparatur niederschlägt, während in den kälteren Teilen ein brauner Niederschlag von Polymeren der Form $(CS)_n$ zu finden ist [509, 515]. *Strutt* [520] fand weiter, daß Zinnchlorid einen weißen Niederschlag bildet, sobald es mit akt. Stickstoff in Berührung kommt, und daß Titanchlorid über metallisches Titan zu Titannitrid umgewandelt wird.

Organische Körper, wie Aether, Acetylen, Benzol, Pentan, Heptan, weiter niedermolekulare, halogensubstituierte Paraffinkohlenwasserstoffe wie Methylbromid, Aethylchlorid, Aethyljodid, Chloroform, Aethylendichlorid geben Blausäure. Kohlenstofftetrachlorid und Schwefelkohlenstoff sowie Glycerin reagieren nicht.

Mit Acetylen verläuft die Reaktion folgendermaßen:
$C_2H_2 + 2N = 2HCN$; mit Benzol: $C_6H_6 = 6CH$ (intermediär), darauf sofortige Reaktion der Radikale mit N zu HCN. Nebenbei werden noch Cyanobenzol (C_6H_5CN) und sein Isomeres, das Phenylcarbylamin (C_6H_5NC) gebildet [520, 521, 462].

Bei der Reaktion dieser Körper ist ähnlich, wie bei der Reaktion mit atomarem Wasserstoff, Chemiluminescenz zu beobachten, die sich vom normalen Stickstoff-NL wohl unterscheiden läßt. Ein quantitativer Zusammenhang zwischen der Chemilumineszenz und dem Ausmaße der chemischen Reaktionen ließ sich nicht finden. So werden viele feste Verbindungen und Elemente (pulverisiertes Magnesium wurde bereits erwähnt) nach *Lewis* [522], *Jevons* [523], *Tiede* und *Schlede* [524], *Krepelka* [525] und *Tannenberger* [526] durch aktiven Stickstoff zum Leuchten erregt, ohne mit ihm erkennbar chemisch zu reagieren. Sehr starke Leuchtwirkung haben Körper mit eingebautem Stickstoff oder Elementen kleinerer Ordnungszahl als Stickstoff. So leuchten stark: Urannitrat, Uranammoniumfluorid, Zinksulfid, Bariumchlorid, Strontiumchlorid, Calciumchlorid, Cäsiumchlorid. — Schwächer leuchten: Lithiumchlorid, Natriumchlorid, Kaliumchlorid, Natriumjodid, Kaliumjodid, Natriumcarbonat, Strontiumbromid, Aluminiumchlorid, Lithiumfluorid, Lithiumcarbonat, Berylliumcarbonat, Berylliumoxyd, Bornitrid, Bariumplatincyanür, Magnesiumcarbonat. Gar nicht oder nur schwach werden nach *Tiede* und *Schlede* [524] die sonst stark luminescenzfähigen Stoffe, wie die Sulfide und Oxyde der zweiten Gruppe des periodischen Systems zum Leuchten angeregt.

b) Der Stickstoff in der Entladung

§ 115. *Stickstoff und Gruppe I des periodischen Systems*

Die Vereinigung von Wasserstoff und Stickstoff führt hauptsächlich zum Ammoniak. Da dieser Vorgang exothermer Natur ist, wird in der elektrischen Entladung die gegenläufige endotherme Zersetzung stark in den Vordergrund gerückt [349], so daß letzterer Vorgang früher als die Synthese beobachtet worden ist.

Bereits 1808 stellte *Davy* [342] im Funken die Zersetzung fest. In derselben Richtung liegen die Ergebnisse weiterer Forscher [343, 344]. Auf Grund von Elektronenstoßversuchen kann angenommen werden, daß die Zersetzung in mehreren Stufen bis zu den energiereicheren Atom—Ionen verläuft. Es wurden z. B. beobachtet: NH_3^+ (bei 10,5 V), NH_2^+ (15,7 V), NH^+ (19,5 V und 24 V), N^+ (24,3 und 28,2 V) sowie H^+ (22,8 V) [345]. Teils wurde auch schon bei 9 V Zersetzung beobachtet [354].

Die Zersetzung des Ammoniak wird durch andere nicht im Ausgangskörper enthaltene Gase meist verzögert. Ein Wasserstoffüberschuß fördert jedoch den Zersetzungsvorgang.

Eine Reihe von Bearbeitern untersuchten das Verhalten des Ammoniak in der Glimmentladung. *Westhaver* [316] entdeckte dabei, daß in den kühleren und energieärmeren Entladungsteilen, so z. B. in der positiven Säule neben den Zersetzungsprodukten, auch der Aufbaukörper Hydrazin (H_2N—NH_2) gebildet wird. Weil die Ortsabhängigkeit — wie sich gezeigt hat — nicht elektrisch, sondern thermisch bedingt ist, kann das Hydrazin auch im Gebiet des Kathodenfalles und des negativen Glimmlichtes auftreten, sofern durch Wahl geringer Drucke kleine Stromdichten erzielt werden. Die Ausbeute ist dann in Übereinstimmung mit den Ausführungen des § 62 über den Druckeinfluß, solange der thermische Einfluß klein gehalten wird, druckunabhängig und proportional zur Elektrizitätsmenge auch für variable Stromdichten.

In Übereinstimmung mit den eben gebrachten *Westhaver*schen Ergebnissen stellten *Bredig, König* und *Wagner* sowie *König* und *Wagner* [348] fest, daß die Hydrazinsynthese am besten in stromschwachen Entladungen vor sich geht. In der *Siemens*-Röhre konnten durch Anwendung hoher Strömungsgeschwindigkeiten bis zu 80 % des Ammoniak in Hydrazin verwandelt werden [563]. Wie *Bredig, König* und *Wagner* [347] nachweisen konnten, sind für die Hydrazinbildung freie Stickstoff-Wasserstoffradikale notwendig. Auch schnelle Ladungsträgerstrahlen wurden zur Beeinflussung des Ammoniak angewendet. *Greenwood* [351] verfolgte die Ammoniakzersetzung durch schnelle Elektronenstrahlen, die aus dem *Lenard*-Fenster einer *Coolidge*schen Röhre (s. § 13) unmittelbar in das Ammoniak-Gas eindrangen. Die Zersetzung war bei gleichbleibender Trägerzahl proportional zu deren Energie bzw. Geschwindigkeit. Die Zersetzung setzte merklich erst unterhalb 1 Torr mit einem unvermittelten Anstieg bei etwa 0,5 Torr ein und zwar für noch kleinere Druckbereiche druckunabhängig. Beim Behandeln mit solchen Strahlen geht neben der Zersetzung des Ammoniak in die Atome auch eine Hydrazinbildung einher [352].

Die Zersetzung des Ammoniak mit alpha-Strahlen beobachtete *Wourtzel* [353]. Die Ammoniak-Synthese in elektrischen Entladungen beanspruchte früher ein großes Interesse. Da aber diese Synthese ein exothermer Vorgang ist, kann sie viel vorteilhafter mittels thermischer Einwirkung unter Verwendung von Katalysatoren vorgenommen werden. Selbst mit möglichst weitgehend den besonderen Erfordernissen angepaßten Entladungsanordnungen (hochfrequente Bogenentladungen bei niedrigem Druck) konnte man über eine Ausbeute von 25 g Ammoniak/KWh nicht hinaus kommen [451]. Vom theoretischen Standpunkt aus war die große Zahl der Untersuchungen der Ammoniaksynthese besonders wertvoll, da durch sie gezeigt werden konnte, daß bei diesem Vorgang zuerst die Primärzersetzung der Reaktionspartner in Atome und Radikale stattfindet und dann sekundär die Vereinigung zu Ammoniak. Letzterer Vorgang geht in erster Linie auf den Wänden vor sich.

Die Vorbehandlung der Wände oder die Vergrößerung von deren Fläche, z. B. durch Einführung von Glaswolle oder Behandlung mit Quecksilber beeinflussen in stärkster Weise die Reaktionsgeschwindigkeit [166, 354].

Auch das Elektrodenmaterial hat einen großen Einfluß [355]. Wasserstoff und Stickstoff, je für sich in elektrischen Entladungen aktiviert, reagieren nach ihrer Vereinigung außerhalb der Entladungen zu Ammoniak [356, 439]. Dabei soll der atomare Wasserstoff in einer auf den Wänden absorbierten Schicht wirksam sein. [356, 358]. Die Reaktionsgeschwindigkeit ist aber bei Anwesenheit von Ionen, also in der Entladung selbst, größer [357]. Wurde für eine stets ausreichende Konzentration an atomarem H gesorgt, etwa durch Dissoziation des Wasserstoffes an einem heißen Draht, so ergaben Aktivierungsversuche durch Beschuß mit Alkaliionen, daß die Ausbeute dem Ionenstrom proportional und druckunabhängig [1]) war. Es wurde ferner gefunden, daß die Ammoniakbildung an gekühlten Wänden vor sich geht [359, 197]. Ein Überschuß an aktivem Stickstoff ist wegen dessen sekundärzersetzender Wirkung auf Ammoniak (vergl. § 114) für die Ammoniaksynthese schädlich [496].

Die ersten Synthese-Versuche mittels Ladungsträgerstrahlen unternahm *Lenard* [350]. Bei Versuchen mittels Elektronen bekannter Geschwindigkeit Ammoniak aus Stickstoff und Wasserstoff zu bilden, konnte die Gültigkeit des Massenwirkungsgesetzes nicht nachgeprüft werden [360, 361]. Weiter wurde der Beginn der Synthese je nach Autor bei verschiedenen Beschleunigungswerten gefunden (zwischen 10,8 und 17 V) [362 . . . 364]. Manchmal wurde auch bei über 17 Volt liegenden Werten, denen höhere Ionisierungsgrade von Molekül- und Atomionen zugeordnet schienen, sprunghafte Steigerungen der Ammoniakbildung beobachtet [361, 364]. Die Elektronenstoßversuche ergaben ein recht uneinheitliches Bild, was vielleicht teilweise auf ungenügende Beachtung von Kontakt- *(Volta)*-Potentialen, sowie auf nicht berücksichtigte thermische Einflüsse durch die Glühkathoden zurückgeführt werden kann.

Li, Na, K, Rb, Cs reagieren sämtlich auch in der Entladung mit

---

[1]) Auch in der Glimmentladung wurde Druckunabhängigkeit beobachtet.

Stickstoff [306, 365, 859, ... 862]. Die sich bildenden Nitride schlagen sich vornehmlich auf den Wänden nieder [861]. Es sollen sich bei diesen Vorgängen nicht zuerst die Nitride, sondern die Acide bilden (Acide sind die Salze der Stickstoffwasserstoffsäure N_3H), welche dann in die Nitride übergehen [527, 528].

Cu, Ag, Au bilden in Stickstoffentladungen, sobald Kathodenzerstäubung einsetzt, Nitride [512, 529, 530]. Im Falle des Cu soll neben dem schwarz schillernden Cu_3N auch noch CuN entstehen [530].

§ 116. Stickstoff und Gruppe II des periodischen Systems

In der kondensierten Entladung verbindet sich Magnesium begierig mit Stickstoff [306, 365], ebenso in der elektrodenlosen Induktionsentladung [230]. Calcium verhält sich in der kondensierten Entladung wie Magnesium [306, 365].

Zink, Kadmium und Quecksilber lassen sich dampfförmig oder als Elektroden angewandt, sowohl in kondensierten Entladungen [306, 365, 864] als auch mittels elektrischer Zerstäubung in flüssigem Stickstoff [528] in Nitride überführen.

§ 117. Stickstoff und Gruppe III des periodischen Systems

Indium läßt sich in der Stickstoffglimmentladung im niedrigen Druckbereich (bei etwa 0,5 Torr) in InN überführen, dessen Eigenschaften sich deutlich von denjenigen des reinen Metalles unterscheiden [531]. Auch mittels elektrischer Zerstäubung von Indium innerhalb flüssigen Stickstoffes wird das Nitrid erhalten [528].

§ 118. Stickstoff und Gruppe IV des periodischen Systems

Mit Kohlenstoff geht Stickstoff in erster Linie Verbindung zum Dicyan (CN_2) ein. Es bildet sich z. B. im Stickstoff-Funken zwischen Kohleelektroden [533]. Nebenher läuft die Zersetzung in die Elemente [534, 535]. Im Bogen überwiegt die Zersetzung so stark, daß die Bildung des Dicyans kaum noch festzustellen ist [370]. Berthelot [536] glaubt auf Grund späterer Untersuchungen überhaupt die Bildung dieses Körpers im heißen Funken verneinen zu müssen. Auch Briner und Deshusses [748] bestreiten die Möglichkeit der elektrischen Dicyansynthese. Peters [537] konnte in einer Entladung zwischen Elektroden aus V2A-Stahl aus Kohlenmonoxyd und Stickstoff Dicyan erzeugen. Diese Synthese gelang auch zwischen Kohleelektroden in Stickstoff.

Wird Dicyan einer elektrischen Entladung ausgesetzt, so geht es bei Ausschaltung thermischer Wirkungen, also bei Anwendung kleiner Stromdichten, in feste Polymere über, die etwas weniger Stickstoff enthalten als einer reinen Polymerisation entspräche [537, 538]. Zinn ergibt im zerstäubten Zustand in Stickstoff-Gasentladungen ein schwarzes Nitrid [866, 506, 365]. In sehr feiner Verteilung wird derselbe Körper bei elektrischer Zerstäubung des Zinns innerhalb verflüssigtem Stickstoff gebildet [865].

Nach *Newmann* [306, 365] soll sich Bleinitrid auf entladungschemischem Wege nicht herstellen lassen. Jedoch gelang *Berraz* [529] der chemische Nachweis des in einer Glimmentladung aus den Elementen entstandenen Pb_3N_2.

§ 119. Stickstoff und Gruppe V des periodischen Systems

Mit Hilfe einer Glimmentladung zwischen Aluminium-Elektroden innerhalb einer Stickstoff-Phosphordampf-Mischung konnten *Moldenhauer* und *Dörsam* [540] das Phosphornitrid PN erhalten. Diese Ergebnisse wurden mehrfach bestätigt [366, 306, 365][1]).

In Glimmentladungen gelang es nicht, Arsen-Nitrid zu formieren [306, 365]. Jedoch konnten *Fischer* und *Schröter* [528] durch elektrische Zerstäubung des Arsens innerhalb verflüssigten Stickstoffes ein in dünner Schicht rotbraunes und in dicker Schicht schwarzes Arsennitrid bilden, welches beim starken Erhitzen wieder zerfiel. Antimon- sowie Wismut-Nitrid wurden in gleicher Weise hergestellt.

§ 120. Stickstoff und Gruppe VI des periodischen Systems

Mit Wolfram verbindet sich Stickstoff nach *Langmuir* [863], wenn Stickstoffentladungen mit heißen Wolframkathoden und Spannungen über 40 V betrieben werden.

Die entladungschemischen Reaktionen des Stickstoffes mit dem Sauerstoff werden bei letzterem (s. § 136) besprochen.

Mit Schwefel verbindet sich Stickstoff zu einer Reihe von Sulfiden. *Moldenhauer* und *Zimmermann* [511] ließen zwischen Aluminiumelektroden in einer Stickstoff-Schwefeldampfmischung bei einem Drucke zwischen 50 und 100 Torr eine Glimmentladung brennen und erhielten 75 % N_2S_4, 15 % NS_2, 10 % N_2S_5. NS_2 bildet bei weiterer Entladungseinwirkung ein Polymeres: $(NS_2)_n$. *Newmann* beobachtete auch die Adsorption (oder chem. Bindung?) von Stickstoff an festen Schwefel [306, 365].

§ 121. Stickstoff und Gruppe VIII[2]) des periodischen Systems

Die Metalle der Eisengruppe werden in der Stickstoffentladung in ähnlicher Art, wie dies auch der aktive Stickstoff außerhalb der Entladung bewirkt (s. § 114), in die entsprechenden Nitride übergeführt. In verstärktem Maße wirken kondensierte Entladungen. Auch im Bogen wurde Eisen-Nitrid-Bildung beobachtet [749]. Nickel

---

[1]) Über die Phosphornitrid-Bildung bei Spannungen über 100 V siehe auch *Lodge* [867].

[2]) Die Beziehungen zu den in der VII. Gruppe liegenden Halogenen werden bei letzteren (siehe § 144) behandelt.

verbindet sich besonders schnell bei gleichzeitiger kathodischer Zerstäubung zum Nitrid [756].

Auch Edelmetallnitride, z. B. Platin-Nitrid, wurden auf ähnliche
Weise hergestellt [438, 549].

IV. Entladungschemisches Verhalten des Sauerstoffes

a) Atomarer Sauerstoff

§ 122. Erzeugung und erreichte Konzentrationen

Der atomare Sauerstoff wurde von einer Reihe von Forschern
[397, 441, 550 ... 554] in einer der *Wcod*schen Methode für Erzeugung atomaren Wasserstoffs ähnlichen Art und Weise (s. § 88),
also vermittels Glimmentladungen bei niedrigem Druck innerhalb
langer Entladungsröhren erzeugt. Die Bildung des Sauerstoffatom-
gehalts wird dabei durch Anwesenheit von Wasserdampf begünstigt. Der Grund hiefür liegt wie bei der Gewinnung atomaren Wasserstoffs in der Verminderung der katalytischen Wandwirkung des
Glases durch die Befeuchtung. *Wrede* [441] hat eine weitere Er-
zeugungsmöglichkeit, nämlich die durch Gleichspannungsstoßfunken-
entladungen (kondensierte Entladungen s. § 12) angegeben. Mit dieser Anordnung sind höhere Konzentrationen an Atomen zu erreichen (bis zu 40 %) als mit der gewöhnlichen gleichmäßigen Glimmentladung, auf gleiche mittlere Stromstärke bezogen. Daraus schließt
Wrede, daß auf den atomaren Sauerstoff ein als Begleiterscheinung
der Entladungen auftretender, ziemlich stromdichteunabhängiger Re-
kombinationseffekt einwirken müsse. Die Erzeugung des atomaren
Sauerstoffes geht schon bei vergleichsweise niedrigen Stromdichten
bis zu verhältnismäßig hohen Konzentrationen (25 %) vor sich. Die
Konzentrationswerte zeigen einen von der Stromdichte wesentlich
unabhängigeren Verlauf als bei Wasserstoff. Daraus schließt *Wrede*
auf einen merklichen photochemischen Anteil an der Sauerstoffdis-
soziation. Nach *Esmarch* [987] zeigt sich übrigens, daß die Ozonausbeute in Quarz-*Siemens* Rö ren nur einen verschwindenden Bruchteil des in Glas-Röhren zu erhaltenden Wertes beträgt. Dies ist
in diesem Zusammenhang insofern bemerkenswert, da der atomare
Sauerstoff die Vorstufe zum Ozon darstellt und in Quarzgefäßen die
Ultraviolett-Lichtdichte geringer ist als in Glasgefäßen, in denen die
Reflexion stärker ist.

Die Gewinnung des atomaren Sauerstoffes ist an sich nicht an
niedrigen Druck gebunden, jedoch ist seine Lebensdauer bei höheren
Drucken sehr gering, weil er dann im Dreierstoß in Ozon übergeht.

§ 123. Über die Energie des atomaren Sauerstoffes; Polarisation

Die zur Durchführung der Dissoziation benötigte Dissoziationswärme ist beträchtlich, sie kann zu etwa 117 300 cal/Mol angenom-

men werden [555...558]. Bei elektrischer Dissoziation sind noch
höhere Energiewerte nötig.

Nach *Scheffers* [943] läßt sich atomarer Sauerstoff im elektrischen
Feld polarisieren.

§ 124. Wiedervereinigung zu molekularem Sauerstoff ; Lebensdauer

Kieselsäure enthaltende Wände (Glas, reines Quarz) sind sehr
gute Katalysatoren für die Wiedervereinigung. Dadurch kann häufig
eine nur geringe Lebensdauer vorgetäuscht sein, die nach *Wrede*
[441] immerhin bis zu mehreren sec. betragen soll. Die Wiedervereinigung wird auch stark durch die Edelmetalle, sowie Oxyde von Eisen,
Kupfer, Silber, Blei und Kobalt gefördert. Von den zwei letztge-
nannten Metallen katalysieren insbesondere die höheren Oxyde.

Stickstoffspuren verbinden sich mit dem atomaren Sauerstoff, was
von Nachleuchterscheinungen begleitet sein kann. Ähnlich wirken
Wasserdampfspuren.

§ 125. Chemische Reaktionen des atomaren Sauerstoffes

Mit Wasserstoff bildet atomarer Sauerstoff Wasser[397]. Gleichzeitig verschwindet ein etwa vorhandenes Nachleuchten. Atomarer
Sauerstoff erweist sich als ein recht kräftiges Oxydationsmittel.
Aus den zahlreichen hierüber vorliegenden Arbeiten [221, 381, 396,
397, 550, 555, 560] ergibt sich folgendes: CO wird, wenn auch nur
in geringerem Umfang, zu Kohlensäure oxydiert. CH_4 reagiert, wie infolge der Edelgasstruktur dieses Körpers zu erwarten ist, nur
äußerst träge. Dabei entsteht neben Wasser etwas Kohlensäure.
Dagegen reagiert $CHCl_3$ sehr schnell, indem es sich in $COCl_2$ und
HCl umsetzt. CH_3Cl gibt HCl, Cl_2, H_2O, CO_2, CO. CH_2Cl_2 wird
unter anderem in $COCl_2$ und Wasserstoff umgesetzt. Methylalkohol
geht in CO_2, CO, H_2O und H_2 über. Benzol ebenso wie Acetylen
werden im atomaren Sauerstoffstrom sogleich in Wasser, Kohlensäure sowie CO übergeführt. HBr wird in Brom und H_2O übergeführt. HCN reagiert mit atomarem Sauerstoff nur schwach unter
Bildung von etwas H_2O, CO_2 und NO; HCl wird teilweise in Chlor
und Wasser zerlegt. Dicyan bildet in Berührung mit atomarem
Sauerstoff Wasser, Kohlensäure und Stickstoff.

Recht merkwürdig ist das Verhalten von Ammoniak. Dieses geht
langsam in salpetrige Säure über, daneben bildet sich aber ein explosibles Polymerisat, dessen genaue Zusammensetzung noch nicht
festgestellt wurde [397]. Schwefelwasserstoff geht in Schwefel,
Schwefeldioxyd und Schwefeltrioxyd über. Schwefelkohlenstoff gibt
CO, CO_2, S, SO_2, SO_3, H_2O und etwas H_2SO_4. Die Reaktion zwischen Stickstoff und atomarem Sauerstoff verläuft um so rascher
und vollständiger, je tiefer die Temperatur der Entladungsgefäße
ist. Mit molekularem Sauerstoff bildet atomarer im Dreierstoß, also

insbesondere bei höheren Drucken, Ozon. [441]. Tiefe Temperaturen begünstigen diesen Vorgang [396, 397].

Tiefe Temperaturen sind auch für die Bildung von Additionsprodukten mit manchen Gasen (z. B. Acetylen) günstig. Diese Additionsprodukte zerfallen wieder bei höherer Temperatur.

Harteck und *Roeder* [560] untersuchten die Reaktionen des atomaren Sauerstoffes mit einer Reihe von Lösungen. U. a. ergaben sich folgende Reaktionen: $KBr + 3 O = KBrO_3$ neben etwas freiem Brom. $NaCl + 3 O = NaClO_3$.

b) Ozon

§ 126. Allgemeine Eigenschaften und Struktur

Die zweite aktive Form des Sauerstoffes stellt neben dem einatomigen Sauerstoff das dreiatomige Ozon (O_3) dar. Es kommt auch in der Natur frei vor, in größerer Konzentration in höheren Lagen (Bergen), in Wäldern, am Meere, an Wasserfällen und an großen Seen, sowie allgemein bei Fallböen. Unmittelbar nach elektrischen Entladungen der Atmosphäre ist der Gehalt an Ozon relativ hoch, er überschreitet aber im allgemeinen selten $0{,}5 \cdot 10^{-3}$ g/m³ Luft. Normalerweise sind nur zwischen $0{,}1 \cdot 10^{-3}$ und $0{,}2 \cdot 10^{-3}$ g Ozon im m³ Luft enthalten. Ist der Gehalt der Luft an Ozon größer als $1 : 500\,000$, kann dieses durch den Geruchsinn wahrgenommen werden.[1] Das Ozon wurde erstmalig bewußt untersucht und beobachtet etwa um 1785 durch *van Marum* beim Durchschlagen elektrischer Funken durch die Luft. *Schönbein* nannte das Gas wegen seines eigentümlichen Geruches „Ozon" (von ὄζειν = riechen). *De la Rive* und *Marignac* zeigten, daß sich Ozon auch beim Funkendurchschlag durch trockenen reinen Sauerstoff erhalten läßt. Damit war es als Modifikation des Sauerstoffes einwandfrei gekennzeichnet (nach *Erlwein* [776]).

Über diesen interessanten Körper sind schon mehrere Spezialwerke erschienen, z. B. von *Erlwein* [776], *Harries* [568], *Moeller* [160], *Fonrobert* [970], *Rideal* [968], so daß wir uns auf das Herausstellen einiger wesentlicher Punkte beschränken wollen.

Ozon stellt nach *Wiche* [777] ein Gas von 2,1445 g Gewicht je Liter bei Normalbedingungen dar. Sein Siedepunkt liegt bei etwa —112⁰ C. Das unterhalb dieser Temperatur flüssige Ozon hat eine fast undurchsichtig tief dunkelblaue Farbe, wie auch das konzentrierte Gas tief dunkelblau ist. Das flüssige Ozon ist in jedem Verhältnis mit flüssigem Sauerstoff mischbar. Das feste Ozon wird durch Abkühlen des flüssigen auf —250⁰ C erhalten. Es ist ein schwarzer Körper von violettem Glanz.

---

[1] Hier sei auf das zweibändige Werk von *Curry* (Bioklimatik, Institute of Bioclimatic Research, Riederau, Ammersee) verwiesen, in dem u. a. Näheres über das Ozon in freier Atmosphäre zu finden ist [1071].

§ 127. Erzeugung von Ozon (vergl. auch §§ 262, 263)

Die Herstellung von Ozon gelingt nicht nur mittels elektrischer Hochspannungentladungen [1]). Diese Darstellungsart ist jedoch die weitaus gebräuchlichste, und auch einfachste und die einzige, die zu technischer Bedeutung gelangte. Es wird meist die *Siemens*-Röhre (§ 7) dazu angewendet. Bei Atmosphärendruck können die höchsten Ausbeuten erzielt werden [572].

Ozonbildung kann auch vermittels Ladungsträgerstrahlen, wie Kathodenstrahlen [572...574] Kanalstrahlen, ferner durch Strahlung radioaktiver Substanzen [570] in Sauerstoff enthaltenden Gasen erzielt werden.

Im elektrischen Lichtbogen sind die Ausbeuten wegen der thermischen Zersetzung nur sehr gering [580]. Teilweise konnte dabei überhaupt kein Ozon nachgewiesen werden [579].

Ob für die Ozonbildung in der *Siemens*-Röhre die früher erwähnten stoßartigen Kippschwingungen (s. § 6) mit ihren sehr großen Stromamplituden wesentlich sind, ist nicht geklärt. Die Ausbeute an atomarem Sauerstoff, der die Vorstufe des Ozons darstellt, wird durch Hochstromstöße (kondensierte Entladungen) (s. § 12) gefördert (s. § 122). Es treten dabei sehr energiereiche Strahlungen auf. *Krüger* und *Möller* [569] konnten mit schnellen Kathodenstrahlen (*Lenard*-Strahlen) Ozon erzeugen, dabei jedoch nur eine sehr geringfügige Lichtemission feststellen. Mehrfach wurde versucht, die Ozonbildung in Beziehung zur Zahl der gebildeten Ionen zu setzen. Es haben sich aber durch die Versuche keine einheitlichen Ergebnisse erkennen lassen. Mit alpha-Strahlen verläuft die Ozonbildung nach *Lind* (570) mit einem großen Überschuß an Ionen, während die Ozonbildung unter dem Einfluß von *Lenard*-Strahlen nach anderen Autoren mit nur geringfügiger Ionenbildung verknüpft erscheint. Die Zahl der gebildeten Ionen kann nur $1/_5 \ldots 1/_6$ der Zahl der gebildeten Ozonmoleküle sein [569]. *Krüger* und *Utesch* [573] fanden sogar die Bildung von 20...40 Ozonmolekülen je Ionenpaar. Nach *Busse* und *Daniels* [574], die mit den schnellen Elektronen aus einer *Coolidge*-Röhre arbeiteten, würde auf ein Ionenpaar nur ein Ozonmolekül kommen. Die Diskrepanz zu den vorstehend erwähnten Messungen ist beachtlich.

Als feststehend kann angesehen werden, daß von der zugeführten elektrischen Energie nur ein Bruchteil zur Ozonerzeugung verwendet wird und andererseits sogar ein ozonzerstörender Effekt der Entladung vorliegt. [574, 575, 160]. Nach *K. A. Hoffmann* [576] werden im günstigsten Fall in der Ozonröhre nur 15 % der zugeführten elektrischen Energie in chemische Bindungsenergie des Ozons übergeführt. Der Rest geht durch Wärme und Strahlung „verloren".

Durch scharfe Kühlung mit flüssiger Luft gelingt es, alles gebildete Ozon durch Kondensation sogleich aus der Reaktionszone

---

[1]) Neben rein chemische und elektrochemische (elektrolytische) Verfahren treten noch thermische sowie photochemische Verfahren) *Lenard* [577].

zu entfernen, wodurch es — auch infolge der Hintanhaltung des thermischen Ozonfalles — gelingt, allen Sauerstoff in Ozon zu verwandeln. Aber auch unter diesen für die Ozonbildung sehr günstigen
Bedingungen erreicht der Wirkungsgrad nicht im entferntesten den
Wert 1. Nach *Krischnan* und *Jatkar* [578] wäre auf Grund von Gleich-
gewichtsbeobachtungen im *Siemens*-Rohr anzunehmen, daß die Ozonbildung in erster Linie durch den Stoß von Sauerstoffatomen mit
angeregten Sauerstoffmolekülen erfolgt und daß an diesen Stoß-
vorgängen Ionen keinen Anteil haben.

Krüger und *Zickermann* [982] stellten den Beginn der Ozonbildung
mit Hilfe von Elektronenstoßversuchen bei etwa 6,4 V fest. (Weiteres über Ozonerzeugung insbesondere Konzentration und Ausbeute
s. §§ 261 und folgde.).

§ 128. Energie des Ozons Zerfall; Chemiluminescenz

Ozon zerfällt bei höheren Temperaturen, wobei durch den Zerfall
von 96 g Ozon 70 große Kal. frei werden. Die Reaktion verläuft bi-
molekular.

Dieser große Energieinhalt macht den explosionsartigen Zerfall
von Ozon in konzentrierter Form (flüssig oder fest) verständlich.
Nach *Erlwein* [776] sollen nicht die Flüssigkeit oder der feste Körper,
sondern das darüber befindliche hochkonzentrierte gasförmige Ozon,
sowie Verunreinigung des flüssigen Ozons mit Stickoxyden für den
spontanen Charakter der Zersetzung verantwortlich sein.

Bei Normaltemperatur und größerer Verdünnung (Fall der üblichen Arbeitsbedingungen) wird Ozon durch eine Reihe von Stoffen
katalytisch zersetzt. Dieser Vorgang nimmt einen monomolekularen
Verlauf [160]. Die Zersetzung von Ozon begünstigen u. a.: Alkali-
lösungen, Wasser, höhere Oxyde des Bleis, Mangans, Kobalts und
Nickels, Eisens, ferner Kupfer, Silber und Platinmetalle. Aluminium
überzieht sich mit einer schützenden Oxydhaut, ebenfalls Silber, bei
letzterem wirkt jedoch dann das Superoxyd katalytisch auf den Zerfall. Indifferent verhalten sich Gold und Messing. Die Ozonzersetzung ist mit Chemiluminescenz verknüpft [581...583].

§ 129. Chemische Wirkungen des Ozons außerhalb der Entladung

Ozon ist ein außerordentlich starkes Oxydationsmittel. Silber wird
sofort mit einer dunklen Schicht von Silbersuperoxyd bedeckt, sobald es mit Ozon in Berührung kommt (qualitativer Nachweis).

Quecksilber wird ebenfalls sogleich oxydiert (kenntlich am Ver-
lieren seiner Beweglichkeit). Aus Jodkalium wird Jod und freies
Alkali gebildet, worauf sich die quantitative Analyse des Ozons
gründet.

Aus Blei bilden sich rasch PbO_2 und niedrige Oxyde, sobald es
kathodisch zerstäubt dem Ozon ausgesetzt wird. Ähnlich verhält sich
das sonst so stabile Gold. In kathodisch zerstäubter Form bildet

es in Berührung mit Ozon ein braunschwarzes Produkt, in welchem Ozon fest gebunden ist. Zwischen 160 und 290° C läßt sich das Ozon jedoch wieder abspalten [584].

Chlor- und Bromwasserstoffsäure werden zerlegt bis zu Wasser und den freien Halogenen. Ammoniak wird in salpetrige und Salpetersäure übergeführt. Schwefel verbindet sich mit Ozon zu SO_2. Hierauf beruht ein Verfahren zum Entschwefeln von Erdölen [585]. Metallsulfide werden zu Sulfaten oxydiert.

Wasserstoff wird im Dunkeln von Ozon nicht angegriffen, wohl aber unter dem Einfluß des Quecksilberlichtes. Wasserstoffsuperoxyd und Ozon zersetzen sich zu Wasser und Sauerstoff. Kohle wird durch Ozon zu Kohlensäure oxydiert.

Charakteristisch wirkt Ozon auf ungesättigte Kohlenwasserstoffe und überhaupt auf ungesättigte organische Körper, indem es sich an die Doppelbindungen (= C = C =) anlagert. Die Anlagerung erfolgt in der durch das folgende Schema erläuterten Art und Weise: = C—C = (s. *Harries* [568, 727, 728, 730, 777, 732, 731, 727] und

$$\begin{array}{c} \diagdown \diagup \\ O_3 \end{array}$$

Staudinger [729]). Die so gebildeten Substanzen heißen Ozonide und bilden häufig dicke farblose oder hellgrüne Öle von erstickendem Geruch. Sie sind explosibler Natur [1]). Die Ozonide wirken selbst kräftig oxydierend. Das Kautschuk-Ozonid bildet sich aus Gummi und führt zu einer Zerstörung der Gummiteile (Vorsicht mit Gasschläuchen!).

Nach *Drugmann* sollen auch gesättigte organische Körper von Ozon angegriffen werden [970].

c) Der Sauerstoff in der Entladung

§ 130. *Sauerstoff und Gruppe I des periodischen Systems*

(1. Teil: Wasserbildung und -zersetzung, Wasserstoffsuperoxydbildung)

Die Vereinigung von Sauerstoff mit Wasserstoff zu Wasser geht, wenn thermische Einflüsse hintangehalten werden, nur sehr langsam vonstatten, da es sich um einen ausgesprochen exothermen Vorgang handelt und in Entladungen, wie in § 57 bereits ausgeführt wurde, in erster Linie die endothermen Vorgänge das Übergewicht haben. So konnte *Perotti* [372] bei höheren Drucken Knallgas in der *Siemens*-Röhre, ohne daß explosible Verbrennung eingetreten wäre, teilweise zu Wasser vereinigen. Die Geschwindigkeit dieses Vorganges konnte durch Wahl der Stromstärke in weiten Grenzen geregelt werden. (Im Verhältnis 1:120).

---

[1]) So ist z. B. das Isocrotonsäureozonid ein gelber, äußerst explosibler Sirup, der sich mit Wasser energisch zersetzt. *Harries* [730] konnte über Braunkohlenteerölozonide durch Behandlung mit Wasserdampf und KOH zu Seifenlösungen gelangen.

Auch *Löb* [374] sowie *Chattock* und *Tyndall* [375] konnten Knall-gas im *Siemens*-Rohr zu Wasser oxydieren. Sind die Wände feucht, oder werden sie im Laufe der Reaktion feucht (was durch gelinde Erwärmung und Wegnahme des Wasserdampfes durch Phosphorpentoxyd jedoch vermieden werden kann), so können infolge der andauernden Stromkonzentrationen auf wenige Entladungsbah-nen so hohe Temperaturen entstehen, daß doch noch eine thermisch bedingte Explosion eintritt. Damit stehen die Ergebnisse anderer Autoren [349, 373], die mit feuchten Entladungsröhren gearbeitet haben, im Einklang.

In der Glimmentladung geht die Wasserbildung nur bei nied-rigem Druck langsam vor sich, weil nur dann die thermischen Wir-kungen klein gehalten werden. [382, 383, 384, 170, 174, 175, 386, 171, 172]. Mehrfach wurde gezeigt, daß die gebildete Wassermenge in niedrigen Druckbereichen und bei kleinen Stromdichten direkt pro-portional der durchgeflossenen Elektrizitätsmenge ist, unabhängig vom Druck. [382, 170, 174, 175]. Die Ungültigkeit dieses Satzes für höhere Stromdichten belegten *Finch* und *Cowen* [386]. Nach ver-schiedenen Autoren ist eine gewisse Abhängigkeit der Ausbeute vom Kathodenmaterial festzustellen [386, 171, 172], jedoch soll diese Abhängigkeit nach *Kueck* und *Brewer* [171, 172] sich nicht stark auswirken und nur Abweichungen bis zu 5% bewirken.

Für Knallgas als Ausgangsprodukt ergab sich bei abgeschlosse-nem System ein Gleichgewichtszustand, der bei 88% Wasserdampf liegt [385].

Mit den elektrischen Leistungsdichten, bei deren Überschreiten Explosion stattfindet, haben sich *Finch* und *Cowen,* sowie *Brewer* mit Mitarbeitern beschäftigt [387, 388, 389]. In der elektrodenlosen Induktionsentladung gelingt es nicht, eine Knallgasexplosion her-beizuführen [390, 391].

Lenard [392] fand, daß Knallgas, gegen das Fenster einer Katho-denstrahlröhre geblasen, nicht explodierte. *Marshall* [393] hat später die bei solcher Behandlung entstehenden Produkte analysiert. Er fand neben etwas Wasser Wasserstoffsuperoxyd und eine Spur von Ozon. Mit sehr schnellen positiven Ionenstrahlen hat *Lind* [394] Wasser synthetisiert und gezeigt, daß ein Sauerstoffüberschuß för-derlich ist.

Wasserstoffsuperoxydbildung wurde neben der Wasserbildung des öfteren beobachtet [376, 378]. Tiefe Temperaturen fördern die Wasserstoffsuperoxydbildung [379]. Gelegentlich wurde bei Wasserstoffüberschuß nur Wasser, bei Sauerstoffüberschuß neben Wasser nur Ozon gefunden [377].

Güntherschulze [382, 274, 275] hat die von ihm entdeckte Abhän-gigkeit des Kathodenfalles von auftretenden chemischen Reaktionen (vergl. § 17) an Hand der Wassersynthese nachgeprüft und eine gute Übereinstimmung mit seinen theoretischen Erwägungen ge-

funden [1]). *Kirkby* [375] glaubt, daß zur Wasserbildung nur die
Atombildung des Sauerstoffes notwendig sei, der dann nach: $O +$
$H_2 = H_2O$ reagieren müßte, was aber, abgesehen von der *Günther-
schulz*esche Untersuchung um so mehr zweifelhaft ist, als ja *Harteck* und *Kopsch* [396, 397] zeigen konnten, daß die Wasserstoff-
oxydation durch atomaren Sauerstoff recht wenig ergiebig ist.

Brewer und seine Mitarbeiter *Kueck* und *Demling* [388, 389]
haben in der Nähe des negativen Glimmlichtes die abgeschiedene
Wassermenge an den Wänden ausfrieren können, während im Gebiet der positiven Säule kaum nennenswerte Ausfrierungen gefunden
werden konnten. Glimmlicht- und Säulenreaktion scheinen sich
überhaupt zu unterscheiden. Fremdgaszufuhr vermindert die Synthese im Glimmlicht, während sie im Säulengebiet zunimmt. *Brewer*
und *Kueck* nehmen dabei an, daß in der positiven Säule eine Ketten-
reaktion vor sich gehe. Atome und Radikale sollten dabei nicht mit-
wirken. Anders soll dies im Glimmlicht sein. Im übrigen gelangen
Brewer und Mitarbeiter zur Ansicht, daß unter 7 Torr Druck die
Wassersynthese nur durch die primär erfolgende Atomisierung des
Wasserstoffes hervorgerufen wird und daß erst bei höherem Druck
Sauerstoffionen eine ähnliche Rolle wie Fremdgasionen spielen sollen. Kettenreaktionen sollen in den Fällen der explosiblen Zündung
eintreten.

Die Wasserzersetzung ist als ausgesprochene endotherme Reaktion das Gegenstück zur Wasserbildung. *Smits* und *Aten* [349]
konnten zwar in der *Siemens*-Röhre keine Wasserzersetzung beobachten, während dies anderen Forschern, wie etwa *Deherain* und *Maquenne* [373], *P.* und *A. Thenard* [368] sowie *Besson* [398] mit der
gleichen Entladungsanordnung gelang.

Linder [399] untersuchte recht eingehend die Zersetzung in der
Glimmentladung, wobei sich ergab, daß die Reaktion im Gebiete des
negativen Glimmlichtes und des *Hittorf*schen Dunkelraumes ganz
im Sinne des § 62 stattfindet. *Linder* änderte bei konstantem Druck
den Strom und den Elektrodenabstand. Die Ausbeute blieb dabei
konstant, wenn dabei auch das Säulengebiet oder der *Faraday*sche
Dunkelraum zum Erscheinen und Verschwinden gebracht wurden
und nur das Kathodenfallgebiet mit Glimmlicht stets mit konstantem Energieverbrauch vorhanden war.

---

[1]) Elektronenstoßversuche haben ergeben, daß zur Bildung der Komponenten
H und H^+ eine Spannung von 17,86 ... 17,84 V nötig ist [181]. Bei einem
Strom von $5 \cdot 10^{-5}$ A ergeben sich unter Annahme eines reinen Elektronen-
stromes im neg. Glimmlicht $1,888 \cdot 10^{19}$ Elektronen/min. Jedes braucht 17,86 V
zur Verwandlung der Wasserstoffmoleküle. Dafür soll der Überschußkathoden-
fall $V_{ü}$ zur Verfügung stehen. Die Anzahl der gebildeten Wasserstoffatome wird
dann sein müssen: $2 \cdot 1,89 \cdot 10^{19} \cdot V_{ü} \cdot$ Elementarladung $/ 17,86 = 2,1 : 10^{18} \cdot V_{ü}$.
$V_{ü}$max wurde zu 48 V gemessen. Ein cm^3 Knallgas enthält $1,67 \cdot 10^{19}$ in Frage
kommende Moleküle. Wenn jedes Wasserstoffmolekül im Endeffekt zur Bildung
eines Wassermoleküles verwendet wird, so können $5 \cdot 10^{-2}$ A in der min
$0,1316 \cdot V_{ü}$ cm^3 Gas aufbrauchen, was tatsächlich beobachtet wurde. (Für das
Mischungsgebiet von 20 ... 80 % Wasserstoff).

Auch mittels alpha-Strahlen wurde Wasser und zwar innerhalb der flüssigen Phase, zersetzt [753].

Die Funkenzersetzung des Wassers beschreibt schon *Faraday* [400]. Später beschrieben auch *Masson* und *Quet* [402] diesen Vorgang.

§ 131. Sauerstoff und Gruppe I des periodischen Systems
(2. Teil: Über das OH-Radikal)

Bei der Dissoziation des Wassers erscheinen im Massenspektrographen ebenso wie im Lichtspektrographen OH-Radikale. Diese Hydroxylradikale sollen in ihre Bestandteile, nämlich atomaren Wasserstoff und Sauerstoff, zerfallen, die durch Rekombination die Endzersetzungsprodukte des Wassers, nämlich molekularen H_2 und O_2, liefern. Der geschilderte Reaktionsablauf soll für ionisierte Wassermoleküle gelten. Nimmt man aber nur angeregte Wassermoleküle als für die Einleitung der Zersetzung notwendig an, (wahrscheinlich kann die Zersetzung sowohl über die Ionenbildung als auch über angeregte Moleküle verlaufen), so soll nach *Linder* [399] folgende Reaktion eintreten:

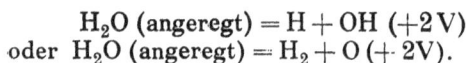

$$H_2O \text{ (angeregt)} = H + OH \; (+2\,V)$$
$$\text{oder } H_2O \text{ (angeregt)} = H_2 + O \; (+\,2V).$$

Bei der Behandlung des Wasserdampfes in elektrischen Entladungen werden stets das dem atomaren H zugeordnete *Balmer*-Spektrum neben den typischen OH-Banden beobachtet [403]. Die erste der oben erwähnten Reaktionen erscheint deshalb recht wahrscheinlich. Die Reaktion der nur angeregten Moleküle erscheint dagegen fraglich zu sein.

Auch die gewöhnliche thermische Dissoziation des Wasserdampfes verläuft nicht so, daß sofort Sauerstoff und Wasserstoff auftreten, sondern es findet zunächst, wie *Bonhoeffer* und *Reichardt* [404] durch Beobachtung des Absorptionsspektrums nachgewiesen haben, eine Zerlegung in Hydroxyl-Gruppen statt, wobei auch jeweils Sauerstoff sowie Wasserstoff auftreten.

Sehr günstig ist für die Bildung von OH-Radikalen ein H_2O—O_2—Gemisch. Es findet dann die Reaktion $2H_2O + O_2 = 4\,OH$ statt. *Bonhoeffer* konnte auch die OH-Banden im mittels Sauerstoffzusatz in der Glimmentladung gebildeten atomaren Wasserstoff nachweisen [405]. *Lawin* und *Stewart* [406] konnten auch noch außerhalb von Wasserdampfentladungen durch Absorptionsmessungen die OH-Banden feststellen.

Boenhoeffer und *Pearson* [403] schlossen auf Grund spektroskopischer Messungen, nämlich aus der linearen Abhängigkeit der Intensität des OH-Emissionsspektrums von der Stromstärke, daß das Wasser im Primärakt zu $H + OH$ (angeregt) zerfällt und OH (angeregt) in OH (normal) unter Emission eines Lichtes von 3064 $\overset{\circ}{A}$ übergeht. Nach der Emission sollen die Radikale nach *Bonhoeffer* und *Pearson* sehr schnell in Wand-Dreierstößen verschwinden. Ferner soll aber auch die Reaktion $2OH = H_2O + O$ stattfinden, wodurch das Auftreten des atomaren Sauerstoffes zu erklären wäre. Die Lebensdauer der OH-Radikale außerhalb der Entladnug wurde auf kleiner als 0,004 sec. geschätzt.

Andere Autoren kamen teils auf noch kleinere Lebensdauern [413].

Teilweise gelang es ihnen überhaupt nicht, das Hydroxylradikal aus der Entladung herauszuziehen [411, 412]. Im Gegensatz dazu stehen die Untersuchungen von *Oldenberg*, sowie *Frost* und *Oldenberg*, die mit sehr lichtstarken Spektrographen ausgeführt wurden [144 .... 147].

Während die Emissionsbanden der OH-Radikale sehr bald nach dem Ausbleiben der Entladung verschwinden, konnten die Absorptionsbanden, die also den der Anregung verlustig gegangenen OH-Radikalen zuzuschreiben sind, noch nach $^1/_8$ sec. beobachtet werden. So groß muß also mindestens die Lebensdauer der OH-Radikale angenommen werden. Es wurde von *Oldenberg* und *Frost* weiter festgestellt, daß das Verschwinden der OH-Radikale außerordentlich von der Beschaffenheit der Wände abhängen kann. Dies wäre in Übereinstimmung mit der von *Bonhoeffer* und *Pearson* angenommenen Dreierstoßreaktion. Die Hydroxylradikale verschwinden auch sehr schnell, wenn sie mit Wasserhtoffsuperoxyd zusammentreffen [147]. Mit atomarem Wasserstoff soll die Vereinigung zu Wasser etwa ebenso schnell, wie dessen Rekombination zu molekularem Wasserstoff stattfindet, vor sich gehen [947].

Von *Oldenberg* und *Ricke* [832] wurde die bei ihren Versuchen aufgetretene Konzentration an OH-Radikalen zu etwa $5 \cdot 10^{13}/cm^3$ bestimmt.

Was die chemischen Reaktionen des Hydroxylradikales außerhalb der Entladungen betrifft, so muß man nach *Bonhoeffer* und Pearson [403] in der Beurteilung, ob in den den Entladungsröhren nachgeschalteten Gefäßen stattfindenden Reaktionen wirklich das OH-Radikal eine unmittelbare Rolle spielt, sehr vorsichtig sein.

Viele sonst dem OH-Radikal zugeschriebenen Reaktionen können besser als Reaktionen mit einem sekundär gebildeten Gemisch von Wasserstoff- und Sauerstoffatomen gedeutet werden, beispielsweise die Bildung von Wasserstoffsuperoxyd [407].

Andererseits gibt es auch echte Hydroxylreaktionen, wie z. B. die CO-Oxydation [410, 144 ... 146]. Atomarer Sauerstoff zeigt dagegen sehr wenig Neigung CO zu oxydieren [397, 408, 409].

§ 132. Sauerstoff und Gruppe I des periodischen Systems
(3. Teil: Übrige Elemente)

Die Metalle der Gruppe Ia werden bekanntlich schon ohne Entladung intensiv vom Sauerstoff angegriffen, umsomehr von in der Entladung primär gebildeten aktiven Sauerstoff. Da die Oxyde nicht flüchtig sind, ist es erklärlich, daß auch eine Dissoziation der Oxyde in der Gasentladung noch nicht beobachtet wurde.

Kupfer und Silber werden in der Glimmentladung insbesondere bei höheren Drucken angegriffen. Unterstützend wirkt dabei die kathodische Zerstäubung. Auch durch Kanalstrahlen in verdünntem Sauerstoff finden Oxydationen der betreffenden Metalle statt [1072].

§ 133. Sauerstoff und Gruppe II des periodischen Systems

Die Metalle dieser Gruppe werden sämtlich in Sauerstoffentladungen zu höheren Oxyden oxydiert. Niedere Oxyde werden weiter aufoxydiert, s. z. B. MgO zu MgO_2 [230, 241], CaO zu CaO_2, Zinkoxyd zum Zinkperoxyd [607].

§ 134. Sauerstoff und Gruppe III des periodischen Systems

Für Aluminium wurde einwandfrei eine die Oxydation beschleunigende Wirkung von Sauerstoffglimmentladungen festgestellt[1]). Die erzielte Aluminiumoxydschicht übertrifft an Stärke dabei die durch thermische Einwirkung erzielbaren Schichten um ein mehrfaches [67].

§ 135. Sauerstoff und Gruppe IV des periodischen Systems

Näsänen [586] konnte zeigen, daß der in einer nicht entgasten Graphitelektrode enthaltene Sauerstoff mit dem Kohlenstoff der Elektrode, wenn diese in Wasserstoffentladungen Verwendung findet, zu CO und CO_2 reagiert. In Sauerstoffentladungen läßt sich Graphit, wie zu erwarten, leicht oxydieren. Auch dabei wurde CO_2 neben CO festgestellt [588]. Der Entladungsvorgang kann sowohl mittels hochgespannter [587], als auch mittels niedergespannter Ströme [589] eingeleitet werden. Die Kohlenstoffoxydation tritt bei anodischer und kathodischer Schaltung der Graphitelektrode ein [590]. Der endotherme Vorgang, die Zerlegung des CO_2 geht sowohl im Funken [370, 591, 592] als auch in der *Siemens*-Röhre gut vonstatten, solange das Gas gut getrocknet ist [593, 599].

In kondensierten Entladungen geht die Zersetzung bedeutend energischer als in normalen Glimmentladungen vor sich [594, 595]. Durch Anwendung sehr energiereicher Stoßfunken (kondensierter Entladungen) gelingt es dabei das CO_2 bis auf einen Rest von 5 % in CO und Sauerstoff zu zerlegen [596].

In der Glimmentladung ist die Zerlegung in Anodennähe am schwächsten [600], was nach den Ausführungen des § 62 ohne weiteres einzusehen ist.

CO und Sauerstoff reagieren ähnlich wie Wasserstoff und Sauerstoff in kalten elektrischen Entladungen nur langsam zu CO_2 [597, 598]. CO allein geht eine Reihe bemerkenswerter Reaktionen ein.

---

[1]) Dieser Vorgang findet vielleicht auch bei der elektrolytischen Oxydation des Aluminiums in Form einer Vielzahl von Mikrogasentladungen statt [67].

Mittels Elektronenbeschuß kleiner Geschwindigkeit wurde als erste Stufe solcher Vorgänge eine Zerlegung nach den folgenden Schemata festgestellt [601]: $CO = C + O^-$ (bei 9,5 V); $CO = C^+ + O^-$ (bei 21 V) und $CO = C^+ + O$ (bei 22,8 V).

Durch längere Behandlung in elektrischen Gasentladungen treten dann sekundäre Vereinigungsprodukte auf. Schon *Brodie* [602] konnte 1873 auf diesem Wege in der *Siemens*-Röhre die Bildung eines festen, dunkelbraungefärbten Kohlenstoffsuboxydes feststellen. Die mutmaßliche Formel wurde mit C_4H_3 in Mischung mit C_5O_4 angegeben. Der neu gebildete Stoff erwies sich als leicht löslich in Wasser und Alkohol, aber als unlöslich in Aether.

Schützenberger [603] konnte aus CO in der *Siemens*-Röhre ebenfalls Kohlenstoffsuboxyde (entsprechend C_4O_3 bis C_5O_4) erzielen. Außerdem beobachtete er eine Reaktion mit dem aus der Wasserhaut des Glases stammenden Wasserdampf, die zu einer Verbindung der ungefähren Zusammensetzung $C_{12}O_{11}H_2$ führte. Ott [604] fand nach Behandlung von CO in der *Siemens*-Röhre ebenfalls ein Suboxyd und zwar der Zusammensetzung C_3O_2. Dieser Körper kann in der Entladung zu gelb-braunen Substanzen weiterpolymerisieren, wie auch *Lunt* und *Mumford* [605] mitteilen.

In einer älteren Arbeit hat *Berthelot* [606] versucht, die verschiedenen Suboxyde in eine Ordnungsreihe einzugliedern (C_2O, C_3O_2, C_4O_3, C_5O_4, C_6O_5 ....).

Es sei noch erwähnt, daß, wie *De Hemptinne* [114, 318] nachweisen konnte, CO in ähnlicher Weise wie Wasserstoff innerhalb elektrischer Entladungen kräftig reduzierend wirken kann, z. B. auf Magnetit, Mangandioxyd und Bleidioxyd.

§ 136. Sauerstoff und Gruppe V des periodischen Systems

Die älteste Beobachtung über die Bildung von Stickoxyden in elektrischen Entladungen stammt wohl von *Lavoisier* [609], der mit Funkenentladungen arbeitete. In der Natur finden Stickstoffverbrennungen durch die Einwirkung der Blitze auf die Luft statt.

Es ist noch nicht restlos geklärt, ob auch bei den heißen elektrischen Entladungen wie etwa beim Bogen in atmosphärischer Luft weniger eine thermische als eine elektrische Stickstoffbindung eintritt. *Haber* und *König* [868] hatten bei gekühlten Bogenentladungen besonders hohe Ausbeuten erhalten. Sie nehmen an, daß das Stickoxyd zunächst infolge Ladungsträgerstoßes in sehr hoher Konzentration gebildet wird und dann erst nachträglich bis zum thermischen Gleichgewicht zurückzerfalle. Die starke Kühlung bewirke danach die mehr oder wenige vollständige Erhaltung des elektrisch gebildeten Stickoxydes. Da die NO-Synthese nach der summarischen Formel: $N_2 + O_2 = 2NO - 43$ Kal [608] im Gegensatz zur Ammoniaksynthese endothermer Natur ist, erscheint es nicht abwegig, im Bogen auch an eine elektrische Bildung zu denken.

Unabhängig davon aber, ob die NO-Bildung im Bogen thermischer oder elektrischer Natur sei, ist die Beachtung des thermischen Gleichgewichtes zwischen Stickstoff und Sauerstoff sowie die Kenntnis der Geschwindigkeit, mit der es sich einstellt, nötig, um möglichst hohe Ausbeuten zu erzielen. Folgende Tabelle 12 gibt links die absoluten Temperaturen und rechts den Gehalt an NO (nach *Hofmann* [576]) an.

Tabelle 12: Gehalt an NO, abhängig von der abs. Temperatur

abs. Temp.	Gehalt an NO
1811	0,0037
2195	0,0097
2580	0,0205
3200	0,05
4200	0,1

Dieses Gleichgewicht stellt sich nun bei verschiedenen Temperaturen ganz verschieden schnell ein, und zwar sind den tiefen Temperaturen lange Einstellzeiten und den hohen außerordentlich kurze Einstellzeiten zugeordnet, wie folgende Tafel zeigt (nach *Hofmann* [576]), in der links wieder die absolute Temperatur und rechts die Einstellzeit steht.

Tabelle 13: Einstellzeiten für NO, abhängig von der absoluten Temperatur

abs. Temp.	Einstellzeit
1500	$1^1/_4$ Tage
2100	5 sec.
2500	1/100 sec.
2900	$3{,}5 \cdot 10^{-5}$ sec.

Daraus folgt, daß man, unabhängig davon, ob in der heißen Entladung das NO elektrisch oder thermisch gebildet wird, bedacht sein muß, das gebildete NO möglichst schnell auf eine Temperatur von größenordnungsmäßig mindestens $1500^0 K = 1227^0 C$ abzukühlen.

Verschiedene Bogenkonstruktionen sollen diese schnelle Abkühlung ermöglichen. Mit dem zwischen zwei nach oben auseinanderstrebenden Hörnerelektroden beständig im Luftstrom flatternden Bogen sind Ausbeuten bis 60 g Salpetersäure/KWh erzielt worden.

Um den Lichtbogen zu einem spiralförmig flatternden Bande auszuziehen, ließ man die Reaktionsluft spiralförmig um den Bogen innerhalb eines vertikalen Rohres kreisen und erzielte dank der kräftigen Durchwirbelung bis zu etwa 75 g HNO_3/KWh. Die elektrische „Sonne" nach *Birkeland* und *Eyde,* bei der mit magnetischer Blasvorrichtung eine Ausbreitung des Wechselstrombogens über eine Scheibenfläche erzielt wurde, ließ Ausbeuten bis etwa 70 g HNO_3 je verbrauchte KWh zu.

Heute sind alle diese Verfahren von dem viel billigeren und einfacheren Verfahren der katalytischen Ammoniakverbrennung zu NO_2

und Wasser [608] verdrängt worden. Einfacher ist diese Methode auch deshalb, weil gleich NO_2 gebildet wird, während bei den elektrischen Verfahren nur NO und zwar in höchst unpraktisch geringen Konzentrationen (etwa 2,5%) anfällt. Auch die neueren Versuche mittels Anwendung geringerer Drucke sowie Verwendung leicht Elektronen abgebender Metalle als Elektroden und hochfrequenter Entladungen können vorerst eine Wiedereinführung der elektrischen NO-Synthese in die Technik nicht rechtfertigen. Maximal wurden hierbei 88,4 g HNO_3/KWh erzielt. [610 ... 616, 289, 869 ... 871].

In der Glimmentladung verläuft die NO-Bildung hauptsächlich im Gebiet der Glimmlichtgrenze [614]. Die Reaktion soll dabei überwiegend auf den Wänden ihre Vollendung erfahren, was vielleicht aus dem die Wände vergiftenden Einfluß von polaren Körpern (Wasser, Ammoniak, Ameisensäure) geschlossen werden kann [617]. Auf den Wänden verläuft die insgesamt endotherme Reaktion exotherm, weil dort die energiereichen Atome sekundär miteinander reagieren.

In den kalten Entladungsformen wurden neben NO auch noch andere Stickoxyde festgestellt. In der *Siemens*-Röhre [619] sowie in einer mehr büschelförmigen Koronaentladung [618] wurde N_2O_5-Bildung bemerkt. Die Bildung von NO_3, N_2O_5 und N_2O_6 konnte in stromschwachen stabilisierten Entladungen festgestellt werden [621].

Mittels Funkenentladung in flüssiger Luft kann neben Ozon N_2O_3 auftreten [620].

Die Zersetzung der Stickoxyde kann auch in elektrischen Entladungen bewerkstelligt werden [614, 622].

§ 137. Sauerstoff und Gruppe VI des periodischen Systems

Sauerstoff oxydiert in der Glimmentladung, sowie auch in der *Siemens*-Röhre niedrige Schwefeloxyde zu höheren Oxyden. So wird SO_2 zu SO_3 [626] und SO_3 zu SO_4 [624] oxydiert. In der elektrodenlosen Induktionsentladung gelingt ebenfalls die weitere Oxydierung des SO_2 zu SO_3 [623].

Wässerige Schwefelsäure wird, als Elektrode einer Sauerstoff-Gasentladung geschaltet, zu H_2SO_5 und $H_2S_2O_8$ aufoxydiert [625].

SO_2 wird in der Funkenentladung zunächst in S und SO_3 übergeführt. Letzteres wird weiterhin teils in seine Elemente zerlegt, teils in S_2O_7 übergeführt [370]. In der *Siemens*-Röhre verlaufen analoge Vorgänge [418, 367].

Zwischen wäßriger Kochsalzlösung als einer Elektrode und KCl-Lösung als anderer Elektrode wurde SO_2 mit Gleichspannungsentladungen behandelt [422]. Dabei wurde das Dioxyd in Trioxyd umgewandelt. Nebenbei entstanden noch hochmolekulare Körper unbekannter Zusammensetzung.

In der reinen Glimmentladung zwischen indifferenten Elektroden wird SO_2 zu dem früher nur hypothetisch angenommenen SO verwandelt, welches einen orangeroten Körper darstellt *(Cordes* und *Schenk* [633]).

Selen wird im negativen Glimmlicht der Glimmentladung zu Selendioxyd und -Trioxyd oxydiert [152, 153, 628]. Mittels Hochfrequenzentladungen konnte anscheinend ohne Zwischenprodukte aus Selen und Sauerstoff Selentrioxyd erhalten werden [629].

§ 138. Sauerstoff und Gruppe VIII[1]) des periodischen Systems

Platin verbindet sich kathodisch geschaltet, bei einsetzender Zerstäubung zu dem Oxyd Pt_2O_3, welches sich bei 600^0 C wieder in seine Elemente zerlegen läßt [151, 639].

V. Die Halogene und die Entladungen

a) Aktive Halogene

§ 139. Erzeugung von aktivem Chlor; erreichte Konzentrationen

Chemisch besonders aktives Chlor, das atomarer Natur ist, kann in elektrischen Entladungen erhalten werden, wenn bestimmte Bedingungen eingehalten werden. Man darf vor allem nicht in höheren Druckbereichen arbeiten, wie dies *Willep* und *Foord* [635] versuchten, weil nur bei niedrigen Drucken die zur Rekombination führenden Dreierstöße selten werden. Daneben sind auch die katalytischen Einflüsse durch Metalle insbesondere im zerstäubten Zustande schädlich und daher zu unterdrücken. *Rodebush* und *Klingelhöfer* [543] arbeiteten unter Anwendung elektrodenloser Induktionsentladungen bei niedrigem Druck. Die andere Möglichkeit, die Elektroden weit entfernt von der Abzapfstelle anzubringen und stark zu kühlen und damit den schädlichen katalytischen Einfluß von Metallelektroden auszuschalten, haben sie nicht verfolgt. Dagegen haben *Schwab* und *Fries* [546] sich einer solchen Einrichtung, nämlich der *Wood*-schen zur Erzeugung von atomarem Wasserstoff in fast ungeänderter Form bedient. Damit konnten sie mit bestem Erfolg atomares Chlor gewinnen. Die Farbe der Chlorentladung in der 230 cm langen Quarzröhre von 23 cm Durchmesser war leuchtend blau. Daneben wurde viel ultraviolettes Licht ausgesandt. Die eisernen Elektroden waren wassergekühlt. Der Betriebsdruck war im Mittel etwa 0,1 Torr. Die Betriebsspannung betrug zwischen 2300 und 4000 V. Die Menge der atomaren Modifikation des Chlor wurde von *Schwab* und *Fries,* ähnlich wie dies *Pietsch* und *Seuferling* [634] in einer Abänderung der *Bonhoeffer*schen Methode getan haben, durch Messung der Temperaturerhöhung infolge Rekombination an Thermoelementen zu 4 % des behandelten Ausgangschlors bestimmt.

---

[1]) Sauerstoff und Halogene siehe unter Halogene § 145.

§ 140. Lebensdauer und Verschwinden des atomaren Chlors

Schwab und *Fries* [546] rechneten mit einer mittleren Lebensdauer der Chloratome von etwa $3 \cdot 10^{-3}$ sec., einem Wert, der viel kleiner als der entsprechende für Wasserstoff ist.

Die Rekombination zu Molekülen wurde von den gleichen Verfassern an Glas, Kieselgur, Phosphorpentoxyd, Chromtrioxyd, Eisen(3)-oxyd, Kaliumchlorat, Kupfer(1)chlorid, Hexabromäthan, Acetylcellulose, Palladium, Platin, Kupfer, Graphit, Ruß und rotem Phosphor untersucht. Alle diese Körper wirken auf Chloratome katalytisch derart ein, daß sofortige Wiedervereinigung zu Molekülen erfolgt. Besonders wirksam scheinen in dieser Hinsicht die Metalle, ferner roter Phosphor und Chrom(3)oxyd zu sein.

Von den Gasen erwies sich beigemengter Sauerstoff unwirksam, wohl aber zerstörten Wasserstoff sowie Methan schnell, CO langsamer das atomare Chlor.

Das Verschwinden des atomaren Chlor durch Eingehen chemischer Verbindungen ist noch wenig untersucht. Einige organische Verbindungen wie Toluol, Phenylmethylalkohol wurden dem aktiven Chlorstrom ausgesetzt. Es wurde dabei eine gegenüber der Einwirkung von gewöhnlichem molekularem Chlor erhöhte Reaktionsgeschwindigkeit festgestellt.

Mit der chemischen Aktivität beschäftigten sich außer *Schaum* und *Feller* [636] noch *Venkataramaiah* [637] und *Isomura* [657]. Letzterer leitete u. a. Cl-Atome bei 100^0 C in Essigsäure ein und erhielt Monochloressigsäure.

§ 141. Die übrigen aktiven Halogene

Atomares Brom stellte *Schwab* [547] in gleicher Weise her, wie *Schwab* und *Fries* das atomare Chlor erzeugten, also in einer langen weiten Quarzentladungsröhre bei 0,1 Torr Druck. Die Atomkonzentration konnte durch geringen Wasserdampfzusatz gesteigert werden. Irgend welche Reaktionen außerhalb der Entladung wurden nicht untersucht, weil die Rekombination bei jedem Stoß der Br-Atome auf die Wand unabhängig von deren Beschaffenheit erfolgen soll. Diese Beobachtung steht in Einklang mit photochemischen Erfahrungen. Die sehr schnelle Wiedervereinigung von in Entladungen gebildeten Bromatomen stellte bereits im Jahre 1887 *Thomson* [548] fest. Mit Gasen als Wiedervereinigungskatalysator konnten im Gegensatz zu dem Verhalten bei Wandstößen Unterschiede je nach der Natur der Gase beobachtet werden.

Atomares Jod gewann *Thomson* im Funken [548], *Kropp* [638] gelang es jedoch nicht, das *Thomson*sche Experiment zu wiederholen. Er kam zu der Meinung, daß die von *Thomson* beobachteten Jodatome nicht reeller Natur gewesen seien. *Buchdall* [640] gelang es aber einwandfrei, Jodmoleküle in Jodatome und Atomionen negativer Ladung zu zerlegen. Er bestimmte die Elektronenaffinität des Jod zu $3,2 \pm (0,2)$.

b) Halogene und ihre Verbindungen in der Entladung

§ 142. Halogene und Gruppe I des periodischen Systems

Fluor verbindet sich wie alle· Halogene sehr leicht in der elektrischen Entladung mit Wasserstoff zu Fluorwasserstoff. Dieser ist jedoch nur sehr schwer in der Entladung zu zersetzen. Nur im Bogen gelingt dies, weil bei der hohen Temperatur die sekundäre Wiedervereinigung unterbleibt. Nach *Berthelot* [325] greift Fluorwasserstoff in der *Siemens*-Röhre, wie nicht anders zu erwarten, lediglich das Glas an, wobei sich etwas Wasser bildet. Chlor läßt sich in allen kalten Entladungen mit Wasserstoff vereinigen, ohne daß Explosion eintritt [423, 544, 545]. Es genügt dabei, dem Chlor die Aktivität zu verleihen. Wenn in der Koronaentladung aktiviertes Chlor sogleich in Wasserstoff eingeleitet wird, so erfolgt spontan Chlorwasserstoffbildung [424]. Es kann dabei aber auch an eine photochemische Wirkung gedacht werden.

Mittels schnell bewegter Elektronen kann HCl aus H_2 und atomarem Chlor ohne Explosionserscheinung gebildet werden [425], und zwar in einem weiten Druckbereich. Mit Hilfe der Strahlung radioaktiver Elemente läßt sich die HCl-Synthese ebenfalls durchführen. So führte *Bodenstein* [426] einen solchen Versuch mit Radium aus. (Weitere Untersuchungen [427...430]).

Die Zersetzung von HCl geht im Funken dann sehr schnell vor sich, wenn „Hilfskörper" anwesend sind. Als solche werden Sauerstoff [431, 432] und Quecksilber [344] angegeben. *Berthelot* [422] sowie *Wiedemann* und *Schmidt* [433] konnten auch ohne besondere Hilfskörper im Funken Zersetzung beobachten.

In den kalten Entladungen gelang es bisher in keinem Falle, die HCl-Zersetzung ohne Beteiligung von Hilfskörpern im Endeffekt durchzuführen. Unter Sauerstoffbeteiligung bildet sich nach *Comanduzzi* [377] HClO sowie ClO_2.

Thomson [434] glaubte auch bei Gasentladungen und zwar in HCl einen der elektrolytischen Ionenwanderung entsprechenden *Materialtransport* festgestellt zu haben. Er verwendete eine sehr enge Entladungskapillare, wodurch die Rückdiffusion der abzuscheidenden Komponenten möglichst vermieden werden sollte. An der Kathode soll sich der Wasserstoff und an der Anode das Chlor angereichert haben.

Brom läßt sich mit Wasserstoff in allen Entladungsarten vereinigen [191, 435, 196, 436]. Die Zersetzung konnte sowohl mittels alpha-Strahlen [435] als auch mittels Gasentladungen [196, 436] bewerkstelligt werden.

Die Synthese des Jodwasserstoffes aus den Elementen geht in der *Siemens*-Röhre glatt vonstatten, ebenso in anderen stromschwachen Entladungen [165, 156].

Die Zersetzung des Jodwasserstoffes kann sowohl im Funken [422] als auch in der *Siemens*-Röhre [349] durchgeführt werden.

Jodsäure wird durch Wasserstoff in der Entladung zu Jodwasserstoff und Wasser reduziert [156].

Kaliumbromat wird in elektrischen kalten Entladungen, z. B. in der elektrodenlosen Induktionsentladung, in Kaliumbromid und KBrO zerlegt [641, 642]. Bei der ähnlich verlaufenden Zerlegung des Kaliumjodates wird auch freies Jod erhalten [641].

§ 143. Halogene und Gruppe IV des periodischen Systems

Phosgen wird im elektrischen Funken zu CO und Chlor dissoziiert [325]. Difluordichlormethan (CF_2Cl_2) wird nach *Thornton* und Mitarbeitern [634] bei höheren Drucken in einer Entladung zwischen wassergekühlten Kupferelektroden in Chlor, CF_3Cl sowie etwas CF_4 zerlegt. Daneben finden noch Aufbauvorgänge zu $C_2Cl_2F_4$ statt. Die weiter entstandenen flüchtigen Verbindungen wurden nicht näher erfaßt.

§ 144. Halogene und Gruppe V des periodischen Systems

Mittels Glimmentladungen kann aus Joddampf und Stickstoff Jodstickstoff gewonnen werden [306, 365]. Dagegen bleibt die entsprechende Reaktion mit Fluor aus [542]. Da die Halogene nicht mit Stickstoffatomen reagieren [510], dürften für die entladungschemischen Reaktionen derselben mit Stickstoff innerhalb der Entladungen die Halogen-Atome bestimmend sein.

Besson und *Fournier* [644] behandelten verschiedene Chlor und Phosphor enthaltende Gase in stromschwachen Entladungen (z. B. $POCl_3$). Bei Anwesenheit von Wasserstoff entwickelte sich Salzsäure.

§ 145. Halogene und Gruppe VI des periodischen Systems

Chlormonoxyd entsteht in der *Siemens*-Röhre aus Chlor und Sauerstoff [377]. In der Glimmentladung (von 20 Torr Druck) könnten *Ruff* und *Menzel* [645] Fluoroxyd (F_2O_2) aus den Elementen aufbauen. Chlor und Schwefeldampf geben teilweise S_2Cl_2. Dieses läßt sich mit Wasserstoff und Schwefel zu HCl umsetzen [644]. Mit Sauerstoff und Stickstoff gibt Chlor in der *Siemens*-Röhre einen leicht sublimierbaren festen Körper [204].

3. Spezieller Teil

Organische Hochspannung-Entladungschemie

§ 146. Über das Verhalten elektronegativer und elektropositiver Elemente in der organischen Entladungschemie

Die sich bei der Einwirkung elektrischer Entladungen auf organische Körper ergebenden Reaktionen sind außerordentlich vielgestaltig. Für die Entladungen, in denen die thermischen Einwirkungen zurücktreten, lassen sich jedoch einige in vielen Fällen zutreffende Richtlinien angeben. Diese lauten:

1. Die Einwirkung elektrischer Entladungen auf organische Verbindungen führt zu einem Austritt der positiveren Elemente aus dem Molekülverband (z. B. Wasserstoff).
2. Die austretenden positiven Elemente treten entweder atomar oder in zwei- oder mehratomigen Molekülen aus.
3. Die elektronegativen Elemente zeigen wenig Neigung, aus dem Molekülverband auszutreten. Sie sammeln sich daher meist im Molekülrest an, der seinerseits, weil infolge des Austrittes elektropositiver Elemente freie Valenzen verfügbar sind, zum Polymerisieren neigt.
4. Elektronegative Elemente werden leichter aufgenommen als elektropositive. (So nehmen die meisten organischen Verbindungen gerne Stickstoff, Schwefel oder Sauerstoff usw. auf).
5. Der Austritt elektronegativer Elemente geht, sofern er gelegentlich beobachtet wird, in der Form der Abspaltung einfacher binärer Moleküle vor sich. (Der Partner ist dabei meist elektropositiv).

I. Kohlenwasserstoffe

a) Beziehungen zwischen Molekülsstruktur und Reaktionsprodukten

§ 147. Bestimmung der Menge und Art der Reaktionsprodukte

Linder und *Davis* [141] haben in einer sorgfältigen Untersuchung, die sich auf über 57 verschiedene Kohlenwasserstoffe erstreckte, die Menge der entstehenden niedermolekularen Gase sowie der

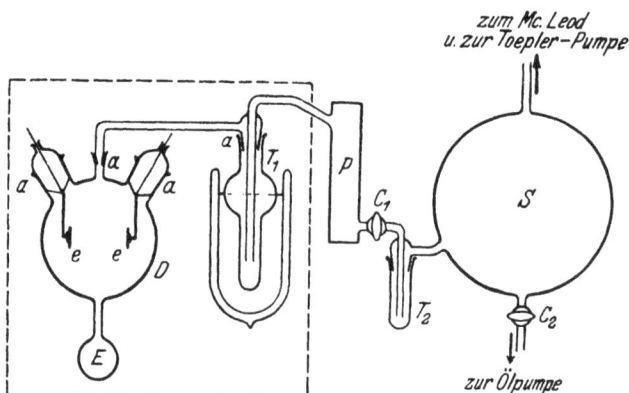

Bild 89: Entladungsgerät. E = Vorratsgefäß, D = Entladungsgefäß, e = Elektrode, a = Schliffe, T_1, T_2 = tiefgekühlte Vorlagen, P = Pumpe, C_1, C_2 = Hähne, S = Glaszylinder (Aus [141])

festen Reaktionsprodukte gemessen. Die verwendete Entladung
war eine Glimmentladung bei einem Druck zwischen 0,5 und 10
Torr. Die Menge der Reaktionsprodukte ergab sich am besten reproduzierbar, wenn sie auf die Elektrizitätsmenge bezogen wurde.
In diesem Falle war eine Druckunabhängigkeit hinsichtlich der
Menge der Reaktionsprodukte festzustellen (vergl. § 77). In Bild **89**
ist die Versuchsanordnung wiedergegeben. Das Vorratsgefäß E enthielt die zu verändernden Substanzen, z. B. Flüssigkeiten. Das dampf-
förmige Ausgangsmaterial strömt durch das Entladungsrohr D mit
den beiden Elektroden e (von je 2,5 cm Durchmesser bei 8,5 cm
Abstand) und gelangt, die gasförmigen Reaktionsprodukte mit sich
führend, in die Kühlvorlage T, worin durch Tiefkühlung alles außer
den niedermolekularen Gasen zurückgehalten wird. Über die Queck-
silberpumpe P und eine weitere Kühlfalle gelangen die zu bestim-
menden Gase in einen größeren Glaszylinder S, in dem z. B. mittels
Druckmessung ihre Menge bestimmt wird. Durch diese Methode,
bei welcher die zu untersuchenden Stoffe nur einmal und mit hoher
Geschwindigkeit durch den Entladungsraum geführt werden, sind
Sekundär-Reaktionen komplizierter Art weniger zu befürchten als
wenn bei ruhendem Gase im abgeschlossenen System gearbeitet
würde. Durch die Wahl des kugeligen Entladungsrohres sind Wandeinflüsse zurückgedrängt. Außer den gasförmigen Reaktionsprodukten wurde auch die Menge der festen Produkte, welche sich auf den
Elektroden und auch an den Wänden absetzten, durch Wägung
bestimmt.

§ 148. Molekulare Struktur des Ausgangskörpers und entwickelte Gasmenge

Zwischen Molekularstruktur und
entwickelter Gasmenge konnten
Beziehungen gefunden werden, die
überraschend sind.

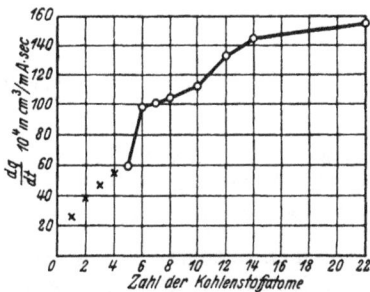

Bild 90: Gasentwicklung der Paraffine
(Aus [141])

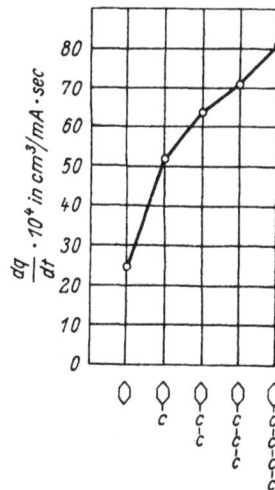

Bild 91: Gasentwicklung
für Benzol, Toluol, Äthyl-
benzol, n-Propylbenzol u.
n-Buthylbenzol (Aus [141])

In der folgenden Tabelle **14** ist eine Übersicht aller untersuchten Kohlenwasserstoffe gegeben, daneben steht die jeweils gebildetè Gasmenge.

Tabelle 14: Entwickelte Gasmengen (nach *Linder* und *Davis* [141])

Verbindung:	Entwickelte Gasmenge in cm³/A sec	Verbindung:	Entwickelte Gasmenge in cm³/A sec
n-Pentan	6	Cyklohexylen	10,5
n-Hexan	9,9	p-Diphenylbenzol	5,1
n-Heptan	10,1	m-Diphenylbenzol	4,1
n-Oktan	10,5	o-Diphenylbenzol	5,2
n-Dekan	11,3	Diphenyl	4,3
Dodekan	13,3	Di-iso-Butylen	13,9
n-Tetradekan	14,5	Dipenten	11,4
n-Docosan	15,5	Pinen	10,1
Benzol	2,5	Di-iso-Amyl	11,8
Toluol	5,2	Limonen	11,2
o-Xylol	3,5	p-Diäthylbenzol	6,9
m-Xylol	4,7	m-Diäthylbenzol	7,1
p-Xylol	6,3	p-Cymol	6,6
Mesitilen	7,1	p-Menthan	7,1
Duren	6,2	Styrol	4,5
Hexamethylbenzol	7,9	2,2,4-Trimethylpentan	9,7
Hexaäthylbenzol	8,3	1-Heptan	11,5
n-Butylbenzol	8,1	Dibenzyl	4,9
(6)-Butylbenzol	8,0	2,2,3-Trimethylbuten	9,7
(3)-Butylbenzol	6,6	Methylnaphthalin	6,2
n-Propylbenzol	7,1	Octylen	10,5
iso-Propylbenzol	5,8	Triphenylmethan	4,2
Aethylbenzol	6,4	Anthrazen	3,5
Naphthalin	3,9	Stilben	5,7
Dihydronaphthalin	7,2	Acenaphten	5,0
Tetrahydronaphthalin	7,1	Reten	5,6
Dekahydronaphthalin	10,3	Phenanthren	3,7
Cyklohexan	8,6		
Methylcyklohexan	9,3		
1-Methylcyklohexylen	10,5		

Die Gasentwicklung folgt offenbar zwei Gesetzen, welche folgendermaßen formuliert werden können:

1. In einer Serie ähnlicher Verbindungen, geordnet nach steigendem Molekulargewicht (z. B. normale Paraffine) steigt die Gasentwicklung mit dem Molekulargewicht an (siehe Bilder **90 ... 94**).

2. In einer Serie ähnlicher Verbindungen mit gleichem Molekulargewicht (z. B. o-, m- und p-Xylol) steigt die Gasentwicklung mit abnehmender Molekülballung (s. Bild **95**). Eine Ausnahme machen jedoch o-, m- und p-Diphenylbenzol.

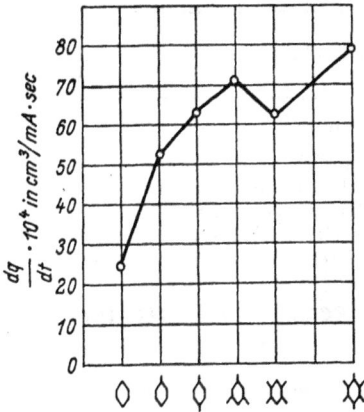

Bild 92: Gasentwicklung für Benzol, Toluol, p=Xylol, Mesithylen, Duren und Hexamethylbenzol (Aus [141])

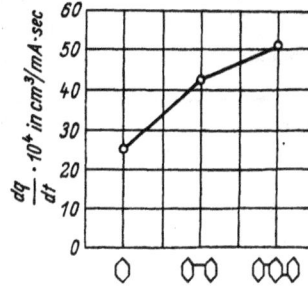

Bild 93: Gasentwicklung für Benzol, Diphenyl und p=Diphenylbenzol   (Aus [141])

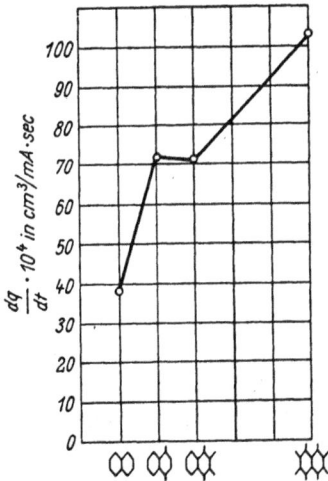

Bild 94:
Gasentwicklung für Naphthalin, Dihydronaphthalin, Tetrahydro=naphthalin und Dekahydronaph=thalin (Aus [141])

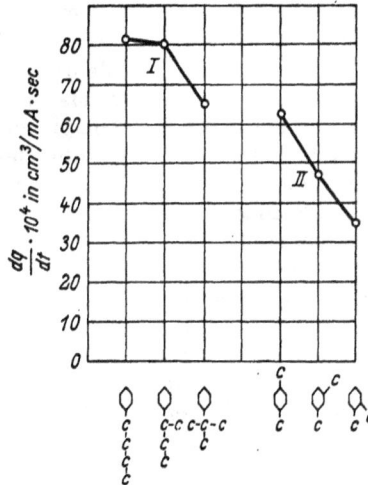

Bild 95:
Einfluß der Bauart auf die Gasentwick=lung bei Verbindungen gleichen Mola=kulargewichts
(Aus [141])

In folgender Tabelle **15** sind weitere diesen Gegenstand betref-fende Zahlenwerte zusammengestellt.

Tabelle 15: Struktur und Gasentwicklung (nach *Linder* und *Davies* [141])

Verbindung:	Entwickelte Gasmenge in cm³/Asec	Verbindung:	Entwickelte Gasmenge in cm³/Asec
Benzol	2,5	Stilben	5,7
Hexamethylbenzol	7,9		
Hexaäthylbenzol	8,3	Anthrazen	3,5
		Phenanthren	3,7
Naphthalin	3,9	Triphenylmethan	4,2
Diphenyl	4,3	p-Diphenylbenzol	5,1
Acenaphten	5,0	Reten	5,6

§ 149. Diskussion der Beziehungen zwischen Struktur und entwickelter Gasmenge

Güntherschulzes [833] empirische Gleichung für die Größe des Kathodenfalles U_k

$$U_k = (0,245 \cdot M + 4) \, V_j \cdot c \quad \text{(siehe § 17)}$$

kann nach *Linder* und *Davis* [141] nicht nur für ein- und zweiatomige, sondern auch für mehratomige Gase, z. B. Kohlenwasserstoffe, Gültigkeit beanspruchen.

Tatsächlich wird U_k mit steigendem Molekulargewicht auch bei den Kohlenwasserstoffen größer. Dies steht im Einklang mit der Quantentheorie, nach der mit steigender Molekülgröße auch eine erhöhte Zahl möglicher Quantenübergänge zu erwarten ist. Damit steigt aber auch die Wahrscheinlichkeit, daß ein Elektronenstoß die Moleküle eher anregt als daß er sie ionisiert. Oder anders ausgedrückt heißt dies, je komplexer ein Molekül ist, desto größer ist die Gelegenheit für ein stoßendes Elektron, seine Energie auf andere Weise als durch Ionisierung abzugeben, d. h. also, daß — um einen gleichen Strom aufrecht zu erhalten — für jede Serie von Verbindungen mit größer werdenden Molekülen mehr Energie verbraucht wird, da ja nur ein kleinerer Teil der Totalenergie zur Ionenproduktion verbraucht wird und ein größerer Teil zur Erzielung von Anregungszuständen dient. Die Menge der Reaktionsprodukte q ist auf die Zeit t bezogen (dq/dt) sowohl abhängig von der Ionenbildung als auch von dem Ausmaß der Bildung angeregter Zustände. Wenn N der Ionenbildung und M der Erzeugung angeregter Zustände proportionale Zahlen sind, kann geschrieben werden:

$$\frac{dq}{dt} = a \cdot N + b \cdot M; \quad a \text{ und } b \text{ sind darin Konstanten.}$$

Je Ion wird reagieren:

$$\frac{dq/dt}{N} = a + \frac{bM}{N} \cdot$$

Je komplexer das Molekül ist, desto größer wird M/N, desto größer wird die Ausbeute je Stromeinheit.

Die Beziehung zwischen Molekülbau und entwickelter Gasmenge wird sich bei Änderung von a, b und M/N ebenfalls ändern. Wenn

jedoch, was nach *Linder* und *Davis* [141] anzunehmen ist, sich in
Serien ähnlicher Verbindungen a und b nicht stark ändern, so ist
der Haupteinfluß dem Verhältnis M/N zuzuschreiben.

§ 150. Gasanalysen

Aus der Tabelle 16 geht hervor, daß bei der Behandlung organischer Stoffe neben Wasserstoff nicht unerhebliche Mengen von Acetylen, Aethylen sowie anderen Kohlenwasserstoffen entwickelt werden. (In den meisten übrigen Arbeiten dieser Art wurde nur auf
die Wasserstoffentwicklung geachtet). Wird nicht im Durchfluß-
verfahren gearbeitet, sondern im ruhenden abgeschlossenen System,
so werden, insbesonders bei Vorherrschen der Wandeinflüsse (z.
B. im *Siemens*-Rohr) die ungesättigten Verbindungen leicht in Sekundärreaktionen polymerisiert. Sie treten deshalb nicht mehr im
Endgas auf (s. *Glockler* und *Lind* [918]).

Nach der Tabelle 16 macht die Wasserstoffentwicklung für alle
untersuchten Körper in erster Annäherung etwa 0,5 Teile, d. h.
die Hälfte der Gasentwicklung, aus. Im übrigen ist aus Tabelle 16
zu entnehmen, daß die cyklischen Verbindungen mehr Acetylene
und Olefine liefern als die Paraffine. Mit zunehmender Methyl-
Substitution der cyklischen Verbindungen steigt der Gehalt an gesättigten Gasen an.

Es muß noch ergänzend bemerkt
werden, daß durch die Versuchsanordnung nur solche Gase erfaßt
wurden, welche bei einem Druck
von etwa 5...10 Torr und einer
Temperatur von etwa −70 bis
−80° C nicht kondensiert wurden.

§ 151. Feste Produkte

In der Abb. 96 sind die Mengen der gebildeten festen Produkte aufgezeichnet und zwar
in Abhängigkeit vom Verhältnis
Wasserstoff zu Kohlenstoff des
Ausgangskörpers. Es geht daraus
hervor, daß ungesättigte, an
Kohlenstoff reichere Verbindungen größere Mengen an festen
Körpern liefern als die an Kohlenstoff ärmeren. Zu ähnlichen Re-
sultaten gelangte auch *Lind* [917].

Die Menge der festen Produkte
ist bei größerem Wandeinfluß
bedeutend größer, jedoch ändert

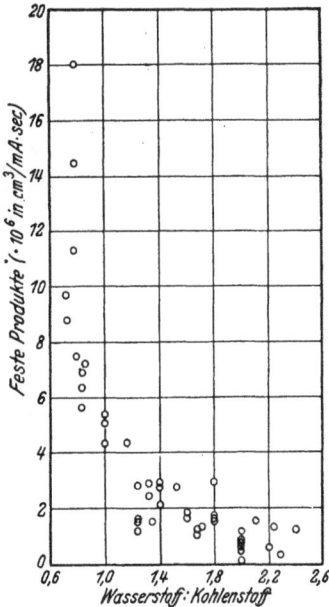

Bild 96: Menge gebildeter fester
Substanz in Abhängigkeit vom
Verhältnis Wasserstoff : Kohlen-
stoff (Aus [141])

Tabelle 16: Entstehende Gase bei verschiedenen Ausgangskörpern und Behandlung in stromdichteschwacher Entladung (nach *Linder* und *Davıs* [141]

Ausgangskörper	Entwickelte Gasmengen ın Raumteilen von dem auf Gaszustand berechneten Ausgangskörper			
	Wasserstoff	Acetylene	Olefine	gesättigte KWstoffe
n-Pentan	0,602	0,1	0,177	0,121
n-Heptan	0,46	0,097	0,269	0,175
n-Oktan	0,489	0,138	0,166	0,208
n-Docosan	0,557	0,112	0,257	0,074
Benzol	0,460	0,405	0,044	0,092
Toluol	0,548	0,290	0,030	0,137
o-Xylol	0,602	0,160	0,078	0,160
m-Xylol	0,522	0,251	0,068	0,158
p-Xylol	0,730	0,116	0,063	0,091
Mesitilen	0,551	0,189	0,074	0,187
Hexamethylbenzol	0,547	0,114	0,131	0,209
Hexaäthylbenzol	0,378	0,206	0,178	0,238
n-Butylbenzol	0,564	0,096	0,180	0,161
(2)-Butylbenzol	0,506	0,168	0,166	0,162
(3)-Butylbenzol	0,455	0,188	0,119	0,238
n-Propylbenzol	0,430	0,128	0,270	0,172
iso-Propylbenzol	0,518	0,144	0,121	0,216
Aethylbenzol	0,507	0,196	0,124	0,173
Naphthalin	0,428	0,322	0,233	0,017
Dihydronaphthalin	0,548	0,234	0,197	0,021
Tetrahydronaphthalin	0,570	0,170	0,200	0,060
Dekahydronaphthalin	0,525	0,128	0,300	0,047
Zyclohexan	0,460	0,132	0,321	0,087
Methylzyclohexan	0,470	0,126	0,266	0,138
1-Methylzyclohexan	0,408	0,126	0,311	0,155
Cyclohexylen	0,487	0,165	0,300	0,048
Diphenyl	0,432	0,374	0,173	0,021
di-iso-Butylen	0,573	0,110	0,138	0,179
Dipenten	0,484	0,115	0,270	0,131
Pinen	0,537	0,162	0,182	0,120
di-iso-Amyl	0,566	0,151	0,155	0,129
Limonen	0,584	0,149	0,180	0,087
p-Diäthylbenzol	0,360	0,114	0,257	0,270
m-Diäthylbenzol	0,498	0,141	0,169	0,192
p-Cymol	0,462	0,120	0,166	0,252
p-Menthan	0,525	0,014	0,281	0,180
Styrol	0,457	0,188	0,307	0,047
2, 2, 4-Trimethylpentan	0,532	0,035	0,271	0,162
Octylen	0,387	0,140	0,364	0,109
Triphenylmethan	0,501	0,273	0,218	0,008
1-Heptylen	0,363	0,241	0,254	0,123
Reten	0,398	0,211	0,150	0,241
2, 2, 3-Trimethylbutylen	0,379	0,079	0,269	0,273
Anthrazen	0,449	0,362	0,182	0,007
Stilben	0,468	0,448	0,068	0,016
Acenaphten	0,608	0,245	0,133	0,14
Phenanthren	0,458	0,219	0,280	0,043

sich wenig an dem Verhältnis der verschiedenen Verbindungen
zueinander.

b) Einige mögliche Reaktionen der Kohlenwasserstoffe

§ 152. *Molekülvergrößerung durch Zusammentritt wenig ver=*
änderter Ausgangsmoleküle

1. Addition zweier gesättigter Verbindungen

In reinen Kohlenwasserstoffen führt die sekundäre Vereinigung
zweier im Primärakt nur relativ geringfügig veränderter Ausgangsmoleküle zunächst zu einem größeren Molekül mit doppelter Kohlenstoffzahl. In Mischungen verschiedener Molekülarten werden Additionsreaktionen auch zwischen verschiedenartigen Partnern beobachtet. Verdreifachung der Kohlenstoffzahl in ursprünglich einheitlichen Ausgangskörpern kann durch Addition eines aktivierten Aus-
gangsmoleküles an ein bereits verdoppeltes aufgefaßt werden. In
ähnlicher Weise können noch größere Additionsverbindungen entstehen. Wegen der verhältnismäßig geringen Anzahl der elektrischen Stöße (Aktivierungen), bezogen auf die Gesamtzahl der Moleküle, wird die Bildung dimerer Verbindungen anfangs stark überwiegen. Dabei tritt die Aktivierung zunächst nur an einem der Partner ein, wie aus den Ergebnissen einer größeren Zahl von Untersuchungen geschlossen werden kann [138, 185, 691, 915, 916, 668,
671].

Becker [110] hat für die Addition zweier gesättigter geradketti-
ger Kohlenwasserstoffe das Schema:

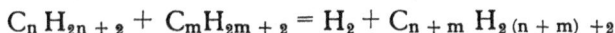

$$C_n H_{2n+2} + C_m H_{2m+2} = H_2 + C_{n+m} H_{2(n+m)+2}$$

angegeben, welches zweifellos die Vorgänge wenigstens teilweise
bruttomäßig wiederzugeben vermag. Im einzelnen kann die *Becker*-
sche Ansicht mit Berücksichtigung der geringen Wahrscheinlichkeit,
daß zwei Nachbarmoleküle oder Reaktionspartner gleichzeitig aktiviert sind, (vergl. § 69) vielleicht folgendermaßen modifiziert werden: Als erster Schritt *(Primärakt)* ist die Loslösung eines Wasserstoffatomes aus dem Kohlenwasserstoff anzunehmen. Der gleiche
Vorgang braucht bei einem Nachbarmolekül nicht einzutreten (im
Gegensatz zur *Becker*schen Ansicht). Wenn das im Primärstoß
losgeschlagene Wasserstoffatom auf ein Nachbarmolekül trifft, so
kann es unter anderem eine Dehydrierung desselben bewirken (vergl. Atomarer Wasserstoff §§ 91 und 92). Das auftretende Wasserstoffatom kann infolge des Primärstoßes noch eine erhebliche
kinetische Energie besitzen. Es kann ferner auch angeregt, ja sogar
ionisiert sein. Wegen dieses zusätzlichen Energieinhaltes erscheint
es verständlich, daß auch das stabile Methan, welches von atomarem
Wasserstoff außerhalb der Entladung nicht angegriffen wird, in
der Entladung dehydriert werden kann und im Rahmen des hier
behandelten Schemas zu reagieren vermag. Durch das Auftreffen
des atomaren, in vielen Fällen noch mit zusätzlicher kinetischer

sowie potentieller Energie behafteten Wasserstoffes auf das Nachbarmolekül wird die Dehydrierung so vor sich gehen, daß ein H-
Atom austritt und sich mit dem angreifenden H-Atom zu einem
H_2-Molekül vereinigt, dessen weiteres Schicksal uns hier nicht interessiert. Jedenfalls entstehen durch den soeben geschilderten
Vorgang je eine freie Valenz an den zwei benachbarten Molekülen,
wodurch diese Radikale Gelegenheit haben, sich zu einem größeren
Molekül zu vereinigen, welches denselben Charakter haben dürfte
wie die Ausgangsmoleküle. Treten also zwei gesättigte Moleküle
zusammen, so bildet sich wieder eine gesättigte Verbindung.

Zeichnerisch läßt sich der Vorgang folgendermaßen darstellen:

1. Schritt: Austreibung des H-Atoms durch Ladungsträgerstoß.

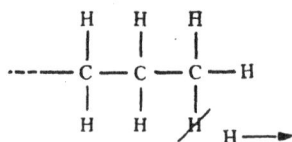

Fig. 1:
Grenzkohlenwasserstoff

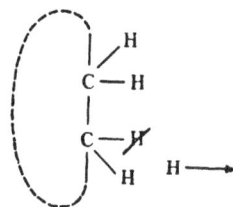

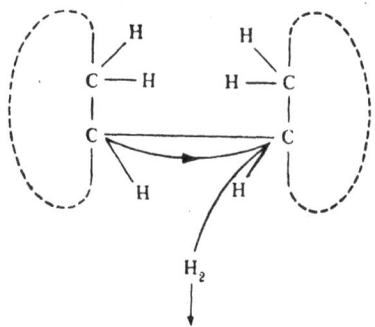

Fig. 2:
Zyklischer gesättigter Kohlenwasserstoff

2. Schritt: Dehydrierung des Nachbarmoleküles und Zusammen-
schluß.

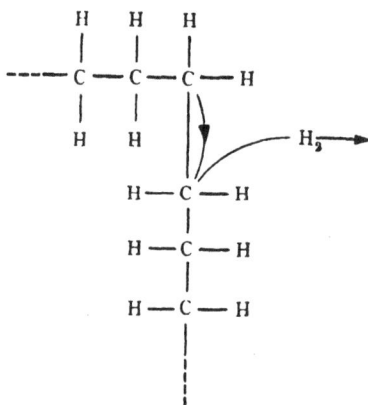

Fig. 3:
Grenzkohlenwasserstoff

Fig. 4:
Zyklischer gesättigter Kohlenwasserstoff

In sinngemäßer Art ist auch die Vereinigung von Grenz- und
zyklischen Kohlenwasserstoffen denkbar.

§ 153. Molekülvergrößerung durch Zusammentritt wenig veränderter Ausgangsmoleküle

2. Addition von Körpern mit Doppelbindungen

Auch bei diesen Verbindungen können wir als Primärakt die Austreibung eines Wasserstoffatomes aus dem Molekülverband als möglich ansehen. Dieser Wasserstoff kann dann ebenfalls wie im § 152 gezeigt, mit dem Nachbarmolekül reagieren. Wird eine gesättigte Stelle primär getroffen und trifft das losgeschlagene H-Atom eine gesättigte Stelle des Nachbarmoleküles, so verlaufen die Reaktionen sinngemäß nach den Darstellungen im § 152.

Es kann jedoch auch der Fall eintreten, daß das sekundär reagierende Wasserstoffatom von einer ungesättigten Stelle, also von einem bereits mit Mehrfach (Doppel)bindungen gehaltenen Kohlenstoffatom, im Primärakt losgeschlagen wird. Auch in diesem Falle gilt das obige Schema, solange die Sekundärreaktion mit einer gesättigten Stelle des Partners erfolgt.

Wird aber sekundär eine ungesättigte Stelle getroffen, so kann eine Hydrierung stattfinden. Dadurch wird aber in der dem hydrierten Kohlenstoff benachbarten Gruppe, welche mit ersterem durch eine Doppel- oder Mehrfachbindung gekoppelt war, eine Valenz verfügbar, so daß die Additionsreaktion, ohne nach außen erkennbaren Wasserstoffaustritt, stattfinden kann. Dies soll in den folgenden Darstellungen Fig. 5 u. 6 gezeigt werden. Dabei ist der erste Schritt, die Loslösung des Wasserstoff-Atoms, nicht wiederholt, weil die Darstellungen des § 152 sinngemäß auch hierfür gelten.

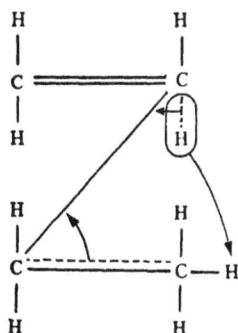

Fig. 5:
Aliphatische Verbindungen

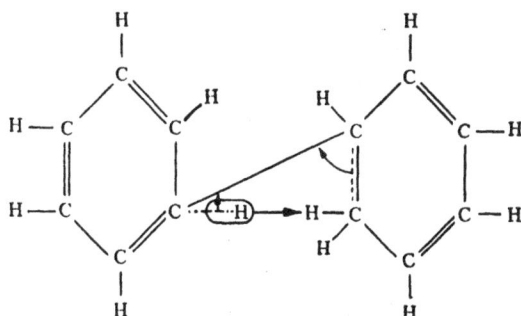

Fig. 6:
Zyklische Verbindungen

§ 154. Molekülvergrößerung durch Zusammentritt wenig veränderter Ausgangsmoleküle

3. Addition gesättigter mit ungesättigten Verbindungen

Wenn Mischungen von gesättigten mit ungesättigten Verbindungen der elektrischen Entladung ausgesetzt werden, kommt es dar-

auf an, ob das sekundär getroffene Molekül Doppel-, bzw. Mehrfachbindungen aufweist und an einer solchen Stelle getroffen wird,
oder ob es an einer gesättigten Stelle vom H-Atom getroffen wird,
wie es für gesättigte Verbindungen naturgemäß nicht anders möglich ist. Tritt der erste Fall ein, so wird keine äußere Wasserstoffentwicklung stattfinden im Gegensatz zum zweiten Fall, in dem auch
die Sekundärreaktion eine Dehydrierung bedingt.

Für den ersten Fall (Valenzbildung am Nachbarmolekül durch
sekundäre Hydrierung) gelten sinngemäß die Schemata des § 153,
für den zweiten Fall (Valenzbildung am Nachbarmolekül durch sekundäre Dehydrierung) die Schemata des § 152.

§ 155. Molekülvergrößerung durch Zusammentritt von Zerlegungsradikalen

Wirkt das im Primärakt losgeschlagene Wasserstoffatom nicht
auf das Nachbarmolekül oder auch auf ein etwas weiter entferntes
ein, so ist die Möglichkeit seiner Vereinigung mit einem durch einen
Parallelprozeß entstandenen zweiten H-Atom gegeben. Dieser molekulare Wasserstoff wird dann teilweise (sofern er nicht wieder
dissoziiert wird) entweichen. Das seines Wasserstoff-Atomes be-
raubte Molekül hat als Radikal keine lange Lebensdauer. Findet
es an den Wänden keinen Partner, — im Reaktionsraum selbst ist
diese Möglichkeit geringer —, so wird es in kleinere Radikale zerfallen.

Dieser Vorgang ist aber nicht die einzige Quelle kleiner Radikale. Es muß angenommen werden, daß sowohl durch starke Ladungsträgerstöße, also im Primärakt, als auch im Sekundärvorgang
durch Einwirkung von Wasserstoffatomen (vergl. §§ 91, 92) die
Ausgangsmoleküle zu kleinen Radikalen zerfallen können.

Experimentell ist die Anwesenheit vieler kleiner Radikale wie
CH, CH_2, CH_3 (vgl. auch § 49), sichergestellt [988, 989, 990]. Im
geladenen Zustand, als Radikalionen, ist eine große Anzahl von
Bruchstücken, insbesondere massenspektroskopisch, festgestellt wor-
den. Um nur einige zu nennen: C_2^+, C_3^+, C_4^+, C_4^-, $C_4H_2^+$, C_2H^+. Für
Benzol haben sich beispielsweise massenspektroskopisch 31 einfach
und 4 doppelt positiv geladene, sowie eine sehr große Zahl nicht
näher erkannter Bruchstücke beobachten lassen [685].

Diese Radikale sind sicherlich alle sehr reaktionsfähig und können sich daher zu größeren Molekülen zusammenschließen. Diese
Vereinigungsprozesse spielen sich überwiegend an den Wänden ab,
wie Ausfrierversuche (vergl. §§ 61, 64), sowie Versuche mit großen
Strömungsgeschwindigkeiten und unter Zurückdrängen der Wandeinflüsse ergeben haben. Die erhaltenen Reaktionsprodukte waren
von kleinerer Molekülgröße als bei großen Wandeinflüssen.

Naturgemäß können sich auch Vereinigungsprozesse zwischen
kleinen und großen Radikalen abspielen.

§ 156. Abbau der Kohlenwasserstoffe zu stabilen Produkten

Ist der Wandeinfluß klein, so nehmen die Zerfallsprodukte zu, die kleinen Radikale treten in diesem Falle nicht zu größeren Komplexen zusammen, weil ihnen die Wartemöglichkeit auf den Reaktionspartner nicht in genügendem Maße geboten werden kann.

Auch durch Überwiegen der thermischen Einwirkung in heißen Entladungen kann ein Abbau stattfinden, wenn die Reaktionskörper lange genug in der heißen Zone verweilen [283, 294, 295].

Für den Fall der elektrischen Beeinflussung erwähnt *Becker* [112] an Abbauprodukten der zyklischen Kohlenwasserstoffe verschiedenartige zum Teil ungesättigte Verbindungen mit bedeutend unter dem Ausgangskörper liegenden Molekulargewicht. Aus den Tabellen des § 150 geht hervor, daß auch die den anderen Klassen zuzuordnenden Kohlenwasserstoffe in solche Körper zerfallen. Es darf angenommen werden, daß der Zerfall nicht in Primärreaktionen zu den festgestellten stabilen niedermolekularen Produkten führt, sondern, daß sie das Ergebnis von Sekundärreaktionen sind.

§ 157. Bildung von Mehrfachbindungen durch Dehydrierung

Verbindet sich das durch Entladungseinwirkung primär losgeschlagene Wasserstoffatom nicht mit einem fremden, sondern mit dem eigenen Molekül, dehydriert dieses also, so kann eine Doppelbindung entstehen, wie folgendes Schema zeigt:

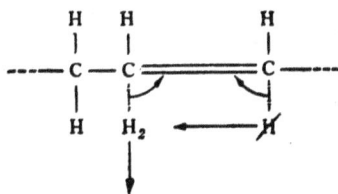

Fig. 7: Dehydrierung infolge Einwirkung des primär losgeschlagenen H₂Atom auf dasselbe Molekül

Der Vorgang kann auch an bereits vergrößerten oder verkleinerten sowie an bereits Mehrfachbindungen enthaltenden Molekülen eintreten. In dieser Weise können sämtliche Arten von Kohlenwasserstoffen reagieren. Auch Dreifachbindungen können in ähnlicher Art entstehen.

§ 158. Hydrierung ungesättigter Verbindungen

Die Hydrierung ungesättigter Verbindungen ist ein bei niedrigem Drucke sehr seltener Vorgang. Sie scheint erst bei höherem Drucke in der Entladung beachtlich zu werden. Der atomare Wasserstoff hat auf ungesättigte Kohlenwasserstoffe nur geringe hydrierende Wirkung (vergl. §§ 91, 92).

Die Entladung fördert den Hydrierungsvorgang an sich nicht, da dieser exothermer Natur ist. Jedoch läßt er sich in einer Entladung bei höherem Drucke durchführen, in welcher der entstehende atomare Wasserstoff, trotzdem er nur kurzlebig ist, so doch in höherer Konzentration einwirken kann. Da bei der Hydrierung jeweils zwei H-Atome eintreten müssen, so scheint dabei Mitwirkung angeregter Moleküle sowie von Molekülionen in der Entladung nicht ausgeschlossen.

Wirkt sich durch höhere Wasserstoff-Konzentration die Hydrierung stärker aus, so geht gleichzeitig die Bildung höhermolekularer Produkte zurück.

§ 159. Zur Molekülvergrößerung führende Wärmeeinwirkung

Da in elektrischen Entadungen auch die Wärmeeinwirkungen eine Rolle spielen können, so seien hier auch die zur Molekülvergrößerung führenden Wärmeeinwirkungen behandelt. Außerdem können diese Ansichten als eine Ergänzung des in den §§ 66...69 Vorgebrachten und zwar in Anwendung auch auf die gesättigten Kohlenwasserstoffe dienen.

Schon 1928 hat *F. Fischer* [826] gezeigt, daß sich durch Wärmeeinwirkung mit Temperaturen von etwa 1000° C aus Methan und anderen leichten, niedermolekularen Kohlenwasserstoffen solche höheren Molekulargewichtes gewinnen lassen. Der Aufbau geschieht bevorzugt in Richtung der aromatischen, bzw. allgemein den zyklischen Kohlenwasserstoffen [650], wie dies auch in Einklang mit § 69 steht. Nach *F. Fischer* kommt es dabei sehr darauf an, die Erhitzungsdauer zu beschränken, da sonst die Kohlenstoffabscheidung zu groß wird.

Die Umsetzung der Kohlenwasserstoffe bei Wärmeeinwirkung im Ofen [840] und in der Flamme [841] soll nach *K. Rummel* und *Veh* [839] durch stufenweise wechselnden Abbau und Aufbau erfolgen. So soll CH_4 nach Austritt eines H-Atomes (vergl. die vorhergehenden §§ 152...158, nach denen bei elektrischer Einwirkung ein ähnlicher Vorgang angenommen wird) über CH_3-Radikale zu C_2H_6 reagieren, welches seinerseits über C_2H_4 und C_2H_2 zerfällt. All dies spielt sich in Bruchteilen von Sekunden ab. Das Acetylen polymerisiert dann zu Benzol als Zwischenstufe einer ganzen Reihe von flüssigen und festen Kohlenwasserstoffen vorwiegend aromatischer Natur. Nach *F. Fischer* [826] bestehen z. B. die aus Methan erhaltenen Teere und Leichtöle aus Benzol, Naphthalin, Anthrazen, Phenanthren, Toluol, Xylol sowie aus pechartigen und einigen anderen nicht näher definierten Substanzen.

K. Rummel [825] kommt in einer bemerkenswerten Arbeit über das Wesen der Flamme zu folgender, auch für die Hochspannungsentladungschemie bedeutsamen, durch Versuche gestützten Aussage: *„Bei der Verbrennung mit Luftmangel spalten die schweren Kohlenwasserstoffmoleküle H-Atome ab. Der atomare und daher* sehr aktive Wasserstoff verbrennt mit dem Sauerstoff der Luft über Kettenreaktionen zu Wasserdampf. Je zwei *Restmoleküle* der Kohlenwasserstoffmoleküle aber *lagern sich aneinander und bilden ein neues größeres Molekül.* Diese größeren Moleküle spalten nun im zweiten Schritt wiederum je ein H-Atom ab und der Vorgang wiederholt sich, es bilden sich bei dieser Verbrennung mit Luftmangel immer größere wasserstoffärmere Moleküle, gewissermaßen Molekülskelette ..."

Dieser Vorgang tritt nach K. *Rummel* in einem jeweils ganz bestimmten Temperaturgebiet, für Methan z. B. bei etwa 1000^0 C, auf. Ist die Temperatur zu hoch, so werden die gebildeten schweren Kohlenwasserstoffe sogleich wieder zersetzt. Außerdem ist ein gewisser Luftmangel nötig. Ist Luft im Überschuß da, so verbrennt alles zu schnell.

Der obige von K. *Rummel* angegebene Reaktionsmechanismus hat eine große Ähnlichkeit mit den in den Entladungen vermuteten Reaktionen. Da aber bei Wärmeeinwirkung auch mehrere Stellen an einem Molekül, bevorzugt die Enden, sowie nahezu gleichzeitig alle Moleküle aktiviert werden können, so ist es, auch nach den Ausführungen des § 69, verständlich, warum bei Wärmeeinwirkung in erster Linie zyklische Verbindungen gebildet werden.

In heißen Entladungen, wie z. B. im Funken, treten die Wärmereaktionen so sehr in den Vordergrund, daß, sofern für rasche Entfernung des abgespaltenen atomaren Wasserstoffes gesorgt wird, und die jeweilige Wärmeeinwirkung nur kurzzeitig ist, die zyklischen Endprodukte vorherrschend sind.

§ 160. Zur Molekülverkleinerung führende Wärmeeinwirkung (Krakkung)

Eigenartig ist die Tatsache, daß bei Wegfall des Sauerstoffes meist weniger die Molekülvergrößerung infolge Wärmeeinwirkung, sondern eine Molekülspaltung beobachtet wird. Der Unterschied besteht neben der längeren Dauer der Wärmeeinwirkung offenbar darin, daß hierbei der atomare Wasserstoff nicht sogleich durch Sauerstoff aus dem Reaktionsgut herausgenommen und gebunden wird, so daß er in großer Konzentration vorhanden ist, was offenbar die zur Molekülvergrößerung notwendige Dehydrierung hemmt. Damit steht in Einklang, daß bei der wärmebedingten Molekülvergrößerung von Kohlenwasserstoffen anwesender Wasserstoff in höherer Konzentration als „Gift" wirken kann [826, 839]. Damit gewinnen die zur Molekülverkleinerung führenden Vorgänge die Oberhand (vergl. § 158).

c) Grenzkohlenwasserstoffe

§ 161. Methan allein in der Entladung

Die Glieder der homologen Reihe $C_n H_{2n+2}$ (Grenzkohlenwasserstoffe) werden auch durch energisch wirkende Reagenzien wie starke

Säuren oder Basen nicht angegriffen. Der Einwirkung elektrischer Entladungen jedoch kann keines ihrer Glieder, auch nicht das edelgasähnliche Methan widerstehen.

Bekanntlich erhöht bei den Kettenkohlenwasserstoffen das Vorhandensein einer Doppel-Bindung die Verbrennungswärme erheblich, eine dreifache Bindung wirkt noch stärker [658, 659]. Die Überführung gesättigter Kohlenwasserstoffe in ungesättigte ist also ein *endothermer* Vorgang. In all den Fällen, wo die Rekombinationsenergie des elektrisch abgespaltenen atomaren Wasserstoffes nicht der gewünschten Reaktion zugute kommt, ist außerdem noch die Dissoziationswärme des Wasserstoffes aufzuwenden. So ist es verständlich, daß die Synthese der Alkine und Allylene aus den Grenzkohlenwasserstoffen noch höhere Energiebeträge, als die der Olefine erfordert.

Das *Methan* nimmt unter allen Kohlenwasserstoffen eine Sonderstellung ein, da es der einfachste Kohlenwasserstoff ist und gleichzeitig die größte Stabilität besitzt. Die Lostrennung des ersten der vier Wasserstoffatome, die nach der klassischen Anschauung an den vier Ecken eines Tetraeders um das zentrale Kohlenstoffatom gelagert sind, erfordert mehr Energie als bei den höheren Kohlenwasserstoffen.

Das Methanmolekül hat, ähnlich wie z. B. das Neon-Atom, eine abgeschlossene äußere Elektronenschale, worauf auch sein Edelgascharakter durchzuführen ist [648].

Für den Vorgang $CH_4 + H = CH_3 + H_2$ werden 20 Kal/Mol benötigt. Der Abbau des Methans zu Kohlenstoff erfordert im ganzen weniger Energie als die Bildung von Aethylen, Aethan oder Acetylen [649].

In den stromdichteschwachen Entladungen bilden sich je nach der Dauer der Einwirkung Aethylen, etwas Acetylen und Aethan bzw. bei längerer Versuchsdauer höhermolekulare flüssige und feste Substanzen, die jedoch keineswegs zyklisch, sondern kettenartig, häufig auch räumlich vernetzt gebaut sind [14, 646, 647, 138, 77]. Diese höhermolekularen Produkte werden an den Wänden und den Elektrodenflächen abgeschieden.

In den stromdichtestarken Entladungen kann die Bildung von Acetylen bedeutsam werden [909]. Wenn das Reaktionsgut dabei schnell durch die heißen Zonen geführt wird, so unterbleibt die Bildung von Benzol. Werden Glimmentladungen zur Acetylenbildung aus Methan herangezogen, so muß mit höheren Drucken und großen Belastungen der Elektrodenflächen gearbeitet werden, so daß sich die Entladung flammbogenartig zusammenzieht. Dabei können Ausbeuten erzielt werden, die bei etwa 13 KWh/m³ Acetylen liegen [649, 650].

Durch Anwendung hoher Strömungsgeschwindigkeiten und damit auch kleiner Verweilzeiten in den heißen Entladungszonen wird die Bildung der Kohlenstoffskelette im Sinne K. *Rummels* (s. § 159) stark zurückgedrängt.

Funkenentladungen verwendete *Berthelot* [651] und erzielte damit ebenfalls Acetylen aus Methan. Durch die Einwirkung von Lichtbögen bei Atmosphärendruck auf Methan [652, 653] entsteht neben Acetylen in der Hauptsache Kohlenstoff und Wasserstoff, da bei der Lichtbogentemperatur und längerer Erhitzungsdauer die zum vollkommenen Abbau führenden Kettereaktionen ungehindert vor sich gehen.

Um die Reaktionen rechtzeitig abbrechen zu können, hat man sich sehr kurz andauernder Entladungen, wie z. B. kondensierten Entladungen bedient [596, 655], auch wurde mit Erfolg versucht, durch Anwendung von Wechselspannungsentladungen und von im Takte der Wechselströme schwingenden Elektroden die rechtzeitige Herausführung des Reaktionsgutes aus der Reaktionszone zu unterstützen [283].

Auch durch Anwendung von Wechselstrombogen sehr hoher Frequenz (10^7 Hz) bei gleichzeitiger höchster Strömungsgeschwindigkeit suchte man dies Ziel zu erreichen [656].

Im Niederdruckbogen konnte bei mittleren Temperaturen der Energieaufwand auf 11...12 KWh m_3 Acetylen bei 9...16 % im Endgas gedrückt werden [294]. Kombinierte Anwendung von Wärme (800°C) und elektrischer Anregung (Glimmentladung) wurde ebenfalls mit einigem Erfolg versucht [295].

Dieses Verfahren scheint jedoch keinen Vorteil gegenüber der die Acetylenbildung noch mehr fördernden reinen Wärmeeinwirkung kurzer Dauer zu haben. Katalysatoren haben dabei keinen Zweck [650].

Neuerdings hat *Baumann* [909] über die Erzeugung von Acetylen nach dem Lichtbogenverfahren aus Hydrierungsabgasen und Erdgas berichtet.

Es werden dabei aus 100 m³ Erdgas mit 93 % Methan 30 kg Acetylen, 2,6 kg Aethylen und 123 m³ Wasserstoff erhalten. Je kg Acetylen werden dabei etwa 11,4 KWh Energie benötigt.

Wird Hydrierabgas als Ausgangsmaterial verwendet, so werden aus 100 m³ Gas 55 kg Acetylen, 14,5 kg Aethylen und 171 m³ Wasserstoff gewonnen bei einem Energieaufwand von 8,5 KWh je kg Acetylen (und höherer Homologe).

Der verwendete Lichtbogen ist nach *Baumann* ein Flammbogen, der mit Gleichspannung von 7800 V mit einer Leistung von 7000 KW zwischen einer wassergekühlten Kupferkathode und einem eisernen Rohr als Anode brennt. Das zu verarbeitende Gas geht mit Drall (durch Leitschaufeln erzeugt) gleich unterhalb der Kathode in die Reaktionszone ein und gelangt in das 1 m lange als Gegenelektrode dienende Reaktionsrohr, den Lichtbogen in dieses hineinwirbelnd und auf 1 m Länge ausziehend. Das Reaktionsrohr hat eine lichte Weite von ca 10 cm.

Das Gas wird mit einer Geschwindigkeit von ca. 1000 m/sec bei einem Druck von 1,5 at abs. durch das Rohr geführt, so daß es nur 1/1000 sec der Entladung ausgesetzt ist.

Am Ende des Reaktionsrohres, also auch am Lichtbogenende wird durch Einspritzen von Wasser ein plötzliches Abschrecken der Reaktionsgase erzielt. Dies ist für die Reaktion von unbedingter Notwendigkeit, da anderenfalls unerwünschte Nebenreaktionen wie weiterer Zerfall und Polymerisation auftreten.

Etwa 50…60% der zugeführten elektrischen Energie werden nach *Baumann* in chemische Energie umgesetzt. Der Rest geht in Form von Wärme verloren.

Für die Gleichstromerzeugung wurden gittergesteuerte Hochspannungsgleichrichter verwendet, die ohne Verwendung von Drosselspulen auf der Wechselspannungsseite eine steigende Charakteristik des gesamten Gleichstromkreises ermöglichen, wie sie für den Betrieb im stabilen Zustand notwendig ist.

Die neben Acetylen entstehenden Homologen sind: Allylen, Diacetylen, Vinylacetylen, Aethylacetylen, Metylacetylen, Phenylacetylen und andere Homologe, die im einzelnen nicht analysiert wurden.

§ 162. Methansynthese und =Bestimmung

Aus Kohlenstoff und Wasserstoff läßt sich im Funken Methan gewinnen [602]. Ruß wird in Wasserstoffentladungen u. a. zu CH_4 hydriert [309] (vergl. auch § 99).

Auch aus Wasser und Kohlensäure kann neben CO Ameisensäure und Sauerstoff etwas Methan entstehen [374].

In der Lichtbogenentladung ist neben der Acetylenbildung in geringem Ausmaße auch die Methansynthese aus den Elementen beobachtet worden [660]. CO_2 hemmt, CO fördert die Methanbildung [290]. *Erlwein* und *Becker* arbeiteten an einer Methode zur Methanbestimmung mittels elektrischer Entladungen [661].

§ 163. Methan und andere Stoffe in der Entladung

Wasserstoff und Methan geben in stromdichteschwachen Entladungen überwiegend Aethylen [670]. Bei längerem Verweilen in der Entladung bilden sich jedoch höhermolekulare Produkte. Unter höheren Drucken tritt zunächst die Bildung von Aethylen zugunsten der Bildung von Aethan zurück.

Mit CO gibt Methan in kalten Entladungen Aldehydverbindungen z. B. Acetaldehyd; daneben werden noch andere nicht näher definierte Produkte teils schmieriger Konsistenz gebildet [374, 323, 662].

Mit CO_2 wurde teils Zersetzung zu CO, O_2 und H_2O [663], teils Aldehydbildung [664] beobachtet.

Im Funken geben Methan und Stickstoff Blausäure [325, 898]. Der Vorgang verläuft wahrscheinlich über die Acetylenbildung. Für die Blausäurebildung muß dann Energiekonzentration auf kleinem Raum (mit überwiegend thermischer Wirkung) als Bedingung angenommen werden, entsprechend den Ergebnissen mittels kondensierter Entladungen [665]. In dieser Richtung liegen auch die Versuche von *Peters* und *Küster* [666] über die HCN-Synthese aus Methan und Stickstoff.

Mit Ammoniak gibt Methan beim Mischungsverhältnis 1:1 in der Niederdruckglimmentladung Blausäure. Ist überschüssiges Methan vorhanden, so tritt die Blausäurebildung zurück. Bei einem Mischungsverhältnis Methan zu Ammoniak gleich 3 zu 7 konnte kristallisiertes Ammoniumcyanid gewonnen werden [666].

Mit Wasserdampf konnten *Peters* und *Pranschke* [667] in stromdichtestarken Glimmentladungen hauptsächlich Bildung von CO, O_2 und H_2 beobachten, während bei kälterer Entladung (Type *Siemens-Rohr*) aufbauende Vorgänge, die sowohl mit Reduktionen als auch mit Oxydationen verknüpft sein können, vorherrschend werden. Neben Aethylalkohol wurde Glykolaldehyd und Formaldehyd erzielt.

Von anderer Seite [609] wurde neben einem weißen Niederschlag von $C_9H_{15}O$ noch die Bildung von CO_2, CO sowie teilweise gesättigten alyphatischen Kohlenwasserstoffen beobachtet.

§ 164. Übrige gesättigte Kohlenwasserstoffe allein in der Entladung

Die über dem Methan stehenden gesättigten Kohlenwasserstoffe werden in kalten elektrischen Entladungen zu größeren Verbindungen teils gesättigten, teils ungesättigten Charakters aufgebaut. Bei Zurückdrängung der Wandeinflüsse werden die entstehenden Verbindungen niedermolekularer und zunehmend ungesättigt. Unter den Abbauprodukten herrscht neben Wasserstoff Methan und C_2H_2 vor. Allgemein hat sich gezeigt, daß mit zunehmendem Molekulargewicht die Veränderungen auf gleiche Elektrizitätsmengen bezogen stärker werden. (Dies geht auch aus den §§ 147, 148 hervor).

Im abgeschlossenen System (ohne Strömung) erhielt *Berthelot* [14] aus 100 Raumteilen Aethan 107,8 Teile Wasserstoff und nur 0,7 Teile Methan neben der Abscheidung eines *festen Körpers*. Dieser Versuch bestätigt, daß die Verweilzeit des Reaktionsgutes in der Entladung einen großen Einfluß auf die Zusammensetzung der Reaktionsprodukte ausübt.

Das Molekulargewicht der aus Aethan erzielbaren Flüssigkeiten wurde je nach Verweilzeit zwischen 105 und 467 bestimmt [673]. Die zur Erzielung von einem Gramm flüssiger Substanz benötigte elektrische Arbeit liegt bei etwa zwei KWh, ist also außerordentlich groß [647].

Pentan gibt in der *Siemens*-Röhre neben verschiedenen niedermolekularen Gasen hauptsächlich Produkte mit doppelter Kettenlänge $(C_5H_{11})_2$ sowie etwas $C_{10}H_{20}$ und $C_{45}H_{78}$. Hexan gibt in ähnlicher Weise verdoppelte Verbindungen, bei länger fortgesetzter Behandlung in kleinem Umfang auch verdreifachte Körper sowie eine sehr stark ungesättigte Substanz der Zusammensetzung $C_{36}H_{34}$ [668]. Verdoppelung der Kettenlänge wurde auch von *Meneghini* und *Sorgato* [671] beobachtet. Unter den austretenden Gasen wurde immer Wasserstoff und Methan festgestellt [140, 327, 672].

Mittels Einwirkung schneller Elektronenstrahlen aus *Coolidge*-Röhren (§ 13) wurden an Paraffinen folgende Stoffe durch *Connel* und *Fellows* [150] untersucht: n-Hexan, n-Heptan, n-Oktan, n-Dekan, n-Tetradekan, 2,5-Dimethylhexan; 2, 2, 4, -Trimethylpentan.

Von den flüchtigen Produkten war dabei neben Wasserstoff stets Methan zu finden. (Bis zu 30 Raumteilen). Die weiteren niedermolekularen Stoffe waren durchweg ebenfalls gesättigt, während die höhermolekularen Produkte ungesättigt waren. Es wurde nicht im strömenden System gearbeitet. Die Behandlung dauerte jeweils 30 Minuten.

Die Behandlung mit alpha-Teilchen ergab ein mit den Ergebnissen der kalten Entladungen übereinstimmendes Bild [675...677]. Wasserstoffaustritt und Methanabspaltung sowie Bildung höhermolekularer Produkte wurde beobachtet.

Richards [678] behandelte flüssige und feste Paraffine ohne Zwischenschaltung einer Gasphase mit alpha-Strahlen. Es wurde eine Wasserstoffabspaltung sowie Braunfärbung der Ausgangssubstanzen bemerkt. *Saint-Aunay* [674] wies analytisch die Bildung geringer Mengen zyklischer Verbindungen aus aliphatischen Stoffen infolge Entladungseinwirkung nach.

Die unter den Reaktionsbedingungen flüssigen Kohlenwasserstoffe weichen in ihrem prinzipiellen chemischen Verhalten nicht von den gasförmigen Kohlenwasserstoffen ab. Es ist jedoch den in den §§ 19...36 erläuterten mehr physikalischen Erscheinungen erhöhtes Augenmerk zu schenken. Wird beispielsweise infolge Aufhebung der Benetzung (§ 26) die Spülung der Elektroden und Wände mangelhaft, so scheidet sich der größte Teil der gebildeten hochmolekularen festen Produkte auf den Wänden ab oder wird dort aufgebaut, so daß eine Beimischung zur Ausgangsflüssigkeit unterbleibt. Bei der analytischen Betrachtung der Flüssigkeit allein entsteht somit ein verzerrtes Bild. *Priestley* mußte bei seinen Untersuchungen, die er mittels Funkenentladungen unter Öl zwischen Metallelektroden durchführte, nicht besonders spülen. Er beobachtete dabei hauptsächlich Wasserstoffentwicklung, wie *Arrhenius* mitteilte [813]. Becker hat in der *Siemens*-Röhre bei vermindetem Druck und höherer Frequenz gearbeitet [110], wodurch ein starkes Schäumen und damit eine gute Spülwirkung erzielen konnte. Von den abgeschiedenen Gasen analysierte er nur den Wasserstoff. *Von Have* konnte mit Sicherheit neben Wasserstoff niedermolekulare Kohlenwasserstoffe, speziell Acetylen, unter den abgespaltenen Gasen erkennen.

Die Jodzahl steigt im Laufe der Behandlung an, da die Flüssigkeiten ungesättigter werden. An geschmolzenem Paraffin konnte durch einen Arbeitsaufwand von einigen KWh pro Liter Flüssigkeit ein Anstieg der Jodzahl (nach *Wijs*) von 0 auf 40 beobachtet werden. Ähnlich verhält sich sogenanntes Paraffinöl [69]. Die Jodzahl steigt auch bei langandauernder Behandlung nicht unbegrenzt an,

sie nähert sich bald einem Grenzwert (s. § 250). Der Gang der
Molekülvergrößerung läßt sich an Hand von Zähigkeitsmessungen
(§ 75) verfolgen und in der Größe k (§ 78), in die auch noch die
aufgewendete elektrische Arbeit eingeht, ausdrücken. Am Beginn
der Behandlung ist k etwa 0,15...0,22 [69]. Mit zunehmender Behandlungsdauer steigt sie meist etwas an. So hat ein Paraffinöl mit
einem Ausgangswert von k = 0,2 nach 3 KWh pro Liter aufgewen-
deter elektrischer Arbeit ein k = 0,32 erreicht. Die Jodzahl war
inzwischen von 2,54 auf 73,2 angestiegen (*Rummel* [69]).

Werden einigermaßen einheitliche Grenzkohlenwasserstoffe behandelt, die sich in physikalischer Hinsicht durch verhältnismäßig
enge Schmelzpunktbereiche auszeichnen, so erfährt infolge der entladungschemischen Behandlung das Kristallisationsvermögen eine
starke Störung [31]. So erstarrt im flüssigen Zustand mit stromschwachen Entladungen behandeltes Hartparaffin nach längerer Einwirkung nur mehr sehr langsam und auch bei bedeutend tieferer
Temperatur als das Ausgangsmaterial. Eine Kristallisation wird dabei nicht mehr beobachtet.

Werden die Paraffinkohlenwasserstoffe mit sehr großem Arbeitsaufwand entladungschemisch behandelt, so entstehen räumlich vernetzte, noch ungesättigte Anteile enthaltende Produkte. Diese schmelzen nicht mehr, sondern werden bei höheren Temperaturen (etwa
ab 200° C) zersetzt. Ganz ähnlich verhalten sich die Abscheidungen
auf den nicht von der Flüssigkeit bespülten Elektroden und Wänden.

§ 165. *Übrige gesättigte Kohlenwasserstoffe mit anderen Körpern in der Entladung*

Sind gleichzeitig neben den gesättigten Kohlenwasserstoffen solche
Körper anwesend, die mit ungesättigten Kohlenwasserstoffen sich
vereinigen können (z. B. Sauerstoff, Halogene), so steigt die Jodzahl
während der entladungschemischen Behandlung nur unbedeutend
an. Der Sauerstoff bewirkt ferner eine intensive Dunkelfärbung der
Reaktionsprodukte. Ozonide entstehen bei der Behandlung, sofern
niedrige Drucke angewendet werden, nicht. Mit Kohlenmonoxyd
bilden die höheren gesättigten Kohlenwasserstoffe höhere Alkohole
[323].

Mit Stickstoff verbinden sich alle gesättigten Kohlenwasserstoffe
in der Entladung zu leider noch nicht genügend definierten Substanzen [110, 112]. Aethan nimmt je Raumeinheit nur halb so viel
Stickstoff auf als Methan [14].

Blausäurebildung wurde bisher nur beim Arbeiten mit Funkenentladungen und stark kondensierten Entladungen beobachtet. So
wurde z. B. aus Aethan und Stickstoff im Funken Blausäure gebildet [684].

Ammoniak wirkt auf die höheren gesättigten Kohlenwasserstoffe
derart ein, daß Blausäure sowie Amine entstehen sollen. *Losanitsch*

[686] konnte aus Isobutan und Ammoniak sowie aus n-Hexan und Ammoniak in der *Siemens*-Röhre Amine erhalten.

d) Die ungesättigten Kettenkohlenwasserstoffe

§ 166. Gruppe $C_n H_{2n}$ allein in der Entladung

Aus Aethylen konnten mittels Einwirkung stromschwacher Fünkchen bereits 1796 vier Niederländer [8] ein Öl erhalten. Später wurde von *Berthelot* aus einer Reihe von Olefinen mittels Entladungen in Röhren, die der *Siemens*schen gleich zu erachten sind, die Abscheidung öliger, stark riechender Substanzen bewirkt. *Von Wilde* [626] erhielt aus Aethylen in der *Siemens*-Röhre eine nach Petroleum und Terpentin riechende Flüssigkeit. Auch anderwärts wurden ähnliche Ergebnisse erhalten [920]. Bei nur kurz anhaltender Einwirkung bilden sich aus Aethylen in der *Siemens*-Röhre neben Spuren von Acetylen vornehmlich Butylen und Butadien [691, 692]. *Berthelot* [14] behandelte im ruhenden System bei Normaldruck eine Reihe ungesättigter Verbindungen mit stromschwachen Entladungen entsprechend denjenigen, die sich in der *Siemens*-Röhre ausbilden. Propylen verwandelt sich in kurzer Zeit in eine Flüssigkeit. Auf 100 Raumteile Propylen bilden sich dabei 34,2 Raumteile Wasserstoff und 0,7 Raumteile Methan.

Die durch Behandlung der ungesättigten Kohlenwasserstoffe entstehenden Flüssigkeiten nehmen begierig Sauerstoff auf. So wurde die nachträgliche Bildung einer Substanz der Bruttoformel $(C_{10} H_{22} O)_2$ aus Acetylenpolymerisat und Luftsauerstoff gefunden [688].

Bemerkenswert ist, wie aus massenspektroskopischen Befunden hervorgeht [689], daß die Sprengung der C-D-Bindung im Deuteroaethylen (= Aethylen mit schwerem Wasserstoff) $(C_2H_2 D_2)$ bedeutend mehr Energie beansprucht als diejenige der CH-Bindung.

Amylen wird in der *Siemens*-Röhre nach längerer Reaktionsdauer größtenteils in ungesättigte und gesättigte Flüssigkeiten verwandelt. Außerdem bilden sich gesättigte und ungesättigte Gase [671]. Wie auch schon aus der Tafel des § 148 hervorgeht, ist die Gasentwicklung der ungesättigten Kohlenwasserstoffe geringer als die der gesättigten. *Volmar* und *Hirtz* [690] vertreten außerdem die Ansicht, daß auch anteilmäßig die Wasserstoffentwicklung nur gering sei. Die flüssigen Olefine verdicken sich unter dem Entladungseinfluß im allgemeinen schneller als die gesättigten Kohlenwasserstoffe. Die Größe k (§ 78) erreicht Werte bis etwa 0,4.

§ 167. Gruppe $C_n H_{2n-2}$ allein in der Entladung

Allylen behandelte Berthelot in der *Siemens*-Röhre und stellte eine schnelle Polymerisation zu einer leicht flüchtigen Flüssigkeit fest; Gasentwicklung konnte von ihm nicht beobachtet werden [14].

Im übrigen hat man sich in dieser Gruppe hauptsächlich mit dem Acetylen beschäftigt. Seine Synthese aus Methan wurde im § 161 behandelt. Aus den Elementen entsteht es nur im stromstarken Lichtbogen [693]. Im stromschwachen Funken wird das Acetylen zersetzt [694, 695].

An aufbauenden Vorgängen aus Acetylen wurde bei schneller Strömung die Bildung von Diacetylen durchgeführt [654]. Bei längerer Einwirkung und starker Kühlung der Elektroden auf —60° C konnte ebenfalls die Bildung höherer Polymerer vermieden werden. Es entstanden dabei höchstens trimere Molekel [696] von dreierlei Art [697]. Diese waren:

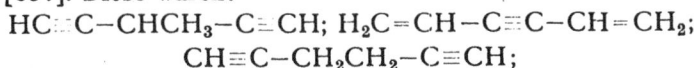

$$HC\!::\!C-CHCH_3-C\!:\!CH; \quad H_2C=CH-C\!:\!C-CH=CH_2;$$
$$CH\!\equiv\!C-CH_2CH_2-C\!\equiv\!CH;$$

Findet die Behandlung des Acetylens in der *Siemens*-Röhre bei normaler Temperatur statt, so verlaufen offenbar die Sekundärreaktionen weiter als in gekühlten Entladungen, da sich, wie zuerst *v. Wilde* zeigen konnte, ein gelbes Öl bildet [626]. Dieses gibt beim längeren Stehenlassen eine braune amorphe Masse. Bei genügend langer intensiver elektrischer Behandlung in nicht zu heißen Entladungen entstehen aus Acetylen bereits im Entladungsraum neben flüssigen Produkten auch feste, die den Luftsauerstoff begierig aufnehmen [687, 688, 698]. Die bei Normaldruck entstehenden festen Kondensate sind nach *Berthelot* [14] explosiv. Auch wurde Styrolabspaltung beobachtet. Bei höherer Temperatur bildet sich in der Glimmentladung aus Acetylen nach *Kaufmann* [699] ein blaßgelbes, in den verschiedensten Lösungsmitteln unlösliches Pulver. Durch Behandlung mit *Lenard*-Strahlen erhielt *Coolidge* [700] ein ähnliches Produkt.

Wie nach den Ausführungen des § 69 zu erwarten ist, wurde durch elektrische Anregung die Benzolbildung aus Acetylen noch nicht beobachtet.

§ 168. Zusammenwirken der ungesättigten Ketten=Kohlen= wasserstoffe mit anderen Körpern in der Entladung

Amylen wird in Gegenwart von viel Wasserstoff bei Normaldruck in der *Siemens*-Röhre in größtenteils gesättigte Flüssigkeiten verwandelt. (n-Pentan, iso-Pentan, Dimethylpropan). Daneben wurden noch Methyläthyläther, Isopropyläthylen, Penten und iso-Propylacetylen gefunden. Die anfallenden Gase bestehen zu 63,5 % aus gesättigten Kohlenwasserstoffen. Der ungesättigte Anteil setzt sich aus 9,5 % Aethylen und 27 % Acetylenkohlenwasserstoffen zusammen [671].

Aethylen und CO geben in der *Siemens*-Röhre neben einem geringen Anteil eines braunen festen Körpers eine gelbrote klare Flüssigkeit [688].

Mit Stickstoff bei Normaldruck behandelt in der *Siemens*-Röhre, gibt Aethylen nach *Berthelot* [14] eine „nach geröstetem Kakao riechende" Flüssigkeit, die alkalisch reagiert. Das Volumen des gebundenen Stickstoffes war etwa gleich demjenigen des entwichenen Wasserstoffes.

Propen und Stickstoff wirken nicht sogleich aufeinander ein, es findet erst nach erfolgter Polymerisation eine langsame Stickstoffaufnahme statt [14]. Das Volumen des aufgenommenen Stickstoffes wurde dabei als doppelt so groß wie dasjenige des insgesamt entwichenen Wasserstoffes bestimmt.

Auch *Mpamoto* befaßte sich mit der Vereinigung von Olefinen und Stickstoff. Er fand [701], daß sich aus Aethylen und Stickstoff unter anderem ein Produkt der Bruttoformel $C_{18}H_{31}CN_2$ bildet. Bei gleichzeitiger Anwesenheit von Sauerstoff entstand ein Körper der Bruttoformel $C_{20}H_{38}N_4O_2$.

Mit Ammoniak gibt Aethylen eine stark riechende, basisch reagierende gelbe Flüssigkeit, die in Aether, Benzol und Säuren, jedoch nicht in Wasser [702] löslich ist. Auch die Bildung von Aminen aus Ammoniak und Aethylen wurde beobachtet [703]. *Francesconi* und *Ciurlo* [705] erhielten aus Olefinen und Blausäure Alkylcyanide (Nitrile), mit Ammoniak an Stelle von Blausäure Amine.

Aethylen und Schwefelwasserstoff geben in der *Siemens*-Röhre eine rötlich-gelbe, nach Mercaptanen riechende Flüssigkeit, die in Benzol und Schwefelkohlenstoff, jedoch nicht in Alkohol löslich ist [688]. Ihre Formel wird mit $(C_2H_4S)_6$ angegeben, was einem Molekulargewicht von 360 entspräche; tatsächlich wurde jedoch ein solches von 400 gemessen.

Mit HCl in der Glimmentladung behandelt, gibt Aethylen Dichlorpentan ($C_5H_{10}Cl_2$) [715]. *Losanitsch* [704] behandelte noch andere ungesättigte Körper mit HCl in der elektrischen Entladung. Er stellte jeweils Einbau des Chlors fest.

Acetylen gibt mit Wasser in der Entladung Polymere des Acetaldehyds [669]. Wasserstoff allein wird in der Entladung begierig von Acetylen absorbiert [687, 688, 690].

Mit CO bildet Acetylen eine gelb-braune Masse von unangenehmem Geruch, welche begierig Luftsauerstoff aufnimmt [688].

Im Funken bildet Acetylen mit Stickstoff Blausäure [706]. In der *Siemens*-Röhre findet dagegen zunächst Polymerisation statt, der Stickstoff tritt in das Polymerisat ein. Die Versuche wurden bei Normaldruck durchgeführt [14].

Acetylen und Schwefelwasserstoff verbinden sich in der *Siemens*-Röhre zu einer festen, in Kohlenwasserstoffen und Alkoholen unlöslichen Substanz. Ein ähnlicher Körper wird mit Schwefeldioxyd gebildet [688]. Trichlorbutan und Tetrachlorbutan entstehen aus Acetylen und HCl [715]. Durch hochfrequente Glimmentladungen zwischen Platinelektroden konnte bei Behandlung im Kreislauf in Gemischen aus Acetylen, Wasserstoff und Aethylen bis zu 2,6 % Butadien nachgewiesen werden.

Acetylen und HCl ergaben ohne Kreislauf unter anderem Chloropren. Im Kreislauf bildete sich auch hier Butadien. Mit Wasser entsteht Acetaldehyd [752].

e) Die zyklischen Kohlenwasserstoffe

§ 169. Zyklische Kohlenwasserstoffe allein in der Entladung

Die Zykloparaffine zeigen in der Entladung grundsätzlich gleiches Verhalten wie die geradkettigen Paraffine. Häufig finden Aneinanderreihungen von je zwei Ringen (Verdoppelung) statt. Auch Bruchstücke treten auf. An Gasen werden neben Wasserstoff auch die bei den geradkettigen Kohlenwasserstoffen beobachteten Spaltprodukte festgestellt. Trimethylen bildet bei längerer Behandlung im stationären System in der Siemens-Röhre eine Flüssigkeit ähnlich derjenigen, die aus Propylen entsteht [14].

Die höheren flüssigen zyklischen Paraffine und auch die flüssigen zyklischen Olefine verhalten sich im übrigen ganz ähnlich wie die entsprechenden geradkettigen Verbindungen. Es werden hier wie dort bei längerer Behandlung allgemein oder bei kürzerer Behandlung an ungespülten Flächen räumlich vernetzte Produkte gefunden.

Besondere Arbeiten über Zykloparaffine, Zykloolefine liegen nicht vor. Es sei in diesem Zusammenhang nur auf die in der Zahlentafel des § 150 dargestellten, von Linder und Davis gemessenen Werte verwiesen, die bestätigen, daß die Zusammensetzung der abgespaltenen Gase bei den betreffenden Verbindungen sich tatsächlich nicht stark unterscheiden. Auch die entwickelten Absolutgasmengen unterscheiden sich nicht sehr (z. B. Hexan und Zyklohexan).

Anders ist es bei den weiteren zyklischen Verbindungen.

Wir wenden uns zunächst dem Benzol zu. Mehrfach ist in der Literatur der Hinweis zu finden, daß sich in der Siemens-Röhre behandeltes flüssiges Benzol durch die elektrische Entladung nicht verändere. An einer Stelle wird auch nur von einer leichten Verfärbung gesprochen. Dies trifft jedoch nicht zu. Behandelt man Benzol im Siemens-Rohr nach dem üblichen Aufschäumverfahren, so ist es schwierig, wegen der geringen Gasentwicklung des Benzols ein tüchtiges Schäumen zu erzielen. Mittels Einleiten eines Hilfsgases, wozu Benzoldampf dienen kann, ist bald ein intensives Aufschäumen erreicht und damit auch eine ausreichende Arbeitsaufnahme des Siemens-Rohres gewährleistet. Die so erhaltenen Produkte unterscheiden sich sehr stark vom Ausgangsbenzol. Es besteht eine Verwandtschaft zu den aus der gasförmigen Phase erzielbaren lack- und harzartigen Schichten. Bei der „Flüssigkeitsbehandlung" können sich diese dreidimensional vernetzten großmolekularen Gebilde nicht auf den Wänden bilden. Ihre Bausteine lassen sich jedoch bis zu einem gewissen Grade polymerisiert in dem flüssigen Benzol feststellen. Das aus den Dämpfen erhaltene Polymer ist elastisch wie Gummi und kann nicht zum Schmelzen gebracht werden [707, 709]. Dagegen schmilzt der aus einer Flüssigkeitsbehandlung und nachfolgenden Destillation erhaltene Rückstand.

Wird diese aus Flüssigkeitsbehandlung gewonnene Substanz mit Ozon behandelt, so tritt Kristallisation ein [708].

Von verschiedenen Bearbeitern [674, 668, 709…711] wurde bei der Behandlung von Benzoldämpfen im Endprodukt u. a. Biphenyl $(C_6H_5)_2$ gefunden. *Saint-Aunay* [674] konnte außerdem auch noch Di-hydro-biphenyl sowie Acetylen nachweisen. Die Gasentwicklung bei der Behandlung von Benzol ist nur gering [141, 150, 668). *Losanitsch* stellte neben Biphenyl im Endprodukt noch hochmolekulare Substanzen der Zusammensetzung $C_{72}H_{96}$ und $(C_6H_6)_{90}$ fest. Solche Produkte sind das Ergebnis sekundär stattfindender Polymerisationsreaktionen.

In der elektrodenlosen Induktionsentladung wurde im stationären System bei 10^5 Hz keine Gasentwicklung beobachtet [76, 712]. *Linder* und *Davis*, die mit Glimmentladung arbeiteten und mit schneller Strömung die Benzoldämpfe durch die Entladungszone trieben, erhielten, wie bereits in der Tafel des § 148 gezeigt wurde, verhältnismäßig große Mengen an Gasen. Daraus folgt, daß im stationären System die sonst entweichenden Gase Zeit haben sekundär zu reagieren.

Toluol erfährt neben Gasabspaltung und der Abscheidung weiterer flüssiger Produkte eine Verdoppelung zu Ditoluol [712]. In ähnlicher Weise gibt Xylol Di-Xylol [688].

Naphthalin gibt unter sehr schwacher Gasabspaltung einen braunen festen Körper, der in den Lösungsmitteln des Naphthalin unlöslich ist [668]. Mit schnellen Elektronenstrahlen lassen sich sowohl bei Naphthalin als auch bei Anthrazen nur geringe Gasmengen abspalten.

Becker [112] behandelte Tetralin zunächst im Siemens-Rohr und erzielte ein Harz, das unter Sauerstoffaufnahme lackartige Überzüge zu liefern imstande war. Mittels einer Glimmentladung höherer Stromdichte zwischen Metallelektroden und unter größerem Elektrodenabstand gelangte er zu gänzlich anderen Produkten, die teilweise auskristallisierten. Die Kristalle hatten die Bruttoformel $C_{20}H_{22}$.

Distyrol polymerisiert in der *Siemens*-Röhre teilweise zu Tetrastyrol, wenn es bei vermindertem Druck behandelt wird [69].

Terpene, ungesättigte zyklische Kohlenwasserstoffe der Bruttoformel $C_{10}H_{16}$ ergeben in der *Siemens*-Röhre behandelt flüssige Dimere und feste Polymere, welche alle begierig Sauerstoff aufnehmen [668]. Limonen, ein monozyklisches Terpen, bildet neben einem flüssigen Dimer noch zwei feste Polymere, von denen eines in Benzol löslich ist [668].

Anderer Art sind die Produkte, die beim Beschuß mit schnellen *Lenard*-Strahlen und kürzerer Behandlungsdauer auftreten. Es bildet sich auf vier Teile leichtflüchtige ein Teil nichtflüchtige Substanz [150].

Pinen, ein polyzyklisches Terpen, wird unter gleichen Umständen zu drei Teilen flüchtiger und einem Teil nicht flüchtiger Substanz umgesetzt [150]. In der *Siemens*-Röhre dagegen wurden Di- und Heptapolymere nachgewiesen [668]. Campfen, ebenfalls ein polyzyklisches Terpen, gibt in der *Siemens*-Röhre Di- und Oktapolymere [668].

Phenanthren $(C_{14}H_{10})$ [1]) zeigt nur schwache Gasentwicklung beim Beschuß mit schnellen Elektronen [150]. Die Seitenketten enthaltenden Verbindungen, wie etwa Hexamethylbenzol und p-Methylisopropylbenzol (Cymol) entwickeln unter den gleichen Verhältnissen bedeutend mehr Gase.

§ 170. Die zyklischen Kohlenwasserstoffe mit anderen Stoffen in der Entladung

Benzol gibt mit Wasserstoff zusammen in einer stromdichteschwachen Entladung behandelt Dihydrobenzol [367].

Mit Luft gibt es eine feste, dunkelbraune, Stickstoff enthaltende Masse [702]. Mit reinem Stickstoff gibt Benzol eine feste Masse, die beim Erhitzen Ammoniak abgibt [713].

Benzol und CO_2 ergeben in der *Siemens*-Röhre unter anderem einen Phenolabkömmling der Zusammensetzung $C_{30}H_{30}O_9$ [701]. In der Gleichspannungskoronaentladung wurde aus den gleichen Ausgangsprodukten ebenfalls ein saurer Körper erhalten. Er soll hauptsächlich aus C_6H_5COOH bestehen [714].

Benzol und Ammoniak geben, in der *Siemens*-Röhre behandelt, ein in Alkohol und Aethyläther lösliches Produkt der Zusammensetzung $(C_8H_{12}N)_2$ [702].

Aus Benzol und HCl erzielte *Hiedemann* [715] ein Produkt der Formel $C_6H_7Cl_3$.

Naphthalin und Stickstoff gehen nach *Fischer* und *Peters* [649], wenn sie mit hoher Strömungsgeschwindigkeit durch einen Lichtbogen geblasen werden, restlos in Blausäure über.

Im *Siemens*-Rohr entsteht nach *Becker* [112] aus Tetralin und Stickstoff Blausäure. Die Ausbeute wurde dabei nicht näher untersucht.

f) Derivate der Kohlenwasserstoffe

§ 171. Halogenderivate der Kohlenwasserstoffe

Über diese Körper sind nur wenige Untersuchungen gemacht worden. Es zeigte sich, daß die elektronegativen Halogene im allgemeinen im Molekülverband bleiben, sofern die Einwirkung überwiegend elektrisch ist. Ihr Austritt wird, wenn er doch stattfindet, nur als Halogenatom oder in einem einfachen binären Molekül (etwa HCl) beobachtet. Überwiegt die thermische Wirkung (Bogen und Funken), wurde dagegen häufig Zersetzung beobachtet. Dies bezeugen die Ergebnisse an Brom- und Jodalkylen in heißen Funken [325].

---

[1]) Kann sowohl als Diphenylderivat als auch als Naphtenabkömmling angesehen werden.

In der stromschwachen Entladung ergaben sich bei der Behandlung von Methylchlorid im Endergebnis unter Wasserstoffaustritt chlorierte, großmolekulare Kohlenwasserstoffe. Chloroform gibt eine schwere, C_2Cl_6 enthaltende Flüssigkeit. CCl_4 gibt, mit Wasserstoff zusammen in der *Siemens*-Röhre behandelt, ähnliche Produkte [367, 716].

Bei eingehender Untersuchung [371] ergab sich bei der Chloroformbehandlung in der *Siemens*-Röhre ein Produkt, das hauptsächlich aus C_2Cl_6 bestand, daneben aber auch noch C_2Cl_4, C_2HCl_5, C_3Cl_6, C_3HCl_7 und C_4Cl_8 enthielt. Aus CH_3Cl wurde unter Wasserstoffaustritt $C_2Cl_2H_4$, $C_3Cl_3H_5$ und $C_4Cl_3H_5$ erhalten [371].

§ 172. Schwefelderivate der Kohlenwasserstoffe

Auch hier beobachtet man das Bestreben des elektronegativen Elementes, des Schwefels, im Molekülverband zu verbleiben, insofern es sich um die Einwirkung stromdichteschwacher Entladungen handelt [327]. Im Gegensatz dazu kann in heißen Funken Schwefelwasserstoff abgespalten werden [367].

Bei der Behandlung von Dimethylsulfid in der *Siemens*-Röhre wurde unter Wasserstoffaustritt die Bildung einer $C_5H_{12}S_4$, $C_7H_{14}S_6$ und $C_7H_{16}S_5$ enthaltenden Flüssigkeit festgestellt [327].

II. Alkohole und Phenole

§ 173. Alkohole und Phenole allein in der Entladung

Methylalkohol gibt, in der *Siemens*-Röhre bei Normaldruck im stationären System behandelt, kondensierte Aldehyde, während an Gasen Wasserstoff, CO, CO_2 und CH_4 entwickelt werden [14]. Ähnlich sind die Ergebnisse bei der Behandlung mit schnellen Kathodenstrahlen [717]. Aethylalkohol gibt ebenfalls höhermolekulare Verbindungen vom Aldehydcharakter, während an Gasen Wasserstoff, CO und CO_2 festgestellt werden konnten [719, 14]. Darüber hinaus wurde auch Buttersäurebildung bemerkt [718].

Bei n-Propylalkohol und iso-Propylalkohol ist die CO- und CO_2-Entwicklung während der Aldehydbildung sehr klein. Wasserstoff wird jedoch in nennenswerten Mengen ausgetrieben [14].

Allylalkohol gibt ebenso wie Aldol (H_3C-CH[OH]-CH_2-CHO), im stationären System behandelt, nur sehr wenig Gas ab. In beiden Fällen bilden sich feste Polymere [14]. Glycerin bekommt saure Eigenschaften, wenn es von schnellen *Lenard*-Strahlen beschossen wird [736]. In der stromschwachen Wechselspannungsentladung bilden sich höhermolekulare Stoffe, während H_2, CO_2 und CO ausgetrieben werden [719]. Die Phenole geben sämtlich nur sehr wenig oder gar kein Gas ab, wenn sie im stationären System in der *Siemens*-Röhre behandelt werden [14].

§ 174. Alkohole und Phenole mit anderen Stoffen in der Entladung

Mittels Einwirkung von Sauerstoff lassen sich die Alkohole in elektrischen Entladungen leicht zu Säuren oxydieren. So bildet sich z. B. aus Methylalkohol Ameisensäure, aus Aethylalkohol Essigsäure [377].

Die Einwirkung von Stickstoff auf Alkohole und Phenole im stationären System in einer *Siemens*-Röhre hat Berthelot [14] eingehend untersucht. Die untersuchten Alkohole waren: Methyl-, Aethyl-, Propyl-, Isopropyl- sowie Allylalkohol. An Phenolen wurden Phenol, Brenzkatechin, Hydrochinon, Resorzin und Pyrogallol behandelt.

Die Ergebnisse lassen sich folgendermaßen zusammenfassen:

1. Alle untersuchten Alkohole nehmen Stickstoff auf: es bilden sich gleichzeitig hochmolekulare Verbindungen, die alkalisch reagieren und als Amidine aufgefaßt werden können.

2. Die Stickstoffbindung ist im Falle der gesättigten Alkohole mit Wasserstoffaustritt verbunden. Aus Aethyl-, Propyl-, sowie Iso-Propylalkohol treten jeweils zwei H-Atome je verändertes Molekül aus. Ein einziges wird bei Methylalkohol frei. Der Wasserstoffverlust ist im übrigen annähernd ebenso groß wie derjenige, den die entsprechenden Grenzkohlenwasserstoffe, sei es allein oder in Gegenwart von Stickstoff unter denselben elektrischen Bedingungen in der *Siemens*-Röhre erleiden. Eine Ausnahme bildet der Allylalkohol, der kaum Wasserstoff verliert, sich zu größeren Molekülen vereinigt und Stickstoff aufnimmt.

3. Die Phenole nehmen ebenfalls Stickstoff unter dem Einfluß der Entladung auf. Die Aufnahme findet jedoch für die verschiedenen Phenole mit ganz verschiedenen Geschwindigkeiten und bis zu durchaus unterschiedlichen Mengen statt.

Phenol reagiert ebenso wie Brenzkatechin schnell mit Stickstoff. Dagegen ist dies nicht der Fall beim Hydrochinon und beim Resorzin. Es ist bemerkenswert, daß das Hydrochinon, welches sonst leicht durch Abspaltung von zwei Wasserstoffatomen in Chinon übergeführt werden kann, unter Entladungseinfluß im stationären System keine Wasserstoffabspaltung nach außen hin erkennen läßt.

III. Äther

§ 175. Äther allein in der Entladung

In der *Siemens*-Röhre wird Aethylätherdampf rasch zu einer leicht beweglichen, gelben Flüssigkeit kondensiert, während hauptsächlich Methan und Wasserstoff frei werden [327]. Bei fortgesetzter Behandlung in der Hochfrequenzglimmentladung erzielte *Hiedemann* [715] neben Gasen eine unter Normalbedingungen in fester Phase vorliegende Substanz.

Methyldimethyläther (Methylal) gibt unter Gasentwicklung bei entladungschemischer Behandlung folgende alkoholische Flüssigkeiten (in Klammern Siedepunkt): $C_3H_8O_3$ (100^0 C); $C_7H_{18}O_6$ ($115^{,)}$ C); $C_8H_{18}O_5$ (115^0 C bei 16 Torr); $(C_3H_6O_2)_n$ (145^0 C bei 16 Torr). Als Gase wurden hauptsächlich H_2, CH_4 und CO gefunden [686].

Aethylendiaethyläther (Acetal) gab unter gleichen Behandlungsbedingungen dieselben Gase, aber andere alkoholische Flüssigkeiten, nämlich $C_6H_{12}O_2$; $C_{16}H_{30}O_5$; $C_{14}H_{22}O_4$. Alle diese Flüssigkeiten hatten sehr hohe Siedepunkte (teilweise über 200^0 C bei 16 Torr).

§ 176. Äther und andere Körper in der Entladung

Aethyläther und Ammoniak geben in der *Siemens*-Röhre behandelt eine basisch reagierende dunkelrote, unangenehm riechende Flüssigkeit, die in Wasser unlöslich ist [686].

Glykolätherdampf und Stickstoff geben unter spurenweisem Austritt von Wasserstoff und geringer Aethanbildung ein Kondensationsprodukt $(C_2O [NH_2]_2)_n$ [14].

Methyläther gibt bei der Behandlung mit Stickstoff ziemlich viel Wasserstoff ab. Fast ebenso viel Stickstoff (nach Raumteilen) wird aufgenommen.

Aethyläther nimmt nach *Berthelot* nur halb so viel Stickstoffatome auf als Wasserstoffatome abgegeben werden. Auch Methylal nimmt unter Einfluß einer Stickstoff-Entladung Stickstoff auf und gibt Wasserstoff sowie Spuren von CO und CO_2 ab [14].

IV. Oxydationsprodukte der Alkohole

§ 177. Aldehyde der Kettenalkohole

Die Synthese von Aldehyden aus Methan und CO oder CO_2 wurde bereits beim Methan behandelt (§ 163). Auch aus CO, H_2O und H_2 lassen sich Aldehyde in der Entladung synthetisieren [374]. Aus Acetylen und Wasser werden ebenfalls in der elektrischen Entladung Aldehyde gebildet (s. § 168).

Aus Wassergas konnten *König* und *Weinig* [736] Formaldehyd mit guter Wirkung in der *Siemens*-Röhre synthetisieren. Um den Ansatz fester Reaktionsprodukte, die gute Leitfähigkeit zeigen, an der Glaswand zu vermeiden, mußte künstlich mit Wasser gespült werden. Auf die Notwendigkeit der Spülung bei solchen Prozessen hat auch *König* [850] gesondert hingewiesen.

Glykolaldehyd allein in stromdichteschwachen Entladungen behandelt, polymerisiert zu Polysachariden [374].

Formaldehyd und Acetaldehyd geben unter dem Einfluß schneller *Lenard*-Strahlen feste Kondensate, während Wasserstoff, Methan, Aethan, Acetylen, Kohlendioxyd und Kohlenmonoxyd ausgetrieben werden [717]. In stromdichtestarken Gasentladungen überwiegt die Zersetzung von Formaldehyd und Acetaldehyd [374, 719].

Bei der Behandlung von Acetaldehyd in der *Siemens*-Röhre wurde festgestellt, daß zunächst Zerfall zu Formaldehyd unter Methan- und Kohlenmonoxydaustritt stattfindet, und daß das Formaldehyd weiter polymerisiert [327].

Glyoxal (Oxalaldehyd) $(HC = O)_2$, behandelte *De Hemptinne* [719] in stromdichteschwachen Wechselspannungsentladungen. Es fand Polymerisation statt.

Acetaldehyd nimmt unter geringer Wasserstoffaustreibung etwas Stickstoff auf (14). Furfuranaldehyd (Furfurol) polymerisiert in der Bruttoformel $C_{10}H_{18}N_2O_5$.

Propionaldehyd (C_2H_5CHO) gibt etwas mehr Wasserstoff ab als Acetaldehyd, die Stickstoffaufnahme ist größer. Die Bruttoformel des sich bildenden Kondensates lautet: $C_{19}H_{16}N_4O_3$ [14].

§ 178. Zyklische Aldehyde

Benzaldehyd (C_6H_5CHO) gibt mit Stickstoff unter geringfügigem Wasserstoffaustritt eine höhermolekulare, Stickstoff enthaltende Verbindung. Salizylaldehyd nimmt unter CO-Austreibung etwas Stickstoff auf [14]. Furfuranaldehyd (Furfurol) polymerisiert in der Entladung sehr schnell. Das feste Produkt nimmt begierig Sauerstoff auf [722]. Sowohl Furfurol als auch Chinon nehmen in der stromschwachen Entladung Stickstoff auf [14].

§ 179. Ketone (auch zyklische)

Aceton liefert mit schnellen *Lenard*-Strahlen feste Körper und Methan, Wasserstoff, Kohlensäure, Kohlenmonoxyd, Aethylen und Acetylen [717]. In der Hochfrequenzglimmentladung wurde ebenfalls die Kondensation zu einem festen Körper beobachtet [715]. Durch Behandlung von dampfförmigem Aceton in einer Art Koronaentladung wurde das äußerst stechend riechende Keten $(H_2C = CO)$ gebildet [721].

In der Funkenentladung wird Aceton zu Wasserstoff, Aethan, Aethylen, CO_2 und CO zerlegt [720]. Mit Stickstoff wird in der stromdichteschwachen Entladung aus Aceton unter geringer Wasserstoffabspaltung ein Kondensat der Bruttoformel $C_3H_{5,3}N_{1,8}$ gebildet (nach *Berthelot* [14]).

Japankampher $(C_{10}H_{16}O)$ bildet mit Stickstoff unter Aufnahme desselben eine alkalische Verbindung, wobei im stationären System kein Gasaustritt beobachtet wurde [14].

Die Veränderung von Benzoin $(C_6H_5\text{-}CHOH\text{-}CO\text{-}C_6H_5)$ ist in der kalten Entladung nur sehr gering, ebenso die Aufnahmefähigkeit für Stickstoff [14].

V. Kohlehydrate

§ 180. Rohrzucker, Traubenzucker

Rohrzucker in wässriger Lösung gibt mit sehr schnellen Elektronenstrahlen aus einer *Coolidge*-Röhre beschossen (*Lenard*-Strahlen) (§ 13) sauer reagierende Körper.

Abbauprodukte des Rohrzuckers wie Caramel konnten durch 24-stündige Behandlung von 100 Raumteilen CO mit 100 Raumteilen Wasserstoff oder von 100 Raumteilen CO_2 mit 220 Raumteilen H_2 oder von 100 Raumteilen CO mit 50,6 Raumteilen H_2 in der stromdichteschwachen Entladung und zwar im stationären System gebildet werden. Neben Caramel bildete sich noch Wasser [325].

Traubenzucker wurde gepulvert stromschwachen Stickstoffentladungen ausgesetzt. Bei geringer Entwicklung von CO und CO_2 wurde sehr langsame und nur bis zu kleinsten Beträgen führende Stickstoffaufnahme festgestellt (nach *Berthelot* [14]).

§ 181. Cellulose und Papier

Cellulose und Papier wurden Entladungen ausgesetzt und Zersetzung beobachtet. *Clark* [723] fand, daß es von einer Wasserstoff-Koronaentladung zerstört wird, sofern es nur in dünnster Schicht der Entladung ausgesetzt wird. Dabei wird Wasser frei. Allerdings kommt es nicht zu einer völligen Beseitigung der mechanischen Festigkeit, wie dies *Schoepfle* und *Connel* [150] bei Beschießung von Papier mit schnellen *Lenard*-Strahlen feststellen konnten. Sie arbeiteten dabei im Vakuum sowie in Wasserstoff und Stickstoff. Es zeigte sich, daß im Vakuum Wasser neben Wasserstoff und CO_2 frei wird, während Methan und CO kaum beobachtet werden konnten. Die in der Wasserstoff- und Stickstoffatmosphäre gemachten Versuche lieferten ähnliche Mengen der gleichen Körper.

Unimprägniertes Papier zeigte nach der Bestrahlung mit den schnellen Elektronen keine Farbänderung. Jedoch war seine Struktur so zerstört, daß es nach Berührung zu Pulver zerfiel. In der Koronaentladung wurde, obwohl die austretenden Gase dieselben waren, keine Zerstörung der Faser beobachtet [150].

Die Stickstoffaufnahme von Cellulose ist in der Entladung sehr gering [14].

§ 182. Stärke

Stärke reagiert nach erfolgtem Beschuß mit *Lenard*-Strahlen (§ 13) sauer [726].

In der *Siemens*-Röhre sowie durch Glimmentladungen wird Stärke so beeinflußt, daß die Hydrolyse unterbleibt. Ein Teil der Stärke soll dabei auch polymerisiert werden, so daß Diastase sie nicht mehr angreifen kann [724]. In wäßriger Lösung wurde Stärke stromdichteschwachen Wechselspannungsentladungen ausgesetzt und eine teilweise Zerlegung in Zucker verschiedener Art festgestellt [718].

VI. Organische Säuren

§ 183. Fettsäuren

Wird Methan mit Sauerstoff unter dem Einfluß schneller Lenard-Strahlen oxydiert, so bildet sich Ameisensäure [732]. In der stillen Entladung wurde Ameisensäure aus CO und Wasserstoff synthetisiert 733]. Als Zwischenprodukt tritt sie bei der Behandlung von CO und Wasser in der *Siemens*-Röhre auf [734].

Ameisensäure wird in stromschwachen Wechselspannungsentladungen größtenteils zu Wasserstoff, Kohlendioxyd und Kohlenmonoxyd zerlegt [719]. Höhermolekulare Produkte werden kaum gebildet [14]. Stickstoff reagiert in erster Linie mit den Zersetzungsprodukten der Ameisensäure. Die so gebildeten Komponenten polymerisieren dann [14]. Essigsäure wird im Funken hauptsächlich zersetzt [720, 735], während in der *Siemens*-Röhre neben Wasser- und Kohlenmonoxyd nicht unbedeutende Mengen eines zähflüssigen, teerartigen Kondensates gebildet werden [327].

Vier Moleküle Essigsäure vermögen bei lang fortgesetzter Behandlung im stationären System in der Entladung drei Moleküle Stickstoff zu binden. Ähnlich ist das Verhältnis auch für die Propionsäure [14].

Die wohldefinierten Schmelzpunkte gesättigter höherer Säuren, wie der Palmitin- und der Stearinsäure können nach der Behandlung in der *Siemens*-Röhre nicht mehr festgestellt werden. Derselbe Effekt tritt, wie schon erwähnt, auch bei den Kohlenwasserstoffen auf. Der Brechungsindex steigt durch die Behandlung an, auch das spezifische Gewicht wird infolge des Wasserstoffaustrittes größer. Die Jodzahl, die zunächst 0 ist, nimmt ebenfalls zu (vergl. Paraffine § 164) [738, 1075].

§ 184. Olefinmonocarbonsäuren

Acrylsäure (= Propensäure, $CH_2CHCOOH$) wird in der stromdichteschwachen Entladung leicht polymerisiert. Crotonsäure nimmt unter denselben Versuchsbedingungen begierig Stickstoff auf, ohne daß andererseits nennenswerte Mengen anderer Gase ausgetrieben würden [14].

Ölsäure ergibt mit Wasserstoff teilweise Hydrierung, ferner finden Polymerisationsvorgänge statt, die ebenfalls eine Abnahme der Jodzahl bedingen [220, 308, 737, 1075].

Auch die mehrfach ungesättigten Säuren, wie die Linol- und Linolensäure ergaben in der *Siemens*-Röhre neben geringer Hydrierung hauptsächlich Additionsreaktionen [738]. Die Hydrierung kann durch Anwendung höherer Wasserstoffdrucke begünstigt werden. Die Polymerisation sowie die Hydrierung werden durch CO_2 oder SO_2 gehemmt [738], während Wismutoxyd und Eisen-Chlorverbindungen diese exothermen Vorgänge zu fördern vermögen.

§ 185. Oxysäuren und Oxydationsprodukte

De Hemptinne behandelte Milchsäure mit stromdichteschwachen Wechselspannungsentladungen [719] und fand, daß sich Wasserstoff, CO_2 und CO in geringer Menge entwickelten, während sich hauptsächlich Kondensationsvorgänge abspielten. Auch Berthelot [14] konnte anläßlich von Versuchen, Stickstoff in Milchsäure einzubauen, nur geringe Gasentwicklung feststellen. Glykolsäure läßt sich ebenfalls zu einem höhermolekularen Produkt kondensieren, wobei der Austritt von CO und CO_2 beachtlich ist. Stickstoff wird jedoch nur in geringen Mengen aufgenommen [14]. Das einbasische Oxydationsprodukt der Glykolsäure, die Lävulinsäure, ergibt bei der Behandlung im stationären System nur spurenweise Wasserstoff, etwas größere Mengen CO sowie CO_2. Stickstoff wird energisch aufgenommen [14].

§ 186. Mehrbasische Säuren

Oxalsäure wird in der kalten Entladung weitgehend zu CO, CO_2 und H_2 zersetzt, es bleibt jedoch ein kleiner Rückstand [719]. Bernsteinsäure entwickelt, in der stromdichteschwachen Entladung behandelt, Wasserstoff. CO und CO_2 wurden auch nicht spurenweise beobachtet, im Gegensatz zu den Verhältnissen beim Arbeiten mit heißen Entladungen, in denen naturgemäß eine thermische Zersetzung auftritt [14]. Stickstoff wird in der kalten Entladung von der Bernsteinsäure in großem Ausmaße aufgenommen [14].

§ 187. Ungesättigte zweibasische Säuren

Fumarsäure verhält sich im Siemens-Rohr nach Berthelot [14] recht stabil. Wasserstoff wird nur in gerade noch nachweisbaren Spuren frei. Anders verhält sich Maleinsäure, die unter Entladungseinfluß reichlich CO und etwas CO_2 abgibt und gleichzeitig etwas Stickstoff aufnimmt.

§ 188. Zweibasische Oxysäuren

Als Beispiel der Verbindungen dieser Stoffgruppe sei die Weinsäure erwähnt. Sie gibt unter Entladungseinfluß hauptsächlich Wasserstoff sowie etwas CO_2 und Spuren CO ab. Stickstoff wird in Raumteilen etwa eben so viel aufgenommen als Wasserstoff abgegeben wurde [14].

§ 189. Zyklische Carbonsäuren

Benzoesäure, C_6H_5COOH, läßt sich aus Benzol und Kohlensäure synthetisieren (s. § 170). Unter dem Einfluß von stromschwachen Entladungen konnte keine Gasentwicklung aus Benzoesäure bemerkt werden [14]. Ebenso verhält sich o-Oxybenzoesäure. Beide Körper nehmen jedoch Stickstoff bei längerer Behandlung im stationären System auf.

Im Gegensatz dazu gibt p-Oxybenzoesäure während der Stickstoffaufnahme und auch unabhängig davon unter Entladungseinfluß Wasserstoff und Kohlensäure sowie spurenweise CO ab.
o-Phtalsäure erwies sich in der Entladung als stabil [14].

Das Tallöl[1]) sei als gemischter, zyklische Carbonsäuren enthal-
tender Körper insbesondere deshalb erwähnt, weil es eine außerordentlich schnelle Molekülvergrößerung beim Behandeln mit kalten
elektrischen Entladungen erfährt. Die Polymerisation, z. B. in der
Siemens-Röhre, ist so stark, daß eine ganz auffällige Zähigkeitszunahme auftritt. Für das in bestimmter Weise auf die aufgewendete elektrische Arbeit pro Liter bezogene Maß der Zähigkeitszunahme k (s. § 78) wurden Werte von etwa 0,75 beobachtet
(Rummel [69]).

VII. Ester enthaltende tierische und pflanzliche Produkte (Öle, Wachse und Fette)

§ 190. Zähigkeitszunahme

Bei dieser Stoffgruppe ist die Zähigkeitszunahme meist sehr groß.
Neben den Wachsen wurden hauptsächlich die Glycerinester der
Fettsäuren, auch ungesättigter organischer Säuren, wie etwa der
Ölsäure, behandelt.[2]) Reine Fettsäureester behandelten Menzel,
Berger und Nikuradse [1076] und stellten neben Hydrierung, De-
hydrierung und Polymerisation insbesondere Dimerisation fest. Da-
bei soll dieser Vorgang unter Verschiebung von Wasserstoffatomen
vor sich gehen (vergl. § 153).

Meist handelt es sich bei den natürlichen pflanzlichen Ölen und
Fetten um Mischprodukte. Werden sie ranzig, kommen noch freie
Fettsäuren hinzu. Die Größe k (§ 78) erreicht für chinesisches Holzöl[3]) den Wert 0,93. Den tierischen Ölen Waltran und Sardinentran sind Werte für k zwischen 0,5 und 0,6 zugeordnet.

Leinöl, Rüböl sowie Rapsöl erreichen bei der Behandlung mit
Entladungen kleiner Stromdichte je nach Apparattype verschieden
hoch liegende Grenzwerte der Zähigkeit, über die hinauszukommen
nicht möglich erscheint, ohne daß gelartige Ausflockungen auftreten

---

[1]) Ein Abfallprodukt der Sulfatcellulose-Fabrikation, welches zu einem
Drittel aus der Pinabietinsäure, einer Abart der Abietinsäure, einer kohlen-
stoffreichen Säure mit kondensierten Ringen, Muttersubstanz des in Coniferen-
harzen und Nadelholzteeren enthaltenen Retens, sowie aus Fettsäuren (darunter
15 % Ölsäure, 79 % Linolsäure und 6 % Linolensäure) besteht [746].

[2]) Verfahren zur Behandlung von Fetten mit elektrischen Entladungen be-
schreiben Utescher [740], Wielgolaski [741] und Walker [742], letzterer auch
für Wachse, ohne aber gegenüber der ursprünglichen Anordnung nach De
Hemptinne [15] (Stabilisierung mittels ebener Preßspanplatten) wesentlich neu-
artige Gesichtspunkte zu bringen.

[3]) Holzöl enthält hauptsächlich das Triglycerid der Oleostearinsäure.

[744]. Ähnlich verhalten sich auch andere fette Öle wie beispielsweise Olivenöl [745].

§ 191. Über die chemische Natur der Veränderungen

Bei den natürlichen Fetten und Ölen überwiegen unter dem Einfluß stromschwacher elektrischer Entladungen die die Jodzahl herabsetzenden Vorgänge über solche, welche sie erhöhen können. So wird die Jodzahl von Lebertran, Sardinentran und Waltran durch Behandlung in der *Siemens*-Röhre herabgesetzt [738]. Mehrfach wurde angeführt, daß der Glycerinanteil der Moleküle durch die Entladungen nicht angegriffen würde [737, 739]. Dagegen wurde von anderer Seite festgestellt, daß z. B. Butter beim Beschuß mit Elektronen ranzig wird, d. h. es wird freie Säure und Glycerin gebildet. Ähnliche Ergebnisse werden auch mit feinverteilten Fetten (z. B. Milch) beim Beschuß mit Elektronen erzielt [726].

§ 192. Aufnahme anderer Elemente

Es hat sich gezeigt, daß die Fette und Öle während ihrer Behandlung meist erhebliche Mengen an Sauerstoff oder Stickstoff zu binden vermögen. (Olivenöl nimmt abweichend hiervon während der Behandlung nur wenig Stickstoff auf) [14].

Durch die Behandlung kann aber auch die Sauerstoffaufnahmefähigkeit ohne Entladungseinfluß, d. h. für die Zeit nach der Behandlung, beeinflußt werden. So stellten *Slansky* und *Götz* [743] fest, daß die Trocknungseigenschaften von Wachsen und fetten Ölen durch Behandlung mit stromschwachen Entladungen derart verbessert werden, daß daraus auch lacktechnische Vorteile entspringen. Dies wurde insbesondere auch für Leinöl gezeigt [747]. (Vergl. § 238).

VIII. Stickstoffhaltige organische Verbindungen und Vitamine

§ 193. Nitroverbindungen

Nitromethan verhält sich in der *Siemens*-Röhre recht eigenartig. Es gibt nämlich neben CO und CO_2 nicht unbedeutende Mengen an Stickstoff ab, ganz entgegen der allgemeinen Regel, daß elektronegative Elemente nur in bimeren Molekülen austreten (vergl. § 146). Nitroäthan verhält sich dagegen der Regel entsprechend und nimmt während der Entladung Stickstoff auf, während Wasserstoff sowie etwas CO und CO_2 abgegeben werden [14].

Zelluloid, ein inniges Gemenge von Kampher und schwach nitrierter Cellulose, kann durch Beschuß mit schnellen Elektronen zerlegt werden [726]. Nitrobenzol erfährt in der *Siemens*-Röhre eine Umwandlung über Hydrazobenzol zu Anilin [230]. Ist Stickstoff anwesend, so wird dieser während der Entladung begierig aufgenommen [14].

§ 194. Amine

Berthelot [14] hat eine Reihe von Aminen zusammen mit Stickstoff in der *Siemens*-Röhre behandelt.

Methylamin ergab nach 24stündiger Entladungseinwirkung bei 1 at abs. Druck im stationären System neben reichlicher Wasserstoffentwicklung eine kondensierte Substanz der Formel $C_6H_{12}N_4$ (Tetraamin des Hexamethylens?).

Dimethylamin und Trimethylamin verhalten sich ähnlich. Aethylamin gibt unter Wasserstoffaustritt als Kondensationsprodukt einen basisch reagierenden Körper der Zusammensetzung $C_8H_{16}N_4$.

Propylamin gibt viel Wasserstoff ab und nimmt nur mäßig (etwa $^1/_6$ raumteilmäßig) Stickstoff auf. Das Kondensationsprodukt hat die Formel $C_9H_{18}N_4$. Isopropylamin verhält sich ähnlich.

Allylamin verwandelt sich unter Entladungseinfluß bei mäßiger Wasserstoffentwicklung in ein stark nach Piperidin riechendes Produkt (Bruttoformel $C_{12}H_{20}N_4$).

Aethylendiamin gibt unter Wasserstoffaustritt ein sehr hochmolekulares Produkt. Propylendiamin bildet ebenfalls ein sehr hochmolekulares Produkt, wobei an Gasen Wasserstoff, Stickstoff, Methan und Ammoniak austreten.

Von den zyklischen Monaminen seien ebenfalls einige Beispiele herausgegriffen. Phenylamin (= Anilin) absorbiert Spuren von Stickstoff, ohne selbst Gase abzugeben [14]. Wird jedoch das Anilin verdampft und der Dampf einer intensiven elektrodenlosen Induktionsentladung ausgesetzt, so treten chemische Reaktionen ein, die jedoch noch nicht genau erfaßt sind. Jedenfalls wurde ein Zerfall in die Radikale NH, CN, N_2 beobachtet [132].

Berthelot [14] stellte fest, daß bei Behandlung in der *Siemens*-Röhre unter Normaldruck alle untersuchten aromatischen Monamine etwas Stickstoff aufnehmen. Gleichzeitig bilden sich ohne nennenswerte Wasserstoffentwicklung Polyamine, die bedeutend stärker basisch reagieren als die Ausgangsstoffe.

§ 195. Azoverbindungen

Das kristallisierte Azobenzol wird in der kalten Entladung nicht verändert [14], solange nicht durch Erwärmen ein höherer Dampfdruck bewirkt wird. Bei Fernhalten von Fremdgasen entstehen dunkle, nicht kristallisierende Substanzen an den Wänden.

§ 196. Amide (Säureamide)

Formamid reagiert unter Ammoniak- und CO-Entwicklung in der stromdichteschwachen Entladung hauptsächlich gemäß der Gleichung:
$$2 \cdot HCO\,NH_2 = H_2 + (CONH_2)_2.$$
Außerdem wurde die Bildung von $H_2NOC\,CO_2NH_4$ und $(CO_2NH_4)_2$ beobachtet [725].

Acetamid vermag ebenfalls in der Entladung zu reagieren [14].

§ 197. Alkylcyanide oder Nitrile

Methylcyanid (Acetonitril) absorbiert im stationären System in der Stickstoffentladung Stickstoff, gleichzeitig findet eine zu einem hochmolekularen Stoff führende Kondensationsreaktion statt [14].

Alkylcyanide können aus HCN und Olefinen synthetisiert werden (s. § 168)).

§ 198. Aromatische Nitrile

Benzonitril, das sich ohne Entladung leicht zu Kyaphenin polymerisieren läßt, wird in der Entladung nicht zu diesem Produkt umgeformt. Es entstehen andere hochmolekulare Substanzen, deren nähere Zusammensetzung bisher noch nicht festgestellt worden ist.

Berthelot [14] beobachtete, daß in der kalten Entladung Benzonitril sehr schnell große Mengen Stickstoff aufnimmt. Methylbenzonitril zeigte sich dagegen bedeutend stabiler.

§ 199. Aminosäuren

Aminoessigsäure (Glykokoll) erweist sich im festen kristallisierten Zustand als recht stabil, was infolge der geringen Eindringungstiefe der Ladungsträger in stromschwachen Entladungen auch nicht anders zu erwarten ist [14].

Aminosäuren können aus CO, H_2O und NH_3 in der Entladung gebildet werden [725].

§ 200. Pyrrol, Benzopyrrol (Indol)

Pyrrol wird in der stromschwachen Entladung unter Stickstoffaufnahme in eine nach Carbylamin riechende Substanz umgesetzt, Indol wird dagegen kaum verändert [14].

§ 201. Pyridine

Pyridin bildet unter Stickstoffaufnahme in der stillen Entladung Polyamine.

Hexahydropyridin (Piperidin) gibt unter gleichen Umständen große Mengen Wasserstoff ab und neigt zur Bildung von Pyridin und anderen nicht näher untersuchten Stickstoffderivaten. [14].

§ 202. Indigoblau (Indigotin)

Dieser Körper gibt in der stillen Entladung Wasserstoff, Kohlendioxyd und Kohlenmonoxyd ab und nimmt etwas Stickstoff auf. Gleichzeitig werden höhermolekulare Substanzen gebildet, die nicht analysiert wurden [14].

§ 203. Alkaloide

Nikotin gibt, nach Raumteilen gerechnet, in der stillen Entladung ebensoviel Wasserstoff ab, als es Stickstoff aufnimmt [14].

§ 204. Albumine

Berthelot [14] überstrich eine dielektrische Stabilisierungsschicht (Glaswandung) auf der dem Entladungsraum zugewandten Seite mit einer Albuminlösung und ließ den Überzug trocknen. Bei Einschaltung der Entladung, für welche Leistungsangaben leider fehlen, wurden in 24 Stunden aus 0,57 g trockenem Albumin 4 cm^3 H$_2$, 2 cm^3 CO$_2$ und 0,6 cm^3 CO entwickelt. An Stickstoff wurden 3,8 cm^3, d. h. etwa 0,0045 g absorbiert

§ 205. Gelatine, Gummiarabikum

Diese Körper werden durch Einwirkung von Wasserstoffentladungen oberflächlich in weiße feste Schichten umgewandelt [149].

§ 206. Vitamine

Ergosterol wurde in alkoholischer Lösung der positiven Säule einer Glimmentladung ausgesetzt. Mit Luftfüllung wurden 6 % des Ergosterols in Vitamin D übergeführt. Bei Füllung mit dem inerten Argon wurden 37 % des Ergosterols verwandelt. Das entstandene Vitamin D entsprach dabei etwa 16 % des Ergosterols [849].

Das Vitamin A des Lebertrans wird durch Wasserstoffentladungen in der *Siemens*-Röhre nicht zerstört, wohl aber findet eine Desodorisierung des Lösungsmittels, nämlich des Lebertrans, statt [738].

4. Spezieller Teil

Entladungschemische Betrachtung der Zerstäubung und Gasaufzehrung

§ 207. Das Wesen der entladungschemischen Zerstäubung

Neben der in den §§ 35, 40, 44, 45 behandelten „normalen", durch physikalische Vorgänge verständlich zu machenden Zerstäubung von Kathoden treten Materialabtragungen von Elektroden und auch anderen in Nähe der Entladungsbahnen befindlichen Körpern auf, die eine andere, mehr chemische Erklärung erheischen.

Solche entladungschemischen Zerstäubungsvorgänge treten nur selten rein auf, meist ist eine Überlagerung mit der „normalen", der physikalischen Zerstäubung zu verzeichnen. Es kann jedoch die entladungschemisch fortgeschaffte Materialmenge ein Mehrfaches der „physikalisch entfernten" betragen.

Wann muß man von entladungschemischer Zerstäubung sprechen? Diese liegt dann vor, wenn infolge entladungschemischer Reaktionen des die Entladung tragenden Gases mit dem festen oder flüssigen Elektrodenmaterial eine Abtragung des letzteren eintritt. Findet die zur Abtragung führende Reaktion zwischen in der Entladung aktivierten Gasen und festen oder flüssigen Körpern statt, ohne daß letztere an die Elektroden angeschlossen werden, so liegt ebenfalls entladungschemische Zerstäubung, wenn auch nur mittelbare vor. Der die feste oder flüssige Substanz angreifende gasförmige Partner kann selbst ein infolge normaler Kathodenzerstäubung gebildeter schneller Atomstrahl sein, der infolge der Entladungseinwirkung aktiviert ist. Eine dann eintretende Materialabtragung ist als entladungschemische Sekundärzerstäubung anzusprechen. Die entladungschemische Zerstäubung ist nicht auf solche Vorgänge beschränkt, bei denen flüchtige Reaktionsprodukte entstehen. Es genügt vielmehr, wenn diese überhaupt infolge mittelbarer oder unmittelbarer Entladungseinwirkung von dem festen oder flüssigen Körper fortgeschafft werden. Im weitesten Sinne können dies auch sekundäre Einwirkungen, wie Spülungsvorgänge oder Wärmespannungen, z. B. staubförmiges Abblättern spröder Reaktionsprodukte, bewirken.

Das weitere Schicksal der weggeführten Reaktionsprodukte kann sehr vielgestaltig sein. Handelt es sich um instabile Produkte, z. B. Metall-Gas-Verbindungen, die vielfach nur im geladenen Zustand, als Ionen, existenzfähig sind, so entstehen durch Zerfall, sei er spontan oder erfolge er erst an den Wänden, wieder die Ausgangskörper, wodurch z. B. Metallspiegel erhalten werden können. Verläuft der Zerfall nur sehr langsam, dann sind Gewichtsunterschiede zwischen Materialverlust und aufgefundenem Spiegelgewicht festzustellen. Die Rückbildung kann durch Eintreten weiterer Reaktionen auch gänzlich verhindert werden. Reaktionen dieser Art sind z. B. die bereits besprochenen Kondensations-, Additions- und Polymerisationsreaktionen der organischen Verbindungen, wie sie an den durch entladungschemische Zerstäubung der Kohle in Wasserstoff gebildeten Kohlenwasserstoffen auftreten.

Die entladungschemische Zerstäubung ist wie die „normale", physikalische nicht auf die Leiter erster Klasse beschränkt. Sie wird in ausgeprägter Form auch bei den Isolatoren beobachtet, ferner ist sie auch bei Elektrolyten denkbar.

§ 208. Entladungschemische Zerstäubung von metallischen Leitern

Als erster hat wohl *Kohlschütter* [750] den Gedanken ausgesprochen, daß die auf die Kathode zufliegenden positiven Ionen in Gasentladungen infolge ihrer sehr hohen Energie, die diejenige der auf höchst erreichbare Temperaturen gebrachten Atome bei weitem überträfe, mit dem Kathodenmaterial endotherme flüchtige Metallgasverbindungen zu bilden vermöchten, welche alsbald nach ihrer Entstehung unter Abscheidung von Metall wieder zerfallen würden. Später ist Kohlschütter von dieser entladungschemischen Darstellung der Zerstäubung von Metallen wieder abgegangen. Der entladungschemische Gesichtspunkt bei der Kathodenzerstäubung geriet dann bald in Vergessenheit. Vielleicht konnten diese Gedanken damals deshalb noch nicht Boden fassen, weil nur die Frage diskutiert wurde, ob die Zerstäubung ein physikalisches *oder* ein chemisches Phänomen sei, und eine rein chemische Erklärung nicht alle Erscheinungen befriedigend erklären konnte.

Das Wissen um entladungschemische Zerstäubung wurde wieder durch die Untersuchungen *Bonhoeffers* [155] erweitert, indem er 1924 zeigen konnte, daß in elektrischen Glimmentladungen nach Art der *Wood*schen Anordnung atomarisierter Wasserstoff imstande ist, Silber, auch außerhalb der unmittelbaren Entladungseinwirkung, zu zerstäuben. *Bonhoeffer* fand damit zweifelsfrei ein Beispiel für die rein entladungschemische Zerstäubung und zwar für eine solche mittelbarer Art (vergl. § 207). 1926 fand *Güntherschulze* [88] definierte chemische Bindungen zwischen Metallen und Gasen, die zur Zerstäubung führten und zwar sowohl für kathodische Schaltung der Metalle, als auch für anodische Schaltung, ja sogar für die Anordnung ohne elektrische Verbindung mit den Elektroden. Die Untersuchungen ergaben, daß C, Se, Te, As und Sb verhältnismäßig stabile Hydride bilden können. Bi verbindet sich zu einem weniger stabilen Hydrid. Die Zerstäubung erreicht bei den genannten Stoffen abnorm hohe Werte. *Güntherschulze* fand u. a., daß bei der hier vorhandenen „elektrochemischen Kathodenzerstäubung“ [1]) im Gegensatz zur „normalen“, also mehr physikalischen Zerstäubung, die der Kathode benachbarten Gefäßteile vom Niederschlag frei bleiben und der Niederschlag im Gegensatz zur normalen Zerstäubung auch auf den übrigen Wandteilen auftritt, wobei er sich bis in die Anodengegend erstrecken kann. Als weiteres Kriterium für entladungschemische Zerstäubung gibt *Güntherschulze* an, daß die Zerstäubung praktisch unabhängig vom Elektrodenabstand ist. Die entladungschemische Zerstäubung ist ferner auch beim Arbeiten mit normalem Kathodenfall noch beträchtlich. Während von manchen Autoren die Anwesenheit von Wasserstoffionen als Voraussetzung zur Herbeiführung einer Zerstäubung angeführt wird, genügen nach dem oben erwähnten *Bonhoeffer*schen Versuch schon in manchen Fällen Wasserstoff-Atome, um die entladungschemische Zerstäubung zu bewirken. Wasserstoff ist im übrigen nicht der einzige Körper, der entladungschemische Zerstäubung auszulösen imstande ist.

Güntherschulze erklärt das Klarbleiben der Wand im Kathodenfallgebiet bei entladungschemischer Zerstäubung mit der Bildung instabiler Hydride, die nur im Kathodenfallgebiet infolge der dort möglichen andauernden Energiezufuhr beständig sind und sich außer-

---

[1]) Wir wollen uns sonst dieser Bezeichnung nicht anschließen, um Verwechslungen mit kathodischen Zerstäubungserscheinungen bei der Elektrolyse in wässrigen Lösungen (eigentliche Elektrochemie) zu vermeiden.

Eine elektrochemische Kathodenzerstäubung dieser Art erleidet z. B. Blei bei sehr hohen Stromdichten.

halb des Kathodenfallgebietes nach Aufhören derselben unter Spiegelbildung wieder zersetzen.

Berraz [529, 530] konnte entladungschemische Zerstäubung von Silber, Gold, Blei und Kupfer in Stickstoffentladungen beobachten.

Reczinsky [749] beschäftigte sich ebenfalls mit der entladungschemischen Zerstäubung der Metalle. Er stellte einige Grundsätze auf, zur Bestimmung, ob nur physikalische oder auch entladungschemische Zerstäubung vorliege. Danach müßten u. a. die beiden Reaktionspartner eine große relative kinetische Energie besitzen. Höhere Temperaturen z. B. müßten dementsprechend die entladungschemische Zerstäubung fördern, womit seine Versuchsergebnisse im Einklang standen.

§ 209. Entladungschemische Zerstäubung von Isolatoren

Mittelbare entladungschemische Zerstäubung von Glas und Quarz liegt vor, wenn, wie *Hiedemann* beobachtet hat (s. atomarer Wasserstoff, § 92) zwischen Wasserstoff und diesen Stoffen eine Reaktion zu Siliciumwasserstoff stattfindet. Dies führt zu einer allmählichen Abtragung der Glas- bzw. Quarzwand.

In Wechselspannungsentladungen können nach § 7 Isolatoren auch als Elektroden dienen. Sehr stark können die entladungschemischen Zerstäubungserscheinungen in diesen Geräten auch werden, wenn organische flüssige Substanzen behandelt werden. Zum Vermeiden von Verharzungen der Elektrodenflächen wird dabei kräftig gespült. Die Isolatorfläche wird daher reingewaschen und die Bildung der sie schützenden hochpolymeren Niederschläge verhindert.

Die auftretende Zerstäubung hängt nicht nur von der Intensität der Entladung, sondern auch von der Natur der miteinander reagierenden Stoffe ab. Nach *H. Becker* [112] verläuft die Materialabtragung von Glas bei der Behandlung von gesättigten Kohlenwasserstoffen gleichmäßiger (Mattierung wie z. B. bei Milchglas) und in geringerem Ausmaße als bei der Behandlung stark ungesättigter Körper. Bei diesen sollen insbesondere Körper mit den Gruppen — CH = CH — stark zerstäubend wirken. Sehr stark ist auch der Angriff von aromatischen Kohlenwasserstoffen, wie etwa von Benzol, auf manche Glassorten (s. Bild **97**). Dabei kann auch eine Entalkalisierung des Glases beobachtet werden. *Hock* und *Leber* [751] beobachteten die Glaszerstäubung bei der Behandlung von Kautschuklösungen (z. B. in Benzol) im *Siemens*-Rohr.

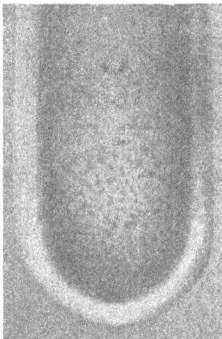

Bild 97: Zerstäubung eines dielektrischen Körpers (Glas) in einer Gasentladung, „Elektro-Korrosion" (Aus [31])

Die entladungschemische Zerstäubung fester Dielektrika wurde bisher nur an Elektrodenflächen beobachtet. Letztere waren dabei ab-

wechselnd kathodisch und anodisch geschaltet (Wechselspannungsentladungen). Mit Gleichspannungsentladungen kann die entladungs-
schen Entwicklung von Gasen wie Wasserstoff, Methan, bemerkt
werden.

§ 210. *Entladungschemische Gasaufzehrung und Gegeneffekt*

Die entladungschemische Gasaufzehrung ist ein sehr häufig beob-
achteter Vorgang. Anläßlich der Besprechung der einzelnen entladungschemischen Reaktionen lernten wir eine große Zahl kennen,
die mit einer Volumenverkleinerung verknüpft erscheinen. z. B. bei
Vereinigungsvorgängen, insbesondere auch bei damit verbundenen
Übergängen vom gasförmigen in den festen oder flüssigen Zustand.
Auch der Gegeneffekt, die Gasbefreiung, kann besonders bei der
Behandlung organischer Substanzen in Form der entladungschemi-
lung von Gasen wie Wasserstoff, Methan, bemerkt werden.

Aus den Gebieten der anorganischen Entladungschemie sei rück-
schauend erinnert, daß häufig Reaktionen mit sonst chemisch trägen
Gasen stattfinden, wodurch bei Unkenntnis der entladungschemischen Reaktionen echte physikalische Gasaufzehrung vorgetäuscht
sein kann.

D. Technische Anwendungen

I. Metalltechnik

§ 211. Metallätzung

Eigenartige, aber theoretisch erklärbare Erscheinungen beobachtet man bei der kathodischen Schaltung von polierten Metallflächen in Gasentladungen. Infolge selektiver Kathodenzerstäubung zeichnen sich nach geraumer Zeit Figuren ab, die mit den sonst in der Metallkunde bekannten Ätzfiguren identisch sind und diese, was Feinheit der Zeichnung betrifft, teilweise sogar noch übertreffen können. Die Anordnung zur Durchführung dieses „Ätz"-Verfahrens ist sehr einfach. Die zu untersuchende polierte Fläche wird in möglichst geringem Abstand einer zweiten als Anode dienenden Fläche gegenübergestellt. Bei einem Druck, der zweckmäßig unter 10 Torr liegt, wird die Entladung eingeschaltet. Die günstigste Stromdichte und Behandlungsdauer müssen versuchsmäßig ermittelt werden. Meist genügt eine Behandlung von einigen Minuten Dauer. Kupfer-Silber-Eutektikum kann z. B. in $1/4$ min „geätzt" werden.

Belladen und *Surra* [127] untersuchten hauptsächlich Zink-Kupferlegierungen in Wasserstoff- und Luft-Entladungen. *Belladen* [128] behandelte ferner Kupfer-Nickel, Kadmium-Antimon, Kupfer-Antimon, Wismuth-Antimon und Kupfer-Zinn. *Baum* [754], sowie *Smyth* [755] zogen Kupfer- und Eisen-Legierungen in den Kreis ihrer Untersuchungen.

§ 212. Metalltrennung

Die vorerwähnte Metall„ätzung" ist in gewissem Sinne bereits eine Metalltrennung, indem bei der Zerstäubung die verschiedenen Komponenten verschieden stark zerstäuben. *Asada* und *Quasebarth* [129] haben diese Methode zu einem Verfahren der Trennung von Legierungskomponenten ausgebaut. Es gelang ihnen Gold und Kupfer in einfacher Weise zu scheiden. Ähnlich läßt sich Quecksilber leicht von Magnesium und Nickel trennen [758, 759].

§ 213. Legierungsbildung

Güntherschulze [757] regte an, Legierungen durch Kathodenzerstäubung von mehreren aus verschiedenen Metallen bestehenden Kathoden her zu erstellen. Die so zu erzielenden Legierungen könnten dann z. B. auf Kristallstruktur, Reflexionsvermögen, Leitfähigkeit, chemische Beständigkeit untersucht werden, ohne daß durch umständliche Schmelzverfahren größere Mengen hergestellt werden müßten. Durch Glühbehandlungen könnten die Versuchsbedingungen noch variiert werden.

§ 214. Reinigung und Aufrauhung von Oberflächen

Die Reinigung und Aufrauhung von Oberflächen wird vor dem Metallisieren notwendig.[1] Es seien hier zwei Methoden der entladungschemischen Reinigung

---

[1] Die Metallisierung kann durch Aufdampfen, Kathodenzerstäubung etc. erfolgen. Aufgedampfte Schichten haften meist nicht so fest wie aufgestäubte, weil während der Bestäubung eine gewisse Reinigung erfolgt.

und Oberflächenaufrauhung erwähnt. Bei der einen [872] wird in der Nähe der zu behandelnden isolierenden Oberflächen eine Glimmentladung bewerkstelligt. Die Reinigung erfolgt wohl durch in der Entladung gebildete aktive vagabundierende Teilchen.

Die andere Methode besteht darin, daß die zu reinigende Fläche als Anode und hernach als Kathode einer Glimmentladung geschaltet wird, wodurch neben der reinigenden Wirkung noch eine Aufrauhung infolge Kathodenzerstäubung zu verzeichnen ist. Sollen isolierende Schichten nach dieser Methode gereinigt werden, so ist es vorteilhaft, sie in den Entladungsweg nach Art einer dielektrischen Stabilisierungsschicht einzubringen. Zur Beschleunigung der Wirkung empfiehlt sich dabei die Anwendung möglichst hoher Frequenzen. Die physikalische Zerstäubung (§ 45) wird zweckmäßig durch entladungschemische Zerstäubung unterstützt, z. B. für Glas in einer Wasserstoffentladung.

§ 215. Metallschichten für optische Zwecke

Durch von Metallkathoden ausgehende Aufstäubung auf Gläser lassen sich Graukeile erzielen, wie *Güntherschulze* [757] gezeigt hat. Allgemein bekannt dürfte die Herstellung von spiegelnden Flächen auf Glas und ähnlichen Körpern durch Aufbringung dünner Metallschichten mittels Kathodenzerstäubung sein. Besondere Schwierigkeiten bieten dabei schwer zerstäubbare Metalle wie z. B. Aluminium [760]. Eingehend hat sich *Cartwright* [761] mit der Herstellung von Spiegeln durch Kathodenzerstäubung beschäftigt. Er hat insbesondere auf die Notwendigkeit einer entsprechenden Vorreinigung der verwendeten Glasunterlagen hingewiesen (vergl. § 214).

Zum Aufstäuben werden häufig hohe Stromdichten angewendet. Um dabei übermäßige Erwärmung zu vermeiden, wird nur mit Stromstößen gearbeitet.

Auch Lichtbogenzerstäubung wurde vorgeschlagen, wobei sich aber die Verdampfungseffekte mehr in den Vordergrund schieben. Es hat sich als zweckmäßig erwiesen, den Lichtbogen in einer Druckkammer brennen zu lassen, in welcher durch Zufuhr eines Hilfsgases ein erhöhter Druck eingestellt wird, wobei das im Lichtbogen verdampfte Metall durch eine durch die Elektroden gehende Bohrung vermittels des abströmenden Hilfsgases aus der Lichtbogenzone getragen wird und so auf die zu verspiegelnde Fläche gelangt.

§ 216. Dünne Metallschichten für Hochohmwiderstände

Eine Reihe von Arbeiten befaßt sich mit der Herstellung dünner Metallschichten auf isolierender Unterlage zwecks Erzeugung von Hochohmwiderständen [768 ... 771]. Nach *Tammann* [768] sind diese Schichten feinkristallin, nach *Kramer* [769] aber amorph. Die aufgedampften Schichten werden, um nachträgliche chemische Veränderungen oder Aufquellungen durch Wasseraufnahme möglichst zu vermeiden, in Vakuumhüllen eingeschmolzen.

Um stabile Zustände der Metallschichten zu erzielen, ist längere Wärmebehandlung unerläßlich. Als Schichtmaterial werden meist Legierungen angewendet. Sehr bewährt hat sich nach *Gössinger* [770] die ternäre Zusammenstellung Ag-Pt-Au.

Neuere elektronenoptische Untersuchungen ergaben, daß alle Schichten dieser Art aus Metallinseln bestehen, die durch dünne Brücken verbunden sind. Im Laufe der Zeit können Rekristallisationen eintreten. Darunter leiden in erster Linie die Widerstände dieser Brücken und damit auch der Widerstand der Gesamtschicht.

§ 217. Sehr dünne Metallschichten

Für gewisse physikalische Messungen, z. B. der Diffraktion der Kathodenstrahlen, aber auch für technische Zwecke, wie Bau hochempfindlicher Kondensator-mikrophone, werden sehr dünne, zusammenhängende Metallschichten ohne Unterlage benötigt. *Lauch* und *Ruppert* [761] erzeugten solche Metallfilme, indem sie die Metalle auf lösliche Salze (z. B. Silber auf Steinsalzflächen) mittels Kathodenzerstäubung aufbrachten. Es wurde dabei derart vorgegangen, daß in einem ersten Behandlungsabschnitt durch Zerstäubung ein etwas stärkerer Ring aufgebracht wurde. Hierauf wurde erst die eigentlich benötigte dünne Folie gebildet. Diese fand also einen sie begrenzenden und schützenden Ring vor. Es konnten mittels dieser Methode Metallschichten von nur 30 μμ Stärke bei 6mm Durchmesser erzielt werden. Die Schichten waren lochfrei und konnten nach Auflösen des Steinsalzes einem Überdruck von 8 Torr widerstehen. Die dünnste so erzielte Schicht war nur 5 μμ stark bei einem Durchmesser von 5 mm.

§ 218. Metallisieren wärmeempfindlicher Körper

Die Metallisierung stark wärmeempfindlicher Körper, wie z. B. von Federn, Einzelfasern, Gespinsten, Geweben, Fellen, Papier, kann in den Fällen, wo hochschmelzende Metalle Verwendung finden sollen, mit Vorteil mittels Kathodenzerstäubung bewerkstelligt werden. Durch Kühlung der Elektroden kann dabei jede schädliche Wärmeeinwirkung vermieden werden [842].

§ 219. Oberflächenbehandlung metallischer Werkstoffe
(Bildung von Überzügen und Vergütungen)

Bei der speziellen Entladungschemie wurden eine Reihe von Prozessen besprochen, die zwischen metallischen Oberflächen und der Gasphase verlaufen. Eine Anzahl von Vorgängen, die sonst nur bei hoher Temperatur verlaufen, werden durch die Einwirkung von Entladungen, wohl infolge der Ausbildung aktiver Zustände der Gase, erinnert sei an Radikale und Atome, erheblich beschleunigt, in manchen Fällen sogar erst ermöglicht. Bemerkenswert ist die technische Anwendung dieser experimentellen Befunde zum Zwecke der Veredlung von Metalloberflächen.

Bereits 1888 schlug *Boyle* [857] die Anwendung des Kohlelichtbogens zum Karburieren von Eisen vor. *Egan* [814] brachte zu diesem Zwecke die zu behandelnden Stücke in eine Atmosphäre ein, die durch Entladungen verschiedener Art ionisiert sein konnte. Sollte nitriert werden, so wurde das zu behandelnde eiserne Werkstück in Ammoniak bei normalem Atmosphärendruck eingebracht. Vermittels Einwirkung von Koronaentladung bei gleichzeitiger Erhitzung des Werkstückes auf etwa 850⁰ soll etwa ein Sechstel der Zeit, die ohne zusätzliche Entladungseinflüsse erforderlich ist, die gleiche Nitrierwirkung erzielt werden. Es ist anzunehmen, daß bei gleichzeitiger Erwärmung und Entladungseinwirkung beim Zusammenstoß zwischen aktivem Gas und heißem Metall an Energie die Summe aus kinetischer Energie des Metalles (Wärmebewegung) und kinetischer + potentieller Energie des Gasteilchens frei und für die chemischen Einwirkungen verfügbar wird, wenngleich von der angebotenen Energie jeweils nur ein gewisser Teil in chemische Bindungsenergie übergehen wird.

Bei der Anwendung von Bogen- [853, 854] und Funken-Entladungen ist naturgemäß nur bei sehr regelmäßiger Ausbildung der zu behandelnden Werkstücke eine gleichmäßige Oberflächenvergütung zu erreichen. Wird bei Anwendung von Normaldruck das Werkstück nicht als Elektrode geschaltet, so ist die Wirkung nur recht gering, da bei Normaldruck die Lebensdauer der aktiven

Zustände nur sehr klein ist. Für die Schaltung als Elektrode hat *Breuer* [856] angegeben, daß als Gegenelektrode zum Werkstück für Carburierungszwecke mit Vorteil gewöhnliche Bogenlampenkohle verwendet wird, wobei die Wanderung von C-Atomen bevorzugt von der positiv zu schaltenden Kohleelektrode auf das negative Werkstück zu erfolgt.

Um eine gleichmäßige Verteilung zu ermöglichen, wurde mehrfach Anwendung von Unterdruck vorgeschlagen [852, 855, 815]. Unter diesen Bedingungen läßt sich Eisendraht recht gleichmäßig verbleien [855] oder carburieren [815]. Bei sehr unregelmäßiger Oberflächengestaltung läßt sich eine gleichmäßige Verteilung über die Gesamtoberfläche aber kaum erzwingen. Es sei nur z. B. an die Hohlkathodenwirkung mit der damit verbundenen hohen kathodischen Stromdichte verwiesen. Um diesen Schwierigkeiten zu begegnen, wurde, insbesondere für Arbeiten mit Unterdruck, vorgeschlagen, daß das Werkstück überhaupt nicht als Elektrode geschaltet wird und somit nur den vagabundierenden aktivierten Teilchen ausgesetzt wird. Um zu nitrieren, werden Ammoniak enthaltende Gase, um zu zementieren, Acetylen enthaltende Gase angewendet. Um Eisen zu silizieren, wird Siliciumwasserstoff als Füllgas des Entladungsraumes vorgeschlagen. Um zu borieren, wird mit Borwasserstoff, um zu phosphatieren, wird mit Phosphorwasserstoff gearbeitet. Zwecks Bildung von Chromkarbidüberzügen wird verchromtes Eisen in der Entladung von Acetylengasen carburiert. Alle diese Behandlungen werden bei gleichzeitiger Wärmeeinwirkung (dunkle Rotglut) vorgenommen [815].

II. Elektrotechnik

a) Der entladungschemische (Dauer=) Durchschlag

§ 220. *Das Verhalten der Isolieröle*

Der rein *elektrische Durchschlag,* das heißt eine Zerstörung des flüssigen Dielektrikums durch elektrische Feldkräfte, tritt in der Technik wohl kaum auf. Eher wird schon der *Wärmedurchschlag,* also die Zerstörung der Isolierflüssigkeit durch rückkopplungsartige Steigerung von Temperatur und Stromleitung, insbesondere bei sehr reinen gut isolierenden Flüssigkeiten und sehr hohen Feldstärken, beobachtet. Dabei verdampft schließlich die Isolierflüssigkeit und im Dampfkanal erfolgt die zerstörende Entladung. Von den weiteren technisch wichtigen Durchschlagformen seien hier diejenigen erwähnt, für welche eine *Gasblasenstreckung* als wesentliche Voraussetzung anzusehen ist. Eine vorhandene oder entstandene Gasblase wird im elektrischen Feld soweit gestreckt, daß sie als dünner Kanal eine Gas-Verbindung zwischen den Elektroden herzustellen vermag. Die Gasbläschen oder Gaskanäle können auch durch die bei der Ionenreibung freiwerdende Energie gebildet werden. Auch die Bildung von *Brücken aus leitenden Substanzen* (Wasser, feuchte Fasern) wurde mehrfach als ursächlich notwendig für den elektrischen Durchschlag von Isolierflüssigkeiten angesehen.[1]

---

[1] Über diese Durchschlagsformen finden sich zusammenfassende Ausführungen bei *Nikuradse* [959].

Neben diese Durchschlagsformen ist der *entladungs-chemische Durchschlag* zu setzen, der meist in der Form des Dauerdurchschlages, also einer Zerstörung des flüssigen Isoliermittels nach längerer elektrischen Beanspruchung auftritt und der häufig die Ausbildung der anderen Durchschlagsformen, abgesehen von dem rein elektrischen Durchschlag, wesentlich erleichtert.

Dem sehr häufig auftretenden entladungschemischen Dauerdurchschlag gehen eine Reihe kennzeichnender Veränderungen des flüssigen Dielektrikums voraus, die, ohne das hochbeanspruchte elektrische Gerät zu öffnen, schon durch Messungen von außen feststellbar sind. Als einfachstes Kennzeichen solcher schädlicher Veränderungen ist zumeist eine zunehmende Erwärmung der elektrischen Geräte zu verzeichnen. Hand in Hand geht damit eine andauernde Zunahme des Verlustwinkels. Im weit vorgeschrittenen Zerstörungszustand ist auch unter Umständen ein Brodeln im Inneren der Isolierölfüllung feststellbar.

Wird ein solche Kennzeichen aufweisendes hochbeanspruchtes elektrisches Gerät geöffnet und eine Untersuchung des flüssigen Dielektrikums vorgenommen, so zeigt sich als das am meisten in die Augen fallende Merkmal stattgefundener stofflicher Veränderungen die Anhäufung eines offenbar aus der Flüssigkeit entstandenen schuppigen wachsähnlichen, in normalen Mitteln unlöslichen Niederschlages auf den Leiterstellen, die der größten elektrischen Feldstärke ausgesetzt waren, und weiter an solchen Stellen, die genügende Ausdehnung besitzen, um Ionisierung zu ermöglichen.

Dieses Wachs ist an sich kein schlechtes Dielektrikum und es ist zunächst noch nicht zu erkennen, warum ein Gerät, welches größere Mengen dieses Körpers enthält, sich elektrisch verschlechtert haben muß. Bei näherer Untersuchung stellt sich aber heraus, daß das Wachs nur das Begleitprodukt entladungschemischer Prozesse, die innerhalb ionisierter Gasblasen stattgefunden haben, darstellt. Zuerst zeigte *Farmer* [810], daß dieses Wachs versuchsmäßig hergestellt werden kann, wenn eine Probe des betreffenden Isolieröles zwischen Glasplatten, die mit elektrischen Außenbelegungen (Stanniol) versehen sind, mehrere Tage lang der Einwirkung eines starken Wechselfeldes ausgesetzt wird. Später berichteten *Willmann* [817] und auch *Del Mar* [818], daß, wie sie einwandfrei feststellen konnten, das Feld allein noch keinerlei chemische Umwandlung hervorruft, sondern daß in jedem Falle eine Gasentladung notwendig ist. Dies steht im Gegensatz zur Ansicht *Andersons* [942], nach welchem bereits das Feld allein in der flüssigen Phase Umwandlungen hervorrufen soll. Sehr hohe Feldstärken sollen jedoch in der Lage sein, chemische Umwandlungen zu fördern, wie *Stöger* [941] und *Liechti* und *Scherrer* [958], letztere am Beispiel der Polymerisation von *Ölen* nachzuweisen versuchten. Die Abwesenheit von Mikrogasentladungen wurde jedoch nicht bewiesen, so daß es nicht klar ist, ob nicht doch Gasentladungen für die Veränderungen verantwortlich waren.

In den elektrischen Geräten spielt jedenfalls die Bildung des Wachses infolge von Gasentladungen eine vorherrschende Rolle.

Del Mar [818], *Riley* und *Scott* [933], *Kirch* [934] sowie *Rooper* [935] beschäftigten sich mit der Bildung des Wachses in Entladungen von vermindertem Druck. *Rummel* [69, 31] konnte später zeigen, daß sich dieses Wachs (häufig als X-Wachs bezeichnet) auch auf solchen Elektroden niederschlagen läßt, die mit dem flüssigen Dielektrikum nicht unmittelbar in Berührung stehen, sondern durch den ionisierten Gasraum von diesem getrennt sind (s. Bild **98**).

Werden bei diesen Versuchen hohe Stromdichten angewandt und sind gleichzeitig Sauerstoff und Stickstoff anwesend, so entstehen, im Gegensatz zum „natürlichen" X-Wachs mit verhältnismäßig sehr großem Verlustwinkel behaftete Substanzen.

Bildet sich nun das X-Wachs in Geräten, deren Außenhülle starr ist und somit ein gleichbleibendes Volumen einhüllt, z. B. in abgeschlossenen Ölkabeln, so entstehen in der Nähe der Wachsanhäufungen größere Gasräume, die durch entladungschemische Abspaltung aus den Ölen (Wasserstoff) gespeist werden. In diesen Hohlräumen kann der Durchschlag eingeleitet werden [936]. Zunächst findet nur ein Glimmen in diesen Räumen statt, welches den hohen Verlustwinkel und die Erwärmung mit bedingt. (Die

Bild 98: Abscheidung am negativen Pol ($^6/_1$ natürl Größe) $I = 20 \cdot 10^{-6}$ A

gleichzeitig auftretende fortlaufende Ölverschlechterung wird weiter unten behandelt.

Handelt es sich um nichtabgeschlossene Geräte, so können die Gasblasen in Betriebspausen nach oben entweichen, sofern nicht kleine Reste an Körpern festhaften. Während des Betriebes findet ein Aufsteigen kaum statt, weil die ionisierten Blasen durch die in den §§ 24, 27 behandelten Kräfte und Strömungen immer weiter in den Entladungsraum hineingezogen werden.

Bei Anwesenheit von Gaskanälen zwischen blanken spannungsführenden Teilen erfolgt dann sogleich der Durchschlag, während bei mit Isolierschichten (Papier) bewehrten Elektroden ein Durchschlag erst nach entladungschemischem Angriff derselben erfolgen wird. Neben diesen Erscheinungen geht eine zuerst langsam und dann immer schneller ansteigende Verschlechterung der elektrischen Eigenschaften der Isolieröle einher, welche einer rapiden Alterung gleichkommt. Der Versuch zeigt, daß der Verlustwinkel solcher Öle so große Werte annimmt, so daß, soweit nicht einer der anderen, oben erwähnten möglichen Durchschläge, eintritt, der Wärmedurchschlag kommen muß. Die Gefahr ist also mit einer intermittierenden Beseitigung der Gasanhäufungen nicht zu bannen.

Es handelt sich, chemisch gesehen, um dreierlei Hauptgruppen von
Veränderungen, welche verkoppelt auftreten. Diese sind:
1. Abspaltung chemisch gebundener Gase (also auch bei Verwendung von entgastem Öl zu beobachten).
2. Veränderungen der chemischen Struktur, kenntlich an Änderungen der Zähigkeit, Säurezahl, Jodzahl und weiterer chemisch
nachweisbarer Meßwerte, ferner elektrischer Größen wie Dielektrizitätskonstante, Verlustwinkel, Leitfähigkeit.
3. Bildung von X-Wachs.
Wird die X-Wachsbildung infolge guter Führung und damit ver-
bundener Elektrodenspülung verhindert, so kommt es zu einer besonders starken chemischen Veränderung der Isolierflüssigkeit, weil
ja die sonst zu Wachs sich abscheidenden und als solches reagierenden Partikelchen in feinster Verteilung dem Öle beigemischt werden. Inhomogenitäten des Dielektrikums sind in elektrischer Hinsicht aber besonders schädlich (s. § 75).
Die eben geschilderten Vorgänge können nicht nur in Wechsel-
spannungsgeräten, sondern auch in Gleichspannungsapparaten auftreten. Letzterer Fall ist allerdings selten. Der Stromtransport zur
Speisung der Gasentladungen in ionisierten Gasbläschen durch Elektrokonvektion (§ 30) kann nur stattfinden, wenn keine dielektrischen
festen Schichten zwischen den spannungsführenden Teilen vorhanden sind.

§ 221. Das Verhalten des Papiers

Im § 45 wurde die physikalische, im § 209 die entladungschemische Zerstäubung fester Isolatoren, wie etwa Glas behandelt. Insbesondere die entladungschemische Zerstäubung hat für die Elektrotechnik Bedeutung. Daneben können auch entladungschemische Reaktionen stattfinden, die nicht zu einer Zerstäubung, wohl aber zu einer
Veränderung der Struktur führen. Letzteren Vorgang kann man auch
als *Elektrokorrosion* bezeichnen.
Glas wird in der Elektrotechnik nur selten in solcher Weise als
Isolationsmaterial verwendet, daß es entladungschemischer Zerstörung unterliegen wird, mit Ausnahme des Sektors der entladungschemischen Technik. Dort wird es als dielektrische Stabilisierungsschicht angewendet und unterliegt auch einem entladungschemischen
Verschleiß, der schließlich zum Durchschlag führen kann.
Für die Elektrotechnik ist die größte Aufmerksamkeit dem Isolator *Papier* zu schenken, das eine außerordentlich vielseitige Anwendung — meist im Verein mit Isolierflüssigkeiten — gefunden
hat. *Schoepfle* und *Connel* [150] machten darauf aufmerksam, daß
neben der (im § 220 erwähnten) Ölzersetzung in elektrisch beanspruchten Geräten noch weitere Zersetzungserscheinungen, vornehmlich an Papier, zu beachten sind. Die Untersuchungen der beiden
Autoren bezogen sich zunächst hauptsächlich auf die in Ölkabeln der
üblichen Bauart herrschenden Verhältnisse. Bei einem 11 Monate
alten Kabel hatten sich Merkmale gezeigt, die auf Wassergehalt des

Öles hinzudeuten schienen. Sowohl die starke Herabsetzung der dielektrischen Festigkeit des Öles, wie der eigentümliche Gang des Verlustwinkels deuteten darauf hin.

Genaue Kontrolle der Kabelfabrikation ergab, daß das Öl zunächst vollkommen rein war und das Wasser erst im Betrieb gebildet worden war. Das Öl war völlig sauerstoffrei und keineswegs oxydiert, so daß eine Wasserbildung durch Vereinigung des aus dem Öl entladungschemisch abgespaltenen Wasserstoffes mit Sauerstoff zu Wasser nicht in Betracht zu ziehen war. Das *Papier* war der einzige im Kabel vorliegende Körper, der als Kohlehydrat erhebliche Mengen Sauerstoff enthielt. Es wurde deshalb als an der Wasserbildung maßgeblich beteiligt angesehen. Entweder konnte der aus dem Öle stammende Sauerstoff unter Entladungseinfluß mit dem Papier reagiert haben unter Austreibung von Sauerstoff und Wasserbildung oder das Papier wurde primär unter Entladungseinfluß zersetzt und die Zersetzungsprodukte wurden dann durch den Wasserstoff in der Entladung hydriert.

Versuche bestätigten diese Annahmen: sowohl durch Einwirkung einer Coronaentladung[1]) wie insbesondere durch Aufschießen schneller Elektronenstrahlen konnte das Papier zersetzt werden. Das Wasser wurde als Acetylen durch Überleiten über Calciumcarbid nachgewiesen. In jedem Falle konnten, ausgehend von 2...3 g Papier, neben Wasserstoff, CO, CO_2, sowie CH_4, auch ohne Vorhandensein anderer Wasserstoffquellen wie z. B. Öl, die Bildung von mehreren mg Wasser festgestellt werden. Bei Behandlung in einer Wasserstoff enthaltenden Atmosphäre erhielt man jedoch mehr Wasser als bei Beschießung des Papiers im Vakuum. Nach der Behandlung mit schnellen *Lenard*-Strahlen war die gebildete Wassermenge kleiner als bei Coronabehandlung in einer Wasserstoffatmosphäre, die Papierfaser war jedoch zerstört, während die Papierfestigkeit durch die Coronaentladung nur unbedeutend herabgemindert wurde.

Nach *Stäger* [941] kann sich die Zellulose des Papiers auch an der X-Wachsbildung beteiligen. Das in oder an der Papierisolation festsitzende X-Wachs soll ein kolloidales Gemenge mit der Zellulose bilden.

b) Entladungschemische Prüfmethoden für Isoliermaterialien

§ 222. Prüfmethode für Papier

Führt man die im § 221 dargelegten Versuche mit Coronaentladungen an verschiedenen Papiersorten aus, so kann man bezüglich ihrer Eignung als Isoliermaterial diese Papiersorten entsprechend bewerten. *Schoepfle* und *Connel* [150] untersuchten unimprägniertes Kabelpapier, teilweise gereinigte Cellulose aus Baumwolle, sowie mit Mineralöl und Ölharzmischungen getränkte Papiere. Aus der Cellulose wurden die geringsten Wassermengen frei.

---

[1]) Dieser Versuch wurde nach *Schoepfle* und *Connel* [150] zuerst von *Clark* durchgeführt.

§ 223. Ölprüfverfahren mit Messung
der entwickelten oder aufgenommenen Gasmenge[1])

Nitsche und *Pfestorf* [820] berichteten über die Erprobung von Iso-lierölen mittels folgender Anordnung:

Das zu untersuchende Öl wird in das vorher evakuierte Prüfgerät (s. Bild **99**) durch den Hahn A bis zu einer Marke (h) eingelassen. Sodann läßt man 15 min lang Wasserstoff hindurchströmen, um das Öl mit diesem Gas zu sättigen. Zwischen die innen angeordnete

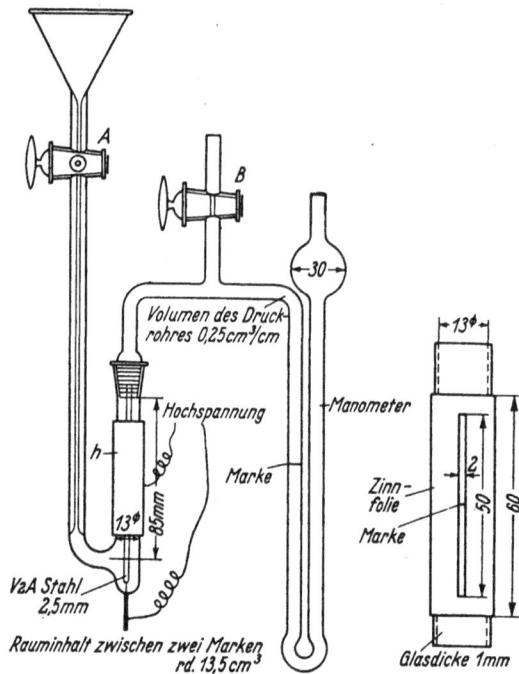

Bild 99: Bestimmung der Gasaufnahme bzw. -abgabe infolge chemischer und physikalischer Beanspruchung (Aus [820])

V2A-Elektrode und die außen auf die Glasröhre gezogene Metall-belegung, welche zwecks leichterer Beobachtung einen Schauschlitz trägt, wird eine 50periodige Wechselspannung von etwa 10 KV ge-legt, wodurch im oberen Teile eine Wasserstoffentladung nach Art der Entladung in einer *Siemens*-Röhre, im unteren Teile, also im Öl, eine Feldbeanspruchung hervorgerufen wird. Die unter dieser Einwirkung auftretenden Druckänderungen infolge Gasaufnahme bzw.

---

[1]) Das Verfahren nach *Anderson* (Asea) [958] wird hier nicht behandelt, da nach Anderson bei diesem Verfahren nur reine Feldbeanspruchungen auftreten sollen und Entladungen vermieden werden. Verfasser hatte leider nicht Gelegen-heit, diese angegebene Wirkungsweise nachzuprüfen.

Abgabe des Öles werden am Manometerrohr in Abhängigkeit von der Dauer der Beanspruchung abgelesen, ohne Bezugnahme auf Stromstärke oder Leistung. X-Wachsbildung bleibt unberücksichtigt, ebenso die Veränderung der Öle in chemischer und elektrischer Hinsicht. Das Verfahren hat den Vorteil, daß es bei Atmosphärendruck und Normalfrequenz arbeitet und somit leicht zu handhaben ist. Allerdings dauern die zur Prüfung notwendigen Beanspruchungen längere Zeit.

Über das Verfahren von *Nederbragt* berichten *Del Mar, Palmer* und *Merell* [818]. Die *Nederbragt*-Zelle ist in Bild **100** dargestellt.

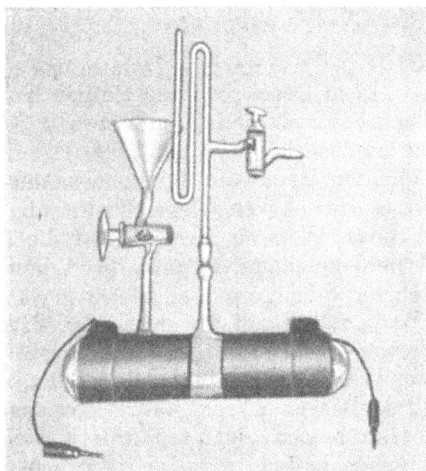

Bild 100: *Nederbragt*=Prüfzelle (Aus [819])

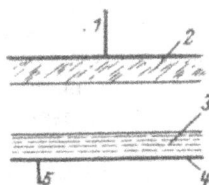

Bild 101:
Schematische Darstellung einer Versuchsanordnung zur Erzeugung v. X=Wachs 1 = obere Elektrodenzulei= tung, 2 = Stabilisierungs= schicht (Glasplatte), 3 = Öl= schicht, 4 = untere Bele= gung, 5 = untere Elektro= denzuleitung (Aus [31])

Sie zeichnet sich durch außerordentlich einfache Bauart aus. Der Glaszylinder besitzt 50 mm äußeren Durchmesser bei 1,5 mm Wandstärke. Die Gesamtlänge beträgt 250 mm. Die äußeren Zinnbelegungen sind je 95 mm lang. Ihr Abstand voneinander ist 28 mm. Die Füllung beträgt etwa 20 g der zu prüfenden Substanz. Jeweils zwei Röhren dieser Type werden zum Vergleich zweier Öle an das Lichtnetz angeschlossen. Das Manometer auf der Prüfröhre zeigt die Druckänderung unter dem Einfluß der elektrischen Entladung an. Der Ausgangsdruck ist jeweils 1 Torr. Die Betriebsspannung von 60 Hz (übliche Frequenz in USA) und etwa 2000 V wird so einreguliert, daß ein Strom von etwa je 0,8 mA durch die Prüfzelle fließt. Die sich infolge entladungchemischer Prozesse ausgebildeten Druckänderungen sind auf etwa 5 % reproduzierbar. Das Gerät wurde mehrfach zur Standard-Prüfung vorgeschlagen.

Nachteilig erscheint an diesem Verfahren die nicht von Öl gespülte außerordentlich große Elektrodenfläche (infolge der niedrigen Stromdichte findet kein Aufschäumen statt). Verschmutzung des Gerätes durch starke X-Wachabscheidung, die im übrigen unberücksichtigt bleibt, ist daher kaum zu vermeiden.

Über die Auswertbarkeit des *Nederbragt*-Verfahrens für die Praxis wird folgendes angegeben: Öle, welche in dem Gerät schwach gasen, sollen nach längerem praktischem Betrieb in Kabeln nur kleine Erhöhung der Leitfähigkeit und des Verlustwinkels erleiden und umgekehrt. Sehr dickflüssige Öle gasen stärker als dünnflüssige, wie auch höhermolekulare Kohlenwasserstoffe stärker gasen als niedermolekulare (vergl. § 148).

§ 224. Schnellprüfverfahren für Isolieröle
1. Bestimmung der X=Wachsbildung

Ein solches Gerät ist in Bild **101** in vereinfachter Darstellung gezeichnet. Es wird vorteilhaft bei einem Druck von nur einigen Torr betrieben. Die Betriebsspannung liegt zwischen 2 und etwa 7 KV bei Anwendung höherer Frequenzen zwischen 500 und 1000 Hz. Bei Anwendung noch höherer Frequenzen kann die Betriebsspannung noch weiter gesenkt werden. Die an der oberen Glaselektrode abgeschiedene X-Wachsmenge wird durch Wägung, bezogen auf die im Gerät umgesetzte elektrische Arbeit, bestimmt. Können die Arbeitsdrucke für verschiedene Ölsorten nicht einigermaßen gleich gewählt werden, so empfiehlt sich die Bezugnahme auf die durch das Prüfgerät geflossene Elektrizitätsmenge (s. §§ 67,68), um die verschiedenen Öle vergleichen zu können. Werden Fremdgase eingeführt, so ist die Anwendung von verhältnisgleichen Fremdgasdrucken angezeigt. Am übersichtlichsten werden jedoch die Verhältnisse, wenn alle Fremdgase durch starke Pumpen laufend möglichst weitgehend aus der Reaktionszone entfernt werden.

Versuche mit diesem Gerät haben gezeigt, daß die Menge des abgeschiedenen X-Wachses, bezogen auf die angewandte Elektrizitätsmenge, für fette Öle bedeutend größer ist als für Grenzkohlenwasserstoffe. Die gebildete X-Wachsschicht wird dabei von der oberen Glasplatte abgeschabt und durch Wägung bestimmt [31].

Zur Beurteilung der Neigung zur Bildung von X-Wachs ist aber noch die Kenntnis der Neigung der betreffenden Öle zum Gasen notwendig. Diese kann mit den in den §§ 223 und 225 behandelten Geräten bestimmt werden. In nicht gasenden Ölen können bei sorgfältigem Zusammenbau keine Gasentladungen brennen.

§ 225. Schnellprüfverfahren für Isolieröle

2. Prüfgerät zur Bestimmung der Gasungsneigung und sonstiger elektrotechnisch wichtiger Eigenschaften

Das Gerät ist in Bild **102** vereinfacht dargestellt. Die Ausbildung der Innenelektrode als dünnen Zylinder, der an der Glaswand anliegt, sichert die Erreichung hoher Feldstärken. Die Betriebsfrequenz liegt zwischen 500 und 1500 Hz. Die Betriebsspannung kann von etwa 1500 V beginnend bis etwa 12000 V gesteigert werden.

In Bild **103** ist ein anderes, ganz aus Glas gebautes Gerät dargestellt, in welchem das Öl nicht mit Metallen in Berührung kommt, so daß man infolge der damit erreichten Ausschaltung aller katalytischen Einflüsse die rein elektrische Wirkung studieren kann.

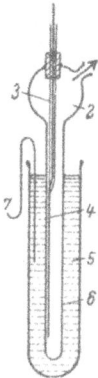

Bild 102:

Schnellalterungsgerät. 1 =
Pumpe, 2 = Schaumraum,
3 = Elektrodenisolierrohr,
4 = Innenelektrode, 5 =
Außenbelegung (Wasser),
6 = Stabilisierungsschicht,
7 = äußere Elektrodenzuleitung (Aus [31])

Bild 103:
Schnellalterungsgerät
aus Glas (oben Ansatz
zur Gasdruckmessung)

Die Prüfung des zu untersuchenden Öles erfolgt in folgender Weise:

1. Nachdem Dielektrizitätskonstante und Verlustwinkel, sowie Leitfähigkeit des angelieferten Öles für die in Frage kommenden Temperaturen und Frequenzen mit den üblichen, bereits bekannten Methoden bestimmt wurden, wird das Öl in ein Gerät nach Bild **102** eingefüllt, und zwar so weit, daß die dem Felde ausgesetzten Teile der Elektrodenzwischenräume mit Öl ausgefüllt sind.

2. Anschließend wird Spannung solcher Höhe angelegt, daß teilweiser elektrischer Durchbruch des Öles eintritt. Dadurch läßt sich die Durchbruchfeldstärke im Anlieferungszustand vergleichsweise ermitteln. Werden für die Untersuchung Geräte nach Bild **103** verwendet, so muß die Durchschlagfestigkeit ebenso wie die unter Punkt 1 angegebenen Größen mit den üblichen Methoden, z. B. nach VDE-Vorschrift, bestimmt werden.

3. Nach Evakuierung wird Wechselspannung angelegt, wodurch die Flüssigkeit unter Aufschäumen das von ihr absorbierte Gas in-

nerhalb weniger sec abgibt (vergl. § 34, Entgasung bei Entladungen mit Schichtstabilisierung).

Diese Entgasung kann in beiden Geräten (nach Bild **102** und **103**) vorgenommen werden. Im Gerät Bild **102** kann anschließend der elektrische Durchbruchswert für die gasfreie Flüssigkeit vergleichsweise ermittelt werden.

4. Hierauf wird bei angelegtem Vakuum die Spannung erhöht und die Feldstärke beobachtet, bei der die Gasabspaltung beginnt. Um den Vorgang zu erleichtern, soll hierbei die Ölfüllung die Elektrodenzwischenräume nicht völlig ausfüllen. Entladungsstrecke und Flüssigkeitsraum müssen parallel geschaltet sein (s. § 20).

Nach Verbrauch einer bestimmten Elektrizitätsmenge, meist entsprechend einer Behandlungsdauer von wenigen min. wird die Entladung ausgeschaltet und wie unter 1. die Bestimmung der Ölkonstanten vorgenommen. Bei dieser Prüfung können sehr große Unterschiede der einzelnen Ölsorten festgestellt werden. Die dielektrischen Veränderungen seien am Beispiel eines Transformatorenöles kaukasischen Ursprungs betrachtet:

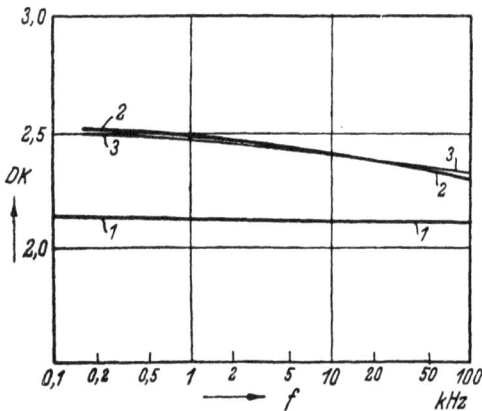

Bild 104: Frequenzgang der DK. 1=Ausgangsöl (Zähigkeit 26 cP) 2=altes, gebrauchtes Öl (Zähigkeit 32 cP), 3=künstlich gealtertes Öl (Zähigkeit 31 cP) (Aus [31])

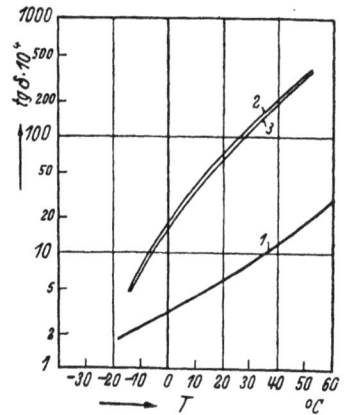

Bild 105: Verlustwinkel bei 50 Hz in Abhängigkeit von der Temperatur. Bezeichnungen wie in Bild 104 (Aus [31])

Bild **104** zeigt den Frequenzgang der Dielektrizitätskonstante des Ausgangsöles. Außerdem ist die gleiche Größe für gebrauchtes Öl gezeichnet. Die dritte Kurve stellt die entsprechenden Werte für ein nach dem geschilderten Prüfverfahren mit 0,1 KWh/l gealtertes Öl dar (Die Alterung kann auch auf die verbrauchte Arbeit bezogen werden; sind alle vergleichsweise herangezogenen Öle zum Aufschäumen zu bringen, so daß sich die Stromstärken in der Entladung nur wenig unterscheiden, so ist die Bezugnahme auf die elektrische Leistung genügend genau und bequemer durchzuführen).

Der Verlustwinkel bei der technisch wichtigen Frequenz von 50 Hz ist als Funktion der Temperatur in Bild **105** dargestellt. Auch hier ist der gleichsinnige Gang des gebrauchten und des künstlich gealterten Öles gut zu erkennen.

Es gelingt mit den angegebenen Prüfverfahren also Aussagen über das zukünftige Verhalten von Ölen zu gewinnen, was die Beeinflußbarkeit durch elektrische Entladungen innerhalb der elektrischen Geräte betrifft. Chemische Prüfverfahren werden dadurch selbstverständlich nicht überflüssig gemacht.

c) Auswahl und Veredlung von Isolierölen

§ 226. Auswahl der Isolieröle auf Grund entladungschemischer Gesichtspunkte

Auf Grund der elektrischen Alterungsmethoden, die zweckmäßig durch rein chemische ergänzt oder mit solchen kombiniert werden, um z. B. Oxydation nachzuahmen [886], gelangt man zu gewissen Richtlinien über die günstigste Natur der zur Füllung hochbeanspruchter elektrischer Geräte verwendeten Isolierflüssigkeiten. *Meyer* [821] berichtet, daß die chlorierten Naphthaline und Diphenylderivate, wie sie in Amerika bzw. Deutschland als Pyranol bzw. Clophen, in England unter dem Namen Aroclor auf dem Markte sind (s. auch [887]), nur sehr geringe Neigung zum Gasen zeigen. Wenn jedoch gewisse Grenzwerte der Belastung überschritten werden, Entladungen gewissermaßen also erzwungen werden, so findet eine schnelle Zerstörung dieser Substanzen unter Chlorwasserstoffabscheidung statt [1032]. Bedenklich ist nach *Baader* [971] für manche Stoffe auch der niedrige, unter Umständen schon bei 125⁰ C liegende Flammpunkt. Eine Entzündung dieser Körper ist jedoch praktisch nie zu befürchten, weil die schweren Dämpfe über der Flüssigkeitsschicht lagern und dem Sauerstoff den Zutritt verwehren, die Entflammung muß also an der Grenze Luft gegen Flüssigkeitsdampf stattfinden. Nach *Meyer* [821] ist auch der steile Verlauf der Zähigkeit in Abhängigkeit von der Temperatur nachteilig, während die hohe Dielektrizitätskonstante ($\varepsilon_r = 5$) für gewisse Kondensatoren bedeutungsvoll sein kann. (Die neueren chlorierten Isolieröle sind nicht selbstbrennend).

Berberich [822] schlägt Zusätze zu den gebräuchlichen Isolierölen auf Kohlenwasserstoff-Basis vor, die die Neigung zum Gasen unter dem Einfluß der elektrischen Beanspruchung herabsetzen sollen. Das als Isolieröl verwendete Mineralöl soll nicht aus zu hoch molekularen Gebilden bestehen (vergl. § 149). Die als Zusatz verwendeten Stoffe sollen sich vor allem leicht hydrieren lassen. Dementsprechend würden sich aromatische, sowie stark ungesättigte Stoffe als Zusätze gut eignen. In der Tat zeigt sich, daß bereits geringe Zusätze aromatischer Kohlenwasserstoffe die Gebrauchsfähigkeit vorwiegend kettenartig aufgebauter Isolieröle erheblich heraufzusetzen imstande sind. Als guter Zusatzkörper erwies sich das Schwefel enthaltende Diphenylsulfid. Es zeigt sich, daß unter dem Einfluß elektrischer Entladungen etwa auftretender abgespaltener Wasserstoff sogleich zur Hydrierung des Zusatzes verbraucht wird; somit werden elektrische Entladungen im Keime unterdrückt. Bei Verwendung von Diphenylsulfid kann allerdings ein unangenehmer Geruch auftreten.

Finden reine Kohlenwasserstofföle Verwendung, so zeigt es sich, daß die Naphthenkohlenwasserstoffe, die in der Gasentladung weniger Gase abspalten, als die kettenförmig gebauten Kohlenwasserstoffe, sich auch im praktischen Betrieb besser verhalten. Die Störungen sind gering, auch die X-Wachsbildung nimmt nur geringe Ausmaße an [150, 931, 932]. Es mag noch erwähnt werden, daß in Spezialfällen beim Arbeiten unter höherem Druck Zusatzstoffe dem Isolieröl beigemengt werden, welche die Neigung zum Gasen stark heraufsetzen. Dadurch soll der Druck, z. B. in einem Druckölkabel, selbsttätig auf einem höheren Wert gehalten werden [836].

§ 227. *Entgasung und Entwässerung von Isolierölen durch elektrische Entladungen*

Es ist nicht nur günstig, bei der Auswahl von Isolierölen entsprechend den Ausführungen in § 226 auf möglichst geringe Neigung Gase abzuspalten, sowie überhaupt auf große Stabilität gegenüber Entladungseinflüssen zu achten, es ist auch wesentlich, unabhängig von der Art des verwendeten Isolieröles dasselbe möglichst trocken und gasfrei in das elektrische Gerät zu füllen. Durch die Entgasung wird eine erhöhte Begierde des Öles erzielt, Gase zu lösen, die z. B. noch in der festen Isolation sitzen und zu schädlichen Entladungen Anlaß geben könnten.

In Zusammenhang mit der Entgasung muß auch auf die Beseitigung von Dämpfen, insbesondere von Wasserdampf geachtet werden. Am schädlichsten scheint Wasser zu sein, wenn es in Form feinster Tröpfchen im Öle suspendiert ist. Für die Herabsetzung der Durchschlagsspannung von Ölen durch Wasser [1]) macht *Böning* [921] an die Grenzflächen Wassertröpfchen-Öl absorbierte Ionen verantwortlich.

Die Entgasung von isolierenden Flüssigkeiten durch Wechselspannungs-Entladungen, die mittels dielektrischer Schichten stabilisiert sind, wurde bereits im § 34 behandelt, wenigstens soweit dies die physikalische Wirkung der mechanischen Wirbel (nach §§ 38 und 39) und des Stoßes der negativen Ladungsträger betrifft. Hierzu kommt nun noch eine spezifisch entladungschemische Wirkung, die auch zum chemischen Abspalten nur locker gebundener Gase, die

---

[1]) 0,34 % Wassergehalt können die Durchschlagsfeldstärke von 180 KV/cm auf etwa 40 KV/cm herabsetzen. Weitere Literatur über die Bedeutung des Wassers siehe *Stäger* [941].

beim Durchschlag ebenfalls abgespalten werden und diesen unterstützen, und zur Austreibung des Wassers durch Dissoziation führen. Die exotherme Rückvereinigung des entladungschemisch erzeugten Sauerstoff und Wasserstoff findet nur in sehr geringem Maße
statt (vergl. § 130).

Mit der somit erfolgenden Entgasung und Entwässerung ist aber
leider gleichzeitig eine entladungschemische Veränderung der Öl-
moleküle selbst kaum zu unterdrücken, die zwar zu keiner Verschlechterung der Durchschlagfestigkeit, wohl aber zu einem Anwachsen der dielektrischen Verluste führen kann. Letzterer Vorgang ist durch das infolge der Behandlung stattfindende Anwachsen von Inhomogenitäten und polaren Gruppen bedingt, wie sie auch
bei der elektrischen Alterung (§§ 223 ... 225) auftreten. Es finden
also neben die Durchschlagfestigkeit erhöhenden sowie den Verlustwinkel vermindernden Vorgängen auch den Verlustwinkel erhöhende
Umwandlungen statt. Es ist deshalb eine Frage des Gehaltes an
Wasser, sowie an bereits vorhandenen polaren Bestandteilen oder
schädlichen Inhomogenitäten, ob sich die entladungschemische Behandlung lohnt und die mit der Durschlagfestigkeitserhöhung einher-
gehende Verlustwinkeländerung zu einer Verbesserung oder Verschlechterung führt. Es gibt auch Fälle, in denen sogar eine ziemlich
große Verlustwinkelerhöhung in Kauf genommen werden kann, aber
eine sehr große Gasaufsaugefähigkeit sowie hohe Durchschlagfestigkeit gefordert wird. Diese Verhältnisse liegen insbesondere bei elektrischen Geräten für niedrige Frequenzen und mit geringen Kapa-
zitätswerten zwischen den Spannung führenden Teilen vor. Unter
solchen Umständen empfiehlt es sich, die Behandlung über das zur
Austreibung physikalisch gelöster Gase allein notwendige Maß hinaus fortzusetzen und bis in das Gebiet ausgeprägter entladungschemischer Gasabspaltung weiterzuführen. Es zeigt sich, daß durch
solche Maßnahmen die Durchschlagfestigkeit bei manchen Ölsorten,
insbesondere solchen, die wenig alterungsanfällig sind, außerordentlich ansteigen kann. Dies dürfte dem schon erwähnten Umstande zu
verdanken sein, daß durch diese forcierte elektrische Behandlung
im wesentlichen solche gasförmige Komponenten aus dem Öle entfernt werden, die auch beim Durchschlage infolge der dann hohen
zeitlich zusammengedrängten elektrischen Beanspruchung ausgetrieben würden und somit den Durchbruchvorgang begünstigen würden.
Die Anwendung des Verfahrens im einzelnen richtet sich also auch
nach der Art des zu füllenden Gerätes und des zur Verfügung stehenden flüssigen Isoliermittels.

In Bild **106** ist ein Gerät zur Durchführung des Entgasungs- und
Entwässerungsverfahrens dargestellt, welches sowohl für milde als
auch die eben erwähnte forcierte Behandlung geeignet ist.

Die Isolierflüssigkeit wird von unten in den Siemens-Röhrenteil
mittels eines im Gerät herrschenden Unterdruckes eingesaugt und
gelangt nach Durchlaufen der Entladungszonen, in denen starkes
Aufschäumen unter Gas- und Wasserabgabe stattfindet und die

eben gestreiften Vorgänge ablaufen, in den zur Entschäumung geeigneten weiträumigen Glasteil, von wo es nach unten entweder abgepumpt wird oder mit Hilfe geeigneter Bedienung der im Bilde sichtbaren Hähne intermittierend abgelassen werden kann.

Auf Grund einer großen Zahl von Versuchen läßt sich folgendes allgemeine Bild über die erzielten Ergebnisse erkennen:

Bereits vor der Behandlung als recht gut anzusprechende Meßwerte der dielektrischen Verluste oder der Durchschlagfestigkeit erfahren durch die Behandlung keine starken Veränderungen. Der Verlustwinkel kann unverändert bleiben oder nur unwesentlich abnehmen bzw. anwachsen. Die Durchschlagfestigkeit nimmt aber in jedem Falle, wenn auch nur noch wenig, zu.

Ganz anders ist das Bild bei solchen Ölen, deren Durchschlagfestigkeit bzw. Verlustwinkel hoch sind. Es sind nach der mit geeigneter Energiedichte und Zeitdauer durchgeführten Behandlung erhebliche Verbesserungen gerade derjenigen Werte, die vorher ungünstig lagen, zu erzielen.

Der Gasgehalt nimmt bei allen Ölsorten infolge der Behandlung stark ab. In der folgenden Tabelle **17** sind einige markante Versuchswerke zusammengefaßt.

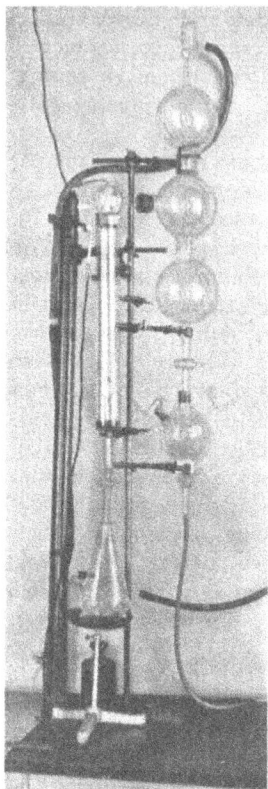

Bild 106:
Gerät zur Behandlung von Isolierölen

Tabelle 17: Behandlung von Isolierölen mit elektrischen Entladungen

Ölsorte		unbehandelt	behandelt
sehr gutes Isolieröl	tg δ (20°)	$< 4 \cdot 10^{-4}$	$< 4 \cdot 10^{-4}$
	tg δ (90°)	$26 \cdot 10^{-4}$	$39 \cdot 10^{-4}$
	$\mathfrak{E}_z$ in KV/cm (20°)	158	254
gutes Isolieröl	tg δ (20°)	$5,7 \cdot 10^{-4}$	$< 4 \cdot 10^{-4}$
	tg δ (90°)	$130 \cdot 10^{-4}$	$76 \cdot 10^{-4}$
	$\mathfrak{E}_z$ in KV/cm (20°)	92	239
mässiges Isolieröl, bereits mechanisch entgast	tg δ (20°)	$13,7 \cdot 10^{-4}$	$7,5 \cdot 10^{-4}$
	tg δ (90°)	$342 \cdot 10^{-4}$	$163 \cdot 10^{-4}$
	$\mathfrak{E}_z$ in KV/cm (20°)	252	266

$\mathfrak{E}_z$ = Durchbruchfeldstärke, tg δ = Verlustwinkel

III. Kraftstoff: und Brennstofftechnik

§ 228. Gasreinigung und Elektrokrakken

Die elektrische Gasreinigung wird in Technischen Betrieben angewendet zur Gewinnung von wertvollem Staub aus Gasen, ferner zur Reinigung von Gasen und zur hygienischen Reinigung von Rauch aus Fabrikschloten. Man wendet dabei das bereits in § 46 behandelte Verfahren der Abscheidung durch elektrische Aufladung an. Für die Bewältigung der Aufgaben der Praxis reicht im allgemeinen ein einziges Elektrodenrohr nicht aus. Man arbeitet deshalb mit Rohrbündeln.

Der Reinheitsgrad der elektrischen Gasreinigung ist abhängig von der Zeit, in der die Gase der elektrischen Wirkung ausgesetzt sind und von der Energie, mit der die Gase mittels der Sprühelektroden ionisiert werden. Der erzielbare Reinheitsgrad ist aber dem Kraftverbrauch nicht proportional. Die Reinigung auf z. B. 0,1 % Staubgehalt verbraucht doppelt so viel elektrische Energie als diejenige auf 2 % bei einem Anfangsstaubgehalt von 30 % (Gewichtsprozente). Man kann im Durchschnitt bei einer stündlichen Rohgasmenge von z. B. 20 000 m³ und einer Reinigung von 30 Gewichtsprozenten bis auf ein Gewichtsprozent Staubanteil, mit einem Energiebedarf von etwa 3,5 kW rechnen [1074].

Früher wurde der benötigte Hochspannungsgleichstrom von 40 bis 60 kV durch mechanische Gleichrichter, vorzugsweise durch umlaufende Spitzen, aus Wechselspannung hergestellt. Heute verwendet man dafür Glühkathodenventile.

Ein Gebiet, welches mit der elektrischen Entstaubung verwandt ist, ist das sogenannte Elektrokrakken.

Das Elektrokrakken besteht in gleichzeitiger Wärme- und Entladungseinwirkung auf die zu zerschlagenden großmolekularen Kohlenwasserstoffe. Der Energieanteil, der dabei von der Entladung gedeckt wird, ist nur sehr klein. *Rowland* [763] gibt für die Krakkung von 1600 l sonst nur schlecht verwertbarer Fraktionen des Erdöles zu einem hervorragend guten *Otto*-Motoren-Treibstoff einen elektrischen Arbeitsaufwand von nur 1 KWh an. Dazu kommt natürlich noch die Aufwendung an Wärme, die auch beim gewöhnlichen Krakken geleistet werden muß. Das elektrogekrakkte Produkt hat eine sehr geringe Klopfneigung und ermöglicht die Erhöhung der Kompression der *Otto*-Motore um einen solchen Betrag, daß eine wesentliche Einschränkung des Verbrauches die Folge ist.

Das in der *Siemens*-Röhre verwirklichte Prinzip der Stabilisierung durch dielektrische Schichten hat sich, soweit Temperaturen über 700⁰ C in Frage kommen, nicht bewährt. *Rowland*, der sich im einzelnen mit der technischen Ausgestaltung befaßte [672...764], gelangte schließlich zu der Ansicht, daß die benötigten stromschwachen Entladungen am besten mittels inhomogener Felder stabilisiert werden können. Sehr bewährt haben sich Coronaentladungsanordnungen (s. § 8), die mit bestem Erfolge mit hochgespanntem Gleichstrom von etwa 40 KV Spannung betrieben werden. Aber auch mittels Wechselspannungsentladungen von etwa 60 Hz und 33 KVeff. wurden beachtenswerte Erfolge erzielt.

Die Anordnung ist grundsätzlich gleich der bereits in Bild **81** dargestellten. Der geheizte äußere Zylinder, in dem die Krakkung

erfolgt, hat einen Innendurchmesser von 30,48 cm. Axial im Zen·
trum dieses Zylinders ist mittels eines ölgekühlten Quarzisolators
ein möglichst dünner Chromnickelstahldraht befestigt. Am unteren
Ende ist dieser mit einem 0,35 kg schweren Quarzgewicht belastet,
welches in einer Quarzhülle leicht geführt wird.

Nach *Rowland* besteht die Entladungswirkung im wesentlichen
darin, daß die der Anordnung zugeleiteten Kohlenwasserstoffdämpfe
in äußerst starke Strömungswirbel versetzt werden, wodurch die zu
krakkenden Moleküle mit großer Heftigkeit gegen die den eigentlichen Krakkprozeß bewerkstelligende heiße Außenwand geschleudert
werden. *Jakosky* [708, 765, 766] ist bezüglich der theoretischen Deutung etwas anderer Ansicht. Nach ihm sind unterhalb einer für die
verschiedenen zu krakkenden Produkte nicht gleichen Temperatur
feinste Nebeltröpfchen zu beobachten, die ohne eingeschaltete Entladung den Raum erfüllen. Diese Nebel bestehen aus den schwereren
Anteilen der zu spaltenden Kohlenwasserstoffe. Nach Einschalten
der Entladung werden diese Tröpfchen bevorzugt auf die heißen
krakkenden Wände hingeführt. Die echt dampfförmigen Teilchen
(Moleküle) sollen diesen bevorzugten Richtungsantrieb nicht im
gleichen Ausmaße erleiden. Es könnte darnach von einer gewissen
auswählenden Wirkung der Coronaentladung gesprochen werden. *Jakosky* fand des weiteren, daß nach Einschalten der elektrischen Entladung der Anteil der ungesättigten Bestandteile im Endprodukt
höher liegt, als ohne elektrische Einwirkung zu erzielen ist. Die ungesättigten Bestandteile haben, wie weiter unten (s. § 229) noch
aufgeführt werden wird, eine verhältnismäßig geringe Klopfneigung
bei Verwendung in *Otto*-Motoren.

Erwähnt sei noch das Krakkverfahren der *C. & C. Developping
Co.* [919], nach welchem gleichzeitig mit dem Krakkvorgang eine
Hydrierung vorgenommen werden soll. Die Behandlungstemperatur
liegt dabei um 370⁰ C. Es werden Wechselspannungsentladungen
angewendet. Die Hydrierung scheint jedoch für Treibstoffe, die
in Otto-Motoren Verwendung finden sollen, nicht günstig zu sein.

§ 229. Zusammenhängen zwischen dem Kraftstoffklopfen in Verbrennungsmotoren und der Gasabspaltung in elektrischen Entladungen

Bekanntlich gibt es klopffeste und leicht klopfende Kraftstoffe.
Bei einer genaueren Betrachtung stellt sich heraus, daß Klopffestigkeit im *Otto*-Motor (Typ des normalen Personenwagenmotors)
durchaus nicht Klopffestigkeit im *Diesel*-Motor bedeutet und umgekehrt. *Diesel*-Motoreignung und *Otto*-Motoreignung schließen sich
gegenseitig im allgemeinen aus.[1]

---

[1] Nach neueren Untersuchungen [930] sollen sich beim Klopfen im *Otto*-
Motor in dem noch nicht von der elektrisch gezündeten Flammenfront erfaßten Gemischrest, unter dem Einfluß der starken Zusammendrückung desselben, neue Zündkerne bilden. Von diesen geht eine zusätzliche Entflammung

Über die Klopffestigkeit, insbesondere im *Otto*-Motor, sind viele Arbeiten erschienen [708, 765, 766, 824, 837, 827, 828, 829]. Im folgenden sind einige sich daraus ergebende Gesichtspunkte für das Klopfen im *Otto*-Motor zusammengestellt.

1. Kohlenwasserstoffe mit Additionsvermögen, z. B. ungesättigte KW-Stoffe, aromatische KW-Stoffe, klopfen meist schwächer als solche ohne diese Eigenschaft, etwa gleiche Kohlenstoffzahl vorausgesetzt.

2. Je höhermolekular ähnliche Verbindungen sind, desto stärker neigen sie zum Klopfen. (Dies gilt sowohl für zyklische als auch für kettenartig gebaute Kohlenwasserstoffe).

3. Bei Kohlenwasserstoffen, die gewissermaßen aus Komponenten zweier Stoffklassen aufgebaut sind, wie beispielsweise methylsubstituierte aromatische Kohlenwasserstoffe, liegt die Klopffestigkeit zwischen den betreffenden Werten der Komponenten. Wird z. B. Benzol mit Methylgruppen versehen, so sinkt mit steigender Gruppenzahl die Klopffestigkeit. Das gleiche tritt ein, wenn ganze Paraffinkohlenwasserstoff-Ketten an das Benzol gehängt werden. Je länger die Kette, desto geringer die Klopffestigkeit. Erfahren andererseits Paraffinkohlenwasserstoffketten Addition von Methylgruppen, wobei eine Verlängerung der ursprünglich geraden Kette außer Betracht bleiben soll, so steigt die Klopffestigkeit an, weil diejenige des Methans über der der längeren Ketten liegt. Auch in homologen Serien ungesättigter Kohlenwasserstoffe steigt die Klopfneigung mit wachsender Länge der gesättigten Kohlenstoffkette.

4. Je geballter und auch je symmetrischer die Kohlenstoffatome bei gleicher Kohlenstoffzahl angeordnet sind, desto höher ist die Klopffestigkeit nach *Lovell, Campbell* und *Boyd* [824]. So ist z. B. die Klopffestigkeit des Körpers a bedeutend größer als die des Vergleichskörpers b mit gleicher Kohlenstoffzahl (s. Figur 8).

---

aus, wodurch der Gemischrest außerordentlich schnell abbrennt und eine Druckwelle auslöst, welche beim Auftreffen auf die Wandungen des Verbrennungsraumes das Klopfgeräusch auslöst. Ein klopffester *Otto*-Motorkraftstoff soll daher nicht die Neigung haben, sich leicht zu entzünden. Er soll verhältnismäßig **stabil** sein, und sich beim praktischen Betrieb nur an dem konzentrierten elektrischen Zündfunken entzünden. Das Abbrennen soll in Form einer Flammenfront erfolgen.

Im *Diesel*-Motor sollen die Kraftstoffe gleich beim Einspritzen in die infolge des vorangegangenen Kompressionshubes hocherhitzte Luft ohne merkliche Verzögerung abbrennen. Erfolgt dies nicht, so kann sich eine Ansammlung zündfähigen Gemisches bilden, die dann schließlich doch, aber auf einmal, von vielen Zündkernen ausgehend, abbrennt.

Dieser unerwünschte Vorgang ruft das Klopfen im *Diesel*-Motor hervor. Der *Diesel*-Betrieb verlangt also leichtentzündliche, wenig stabile Kraftstoffe.

Die Klopffestigkeit sowohl des *Otto*- als auch des *Diesel*-Kraftstoffes ist nur verhältnismäßig zu werten, da Kraftstoffe bei verschiedenen Motorkonstruktionen bei verschiedenen Verdichtungsgraden zu klopfen beginnen. Man hat daher Vergleichsprüfungsmotoren konstruiert (z. B. Prüfmotore der *I. G. Farben A. G.*).

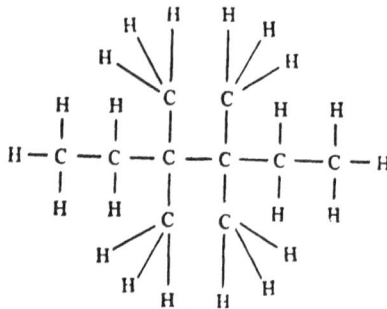

Figur 8: Körper a

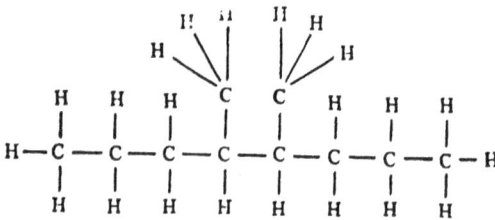

Figur 8: Körper b

Benzol ist sehr klopf-
fest, da es neben Dop-
pelbindungen sehr sym-
metrischen Bau auf-
weist. Hexan ist da-
gegen bedeutend weni-
ger klopffest.

5. Je zentraler eine
etwa vorhandene Dop-
pelbindung in isomeren
Serien gelagert ist,
desto klopffester ist
der betreffende Kör-
per.

6. Die Alkohole sind
bedeutend klopffester
als die entsprechenden
Kohlenwasserstoffe
und Aether.

7. Bei Mischungen
zweier Betriebsstoffe
verschiedener Klopf-
festigkeit liegt die sich
ergebende Klopffestig-
keit zwischen den betreffenden Werten der Komponenten (Beispiel:
Benzin-Benzol-Mischungen).

8. Es gibt Zusätze, die ohne selbst als Motorentreibstoff Verwendung zu finden, in geringer Menge *Otto*-Treibstoffen zugesetzt, die
Klopffestigkeit stark erhöhen können. Solche Stoffe sind z. B. Nik-
kel-Carbonyl, Eisen-Carbonyl, Bleitetraäthyl.[1])

Es hat sich gezeigt, daß die Gasabspaltung aus Kraftstoffen in
elektrischen Entladungen ähnlichen Gesetzen zu gehorchen scheint,
wie die Klopfneigung im *Otto*-Motor. Dies kann man vielleicht dadurch erklären, daß thermisch stabile Körper auch in Entladungen
stabil sein werden und umgekehrt. Wenngleich die Art der Produkte bei thermischer und elektrischer Einwirkung durchaus verschieden sind (vergl. §§ 66...69 und 159, 160), so ist doch bei
beiden Reaktionsarten eine Bildung von Kohlenstoffskeletten unter
Abgabe großer Gasmengen denkbar. Im *Otto*-Motor könnte das
Klopfen demnach auch durch die leichte Entwicklung großer Gasmengen gefördert werden.

Es ließen sich noch weitere Verbindungslinien zwischen Verbrennung von Kraftstoffen und Verhalten innerhalb elektrischer

---

[1]) Ihre Wirksamkeit beruht nach *Jantsch* [930] darauf, daß sich bei ihrer
Erhitzung feine Metallsuspensionen bilden und die Bildung der Zwischenprodukte
der bei der zum Klopfen führenden schnell ablaufenden Reaktionsketten beim
Auftreffen auf diese Metallteilchen so stark gestört werden, daß sich die Ketten
nicht mehr fortsetzen können und die Verbrennung verlangsamt wird.

Entladungen aufzeigen. Es sei nur an die Ionenbildung in Flammen erinnert.[1]) Bei der Zündung von Gasgemischen durch elektrische Funkenentladungen bei höherem Druck und verhältnismäßig großen Abständen, wie es bei der Zündkerzenzündung der Fall ist, wird dieselbe sicher stark gefördert. Es dürfte dabei die von *Raether* [781] experimentell festgestellte Ionisierung durch Funkenstrahlung (bei größeren pd), welche mehrere cm weit wirkt, unterstützend sein.

Linder und *Davis* [141] haben, wie bereits in § 148, 149 ausgeführt, bezüglich der Gasabspaltung in der Entladung eine völlige Übereinstimmung mit den Punkten 2 und 4 obiger Aufstellung bezüglich der Klopfneigung gefunden. Eine starke Gasabgabe in der stromdichteschwachen Entladung entspricht auch einer starken Klopfneigung bzw. geringen Klopffestigkeit.

Mit Ausnahme des Punktes 8 der Aufstellung läßt sich allgemein eine derartige Übereinstimmung finden.

Zu Punkt 1 kann z. B. gesagt werden, daß die ungesättigten Kohlenwasserstoffe auch in der Entladung viel weniger Gas abspalten, als die gesättigten Körper [110, 31, 112, 69]. Bekannt ist auch die geringe Gasentwicklung aromatischer Körper in der Entladung [141, 110, 112]. Die methylsubstituierten aromatischen Kohlenwasserstoffe spalten in der Entladung bedeutend mehr Gas ab als die aromatischen [141], was zu Punkt 3 unserer Aufstellung bezüglich Klopfneigung im *Otto*-Motor paßt. In isomeren Serien ungesättigter Verbindungen wächst die Gasabspaltung in der stromschwachen Entladung, je weiter die Doppelbindung vom Molekülmittelpunkt entfernt liegt. (Man vergl. Punkt 5 der obigen Aufstellung). Mit Punkt 6 steht in Einklang, daß die Alkohole bedeutend weniger Gase in der Entladung abspalten als die entsprechenden Aether und Kohlenwasserstoffe. Mischt man Benzin mit Benzol, so liegt die dann unter dem Einfluß elektrischer Gasentladungen entwickelte Gasmenge in Übereinstimmung mit Punkt 7 zwischen den Werten, die die reinen Komponenten ergeben würden [113]. Für den Punkt 8 (Antiklopfmittel) stehen noch nicht genügend Versuchsergebnisse zur Verfügung, um eine Parallelität mit der Entladungsabspaltung feststellen zu können.

Im großen und ganzen kann also von einer gewissen Übereinstimmung der Ergebnisse bei entladungchemischer Beeinflussung von Kraftstoffen mit den aus Klopfversuchen festgestellten gesprochen werden und zwar in dem Sinne, daß starker entladungchemischer Gasentwicklung häufig eine nur geringe Klopffestigkeit für *Otto*-Motorenbetrieb und umgekehrt zugeordnet erscheint.

Diese Tatsache kann zur Prüfung von Kraftstoffen auf Klopffestigkeit ohne Verwendung von Prüfmotoren herangezogen werden [234]. Die betreffenden Substanzen werden dabei durch die Entladung (stromdichteschwache Gleichspannungsglimmentladung oder mittels

---

[1]) Allgemein bekannt dürfte die Entladung eines Elektroskopes mittels einer Kerzenflamme sein [830].

dielektrischer Schichten stabilisierte Wechselspannungsentladung) mit großer Geschwindigkeit durchgepumpt und die entwickelten niedermolekularen Gase bestimmt. Wärmeeinwirkung ist unerwünscht, da dann schnell ablaufende Kettenreaktionen das Prüfbild stören können.

§ 230. Abscheidung von Harzbildnern aus Kraftstoffen

Es ist bekannt, daß manche Otto-Kraftstoffe, die infolge ihres Gehaltes an Olefinen klopffest sind, leider auch zur Verharzung im Verbrennungsmotor neigen, so daß wichtige Einrichtungen desselben — etwa die Ventile — in ihrer Bewegungsfähigkeit beeinträchtigt werden. Man kann die Kraftstoffe reinigen, also von den Harzbildnern befreien, indem man sie der Einwirkung von Polymerisationsmitteln, wie konzentrierter Schwefelsäure, Aluminiumchlorid, Eisenchlorid und ähnlichen Halogeniden aussetzt.

Damit wird eine ziemlich weitgehende Polymerisation bzw. Kondensation der Harzbildner erreicht, da diese stark ungesättigten Charakters sind. Die erzielten stabilen Produkte werden aus dem Benzin auf dem Wege der üblichen Raffination entfernt. (Behandhandlung mit adsorbierenden Körpern und darauffolgende Destillation). Dabei werden aber leider auch die den Klopfwert verbessernden Olefine mitentfernt.

Nach *Winkler* und *Häuber* [829] wird diesen Nachteilen begegnet, indem man den zu behandelnden Kraftstoff der Einwirkung stromdichteschwacher, „stiller" elektrischer Entladungen aussetzt. Nach einer solchen Behandlung soll eine mildere, nicht zu den schädlichen Nebenwirkungen führende Einwirkung der chemischen Polymerisationsmittel ausreichend sein. Durch das Verfahren sollen sich nicht nur vorgereinigte Benzine, sondern auch etwa im Krakk-Prozeß gewonnene Rohprodukte wesentlich verbessern lassen.

§ 231. NO=Beseitigung aus Kokereigas

Die Entfernung des NO aus dem Kokereigas ist ein wichtiges technisches Problem. Da die schädlichen NO-Konzentrationen raumteilmäßig unter 10^{-6} liegen, ist ihre rein chemische Entfernung sehr schwierig und kostspielig. Der NO-Gehalt ist hauptsächlich deshalb schädlich, weil im üblichen Koksofengas immer gewisse, im Verein mit Sauerstoff und NO harzbildende Kohlenwasserstoffe, wie Styrol, Inden, Cyclopentadien, Butadien vorhanden sind [844, 845].

Es gelingt nun mittels entladungschemischer Methoden die sonst nur allmählich eintretende, sich über weite Strecken des Gasnetzes ausdehnende Verharzung in besonderen Geräten innerhalb kürzester Zeit zu erzwingen. Ein großer Teil des Harzes bildet sich gleich im Entladungsapparat und scheidet sich auch dort aus, während der Restanteil des ausgeschiedenen Harzes in feiner Verteilung vom Gasstrom fortgetragen wird und in den nachgeschalteten Naphthalinwaschtürmen restlos beseitigt wird. Damit ist die Gefahr der Verharzung der weiteren Rohrleitungen und Schieber beseitigt. Diese Vorgänge wurden von verschiedenen Forschern mit ähnlich wirkenden Geräten erzwungen. Hauptsächlich kommt es darauf an, daß eine Entladung in dem zu reinigenden Gase gezündet wird und daß dabei etwas Sauerstoff vorhanden ist. *Riese* [831] glaubt, daß das NO mit Hilfe von in der Entladung gebildetem Ozon in NO_2 übergeführt wird.

Das NO_2 soll dann sehr schnell mit den vorhandenen Harzbildnern unter Harzabscheidung reagieren.

Fehlmann [843] konnte recht befriedigende Ergebnisse unter Verwendung von Coronaentladungen, die von Sprühdrähten ausgingen, erzielen. Das zu reinigende Gas wurde dabei in der auch bei der Reinigung von Rauchgasen üblichen Art und Weise durch die Entladungsräume geleitet. Der NO-Gehalt konnte auf etwa 2 v. H. des Anfangsgehaltes gesenkt werden, was völlig ausreichend war, um schädliche Verharzungen zu unterdrücken.

Über ein im jahrelangen Großbetrieb bewährtes Verfahren berichteten *Shively* und *Harlow* [835]. Die Elektroden des von ihnen angewandten Systems bestehen aus spitzenbesäten Aluminiumplatten, welche blanken Platten gegenüberstehen. Das Material der die Sprühentladungen tragenden Spitzen ist ein legierter Sonderstahl mit sehr kleiner Wärmedehnung und guten Antikorrosionseigenschaften. Der Abstand der Spitzen gegen die blanke Aluminiumgegenelektrode wurde zu 25,4 mm gewählt, einem Werte, der groß genug war, um eine gleichmäßige Verteilung der Entladung über alle Spitzen ohne Bevorzugung einzelner zu gewährleisten und der andererseits klein genug ist, um die in den unselbständigen dunklen, lediglich als Vorwiderstand wirkenden Entladungsstrecken auftretenden Verluste nicht zu groß werden zu lassen. Die Schärfe der einzelnen Nadelspitzen war nur mäßig gehalten, weil bei zu feinen Spitzen die Längengenauigkeit nur mit sehr hohen Kosten erreicht werden könnte.

Eingehende Untersuchungen ergaben, daß eine gewisse mittlere Stromdichte, unabhängig von der Zahl der Spitzen im Bereiche zwischen 10000 und 1000 Spitzen/m² Grundplattenfläche erreicht werden konnte. Die Stabilität ist bei geringer Belastung je Spitze größer. Die Kosten wachsen aber mit steigende Spitzenzahl stark an, so daß schließlich ein Wert von 2170 Spitzen/m² als am günstigsten gewählt wurde. Eine derartige Elektrode ist in Bild **107** dargestellt. Bild **108** gibt eine Vorstellung von dem Zusammenbau mit den blanken Gegenelektroden. Die elektrische Einrichtung je zweier solcher Systeme ist in Bild **109** aufgezeichnet. Mit dieser Schaltung konnten Lichtbogenentwicklungen am besten verhindert werden, weil bei Überionisierung in einer Abteilung, die in Serie geschaltete zweite in ihrer Eigenschaft als Dämpfungswiderstand so stark hervortritt, daß die Stromstärke genügend begrenzt wird.

Die Stromdichte wurde normalerweise durch Wahl geeigneter Spannungen auf etwa 0,054 mA/cm² gehalten. Die Betriebsspannung

Bild 107:
Spitzenbesäte Elektrodenplatte zur
Kokereigasbehandlung (Aus [835])

Bild 108:
Anordnung der Korona= und
Gegenelektroden (Aus [835])

lag dabei zwischen 20...24 KV.
Die Gesamtstromstärke parallel-
geschälteter Entladungsstrecken
lag unter 1 A. Die Gesamtelek-
trodenfläche der großtechnischen
Anlage betrug etwa 1000 m².

Die Anlage reinigt im Durch-
lauf täglich 680 000 m³ Koksofengas mit einem elektrischen
Arbeitsaufwand von 480 KWh.

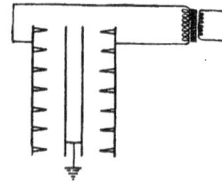

Bild 109: Elektrische Schaltung
zwischen spitzenbesäten und ebenen
Platten (Aus [835])

IV. Kolloid=Technik

§ 232. Herstellung feindisperser Systeme durch Reduktion mit Wasserstoff

Bogdandy und Veszi [823] haben, um atomaren Wasserstoff auf
flüssige Systeme einwirken zu lassen, aus denen durch Reduktion
feindisperse Teilchen abgeschieden werden sollen, den im Bild 110
dargestellten Apparat, den sie Molekülvermenger nannten, gebaut.
Einfacher und genau so wirkungsvoll ist die Siemenssche Röhre,
wie sie Myamoto in der in Bild 111 dargestellten Art und Weise
angewendet hat. A, B, und C sind Gaswaschflaschen, enthaltend
Kupfersulfatlösung, angesäuerte Kaliumbichromatlösung und Kali-
lauge, durch die das zunächst molekulare Wasserstoffgas geleitet

wird. E ist ein Geschwindigkeitsmesser, G die *Siemens*-Röhre und H eine Gaswaschflasche. Die äußere Belegung der *Siemens*-Röhre G besteht aus Stanniol, die innere aus angesäuertem Wasser. Die Aktivierung des Wasserstoffes erfolgt im Reaktionsraum. Die Reaktionssubstanz wird in G eingefüllt, jedoch nur soweit, daß die untere Hälfte bedeckt ist. Da die Flüssigkeiten leitend sind, ist ein gewisser Verluststrom nicht zu vermeiden. Durch Schütteln kann die Reaktionsgeschwindigkeit erhöht werden.

Myamoto präparierte auf diese Art folgende Sole feinster Dispersität:

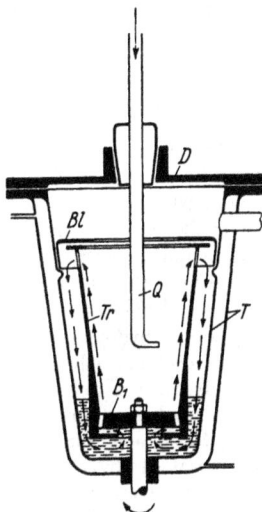

Bild 110:
Schema des „Molekül=Vermengers".
Das Prinzip der Apparatur besteht darin, den aus einer Quelle Q austre= tenden Dampf= oder Gasstrahl auf die in der rotierenden Trommel Tr befindliche Flüssigkeits=Oberfläche hinzulenken, die sich ständig rasch erneuert, indem sie im Sinne der Pfeile bewegt wird.   (Aus [823])

1. Wässriges Goldsol aus Goldchlorid oder Goldhydroxyd (stabil),
2. Wässriges Silbersol aus Silbernitrat oder Silberoxyd oder Silbercarbonat oder Silberzyanid,
3. Wässriges Platinsol aus Platinchlorid oder Silber.
4. Wässriges Palladiumsol aus Palladiumchlorid oder Silber,
5. Goldsol in Äthylalkohol aus Goldchlorid (nicht stabil),
6. Goldsol in Isobutylalkohol aus Goldchlorid (nicht stabil),
7. Goldsol in Isobutylalkohol aus Goldhydroxyd (nicht stabil),
8. Goldsol in Amylalkohol aus Goldchlorid (nicht stabil),
9. Goldsol in Amylalkohol aus Goldhydroxyd (nicht stabil),

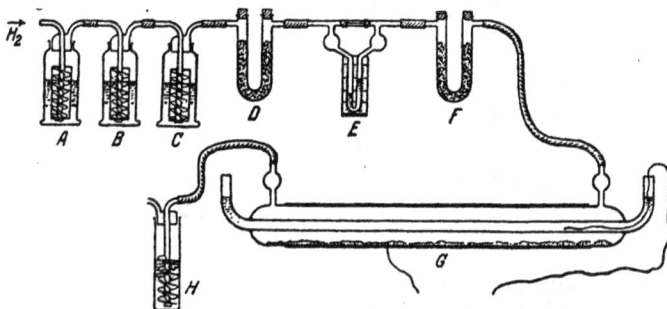

Bild 111: Darstellung feindisperser Systeme nach *Myamoto*. A, B, C, H = Gas=waschflaschen, E = Geschwindigkeitsmesser, G = *Siemens*=Röhre, F = Trocken=röhre (Aus [1.9])

10. Silbersol in Isobuthylalkohol aus Silberoxyd (stabil),
11. Silbersol in Amylalkohol aus Silberoxyd (stabil),
    Nr. 1 ... 11 [149]
12. Arsenhydrosol aus Arsentrioxyd (nach 7—8 Tagen farblos),
13. Arsenhydrosol aus Arsenwasserstoff (nach 7—9 Tagen farblos).
14. Arsenalkosol aus Arsenwasserstoff (nicht stabil),
15. Antimonhydrosol aus Kaliumantimontartrat (nach 5—6 Tagen farblos),
16. Antimonhydrosol aus Antimonwasserstoff (nach 7—9 Tagen farblos),
17. Antimonalkosol aus Antimonwasserstoff (nach 4—7 Tagen entfärbt),
18. Mercurochloridhydrosol aus Mercurichlorid (nach 1—2 Tagen Niederschlag),
19. Mercurochloridalkosol aus Mercurichlorid (sehr instabil),
    Nr. 12 ... 19 [115]
20. Mangandioxydhydrosol aus KMnO₄ (sehr stabil),
21. Selenhydrosol aus seleniger Säure (nicht stabil),
22. Selenhydrosol aus Selensäure (nicht stabil),
23. Selenhydrosol aus Natriumselenat (nach 5—6 Tagen Absetzung),
24. Selenhydrosol aus Natriumselenat mit Gelatine (stabil),
25. Selenalkosol (Aethyl- sowie Amylalkohol) aus Natriumselenat (wenig stabil),
26. Tellurhydrosol aus telluriger Säure mit Schutzkolloid (stabil),
27. Tellurhydrosol aus Tellursäure mit Schutzkolloid (stabil),
28. Tellurhydrosol aus Natriumtellurit mit Schutzkolloid (stabil),
29. Telluralkosol (Aethyl-) aus Natriumtellurit (unbeständig),
    Nr. 20 ... 29 [149]
30. Kuprooxydhydrosol aus Kuprinitrat (stabil),
31. Kuprooxydalkosol aus Kuprinitrit (nicht stabil),
32. Kuprisulfidhydrosol aus Kuprisulfid (einige Wochen stabil)[1],
33. Kuprisulfidalkosol aus Kuprisulfid (unbeständig)[2],
34. Quecksilberhydrosol aus Mercuronitrat mit Gelatine (beständig),
35. Mercurisulfidhydrosol aus Mercurisulfozyanid (beständig),
36. Mercurisulfidhydrosol aus Mercurisulfid (beständig),
    Nr. 30 ... 36 [149, 848].

§ 233. Bildung von Schutzkolloiden

Aus niedermolekularen organischen Flüssigkeiten können durch Behandlung mit stromschwachen elektrischen Entladungen Körper aufgebaut werden, welche ausgesprochen kolloidaler Natur sind und Suspensionen stabilisieren können.

Wird beispielsweise Paraffinöl längere Zeit in einer *Siemens*-Röhre mit mittelfrequenten elektrischen Entladungen behandelt, so bildet sich ein sehr hochviscoses Produkt, in welchem hochmolekulare vernetzte Gebilde kollodialer Dimensionen enthalten sind.

Wird eine solche Flüssigkeit normalem graphitiertem Schmieröl zugesetzt, so läßt sich ein Absetzen des Graphits auf lange Zeit verhindern.

---

[1] [2] Die Bildung von Kuprisulfidsol mit dieser Methode kann auf eine peptisierende Wirkung des durch Reduktion gleichzeitig entstandenen Schwefelwasserstoffs zurückgeführt werden.

Der Kuprisulfidstaub wurde zu 0,02 g/40 cm³ Wasser suspendiert und die Entladung eingeschaltet.

§ 234. Herstellung feindisperser Systeme durch Kathodenzer= stäubung bei gleichzeitiger Bildung von Schutzkolloiden

Zu einer sehr dauerhaften und feindispersen Verteilung sowohl von Leitern, wie von Isolatoren in isolierenden Flüssigkeiten gelangt man durch gleichzeitige Anwendung der Kathodenzerstäubung und der im § 233 erwähnten Bildung von Schutzkolloiden mittels elek- trischer Entladungen.

Am besten arbeitet man mit Wechselspannungsentladungen nicht zu niedriger Frequenz (etwa 1000 Hz) und bei Drucken unter 15 Torr. Das zu verteilende Material, insbesonders Metall, wird so in die Strombahn eingeschaltet, daß es als Elektrode wirkt. Es ge- lingt auf diese Weise in isolierenden Flüssigkeiten sehr feine und dauerhafte Verteilungen von Metallen wie Silber, Gold, Kupfer, Quecksilber, Nickel, Eisen und ähnlichen elektrischen Leitern, auch Graphit und Silicium, zu erzielen. An Nichtmetallen können z. B. Schwefel, Arsen, Jod, suspendiert werden. Der Verteilungsgrad kann bei all diesen Stoffen so weit gehen, daß echte kolloidale Lö- sungen entstehen.

Bei geringen Abständen zwischen den Elektroden, von denen min- destens eine zur Stabilisierung nach Art der Glaswand in der Sie- mens-Röhre dienen muß, sind die Teilchen kleiner als bei großen Abständen.

Das Verfahren[1]) zeigt sich den früher gebräuchlichen, bei wel- chen Lichtbögen zwischen den Elektroden aus dem zu zerstäubenden Material innerhalb der Verteilerflüssigkeit brennen [879 ... 883], überlegen, insbesondere was die Stabilität der erhaltenen Disper- sionen und die Möglichkeit der Verteilung von Nichtleitern betrifft.

§ 235. Bildung emulgierbarer Stoffe aus Glycerin=Ester enthaltenden Ausgangskörpern

Es ist bekannt, Mineralschmieröle mit Kalkwasser oder Pott- aschelösung zu emulgieren. Versuche, bei diesem Verfahren die mineralischen Öle durch die leichter verfügbaren Teeröldestillate zu ersetzen, waren ohne Erfolg, da sich Teeröle und insbesondere die in größeren Mengen anfallenden Braunkohlenteeröle nicht in der gewohnten Weise mit Kalkwasser oder Pottaschelösung emulgieren lassen.

Es hat sich nun gezeigt, daß eine gute Emulgierung erzielt wer- den kann, wenn zu der Emulsionsmischung, z. B. Braunkohlendestil- late und Kalkwasser, wenige Anteile fetter Öle, wie Ricinusöl oder Rüböl, welche entladungschemisch verdickt wurden, zugesetzt wer- den [874].

Eine Emulsion, bestehend z. B. aus 50 v. H. Braunkohlenteerde- stillat, 45 v. H. Kalkwasesr und nur etwa 5 v. H. entladungsche- misch behandeltem Rüböl, besitzt eine sehr große Haltbarkeit.

---

[1]) Entwickelt durch *R. v. Have* und *Th. Rummel*.

Die Emulsion läßt sich auch durch längeres Erwärmen auf über 50⁰ C nicht so leicht zerstören. Deshalb eignet sie sich zur Dampfmaschinenzylinderschmierung mit Selbstölern, während ihre Verwendung in Kondensationsölern weniger angezeigt erscheint [873].

Im Verlaufe weiterer Untersuchungen hat sich ergeben, daß bei Verwendung von Mineralschmierölen an Stelle von Teerdestillaten und unter Beibehaltung geringer Zusätze von entladungschemisch veränderten fetten Ölen, sehr hochwertige schmierende Emulsionen erzielt werden [875], die sich insbesondere im Heißdampflokomotivbetrieb bewährt haben [873]. Bei einer Fahrtstrecke von insgesamt 32 000 km ergab sich durch die Verwendung derart hergestellter emulgierter Öle eine Schmiermittelersparnis von 50 v. H.

Werden die auch sonst zugesetzten fetten Öle, gemeinsam mit dem Mineralschmieröl der Einwirkung stromdichteschwacher elektrischer Entladungen ausgesetzt, so erübrigt sich die Vermischung mit Emulgatoren, wie Kalkwasser, oder Potaschelösung, völlig. Es kann dann reines Wasser bis zu 50 v. H. beigemischt werden. Die so entstehenden Emulsionen zeichnen sich durch sehr hohe Schmierwerte aus [876]. Durch Verwendung hochviscoser Ausgangsprodukte, bzw. durch genügend lange, zu hoher Zähigkeit führende elektrische Behandlung gelingt es Starrfette zu erzielen, welche sich für die Schmierung der Achsen von Förderwagen gut bewährt haben [877].

§ 236. Bildung emulgierbarer Stoffe aus nicht fetten Ausgangskörpern

Von mineralischen, also nicht fetten Ölen ausgehend, können ohne Zusatz geringer Anteile fetter Öle durch entladungschemische Methoden auch emulgierbare Körper erzielt werden. Es ist nur notwendig, mittels Entladungseinwirkung Carboxyl-Gruppen in das Mineralöl einzubauen. Außerdem ist zweckmäßig, Öle höherer Zähigkeit dazu heranzuziehen. Soweit das Ausgangsprodukt dieser Forderung nicht entspricht, wird am besten durch entladungschemische Vorbehandlung die nötige Zähigkeit hergestellt. Damit ist auch ein sehr erwünschter Anstieg des meist nur in geringem Ausmaße vorhandenen ungesättigten Charakters verbunden, so daß die darauf folgenden Anlagerungs- und Einbauprozesse leichter von statten gehen.

Für diesen Behandlungsabschnitt kommen solche Reaktionspartner in Betracht, welche unter der Einwirkung der kalten Entladungen Carboxyl, sowie Hydroxyl-Radikale abspalten oder zu bilden vermögen. So können Wasserdampf zusammen mit CO und CO_2, aber auch Essigsäure, Ameisensäure und höhere Alkohole Verwendung finden.

Wird beispielsweise Paraffinöl mit Essigsäure und etwas Wasserdampf in einer *Siemens*-Röhre der elektrischen Entladung ausgesetzt, so resultiert ein Körper, der sich leicht mit Wasser emulgieren läßt, und nach Neutralisation etwaiger überschüssiger Säure für Schmierzwecke geeignet erscheint.

§ 237. Emulgierungs= und Mischverfahren

Unter Ausnützung der in den §§ 28, 29 besprochenen Wirbelbewegungen gelingt es, starke Misch- und Emulsionsvorgänge zu erzielen.

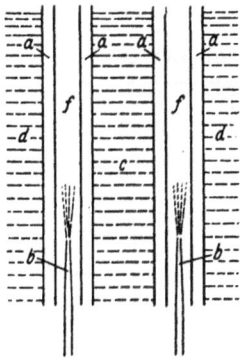

Die beizumischenden Flüssigkeiten können, wie in Bild **112** ersichtlich, mittels Hilfsdrüsen in den Reaktionsraum der Siemens-Röhre eingeleitet werden. Die Entladung wird zweckmäßigerweise mit höheren Frequenzen betrieben, die, wie sich herausstellte, die Emulgiervorgänge begünstigen.

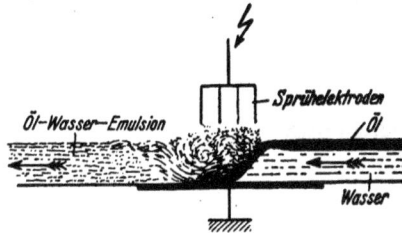

Bild 112:
Emulgiergerät. a = Glasdielektrikum, b = Düsen, c = innere Wasserfüllung (an Hochspannung), d = äußerer Entladungsraum (geerdet), f = Entladungsraum (Ringkapillare)

Bild 113:
Emulgiergerät für Gleichstrombetrieb

Eine mit Gleichspannung oder niederfrequenter Wechselspannung arbeitende Emulgiervorrichtung, insbesondere zur Verteilung von flüssigen Leitern in Isolierflüssigkeiten, ist in Bild **113** gezeigt. Unten befindet sich die leitfähige Flüssigkeit, z. B. Wasser, darüber wird in dünner Schicht die Isolierflüssigkeit geleitet. Mittels der sprühenden Spitze S werden die zur Emulgierung führenden Wirbelbewegungen in der Flüssigkeit ausgelöst.

V. Anstrich= und Lacktechnik

§ 238. Leinölartige, technisch normal trocknende Öle

Zu dieser Gruppe gehören chinesische und japanische Holzöle, Oitizikaöle, Perillaöl sowie das sehr häufig angewendete Leinöl. Diese Öle zeichnen sich dadurch aus, daß sie in geeigneter Weise behandelt, bei kurzer Trockendauer nicht wieder erweichende Lackfilme zu liefern vermögen, welche unschmelzbar und praktisch unlöslich sind. Es sei hier seiner Bedeutung wegen das Leinöl näher betrachtet. Um es in eine streichbare und trockene Form überzuführen, werden meist sogenannte Standoöle daraus bereitet, indem das Leinöl während längerer Zeit (ca. 14 Std.) auf 280...290⁰ C unter einer Kohlensäure-Atmosphäre erhitzt wird. Es wird dabei zähflüssiger, sowie etwas dunkler und erlangt seine oben erwähnte besondere Trocknungsfähigkeit.

Ein anderes Aufbearbeitungsverfahren besteht im Einblasen von Luft bei etwa 200⁰ C, während einer Zeit von etwa 36 Std., wodurch ein sogenanntes oxydiertes Öl gewonnen wird. Diese Methode wird jedoch weniger angewandt.

Tabelle 18: Daten für das Ausgangsoel und die verdickten Leinöle I ... V

Ölkonstanten	Art des Öles					
	Rohes unbehandeltes Leinöl	I	II	III	IV	V
Vergleichszahl f. die Zähigkeit[1])	0,3	52,8	52,4	56,4	54,0	56,2
Wichte bei 20° C	0,9327	0,4569	0,9647	0,9740	0,9666	0,9757
Jodzahl nach *Hübl*	177	131	126	127	115	121,3

Slansky und *Götz* [743] setzten Leinöl der Wirkung stromschwacher elektrischer Entladungen innerhalb einer *Siemens*-Röhre aus. Die Lack-Farb-Eigenschaften des erhaltenen verdickten Öles übertrafen dabei die des bei der gewöhnlichen thermischen Polymerisation gewonnenen Standöles. Da unter Durchleiten von Wasserstoff gearbeitet wurde, entstanden auch etwas gesättigte, unter Normalbedingungen feste Fettsäuren, z. B. Stearinsäure. Ein Gehalt an diesen Fettsäuren behindert aber die Trocknung und es wurde daher der Versuch unter Durchleiten von Luft, bzw. Stickstoff und Kohlensäure wiederholt. Die dadurch gewonnenen Öle erwiesen sich als sehr gut (siehe Tabelle 19). Genauere Untersuchungen über diesen Gegenstand [747] wurden ebenfalls in *Siemens*-Röhren durchgeführt. Die Frequenz war dabei etwa 800 Hz, die Flächenbelastung der Röhre 0,084 mA/cm², der Elektrodenabstand (lichte Weite der Ringkapillare) betrug 5 mm und der Druck 40 Torr bei einer Brennspannung von 5200 V eff. Der cos φ der Anlage betrug dabei etwa 0,11 bei voreilendem Strome. Die Hilfsgase wurden von unten mittels einer Düse eingeleitet. Es wurde sowohl mit Luft als auch mit Stickstoff gearbeitet. Zur Untersuchung der Eigenschaften von Überzügen entladungschemisch behan-

[1]) gemessen im *Ostwald*-Viscosmeter in Poisen.
Die Öle I, II, III, IV und V wurden nun auf ihre Trocknungseigenschaft untersucht. Das Ergebnis ist in T a b e l l e 2 0 zusammengestellt.

delter Öle wurden aus ein und demselben Leinöl folgende Proben bereitet, die eine Zähigkeit gleicher Ordnung besaßen:

I. Entladungschemisch unter Einblasen von Stickstoff behandelt (13 h).

II. Entladungschemisch unter Einblasen von Luft behandelt (15,5 h).

III. Entladungschemisch unter Einblasen. von Luft behandelt (15,75 h).

IV. Durch Erhitzen auf 280 ... 290⁰ C während 14 h gewonnenes Standöl.

V. Oxydiertes Öl, das durch Blasen mit auf 200⁰ C erhitzter Luft während 32 h gewonnen worden war.

Tabelle 19: Trocknungsgeschwindigkeit der Öle ohne Sikkativ in Tagen

	I	II	III	IV	V
Staubtrocken	7	8	8	21	12
vollständig Trocken	9	10	10	25	15

Wie aus dieser Tabelle **19** hervorgeht, trocknen die entladungschemisch bereiteten Standöle bedeutend rascher als die anderen.

Die Bestimmungen der Härte der Überzüge mittels des Pendelapparates von *Walter-Stiel* ergab, daß die Härte der Überzüge von entladungschemisch bereiteten Standölen (I ... III) bedeutend über derjenigen der anderen (IV und V) liegt.

Am wichtigsten erscheinen die Ergebnisse der Korrosionsprüfungen von mit diesen verschiedenen Standölen (I ... V) hergestellten Schutzüberzügen auf Schwarzblechplatten. Die Standöle wurden zu diesem Zweck mit Lackbenzin und Sikkativ versetzt, nach dem Trocknen der Lackschichten wurden die damit versehenen Schwarzbleche der vereinigten Einwirkung von starkem Bogenlampenlicht

Tabelle 20: Untersuchung der entladungschemisch behandelten Leinöllackschichten und solcher aus gewönlichen Standölen bereiteten unter Bogenlampenlicht und Kochsalzlösungseinwirkung

Dauer der Einwirkung	Lackschicht aus Öl Nr.				
	I	II	III	IV	V
10 h 30′	Dunkelfärbung	dto	dto	dto	dto
39 h 50′	Glanzverlust	dto	dto	dto	dto
46 h	Ohne weitere Veränderung	dto	dto	Rostbeginn,	
57 h 30′	Ohne weitere Veränderung	dto	dto	Aufquellen	Ohne Veränderung
66 h 40′	Ohne weitere Veränderung	Beginn des Rostens und Aufquellen	dto	Starkes Rosten und Aufquellen auf der Gesamtoberfläche	

und 3 %iger Kochsalzlösung ausgesetzt. Die Ergebnisse dieser Untersuchungen sind in Tabelle **20** aufgeführt.

Aus den Ergebnissen dieser Tabelle 20 kann gefolgert werden, daß die entladungschemisch hergestellten Standöle (I...III) Lacke von größerer Korrosionswiderstandskraft zu liefern vermögen als die thermischen Standöle (IV und V). Dies wurde auch durch praktische Korrosionsversuche an Eisenblechen bestätigt [747]. Diese Bleche waren mit Zinkweiß angestrichen, welches teils mit thermisch bereitetem Standöl, teils mit entladungschemisch in der *Siemens*-Röhre erzieltem Öl angerührt worden war. Nach 20 Monaten Einwirkung der freien Atmosphäre waren die gewöhnlichen Anstriche gelb, Rost bedeckte 15 v. H. des zu schützenden Bleches, während bei den mit entladungschemisch aufbereitetem Öl angesetzten Farben nur 5 v. H. mit Rost bedeckt waren, ohne Änderung der weißen Farbe.

§ 239. Technisch anomal und nicht trocknende Öle

a) Die sogenannten technisch halbtrocknenden Öle, wie die Holunderbeeren, Walnuß-, Fichten- und Kiefernsamen-, Sojabohnen-, Hanf- und Sonnenblumenöle vom Typ des Mohnöles erfordern eine längere Trockendauer und liefern auch nur schmelzbare, lösliche, sowie teils springende, mehr oder weniger minderwertige Lackfilme.

b) Ähnlich schlechte Überzüge liefern die Fischöle, Leberöle und Trane, daraus bereitete Lackschichten bleiben weich und klebrig, obwohl sie stark ungesättigte Säuren enthalten.

c) Langsam und nur auf katalysierender Unterlage trocknen die Oliven-, Rüb-, (= Raps- oder Colca-), Mandel- und Sesamöle.

Die unter a, b und c aufgeführten Öle erlangen durch entladungschemische Behandlung die Eigenschaften technisch normal trocknender Öle [743].

Die nicht trocknenden Öle, wie Ricinus-, Traubenkern- und einige andere Kernöle sowie auch die Mineralöle lassen sich durch entladungschemische Behandlung in zum mindesten unter Verwendung von Sikkativen trocknende Öle verwandeln. So gewannen *Becker* [112] aus Tetralin, und *v. Have* [884] aus mineralischen Ölen trocknende Öle. Es sei noch bemerkt, daß die entladungschemisch bearbeitenden Lacke, wie aus der Mehrzahl der Untersuchungen hervorgeht, bessere Deckeigenschaften besitzen als thermisch behandelte.

VI. Schmiermitteltechnik

a) Geräte zur Durchführung der entladungschemischen Reaktionen

§ 240. Geräte ohne Stabilisierungsschicht

Das Hauptanwendungsgebiet der Entladungschemie liegt bislang auf dem Gebiete der Erzeugung von Schmiermitteln. Deshalb seien

in diesem und den folgenden Paragraphen einige Typen praktisch
verwendeter Geräte zur Durchführung der betreffenden Prozesse
besprochen. Damit soll nicht gesagt sein, daß die betreffenden Anordnungen nicht auch in manchen Fällen mit Vorteil für die Veränderungen von Flüssigkeiten, welche für andere als Schmierzwecke
gebraucht werden, angewandt werden können.

In Bild **114** ist ein Gerät, das für Gleichspannungsbetrieb gedacht ist, in vereinfachter Form gezeichnet. Innerhalb des Vakuumkessels V befindet sich der Motor M und die von diesem angetrie-
bene, aus blankem Metall bestehende negative Elektrode a. Die an
Hochspannung liegende Gegenelektrode b ist fest und steht mit
der im Gefäß G befindlichen zu verändernden Ölmasse nicht in Berührung. Die Gesamtstromstärke dieser Anordnung ist auf etwa
1 A beschränkt[1]), so daß die nur für kleine bis mittlere Anlagen
in dieser Form angewandt werden kann.

Auf der sich bewegenden blanken, ins Öl tauchenden Elektrode
a findet bei bestehender Entladung die im § 26 behandelte Benetzungsaufhebung statt.

Der Wirkungsgrad dieser Anlagen ist trotz des Verlustes in
Vorwiderständen nicht schlecht und liegt teilweise über denjenigen
der nachfolgend beschriebenen Geräte. Ein großer Vorteil dieser
Anlagen kann in der geringen Betriebsspannung erblickt werden,
die bei nur etwa 600 V liegt. Die zum Betrieb verwendete Gleichspannung wird am besten aus dem Drehstromnetze mittels Um-
former durch Gleichrichter erzeugt. Die Stromdichte wird durch
Regelung des Druckes eingestellt.

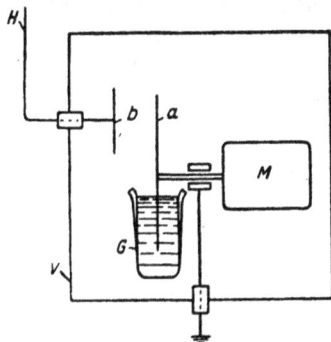

Bild 114: Einscheibenapparat. M =
Motor, a, b = Elektroden, H = Hochspannungspol, G = Gefäß, V = Vakuumkessel (Aus [69])

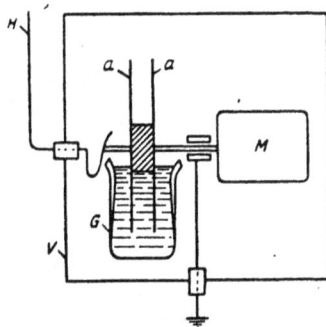

Bild 115: Zweischeibenapparat. M =
Motor, a = Elektroden, G = Gefäß, H =
Hochspannungspol, V = Vakuumkessel
(Aus [69])

§ 241. *Geräte mit Aluminiumoxydschichten als Dielektrikum*

Wird bei der im Bild **114** gezeigten Anordnung die Elektrode a
aus Aluminium, welches oberflächlich elektrolytisch oxydiert ist,

---

[1]) Über 1 A würde die Glimmentladung in einen Lichtbogen übergehen.

ausgeführt, so hat man die einfachste Ausführung eines Gerätes dieser Gruppe vor sich. Die isolierende Aluminiumoxydschicht erfordert natürlich die Verwendung von Wechselspannung zum Betrieb der Apparatur (s. auch § 7). Wird auch die Gegenelektrode in gleicher Weise ausgestaltet und angeordnet, so gelangt man zu einer Zweischeibenordnung nach Bild 115. Innerhalb des Vakuumkessels V befindet sich wiederum der Motor M, welcher die voneinander isolierten elektrolytisch oxydierten Aluminiumelektroden a über eine Achse antreibt. Im Gefäß G befindet sich das zu behandelnde Öl. Die Elektroden sind kreisscheibenförmig ausgebildet. Die dem Motor zugewendete Elektrode ist geerdet, die andere liegt an Hochspannung. Der Elektrodenabstand wird entsprechend den in der Vakuumtrommel herrschenden Drucken so eingestellt, daß die gegen die Anode zu liegenden lichtschwachen Entladungsgebiete möglichst wenig ausgeprägt sind. Dadurch steigt die Ausbeute an (vergl. §§ 62, 63, 64).

Ein Vorzug dieser Geräte ist es, daß sie mit normaler Netzfrequenz betrieben werden können, weil ihre in der Aluminiumoxydschicht verbrauchte Stabilisierungsspannung nur klein ist. Andere Stabilisierungsmaterialien lassen sich bisher nur mit ungleich höheren Kosten in ähnlicher Gleichmäßigkeit der Schichtdicke, Haftfestigkeit und Durchschlagsfestigkeit erzielen.

Ein besonderer Vorzug der geringen Stabilisierungsspannung ist die sich daraus ergebende automatische Abdichtung kleiner Fehlstellen durch Verharzungsprodukte der entladungschemischen Reaktionen. (Bei größerem Abfall der Stabilisierungsspannung fände diese Abdichtung nicht in so ausreichendem Maße statt, daß die abgedichteten Fehlstellen dieser Belastung standhielten).

Bild 116:   Schöpfrinnen-Apparat mit elektrolytisch erzeugten Aluminium-oxydschichten als Dielektrikum   (Aus [69])

Bild 116 zeigt ein Gerät, in welchem eine ganze Anzahl von Elektroden paarweise an die Betriebsspannung angelegt sind. Es sind weiterhin am Umfang der Elektrodenwalze Schöpfrinnen angeordnet, welche das in dem unteren Gefäß befindliche Behandlungsgut über die Elektroden gießen.

Die Betriebsspannung liegt bei einem Betrieb mit 50 Hz bei etwa 1000 V. Die Entladungsleistung je m² Elektrodenquerschnitt ist ungefähr 0,15 KW. Beim Betrieb mit höheren Frequenzen kann die Entladungsleistung gesteigert und die Betriebsspannung gleichzeitig gesenkt werden. Bei 500 Hz ist die Betriebsspannung etwa 600...1000 V, die Entladungsleistung kann bis zu 0,5 KW/m² Elektrodenfläche betragen.

Die Tabelle 21 gibt eine Zusammenstellung über betriebssichere Entladungsgrenzleistungen für verschieden dicke und verschieden hergestellte Schichten und Frequenzen.

Tabelle 21: Entladungsgrenzleistungen [aus 69]

Schichtstärke μ	Schicht hergestellt in	Entladungsgrenzleistung in W/dm² Elektrodenfläche	
		500 Hz	50 Hz
3	H₂SO₄	0,5	1,2
25	H₂SO₄	1,2	1,9
10	Oxalsäure, kalt	3	8
30	Oxalsäure, kalt	5	14
60	Oxalsäure, kalt	4	10
10	Oxalsäure, heiß	5	11
30	Oxalsäure, heiß	60	90
50	Oxalsäure, heiß	26	40

§ 242. Geräte mit Preßspan als Dielektrikum

Während bei dem im § 241 erwähnten Gerät mit Aluminiumoxydschichten die Stabilisierungsschichten innig mit der Unterlage verwachsen sind, besteht bei Geräten mit Preßspan als Dielektrikum nach *A. de Hemptinne* jeweils ein großer, die Entladung tragender Zwischenraum, wie es der Darstellung in Bild 5 entspricht.

Großtechnisch gelangte diese Art schon früh zu größerer Verbreitung. Die ursprünglich *de Hemptinne*sche Anordnung [22] ist in Bild 117 aufgezeichnet.[1])

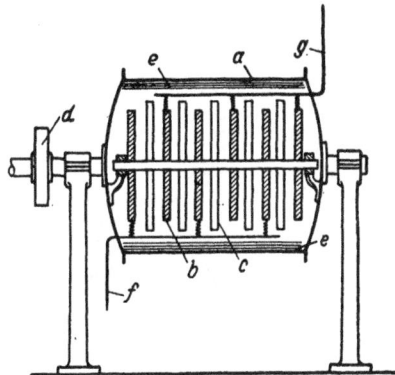

Bild 117: Schema eines Voltol-Gerätes. a = Vakuumkessel, b = Aluminium-Elektrode, c = Preßspanisolation, d = Antriebsscheibe, e = Schöpfrinne, f, g = Stromleitungen

Bei der technischen Ausführung werden innerhalb der Vakuumtrommel vier Elektrodenpakete, von denen eines in Bild 118 gezeigt ist, windmühlflügelartig gedreht, so daß die am Umfang angeordneten Schöpfrinnen das Öl, welches sich in der Trommel, diese zu etwa $1/4$—$1/5$ füllend, befindet, bei den etwa in Abständen von einer Minute erfolgenden Umdrehungen zwischen die Elektroden

---

[1]) Eine Anordnung von *Matheson* [897] kommt der *de Hemptinne*schen sehr nahe.

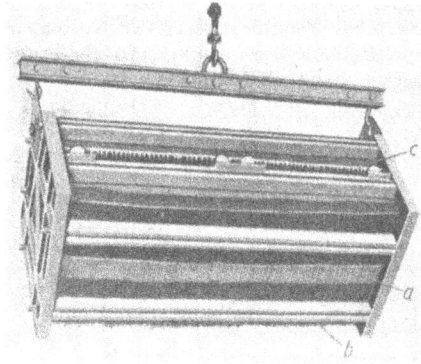

Bild 118: Elektrodenpaket   (Aus [16])

schüttet. Die Vakuumkessel der gebauten Anlagen erlangten beträchtliche Ausmaße. B i l d 1 1 9 zeigt einen solchen für etwa 30 m³ Inhalt.

Die Isolation der Aluminiumelektroden, sowie die Fixierung des Abstandes
von diesen und den Preßspanplatten erfolgte durch 4 mm starke Holzbrettchen.
In B i l d 1 1 8 sind diese mit a bezeichnet. b stellen die vorstehenden Preßspan-
spanplatten und c die abteilungsweise abgesicherten Zuleitungen zu den Aluminiumelektroden dar. Eine zweite Reihe solcher Zuleitungen befindet sich auf
der im Bilde nicht sichtbaren gegenüberliegenden Seite. Die Zuleitungen werden
über Bürsten und Schleifringe gespeist.

Die gesamte wirksame Oberfläche der Elektroden beträgt je Kessel etwa
600 m² [16, 892, 893, 894]. Die in einem Kessel umgesetzte elektrische Leistung
erreicht bis zu 150 KW. Da der cos φ der Anlagen infolge des kapazitiven

Bild 119:
Vakuumkessel eines Gerätes nach *De Hemptinne* (Bauart *Siemens & Halske*)

Bild 120: Größere „Voltol"=Anlage (Aus [16])

Spannungsabfalles in den dielektrischen Schichten etwa 0,5 beträgt, ist die KVA-Bemessung der Maschinen bei alleinigem Anschluß der Geräte zu etwa 300 KVA zu wählen. Die vorgesehene Periodenzahl beträgt 500 Hz. Die Betriebsspannung liegt bei etwa 4300...3600 V (bei einem Druck von 60...100 Torr Wasserstoff) und wird ohne Zwischenschaltung von Transformatoren unmittelbar in Generatoren induziert.

In den Kesseln wird das zu behandelnde Öl solange belassen, bis die gewünschte Verdickung erreicht ist, was mitunter Tage dauern kann. Eine schematische Darstellung einer Anlage mit einem Kessel gab *Wiche* [890]. Bild 120 zeigt eine größere ausgeführte Anlage dieser Art.[1]

Von *A. de Hemptinne* [891] wurde auch eine Anordnung mit feststehenden Elektrodenpaketen angegeben, bei welcher das zu verändernde Öl mittels Brausen auf die verschiedenen Elektrodenzwischenräume verteilt wurde. Diese Anordnungen haben sich aber mit Rücksicht auf die schlechte Spülung und die dadurch verursachte Verharzung nicht einführen können.

§ 243. Geräte mit Glas als Dielektrikum

Die Geräte mit Glas als stabilisierender Schicht sind meist nach Art der *Siemens*-Röhre gebaut. Sie unterscheiden sich nur durch die Größe und die Art und Weise, wie die dielektrische Flüssigkeit durch den Entladungsraum geleitet wird.

---

[1] Die Behandlung von Schmierölen in solchen Geräten wurde früher als „Elektron-", später als „Voltol-Verfahren" bezeichnet (vgl. § 249).

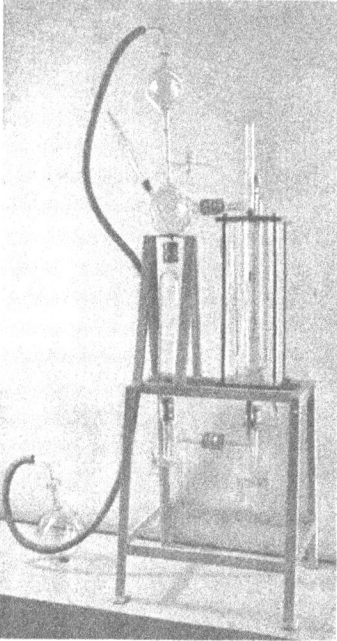

Bild 121:
Gerät mit Glaselektrode

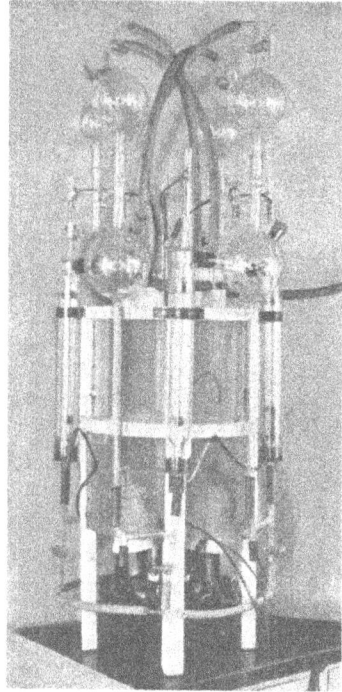

Bild 123: Größere Laboratoriums=
apparatur zur Behandlung isolieren=
der Flüssigkeiten

Bild 121 stellt eine viel gebrauchte Ausführung dar.

Innerhalb des rechtsseitig dargestellten größeren Glaszylinders, der mit
Wasser gefüllt zur Stromzuführung dient, befindet sich das eigentliche doppel-
wandige, nach Art einer *Siemens*-Röhre ausgeführte Reaktionsgefäß. Am unteren
Ende desselben ist eine Einrichtung zur Zuleitung von Hilfs- oder Arbeitsgasen
vorgesehen. Das zu behandelnde flüssige Gut gelangt im Kreislauf, welcher durch

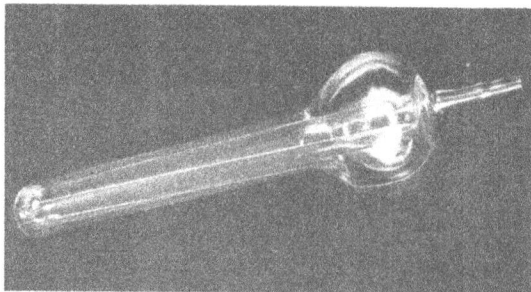

Bild 122: Kleines Laboratoriumsgerät ohne Kreislauf

die übrigen dargestellten Glasgefäße geschlossen ist, immer wieder in den Behandlungsraum zurück. Oben rechts ist die Hochspannungsleitung zu erkennen. Die linksseitig angeordneten Glaskugeln dienen zum Absetzen eines gelegentlich auftretenden Schaumes aus dem Reaktionsgut. Die gesamte Anordnung wird bis zu einem für die Betriebsverhältnisse günstigen Verdünnungsgrade evakuiert. Der benötigte Wechselstrom von etwa 500...800 Hz wird von einem, auf dem Bilde nicht dargestellten, regelbaren Hochspannungstransformator (3...12 KV) geliefert. Da ein überwiegender Teil der Spannung in der dielektrischen Schicht als Stabilisierungsspannungsabfall verbraucht wird, so ist der cos φ dieser Geräte stark voreilend (etwa 0,1).

Bild 124:
Gerät ohne Hilfsgaszufuhr

Bild 125: Schematische Zeichnung des Öldampf=Kesselapparates. a = Dampf=kessel, b=Siemens=Röhre, c=Konden=sator (Aus [69])

In Bild 122 ist eine stark verkleinerte Ausführung ohne Kreislauf und Hilfsgaszufuhr dargestellt, wie sie zur Vornahme rascher Laboratoriumsuntersuchungen geeignet ist. Bild 123 ist die Photographie einer größeren Laboratoriumsausführung mit Serienschaltung des Öllaufes, die eine rasche Behandlung größerer Mengen ermöglicht und mit Einleitung von Hilfsgasen arbeitet. Bild 124 gibt eine Laboratoriumsausführung eines Gerätes ohne Hilfsgaszufuhr im eigenen Entladungslicht wieder.

§ 244. Geräte zur ausschließlichen Behandlung der Dämpfe von Flüssigkeiten

Bild 125 ist eine schematische Zeichnung zur Behandlung der Dämpfe von Flüssigkeiten. Bild 126 ist die Photographie einer ausgeführten Apparatur.

Über dem Kesselraum a befindet sich eine Siemens-Röhre b, auf deren oberes Ende ein Kondensator c aufgesetzt ist. Nachdem durch starkes Abpumpen Fremdgase, d. h. solche, die nicht an den Reaktionen teilnehmen sollen, möglichst entfernt worden sind, wird durch Erhitzen des mit der zu behandelnden Flüssigkeit gefüllten Kesselraumes diese verflüchtigt und der Dampf der darüber liegenden Siemens-Röhre zugeführt. Im Kondensator sammeln sich die behandelten und veränderten Substanzen und werden im flüssigen Zustande

wieder dem Öldampfkessel zugeleitet. Die Spülung muß bei ausgeschalteter
Entladung, also intermittierend, erfolgen.

In B i l d 1 2 7 ist ein Gerät nach *H. Becker* [110] dargestellt, bei dem der
Entladungsweg ohne Verwendung von dielektrischen Stabilisierungsschichten,
also nach Art der gewöhnlichen Entladungen mit blanken Metallelektroden,
ausgebildet ist. Die Elektrodenflächen sind dabei klein gehalten, jedoch ist ihr
Abstand im Vergleich mit den betreffenden Werten der *Siemens*-Röhre sehr
groß. Der Entladungsweg ist U-förmig ausgestaltet, um an Platz zu sparen.

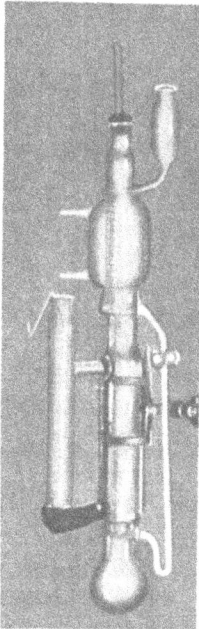

Bild 126:
Ansicht des Öldampf-Kesselapparates
(Aus [69])

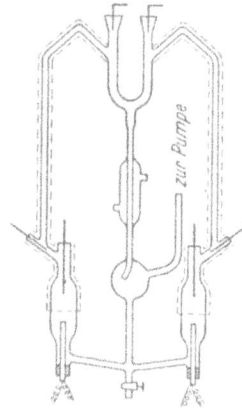

Bild 127:
Entladungsanordnung mit blanken
Elektroden nach *Becker* (Aus [110])

Der Hauptteil der Energieumsetzung wird bei solchen von verhältnismäßig
engen Glaswandungen begrenzten Entladungswegen, durch die kräftig leuchtende
positive Säule getragen. In dieser finden dann auch hauptsächlich die chemischen
Veränderungen statt (vergl. § 62). Um eine gute Wirkung zu erreichen, ist es
dabei unbedingt notwendig, einen großen Potentialgradienten längs der Säule
zu erzielen.

Der chemisch zu verändernde Dampf wird in zwei Verdampfern, die mit
elektrischen Heizelementen ausgerüstet sind, aus der zu verändernden Flüssigkeit entwickelt. Die Dämpfe gelangen in das Entladungsrohr, werden dann tief
gekühlt und im flüssigen Zustand wieder den beiden Verdampfern zugeleitet.

Die an den Enden der Entladungsstrecke sitzenden Elektroden wurden von
Becker [110], der mit Wechselstrom arbeitete, gleichartig ausgeführt. In
B i l d 1 2 8 ist ihr Bau aufgezeichnet. Die eigentliche, aus einem unten ge-
schlossenen Kupferrohr A bestehende Elektrode steht auf dem nach innen
flanschartig umgelegten Rande B eines Glasrohres C, welches das Kupfer-

rohr A möglichst eng umschließt. Das Rohr C ist bei D mit dem Schliff E ver-
schmolzen, der in einen Mantelschliff F des Entladungsrohres eingesetzt wird.
Die Abdichtung zwischen dem Kupferrohr A und dem Glasrohr C erfolgt durch
einen dickwandigen ozon- und ölfesten Schlauch G aus Buna unter Zuhilfe-
nahme von Acthylcellulose als Abdichtmittel. Die Elektroden sind wassergekühlt. (Zu- und Ableitung des Kühlwassers mit Hilfe des gläsernen Ein-
satzes H). Statt der am unteren Ende ebenen Elektrodenform kann mit Vorteil
auch die in Bild 129 dargestellte, am unteren Ende hohlzylindrische Abart

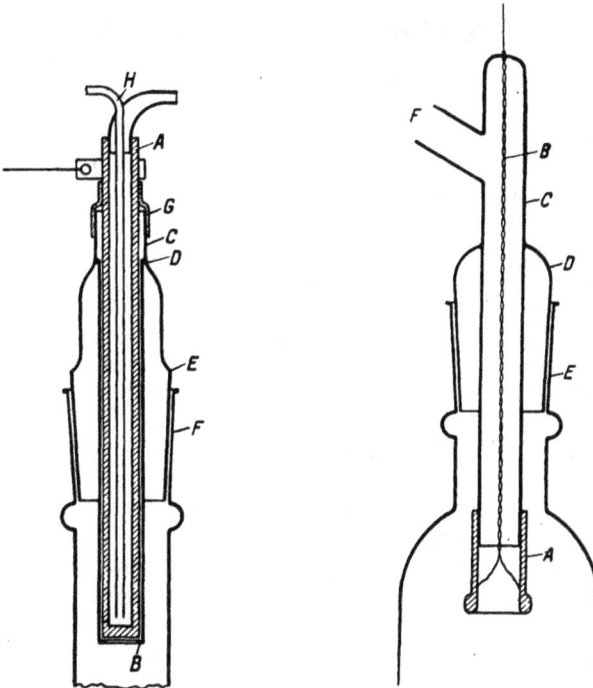

Bild 128:   Bild 129:
Elektrode nach *Becker* (Aus [110])   Hohlelektrode nach *Becker* (Aus [110])

verwendet werden, besonders dann, wenn die Reaktionsprodukte bei unmittelbarer Elektrodenberührung zum Abbau neigen. In diesem Falle wird das zu
verändernde Gut durch den Ansatz F der Hohlkathode bzw. Anode A zugeführt,
wodurch sich auch eine besondere Kühleinrichtung erübrigt. Die Litze B führt
den elektrischen Strom zu. Um Abscheidungen an der Außenwand von A zu
verhindern, wird über A ein Glasrohr gezogen.

§ 245. Geräte zur Gewinnung fester oder halbfester Produkte aus flüssigen oder gasförmigen

Geräte zur Gewinnung fester oder halbfester Produkte aus gasförmigen oder flüssigen Ausgangsstoffen werden grundsätzlich
genau so gebaut, wie die in den §§ 240...243 erläuterten, jedoch

mit der wichtigen Abänderung, daß die Elektrodenspülung mehr
oder weniger unterbunden wird. Die festen oder halbfesten Reaktionsprodukte setzen sich dann auf den Elektrodenflächen ab, von
wo sie entweder kontinuierlich oder nach Erreichen bestimmter
Schichtstärken entfernt werden.

b) Spezialprodukte

§ 246. *Herstellung von Heißlagerfetten*

Mittels entladungschemischer Reaktionen können hochwertige
Heißlagerfette hergestellt werden.

Die an Heißlagerfette zu stellenden Hauptforderungen sind:

1) Ausreichende Schmierfähigkeit und nicht zu harte Konsistenz
bei Normaltemperaturen.

2) Ausreichende Schmierfähigkeit und gleichbleibende oder nur
etwas weichere Konsistenz bei hohen Temperaturen. Es darf also
ein Übergang von der halbfesten bis zur weichen Konsistenz in
den flüssigen Aggregatzustand auch bei Anwendung höchster Temperaturen, d. h. bis zur Zersetzung, nicht stattfinden.

Diese Forderungen erfüllen vernetzt aufgebaute großmolekulare
Kohlenwasserstoffe besser, als die sonst üblichen Metallseifen.
Die gewünschte Vernetzung und Bildung hochmolekularer Stoffe
erfolgt bei entladungschemischer Behandlung von Kohlenwasserstoffen, wenn diese nur genügend lange fortgesetzt und insbesondere dabei nicht zu stark gespült wird. Nicht veränderte Bestandteile können entweder herausgelöst oder mittels Vakuumdestillation abgetrieben werden. Es ist grundsätzlich gleichgültig,
ob man dabei von flüssigen Kohlenwasserstoffen wie z. B. Paraffinöl, oder festen, z. B. Hartparaffin, ausgeht. Letztere werden durch
Erhitzen erst schmelzflüssig gemacht und dann behandelt. Nach
längerer Einwirkung der Entladungen ist ein definierter Schmelzpunkt nicht mehr feststellbar. Die ganze Reaktionsmasse hat eine
weiche halbfeste Konsistenz erhalten, die unabhängig von der Temperatur gleichbleibend besteht.

§ 247. *Stockpunktserniedriger und Verflacher für Temparatur= Zähigkeitskurven*

Die meisten der entladungschemisch veränderten Kohlenwasserstoffe setzen unverkennbar den Stockpunkt von Mineralschmierölen
herab, ohne daß dies auch bezüglich des Siedepunktes der Fall
wird oder die Zähigkeit einen in Abhänggkeit von der Temperatur
steileren Anstieg erhielte.

Es ist im einzelnen nicht geklärt, worauf diese Verbesserungen
beruhen, doch darf angenommen werden, daß auch hier die mehrfach vernetzten Großmoleküle, die infolge der entladungschemischen
Beeinflussung entstehen, maßgeblich beteiligt sind.

Woods [896] setzte Paraffin und Midkontentparaffinöl zu gleichen Teilen gemischt der Entladung in einer *Siemens*-Röhre solange
aus, bis 15,8 KWh/l umgesetzt waren. Infolge dieser starken
entladungschemischen Einwirkung stellte sich durch ausgetriebene
bzw. abgespaltene Gase ein starker Materialverlust von 43 v. H.
ein. Das Endprodukt wurde zu 10 v. H. einem Midkontentschmier-
öl zugefügt, woraus sich eine Erstarrungspunktserniedrigung von
—12,2 auf —17,7° C sowie eine Erhöhung des Viscositätsindexes
von 90 auf 119 ergab.

Nach einem Verfahren von *Pier* und *Christmann* [25] können die
Plastizität und die Fließbarkeit von Schmierfetten bei tiefen Temperaturen wie sie z. B. für Transmissionsgetriebe, Autodifferen-
tialgetriebe und andere hochbelastete Teile gebraucht werden, erheblich verbessert werden, wenn 0,5...5 v. H. eines entladungschemisch behandelten Weich- oder Hartparaffins zugesetzt werden.
Es hat sich auch ergeben, daß die so gewonnenen Produkte bedeutend druckfester sind als die sonst angewendeten, nicht entladungschemisch behandelten Schmierstoffe. Auch diese Eigenschaft dürfte
von dem Gehalt an kolloidartigen dreidimensionalvernetzten Teilchen zurückzuführen sein. Als wertvoll hat sich ferner erwiesen,
die nicht von der entladungschemischen Reaktion erfaßten niedermolekular gebliebenen Stoffe durch Vakuumdestillation abzutreiben.

Nach einem auf der gleichen gedanklichen Grundlage derselben
Autoren beruhenden Verfahren [17] kann ganz allgemein die Tem-
peraturkurve der Zähigkeit von Schmierölen durch Zusatz größerer
Mengen entladungschemisch behandelter Kohlenwasserstoffe oder
Öle erheblich verflacht werden, während wiederum bereits kleine
Zusätze (unter 2 v. H.) den Stockpunkt erheblich herabzudrücken
vermögen. Ein durch Druckhydrierung von Braunkohlen-Schwelteer
hergestelltes Maschinenöl mit einer Zähigkeit von 5 Engler-
graden bei 50° C und steiler Temperatur-Zähigkeitskurve ergibt bei
Zusatz von 15 v. H. eines aus Braunkohlenparaffin entladungschemisch gewonnenen Produktes ein Verbrennungskraftmaschinen-
schmieröl mit so flacher Temperatur-Zähigkeitskurve, wie sie für
hochwertiges pennsylvanisches Schmieröl charakteristisch ist. Bei
einem Zusatz von 25 v. H. des entladungschemisch behandelten Produktes erzielt man ein noch besseres Schmieröl mit einer so geringen Abhängigkeit der Zähigkeit von der Temperatur, wie sie bei
Naturprodukten nicht zu finden ist.

Fügt man zu einem aus deutschem Erdöl hergestellten Maschinenöl mit einer Viscosität von 7° Engler bei 50° C und einem Stockpunkt von 3° C, 10 v. H. eines Öles mit einer Zähigkeit von 12°
Engler bei 100° C und einem Stockpunkt von 0° C, das aus Braunkohlenparaffin durch entladungschemische Behandlung erhalten worden ist, so erhält die Mischung einen Stockpunkt von —12° C.
Gleichzeitig wird die Temperatur-Zähigkeitskurve so flach, wie
die eines pennsylvanischen Öles [17].

Aus Ausgangsmaterial für Schmierölzusatzprodukte können nach
Pier und *Christmann* [29] neben halbfesten und festen Paraffin-
kohlenwasserstoffen, die nach einem Verfahren der *I. G. Farbenindustrie* [28] entladungschemisch solange behandelt werden, bis das
entstehende Produkt bei 100⁰ C mindestens 12⁰ Engler Zähigkeit
aufweist, auch die durch Destillation oder Extraktion aus Braunkohle oder bei der Hydrierung von Kohle sowie bei der Polymerisation von Olefinen auftretenden Kohlenwasserstoffe dienen. Wenn
die entladungschemische Behandlung dieser Stoffe bis zur Erreichung einer Zähigkeit zwischen 20...60⁰ Engler bei 100⁰ C fortgesetzt wird, so genügen für den Zusatz zu anderen Schmierölen
Anteile von 0,5...5 v. H.

Die Güte der Zusätze läßt sich nach *Pier* und *Eisenhut* [26] noch
steigern, wenn man die bei der entladungschemischen Behandlung
nicht umgesetzten Körper aus dem Reaktionsgemisch bei erhöhter
Temperatur und gegebenenfalls auch bei erhöhtem Druck, mit Kohlenwasserstoffen herauslöst, deren kritische Temperatur vergleichsweise niedrig, unter 250⁰ C liegt, wie z. B. mit verflüssigtem Propan, Aethylen oder entsprechenden Gemischen. Eine Extraktion mit
anderen selektiven Lösungsmitteln kann sich anschließen [27]. Als
solche wurden u. a. Phenol und Nitrobenzol vorgeschlagen. Die damit behandelten, bereits entladungschemisch vorbereiteten Produkte
erhalten eine um $1/4$ höhere Wirksamkeit als Stockpunktserniedr-
riger [27].

Synthetische Öle als Ausgangsstoffe für die entladungschemische
Gewinnung von Stockpunktserniedrigern haben *Tilton* und *Richardson* [20] vorgeschlagen. Ungesättigte aliphatische Kohlenwasserstoffe sowie Aromate, Naphtene und Asphalt-Körper sollen nach
Wiecevich [19] dem gleichen Zwecke dienen.

§ 248. Bildung schmierfähiger Stoffe aus nicht schmierfähigen

Die entladungschemischen Methoden sind auch hervorragend geeignet zur Erzielung schmierfähiger Produkte aus nicht schmierfähigen Ausgangsflüssigkeiten.

Entparaffinierte Urteere sowie aus Lignit gewonnene Teere wurden mehrfach entladungschemisch behandelt, wodurch für Schmierzwecke geeignete Öle erzielt werden konnten [739, 900, 901]. Die
dunkle Farbe der betreffenden Ausgangsteere wird durch die Behandlung erheblich aufgehellt.

Auch aus hydrierten, sowie gekrackten Steinkohlenteerölen können mittels Einwirkung stromdichteschwacher Entladungen gute
Schmierstoffe erhalten werden [899].

Ein durch Hydrierung mitteldeutscher Braunkohle erhaltenes, im
wesentlichen aus bei 300⁰ C siedenden Anteilen bestehendes Produkt von 2,7⁰ Engler bei 50⁰ C, das keine Schmieröleigenschaften
besitzt, wird durch längere Behandlung im *Siemens*-Rohr in ein helles
Schmieröl bedeutender Zähigkeit verwandelt [23].

Der Zusatz von Braunkohlenpulver in Form feiner Aufschlemmung während der entladungschemischen Behandlung soll die für diese benötigte Zeitdauer auf die Hälfte herabsetzen. Aus einem durch Druckhydrierung von Elwerather Rohöl hergestellten Mittelöle sollen sich auf diese Weise in kurzer Zeit Schmieröle von günstigem Flammpunkt und niedriger Verteerungszahl erzielen lassen [23].

Aus Generatorteer durch Hydrierung hervorgegangene, keinerlei Schmierölcharakter aufweisende dünnflüssige Öle werden durch längere entladungschemische Einwirkung in Öle mit ausgesprochenen Schmieröleigenschaften und von großer Zähigkeit verwandelt [23].

Auch Braunkohlenschwelteerrückstände ergeben bei der katalytischen Druckhydrierung zwar asphaltfreie Öle, die jedoch auch nach Entparaffinierung noch keine brauchbaren Schmieröle darstellen. Durch Behandlung mit stabilisierten Wechselspannungsentladungen können Schmieröle von beliebiger Zähigkeit erzeugt werden [23].

Hydrierte amerikanische Erdölrückstände ohne Schmiereigenschaften können durch entladungschemische Behandlung in ein normales Maschinenöl von 3...4⁰ Engler bei 50⁰ C verwandelt werden [23].

Calle [24] konnte zeigen, daß alkylierte Naphtaline, welche längere Zeit stabilisierten stromschwachen Entladungen ausgesetzt wurden, in Öle von hervorragender Schmierfähigkeit übergehen.

Alkylierte Naphthaline mit mehreren Seitenketten ergeben Schmieröle mit besonders guten Eigenschaften. Durch die Behandlung tritt nicht nur eine Erhöhung der Zähigkeit, sondern auch des Flammpunktes ein. Die so behandelten Öle haben auch einen tieferen Stockpunkt.

Nach *Pier* und *Christmann* [17] können aus hochmolekularen Kohlenwasserstoffen, wie Hart- oder Weichparaffinen, mit einem mittleren Molekulargewicht von etwa 500 und höher, gute Schmieröle erzeugt werden, wenn die Ausgangskörper sogenannten stillen elektrischen Entladungen, also Entladungen im *Siemens*-Rohr ausgesetzt und die so erhaltenen Zwischenprodukte vom nicht veränderten Restparaffin befreit werden. Aus Hartparaffin kann ein hochviscoses Schmieröl einer Wichte = 0,850 und einem Molekulargewicht = 1600, sowie einen Flammpunkt von 310⁰ C, und den Zähigkeitswerten 31,2⁰ Engler bei 80⁰ C, 17,04⁰ Engler bei 99⁰ C und 7,90⁰ Engler bei 130⁰ C durch diese entladungschemische Behandlung erhalten werden.

Die Entfernung des nicht veränderten Paraffins ist genau so wie bei der Erzeugung von Stockpunktserniedrigern von großer Wichtigkeit. Auch hier erweist sich das selektive Herauslösen mit Propan und dann etwa mit Phenol oder Nitrobenzol als angezeigt [26, 27].

c) Voltol=Öle

§ 249. Gewinnung und Ausgangskörper

Das Voltol-Verfahren besteht in entladungschemischer Behandlung von an sich bereits schmierfähigen Stoffen. Es dient ausgesprochen zur Veredelung von Schmierölen.

Als Ausgangsmaterial verwendet man meist Mineralöle und fette Öle. Die Fabrikation kann z. B. so vorgenommen werden, daß zunächst reines fettes Öl, z. B. Rüböl, entladungschemisch behandelt und allmählich Mineralöl zugesetzt wird, bis ein Produkt der gewünschten Eigenschaften entstanden ist [1051]. Das Verfahren erfordert zur Erzielung bester Ergebnisse große schmiertechnische Kenntnisse in seiner Anwendung. Feste Regeln lassen sich bezüglich der Anteile der einzelnen Komponenten nicht angeben. Je nach Verwendungszweck müssen die Mischungen besonders zusammengestellt werden.

Das Voltolöl wird selten rein angewendet. Meist wird es als sogenanntes „Muttervoltol" mit erheblichen Mengen normalen Schmieröles verdünnt.

Hock [922] begann bei der Herstellung von Voltol-Ölen mit der Behandlung eines Fischöles vom mittleren Molekulargewicht 870. Die entladungschemische Beeinflussung wurde solange fortgesetzt, bis ein Molekulargewicht von etwa 1100 erzielt war. Dieses Produkt wurde „Halb-Voltol" genannt. Nun wurde Mineralöl von einem mittleren Molekulargewicht 400 zugesetzt und die elektrische Behandlung solange fortgesetzt, bis ein mittleres Molekulargewicht von etwa 650 erreicht war. Raps-, Sesam-, Sojabohnen-, Baumwollsamen-, Walöle, Fischöle, wurden ebenfalls als Ausgangskörper vorgeschlagen [1050, 1052].

Das entladungschemische Verfahren kann grundsätzlich in allen bereits in den §§ 240...244 behandelten Gerätetypen durchgeführt werden. Im großtechnischen Gebiet werden immer noch die auf *de Hemptinne* zurückgehenden Typen mit Preßspanisolation bevorzugt. Die Fabrikationstemperatur liegt bei 80° C und soll 90° C selten übersteigen. Es wird, unter Ausschluß von Sauerstoff bei einem Druck von etwa 1/10 atm. gearbeitet. Deshalb muß geeignetes Hilfsgas, z. B. Wasserstoff oder Stickstoff, eingeführt werden. Der Arbeitsaufwand liegt meist unter 3 KWh/l Endprodukt. Für manche Zwecke wird das fette Öl erst durch Einblasen von Luft vorverdickt und erst dann der elektrischen Behandlung ausgesetzt [926].

Unter Verwendung des stark ungesättigten Braunkohlenurteeres an Stelle der fetten Öle sollen ebenfalls Voltolöle von guten Eigenschaften erzielt werden [923].

§ 250. Ungesättigter Charakter und Molekülvergrößerung

Die Bildung der gesättigten Stearinsäure aus der ungesättigten Ölsäure soll nach den Untersuchungen von *Eichwald* und *Vogel* [737]

im Gegensatz zur ursprünglichen Auffassung von *A. de Hemptinne*
[922] beim Voltol-Prozeß kaum auftreten.

Der Grad des ungesättigten Charakters der Verbindungen wird
allerdings durch den Voltol-Prozeß häufig stark verändert. Die ungesättigten Verbindungen nähern sich dabei infolge von echten Poly-
merisations- und anderen Vervielfachungsvorgängen mit der Dauer
der Behandlung dem gesättigten Zustande, während umgekehrt
auch gesättigte Körper allmählich in ungesättigte übergehen [69].
(Vergl. auch §§ 152, 158.)

Es hat sich herausgestellt, daß auch nach längerer entladungschemischer Einwirkung eine ungesättigte Verbindung nicht völlig
gesättigt wird. Es stellt sich vielmehr ein Endwert der Jodzahl ein,
der von der ursprünglich ungesättigten Substanz von oben und von
der ursprünglich gesättigten Substanz von unten her allmählich erreicht wird. (Zahlenmäßig liegen diese Endwerte zwischen 50...70,
wenn diese Jodzahl nach *Wijs* bestimmt wird).

Die Erklärung für dieses Verhalten kann vielleicht in folgendem
liegen:

Die Abspaltung von Wasserstoff aus den ungesättigten Substanzen wirkt sich weniger in einer Erhöhung der Jodzahl aus, weil
der abgespaltene Wasserstoff reichlich Gelegenheit hat, sich an ungesättigte Molekülen anzulagern, wodurch infolge der freiwerden-
den Energie zusätzliche, die Jodzahl verringernde Sekundärpoly-
merisationen eingeleitet werden könnten. Es findet weiter eine Polymerisation der ungesättigten Verbindungen ohne Wasserstoffabspaltung statt (z. B. infolge Strahlungseinwirkung), wodurch die
Jodzahl weiter vermindert wird. Wenn eine gewisse Verminderung
erreicht ist, tritt Gleichgewicht mit der Dehydrierung ein. Bei den
gesättigten Substanzen fallen zunächst Hydrierungsvorgänge gänzlich fort. Außerdem können auch ohne Wasserstoffaustritt vor sich
gehende Polymerisationsreaktionen nicht stattfinden. Es wird also
die Jodzahl zunächst ansteigen, weil nicht aller abgespaltene Wasserstoff in Sekundärreaktionen (im Sinne der §§ 152...158) verbraucht wird, weiter aber wohl auch, weil die gebildeten Radikale
zu ungesättigten Verbindungen zusammentreten können, die nicht
sogleich wieder hydriert werden. Es steigt also die Jodzahl zunächst stark und später schwächer an, um sich von unten dem
Grenzwerte zu nähern.

Da die Molekülvergrößerung für stark ungesättigte Substanzen
ungleich stärker in Erscheinung tritt als für wenig ungesättigte oder
gar gesättigte, so ist bei den Ausgangsprodukten mit kleiner Jodzahl zunächst nur eine geringe Molekülvergrößerung zu erwarten.
Umgekehrt polymerisieren stark ungesättigte Substanzen zunächst
in der Entladung außerordentlich schnell. Später, nachdem die Jodzahl abgenommen hat, geht der Molekülzusammenschluß langsamer vor sich.

§ 251. Ausscheidung gelartiger Teile und ihre Vermeidung (Fischbildung)

Häufig wird der Effekt der Abnahme der Molekülvergrößerung bei länger dauernder Behandlung ursprünglich stark ungesättigter Öle durch als Sekundärerscheinungen auftretende Ausfällungen kollodialer Teile überdeckt. Dieser Vorgang tritt ein, sobald eine gewisse Grenzkonzentration an hochmolekularen Bestandteilen erreicht ist. So ist häufig bei langandauernder Behandlung pflanzlicher und tierischer Fette eine spontan auftretende Trübung zu beobachten, welche auf einer solchen Zusammenballung und Ausscheidung beruht. Dieser als „Fischbildung" bezeichnete Vorgang ist im allgemeinen unerwünscht, da diese Ausflockungen nicht stabil sind[1]).

Bei der Behandlung fetter Öle muß also darauf geachtet werden, daß die Konzentration an Riesen-Molekülen während der Behandlung nicht zu sehr ansteigt. Es hat sich, auch bei Vorliegen sehr großer Einzelmoleküle mit Molekulargewichten bis zu 6000 als möglich erwiesen, durch Verdünnung der entladungschemisch vorbehandelten Flüssigkeit (Halb-Voltol) mit niedermolekularen Mineralölen und weitere Behandlung mit Gasentladungen ein zähflüssiges Endprodukt ohne gelartige Ausscheidungen zu erzielen [922].

Die einzelnen in der Verdünnungsflüssigkeit enthaltenen hochmolekularen Gebilde bleiben jedoch nicht ohne gegenseitige Einwirkung. Es treten gewisse Kräfte auf, eventuell sogar vorübergehende schwache räumliche Vernetzungen, die vielleicht für die im § 256 behandelten Zähigkeitswerte des Struktur- und des plastischen Strömungsgebietes verantwortlich gemacht werden können.[2])

§ 252. Polare Natur

Eine für die Schmierfähigkeit nicht unwesentliche Eigenschaft der Voltol-Öle ist ihr polarer Charakter. Durch die entladungschemische Behandlung erlangen insbesondere bei Anwesenheit von Stickstoff oder Sauerstoff auch zunächst keine polaren Bestandteile aufweisende Ausgangskörper einen ausgesprochen polaren Charakter [69]. Stoffe, die bereits vor der Behandlung polarer Natur sind, wie etwa die fetten Öle, erlangen durch die Bearbeitung im Voltolprozeß eine nicht unerhebliche Verstärkung dieser Eigenschaft.

Bei der Auswertung elektrischer Verlustwinkel und Dielektrizitätskonstantenbestimmungen muß man jedoch vorsichtig sein. Manche der Erscheinungen sind nämlich nicht immer auf polare Molekeln im Sinne *Debyes* [937], sondern auf Inhomogenitäten im Sinne der *K. W. Wagner*schen Inhomogenitätstheorie (s. auch § 55) zurückführbar. (Solche Inhomogenitäten sind im behandelten Öle

---

[1]) *Hock* wies kolloidale Anteile im voltolisierten Öl durch Abtennung mittels Ultrafiltration nach [922] [924].

[2]) *Marcusson* [926] hat ausführlich den Gedanken entwickelt, daß die Voltoloele kolloidale Systeme darstellten.

naturgemäß in erhöhtem Maße vorhanden, z. B. durch kollodiale Ausscheidungen (siehe § 251).

§ 253. Zähigkeit als Funktion der aufgewendeten elektrischen Arbeit

Für gleichbleibende Temperatur, Stromdichte und Druck gilt für den Voltolprozeß, solange Bereiche betrachtet werden, in denen die Veränderung der Jodzahl nicht sehr groß ist, zwischen der aufgewendeten elektrischen Arbeit W in KWh, der Anfangszähigkeit η_1 (im absoluten Maße z. B. in cp), der Endzähigkeit η_2 und dem Volumen der behandelten Flüssigkeit (z. B. in l) die Beziehung,

$$\frac{\log \eta_2 - \log \eta_1}{W \cdot V} = k;$$

in der k eine Konstante ist (vergl. § 78).

Für die üblichen Voltolmischungen gilt, daß k bis zur Erzielung des „Halb-Voltoles" (§ 251) bei Werten von etwa 0,6 ... 0,4 liegt. Nach Zumischen des Mineralöles sinkt k auf etwa 0,2 ... 0,3.

Würde man mit Mineralöl als alleinigem Ausgangsprodukt arbeiten, so hätte man als Ausgangswert für k etwa 0,1 zu erwarten. Erst nach längerer Behandlungsdauer (weit über 3 KWh/l entsprechend) würden allmählich höhere Werte erreicht (bis etwa k = 0,25).[3]

Ein starkes, im Anfang zwar langsames, dann jedoch plötzlich heftig werdendes Ansteigen von k im Laufe der Behandlung zeigt an, daß der Punkt der „Fischbildung" (§ 251) bald erreicht ist. Diese Erscheinung ist als Warnsignal zu betrachten. Die Behandlung muß abgebrochen und darf erst nach Verdünnung mit niedermolekularem Material wieder fortgesetzt werden.

§ 254. Normale Zähigkeitskurve (Zähigkeit im Laminargebiet) abhängig von der Temperatur

Die Zähigkeit des Voltolöles zeigt eine geringere Abhängigkeit von der Temperatur wie diejenige gewöhnlicher Mineralöle gleicher Zähigkeit. Dies geht aus dem Bild **130** hervor (nach *Holde* [925]). Man sieht, daß die Zähigkeit des Voltolöles bei niedrigen Lagertemperaturen geringer und bei höheren Lagertemperaturen höher ist als die eines gewöhnlichen guten Mineralöles von entsprechend ausgewählter Zähigkeit. Bei niedrigen Lagertemperaturen wird also eine Arbeitsersparnis, bei höheren eine größere Sicherheit gegen Abreißen des Schmierfilmes erzielt. Letztere wird noch unterstützt durch die weiter unten (im § 260) behandelte gute Druckfestigkeit des Voltolöles.

---

[3] Diese Werte beziehen sich auf Behandlungen in der Anordnung nach *de Hemptinne* [922] mit Preßspandielektrika. Unter Verwendung elektrolytisch erzeugter Aluminiumoxydschichten ist k größer [69].

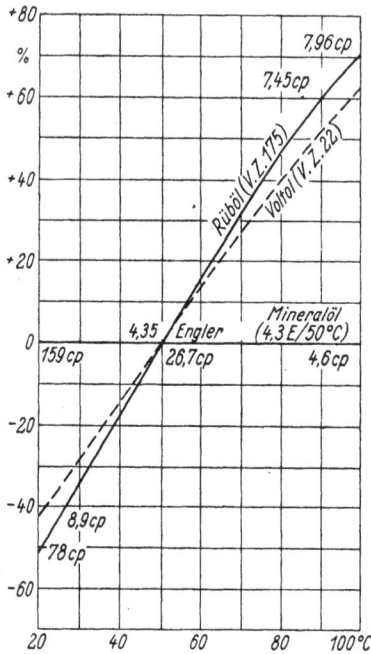

Bild 130: Vergleich der Temperatur=
abhängigkeit der Zähigkeit von Rüb=
öl, Voltol= und Mineralöl (Aus [925])

Im Bild **131** sind als Abszisse die absoluten Zähigkeiten und darunter die dazugehörenden Meß=temperaturen eines guten ameri=kanischen Mineralöles aufgetragen. Als Ordinate sind die anteilmäßig berechneten, im Vergeich zu die=sem Mineralöl höheren (positive Werte) oder niedrigeren (nega=tive Werte). Zähigkeiten von vier sich durch den Gehalt an Vol=tol-Öl unterscheidenden Mineralöl=mischungen aufgetragen. Alle dar=gestellten Öle weisen bei 50⁰ C eine Zähigkeit von 64,5 cP auf. Dieser Wert ist auch als Ver=gleichs-Bezugspunkt gewählt wor=den.

§ 255. Stockpunkt der Voltol=Öle

Der Stockpunkt der Voltolöle liegt meist erheblich niedriger als der der Ausgangsstoffe. Diese Herabsetzung des Stockpunktes wird ja auch sonst infolge der Ein=wirkung elektrischer Entladungen beobachtet (vergl. das Verhalten des Paraffins, § 164, sowie die Ausführungen des § 247 über Stockpunktserniedriger).

Auch bei erheblicher Steigerung der Zähigkeit durch die Voltoli=sierung wird der Stockpunkt nicht erhöht. Vergleicht man ein Vol=tolöl mit einem gewöhnlichen Mineralöl, dessen Zähigkeit bei der normalen Arbeitstemperatur (z. B. 50⁰ C) derjenigen des Voltol=öles gleicht, so liegt der Stockpunkt des Voltolöles bedeutend nied=riger.

§ 256. Gebiet der Strukturviscosität und Gebiet der plastischen Strömung bei Voltol=Ölen

Nach *Wo. Ostwald* und *A. de Waels* gibt es unterhalb des Ge=bietes der laminaren Strömung, welches nach oben vom Gebiet der Turbulenz begrenzt ist, im Gebiet kleiner Drucke und Geschwindig=keiten das sogenannte Strukturgebiet. Im Bild **132** sind diese drei Reibungsgebiete nach *Wo. Ostwald* und *Föhre* [927] zeich=nerisch vereinfacht aufgetragen. Die Ordinate ist die relative Zähig=keit, die Abszisse der die Strömung antreibende Druck. „Es ergibt sich eine dreischenkelige Kurve, deren lineares Mittelstück das

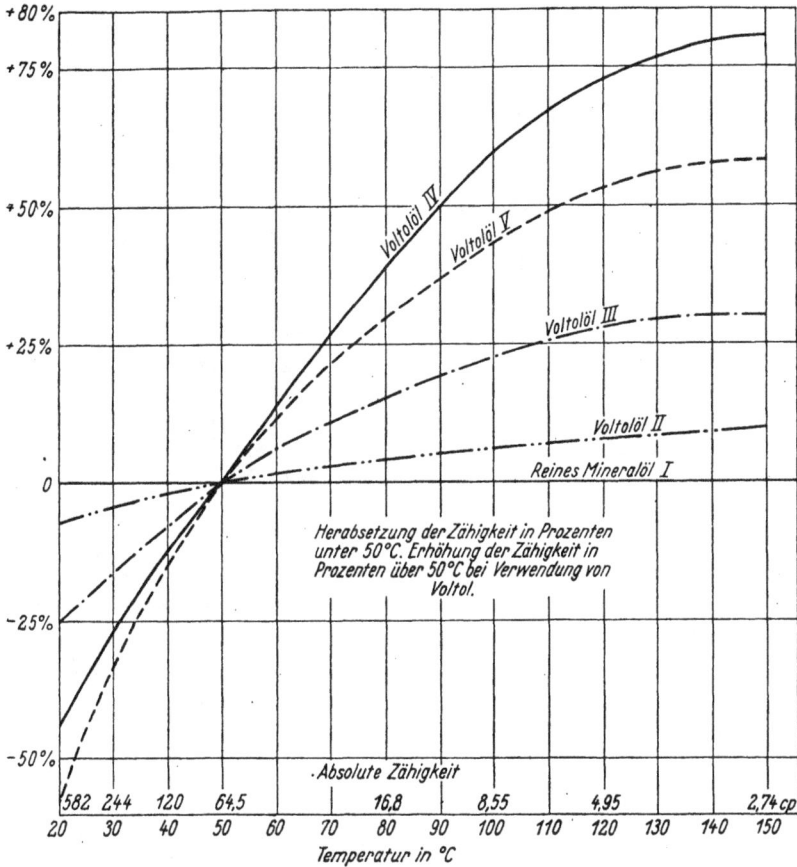

+ 80 %
+ 75 %
+ 50 %
+ 25 %
0
- 25%
- 50%

Voltolöl IV
Voltolöl V
Voltolöl III
Voltolöl II
Reines Mineralöl I

*Herabsetzung der Zähigkeit in Prozenten
unter 50°C. Erhöhung der Zähigkeit in
Prozenten über 50°C bei Verwendung von
Voltol.*

Absolute Zähigkeit

| 582 | 244 | 120 | 64,5 | | 16,8 | 8,55 | 4,95 | | 2,74 cp |
| 20 | 30 | 40 | 50 | 60 | 70 | 80 | 90 | 100 | 110 | 120 | 130 | 140 | 150 |

Temperatur in °C

Bild 131: Herabsetzung der Zähigkeit in Prozenten unter 50°C. Erhöhung der Zähigkeit in Prozenten über 50°C bei Verwendung von Voltol   (Aus [925])

*Hagen-Poiseuille*sche oder Laminargebiet darstellt, an das sich links das Strukturgebiet, rechts das Turbulenzgebiet anschließt" [927].

Für das Laminargebiet gilt [927] bezogen auf den relativen Viscositätskoeffizienten μ_{rel}, die Fließzeit t und den treibenden Druck p für den Fall der Strömung in Röhren:

$$p \cdot t = \eta_{rel} = K_8.$$

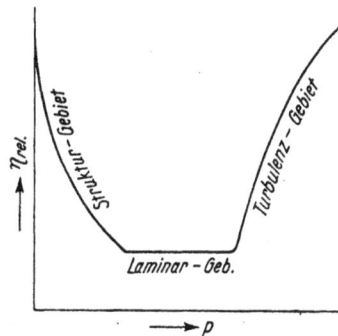

Bild 132: Struktur-, Laminar- und Turbulenzgebiet. p = antreibender Druck, η = Zähigkeit   (Aus [927])

Für das Turbulenzgebiet (also für große antreibende p) gilt:

$$p^{1/n} \cdot t = K_4; \quad \eta_{rel} = K_5 \cdot p^{1-1/n}; \quad \text{wo } n > 1;$$

Für das Strukturgebiet gilt:

$$p^n \cdot t = K_1; \quad \eta_{rel} \cdot p^{n-1} = K_2; \quad \text{wobei } n < 1.$$

Wo. Ostwald und seine Mitarbeiter (z. B. [928]) haben mehrfach die Strukturviscosität anläßlich von Aufnahmen der allgemeinen Viscositätskurve feststellen können (z. B. an Gelatinelösungen, Ammoniumoleat, Baumwollgelb).

Als eine vierte Strömungsform wäre nach *Wo. Ostwald* [927] noch die der p l a s t i s c h e n S t r ö m u n g zu unterscheiden, welche durch einen Anlaufwert der für die Bewegung der Flüssigkeit aufzuwendenden Kraft gekennzeichnet ist. Zeichnerisch äußert sich diese Strömungsform darin, daß die Zähigkeitskurve bei kleinen, aber endlichen Drucken asymptotisch ins Unendliche ansteigt, während die allgemeine U-Form nicht geändert erscheint [927].

Sowohl die Strömung des Strukturgebietes, wie die plastische Strömung treten bei kollodialen Systemen hervor und es ist für die Voltol-Öle bezeichnend, daß auch sie deutlich diese Erscheinungen aufweisen.

Wo. Ostwald und *Föhre* [927, 929] haben in zwei Untersuchungen den einwandfreien Nachweis des Bestehens der Strukturviscosität bei Voltolölen erbracht. Es zeigte sich bei diesen Ölen deutlich der dem Strukturgebiet eigentümliche Widerstandsanstieg mit abnehmenden Drucken.

Die plastische Strömung an voltolisierten Ölen kann leicht an Hand der im § 35 behandelten Oberflächenfiguren und Strömungen nachgewiesen werden. Während bei normalen Mineralölen und anderen, keine kolloidalen Teilchen und Vernetzungskräfte aufweisenden isolierenden Flüssigkeiten die Oberflächenfiguren beim Einsatz der Gasentladung und Steigerung der Intensität derselben allmählich und kontinuierlich erscheinen (später treten wohl Sprünge auf, die dem Übergang laminare-turbulente Strömung zugeordnet erscheinen, wobei dann durch Unterteilung der Strömungsabschnitte in mehrere, wieder laminare Strömung möglich wird), erfolgt diese Entstehung der ersten Oberflächenfiguren und Strömungen bei voltolisierten Ölen sprunghaft. Bis zu einer gewissen antreibenden elektrischen Spannungsdifferenz zwischen dem Grundmetall und der durch die aus der Gasentladung stammende, an der Flüssigkeitsoberfläche sitzende Ionenschicht wird nur ein Druckeffekt auf die Flüssigkeitsoberfläche beobachtet. Erst beim Überschreiten eines Grenzwertes der Feldstärke am Öl und damit eines Grenzwertes der antreibenden Kraft setzt deutlich sichtbar die Bewegung innerhalb der Flüssigkeit ein, weil der Anlaufwiderstand dann überwunden ist.

§ 257. Änderung der Zähigkeit der Voltol=Öle durch mechanische Wärmebehandlung

Wie *Wo. Ostwald* und *Föhre* [929] zeigen konnten, sinkt die Zähigkeit mancher Voltöle durch starke mechanische Beanspruchung. In einer Mörserapparatur wurde Voltolöl 20 h lang der zerreiben-den und zerreißenden Einwirkung des Reibwerkes ausgesetzt. Es konnte eine deutliche Abnahme der Zähigkeit infolge dieses Vorganges beobachtet werden. Vergleichsversuche mit gewöhnlichem, keine kolloidalen Komplexe enthaltenden Mineralschmieröl verliefen negativ. Gelatine verhielt sich wie das voltolisierte Öl. Große, gelartige Teilchen sind also im Voltolöl zu vermeiden, da durch diese der Gebrauchswert der Voltolöle auf die Dauer stark herabgesetzt würde, wenn auch anfänglich durch dieselben besonders gute Schmierwerte erreicht werden können.

Nach *Hock* [922] sowie *Marcusson* [926] werden die gelartigen Ansammlungen in manchen unsachgemäß bereiteten Voltolölen durch längeres Erhitzen wieder zerstört, wobei die Zähigkeit herabgesetzt wird. In praktischen Erwärmungsversuchen konnte nachgewiesen werden, daß bei Abnahme der Zähigkeit Jodzahl und Molekulargewicht unverändert blieben. Demnach kann mit großer Wahrscheinlichkeit angenommen werden, daß größere Micellen infolge der thermischen Einwirkung in kleinere zerfallen.

Durch geeignete Führung des Fabrikationsprozesses, rechtzeitige Verdünnung des „Halbvoltoles" und Anwendung nicht zu großer Stromdichten sowie Bewirkung guter, ausreichender und ununterbrochener Spülung der Elektrodenflächen und Wandungen gelingt es, diese unangenehme Eigenschaft der bleibenden Zähigkeitsherabsetzung durch Wärme- und mechanische Einwirkungen zu unterdrücken. Auch durch Einwirkung von Ultraschall während der Voltolisierung werden die gelartigen Ansammlungen mit Sicherheit vermieden.

§ 258. Wirkung von Zusätzen auf Voltol=Öle

Sehr bemerkenswert sind die Beobachtungen von *Wo. Ostwald* und *Föhre* [929] über den Einfluß von Zusätzen, z. B. Säuren und Basen, auf die Zähigkeit sowohl im laminaren als auch im Strukturgebiet der Voltolöle.

So bewirkt ein Eisessig-Zusatz beim Voltolöl eine sehr starke Verminderung der Zähigkeit. Die Strukturviscosität der Voltolöle wird gleichzeitig, wie auch durch andere Säuren, fast ganz beseitigt. Säurezusatz wirkt also im Sinne einer Zerstörung der den Voltolölen eigentümlichen inneren Strukturen.

Ganz anders wirkt sich der Zusatz von Alkali aus. Bereits bei nur 3 v. T. Zusatz an KOH konnten *Ostwald* und *Föhre* eine Gelatinierung feststellen. Noch geringerer Alkalizusatz, etwa in Höhe von 1:1000, bewirkt bereits eine sehr kräftige Zähigkeitszunahme (über 30 v. H. bei 1 v. T. Zusatz). Auch die für die Strukturvisko-

sität eigentümlichen Versuchsergebnisse konnten in verstärktem
Maße erhalten werden. Die Gelatinierung infolge Alkalizusatz ist
eine nur den Voltolölen zugehörige Eigenheit, welche aus ihrer besonderen Zusammensetzung und Herstellung erklärt werden kann.
Die Gelatinierung scheint nämlich an die in Voltolöl gefundenen,
aus einfachen Glyceriden hervorgegangenen polymeren Glyceride
gebunden zu sein.

Bemerkenswert ist, daß der Zusatz von Seife an Stelle von Alkali
die Zähigkeit im Gegensatz zum Verhalten von gewöhnlichen mineralischen Vergleichsschmierölen erheblich herabsetzt. Bereits 1
v. T. Marseiller Seife setzen die Zähigkeit des Voltolöles um 40
v. H. herab. Es ist dies ein besonders auffälliges Ergebnis im Hin-
blick auf die oben beschriebene große Zähigkeitssteigerung bei Zusatz von freiem Alkali zu dem gleichen Öle, das zur Gelatinierung
führte. Faßt man nach *Wo. Ostwald* und *Föhre* diese Wirkung als
eine Art Seifenbildung mit den Glyceriden des Voltolöles auf, so
ergibt sich ein grundsätzlicher Unterschied, je nachdem, ob diese
Seifenbildung innerhalb des Öles stattfindet, oder ob eine, allerdings andere Seife, nachträglich in das Voltolöl eingerührt und in
ihm aufgelöst wird.

Durch Zusatz von Lanolin werden bei den Voltolölen bedeutend
größere Zähigkeitserhöhungen hervorgerufen als bei anderen nicht
voltolisierten Ölen.

Graphitzusatz wirkt ebenfalls eigenartig auf die Voltolöle ein.
Während die Zähigkeit bei gewöhnlichen Ölen durch Zusatz von
feinst gemahlenem Graphit deutlich meßbar zunimmt, ist ein solcher
Vorgang an Voltolölen kaum feststellbar.

Ähnlich gering wirkt sich im Gegensatz zum Verhalten anderer
Öle auch ein Zusatz von Talkum zu voltolisierten Olen aus. Von
größerer technischer Bedeutung ist die Eigenschaft der Voltolöle,
daß sie ohne weiteres größere Mengen von Wasser aufzunehmen in
der Lage sind (vgl. § 235). Es kann daher kaum vorkommen, daß
bei Schmierstellen das Öl oben schwimmt, während unten die Lager
durch eingedrungenes Wasser zerstört werden. Es bilden sich bei
Verwendung von Voltolölen in solchen Fällen Wasser-Voltol-Öl-
Emulsionen aus [894].

§ 259. Zähigkeit der Voltol-Öle unter hohem Druck und Druckfestigkeit

Stehen die Voltolöle unter hohem Druck, wie dies insbesondere
bei den hoch belasteten Lagern in Verbrennungsmotoren der Fall ist,
so nimmt ihre Zähigkeit in auffallend starker Art und Weise zu,
wie dies insbesondere aus den Untersuchungen von *Wolf* [949] und
Kießkalt [951] hervorgeht. Aber nicht nur die große Zähigkeit ist
für die unter anderem von *Vogel* [950] beobachtete „Standfestig-
keit" der Voltolöle bei höheren Temperaturen und Drucken von Bedeutung, sondern auch eine auf der Einlagerung von kolloidalen

Teilchen beruhende Druckfestigkeit. So ist es zu erklären, daß Voltolöle auch noch bei sehr geringen Umfangsgeschwindigkeiten der Lagerwellen[1]) eine ausreichende Schmierung ermöglichen.

§ 260. Praktische Ergebnisse bei der Verwendung von Voltol=Ölen als Schmiermittel

Nach *Biel* [952] besteht ein grundsätzlicher Unterschied zwischen den für Voltolöle geltenden Kurven der Reibungsmomente als Funktion der Umlaufzahl und denjenigen anderer Schmieröle.

Das auftretende Minimum liegt bei den Voltolkurven bei kleinerem Reibungsmoment und bei größeren Umlaufzahlen, so daß die Voltolkurve die Normalkurve schneidet. Es wird also bei Verwendung von Voltolölen, verglichen mit einem Mineralöl, welches bei der Betriebstemperatur die gleiche Zähigkeit aufweist, das Reibungs-Minimum in der Regel weiter in das Gebiet kleinerer Umlaufzahlen gerückt. Das heißt, daß der Voltol-Ölfilm eine größere Tragfähigkeit aufweist (vergl. § 259). Außerdem ergab sich, daß das Reibungsminimum beim Voltolöl in der Regel tiefer liegt als dasjenige eines gewöhnlichen Mineralöles bei gleicher Temperatur und Umlaufzahl, so daß das Voltolöl sich so auswirkt, als würde es die Reibung herabsetzen. Der Betrag dieser Reibungsverminderung kann 20 v. H. erreichen. Allgemein ergab sich, daß das Verhalten der Voltolöle eine Bestätigung für die Ansichten derjenigen darstellt, welche das frühere *Ubbelohde*sche Theorem, gemäß welchem die Reibung nur von der Zähigkeit abhängen sollte, nicht als allgemeingültig ansehen. Im Einklang damit stehen Messungen und Versuche *Mossers* [953], wonach der kleine Reibungskoeffizient des Voltolöles im praktischen Betrieb auf eine sehr große Benetzungsfähigkeit des Voltolöles zurückgeführt werden kann. Insbesondere bei großen Belastungen und kleinen Drehzahlen, für die die hydrodynamisch bedingte Schmierung nicht mehr ausreichend ist und Vergleichsöle das Auftreten der halb-trockenen Reibung nicht verhindern konnten, gelang es mittels Voltolölen eine vollwertige, die unmittelbare Druckberührung von Welle und Lagerschale verhindernde Schmierung zu erzielen.

Wolf [949] konnte unter Verwendung voltolisierter Öle bei der Schmierung von Drillichsdampfmaschinen eine Ölersparnis von 25 % erzielen; mit Rücksicht auf die bessere Schmierwirkung konnte daher um diesen Betrag sparsamer geschmiert werden. Bei Messungen an den Lagern von Dampf- sowie Wasserturbinen konnten Reibungsverminderungen zwischen 25 und 50 v. H. nachgewiesen werden. Transmissionen konnten mit einem um 16,5 v. H. geringeren Arbeitsaufwand bei gleicher Drehzahl im Dauerbetrieb in Gang gehalten werden.

---

[1]) Bei kleinen Geschwindigkeiten wird der hydrodynamische bedingte Anteil des Schmierwertes von Schmiermitteln fast null.

Die geringe Abhängigkeit der Zähigkeit der Voltolöle von der Temperatur im Vergleich zu den Werten anderer Öle macht die Voltolöle besonders wertvoll zur Schmierung von *Otto*-Motoren, sowie von hochbelasteten Kompressoren [892]. Auch für die Spindelschmierung in der Textilindustrie ist die flache Viscositätskurve wertvoll.

Für die Haltbarkeit von Verbrennungsmaschinen ist die von *Holde* [954] mitgeteilte Beobachtung von Interesse, daß Voltolöle einen sehr feindispersen Ruß ergeben, der leicht bei den Auspuffhüben aus den Zylindern der Verbrennungskraftmaschinen ausgeblasen wird.

Becker [955] untersuchte die Voltolöle auf ihre Eignung im Kraftwagenbetrieb und stellte bezüglich der Motorreibung fest, daß sie im niedrigen Drehzahlbereich eine für mäßigen Brennstoffverbrauch wichtige geringe Reibung ergeben, während im oberen Drehzahlbereich die für die Rennöle eigentümliche hohe Reibung auftritt, was auf die vergleichsweise höhere Zähigkeit des Voltolöles unter der mit der Drehzahlerhöhung zusammenhängenden Erwärmung zurückzuführen ist. Es wird dadurch der Gefahr des Festfressens der Kolben und Triebwerksteile bei den hohen thermischen und mechanischen Belastungen der höchsten Drehzahl wirksam begegnet.

Die Motorreibung im oberen Drehzahlbereich entsprach bei den praktischen Fahrversuchen etwa derjenigen des Ricinusöles, welches aber bekanntlich im niedrigen Bereich bei schwacher thermischer Motorbelastung die unangenehme Eigenschaft besitzt, die Ventile und Kolben zu verkleben.

Die Motorleistungen konnten nach *Becker* [955] bei Verwendung von Voltolölen etwas über die bei Schmierung mit Vergleichsölen erreichbaren gebracht werden.

Es sei noch erwähnt, daß, wie von verschiedener Seite mitgeteilt worden ist [956, 957] für den Transatlantikflug des *Zeppelin*-Luftschiffes L Z 126 nach Nordamerika und für den Nordpolflug *Amundsens* mit dem Luftschiff *Norge* Voltolöle mit gutem Erfolge Verwendung gefunden haben.

VII. Ozontechnik [1])

a) Über die technische Erzeugung des Ozons

§ 261. *Über die Notwendigkeit der Ozonerzeugung am Ort des Verbrauches und die benötigten Ausgangsstoffe*

Das Ozon ist verhältnismäßig unbeständig und zerfällt rasch, insbesondere bei etwas erhöhter Temperatur, eine Fortleitung ist deshalb bereits über kürzere Strecken in hoher Konzentration nicht möglich. Es muß am Verbrauchsort erzeugt werden.

---

[1]) Vergl. auch die Ausführungen der §§ 126 ... 129.

Als Ausgangsmaterial für die Ozonbildung kommt sowohl Luft
wie auch reiner Sauerstoff in Betracht. Diese Ausgangsgase müs-
sen jedoch hinreichend getrocknet werden, da bereits mäßiger
Wasserdampfgehalt den Ozonzerfall außerordentlich fördert. Ohne
Trocknung ist es daher nicht möglich, etwa im Sommer aus normaler
Luft Ozon in einigermaßen größerer Konzentration zu gewinnen.

Die Trocknung geschieht am einfachsten mittels Silica-Gel, welches nach erfolgter Wasseraufnahme durch geeignet geführte Erwärmung wieder entwässert und regeneriert werden kann.

§ 262. Arbeitsausbeute

Für die technische Darstellung des Ozons ist die „Arbeitsausbeute" B (in g Ozon je aufgewendete KWh) von Bedeutung. Sie
hängt linear von der erzielten Ozonkonzentration c (in g Ozon/m³)
ab, sofern Einflüsse durch Verwendung verschiedener Ozonapparate
unberücksichtigt bleiben können.

Nach *Moeller* [160] gilt die Beziehung: $B = B_0 (1 - c/C)$, worin
B_0 die Ausbeute bei der Konzentration null (extrapolliert) und C
die „Grenzkonzentration" für die Strömungsgeschwindigkeit null bedeutet.

(Bei graphischer Darstellung wird die B-c-Kurve eine Gerade,
welche die Grenzkonzentration auf der einen und die Nullausbeute
auf der anderen Koordinatenachse verbindet).

Für Sauerstoff als Ausgangsgas konnte für B_0 etwa 144 g/KWh,
für $C = 162$ g/m³ gefunden werden.

H. Becker [571] entwickelte für die jeweilige Konzentration c
(in g Ozon/m³) die nach ihm benannte *Becker*sche Gleichung:

$$c = W_R \cdot t \left(\frac{W_R \cdot t}{C} + \frac{1}{B_o} \right);$$

darin bedeutet:

$W_R = $ „räumliche Wattdichte", d. h. die je m³ Gas aufgewandten KWh
$t = $ „Reaktionszeit", d. h. die Zeit, die ein m³ Gas im Ozonisator
verbleibt.

Die Verbindungsgleichung zwischen der *Becker*schen Gleichung
und der *Moeller*schen Abwandlung lautet: $B = c/W_R \cdot t$;

Die *Becker*sche Gleichung sagt aus, daß die jeweilige Ozonkonzentration, abgesehen von den Konstanten C (Grenzkonzentration)
und B_0 (Nullausbeute) nur vom Produkt $W_R \cdot t$ abhängt, oder anders ausgedrückt: Es ist bezüglich der Konzentration gleichgültig,
ob mit hoher oder niedriger Energie gearbeitet wird, wenn dabei
nur die Geschwindigkeit des Gasdurchlaufes entsprechend reziprok
eingestellt wird. Die höchste erreichbare Konzentration C ist genau
genommen jedoch nicht völlig unabhängig von der Belastung der
Entladungsstrecke. Bei höheren Stromdichten nimmt die Ausbeute
etwas ab. Bei Lichtbögen oder heißen Glimmentladungen nimmt sie
sogar außerordentlich stark ab; Lichtbögen oder heiße Glimment-

ladungen werden deshalb nie für die Ozonbildung technisch herangezogen.

Hohe Konzentration' an Ozon drückt bei gleichbleibender Entladungsspannung die sich einstellende Stromstärke herab.

Frequenzsteigerung bringt wohl eine Leistungssteigerung in der *Siemens*-Röhre, jedoch nicht eine Ausbeutesteigerung mit sich, wie *Becker* [571] nachgewiesen hat.

Mit wachsendem Elektrodenabstand sinkt die erreichbare Grenzkonzentration, sowie die Ausbeute. Nach *Moeller* [160] gelten für C, abhängig vom Abstand d, die Werte der Tabelle **21**.

Tabelle 21: Grenzkonzentration und Elektrodenabstand

Grenzkonzentration C in g Ozon / m³	Elektroden- Abstand in mm
211	0,51
166	1,42
112	3,72

Sehr ungünstig für die Arbeitsausbeute macht sich eine Temperatursteigerung bemerkbar. Bereits bei 40^0 C ist die Ausbeute nur mehr etwa $1/_2$ derjenigen bei 25^0 C.

Für das Hauptanwendungsgebiet des Ozons, die Trinkwassersterilisation, benötigt man Ozonkonzentrationen zwischen 1...6 g/m³ Gas Bei einer mittleren Konzentration von etwa 4 g Ozon/m³ Gas beträgt die Ausbeute guter Geräte etwa 40 g/KWh, trockene Luft als Ausgangsgas vorausgesetzt. Mit Sauerstoff ist etwa die dreifache Ausbeute zu erzielen.

§ 263. Laboratoriumsgeräte zur Ozonherstellung

Das Prinzip der sich bisher am meisten bewährten Ozongeräte und auch der Laboratoriumsgeräte ist dasselbe, welches bereits *Werner von Siemens* mit seiner ursprünglichen Konstruktion (s. Bild **21**) angegeben hatte. Bild **133** stellt einen daraus entwikkelten Laboratoriumsozonisator dar, der für Versuche kleineren

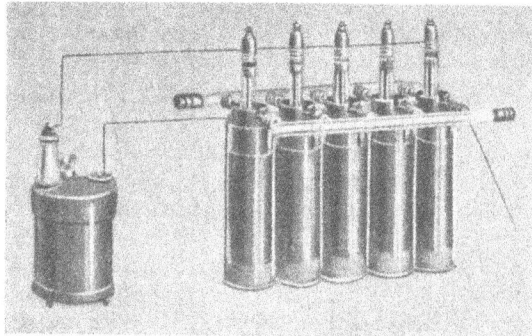

Bild 133: Fünf-Röhren-Ozonisator (Aus [777])

Umfanges gedacht ist. Bild **134** läßt das Schema erkennen. Die Innenelektrode ist durch Wasser gebildet, in welches ein den Strom leitender Draht eintaucht. Die äußere Elektrode wird ebenfalls durch Wasser gebildet, in welchem ein Blechmantel zur Verbinbindung mit dem Stromqueller dient. Zwischen den beiden Glas-

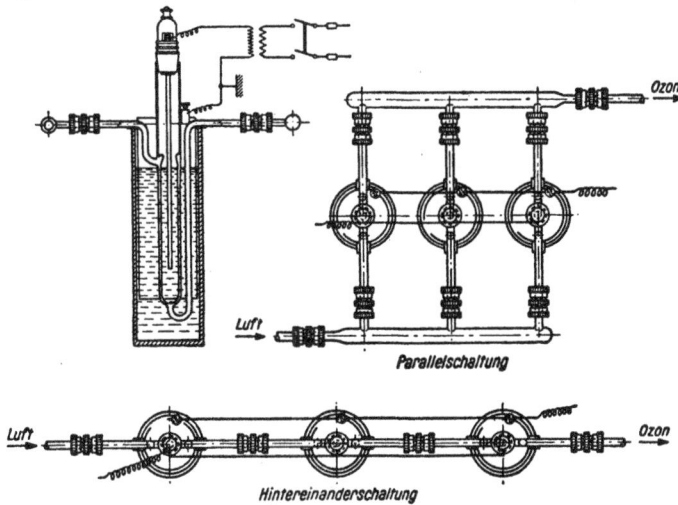

Bild 134: Einzelteile und Schaltungsmöglichkeiten beim Laboratoriums-Ozonisator (Aus [777])

wänden befindet sich der ringförmige freie Querschnitt, durch welchen das Arbeitsgas strömt und in welchem die Wechselstromladung brennt. Werden mehrere Röhren angewendet, so ist strömungstechnisch Parallel- oder Serienschaltung möglich. Elektrisch wird stets Parallelschaltung angewendet (s. Bild **134**). Jede Röhre nimmt beim Betrieb mit Wechselspannung von 50 Per./s und 8 KV eff. etwa 2...3 Watt, bei Betrieb mit 500 Per./sec etwa 20...30 Watt auf. Bei technischen Geräten ist die Innenelektrode metallisch.

§ 264. Weitere und großtechnische Geräte

Zur Lüftung von Räumen mittels Ozon müssen die Konzentrationen sehr klein gewählt werden. Nach *Wiche* [777] genügen bereits $0,1...0,2 \cdot 10^{-3}$ g Ozon/m³ Luft. Ein dafür geeigneter Ozonfächer, der an Gleich- oder Wechselspannung angeschlossen werden kann, ist in Bild 135 dargestellt. In dem Sockel ist ein Hochfrequenzschwingungskreis untergebracht, der durch einen Unterbrecher nach Art eines *Wagner*schen Hammers angestoßen wird. Die Ozonerzeugung erfolgt in einer kleinen Ozonröhre, die waagerecht hinter der durchbrochenen Gehäusewand sitzt und die über den Hochfrequenzschwingkreis gespeist wird. Der vom Fächer bewegte Luftstrom streicht zum Teil über die kleine Ozonröhre und wird dort ozonisiert. Bild 136 zeigt eine für größere Lüftungsleistungen geeignete Ozonanlage. Das Gerät ist für Gleichstromanschluß bestimmt. Ein Einankerumformer formt den Netzgleichstrom in Wechselspannung um. Auf der Welle des Umformers sitzt ein Gebläse. Das Gehäuse enthält den Ozonerzeuger, einen Transformator und ein kleines Filter. Alle Teile sind auf

einer gemeinsamen Grundplatte angeordnet. Die benötigten Schaltereinrich-
tungen sind auf der Stirnseite angebracht.

Auf dem Bild ist das kleine eingebaute Luftfilter über der unteren Ein-
trittsöffnung (an das sichtbare Zuleitungsrohr anschließend) zu erkennen. Die
angesaugte Luft geht dann durch den Ozonisator und wird hierauf an die
Verbraucherstelle gedrückt. In Bild 137 ist dieses Gerät vereinfacht gezeichnet.

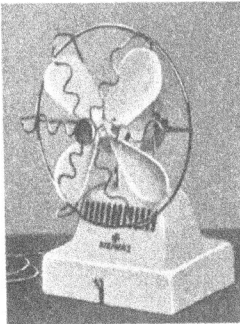

Bild 135:
Ozonfächer (Aus [777])

Bild 136:
Ozonlüfter größerer Leistung (Aus [777])

Man erkennt daraus, daß der Ozonerzeuger ein Plattenerzeuger ist. Die eine
Elektrode ist das Gehäuse des Gebläses. In geringem Abstand davon befindet
sich eine als Dielektrikum dienende Glasscheibe. Diese hat auf der dem Gehäuse abgewendeten Seite einen als Hochspannungs-Gegenelektrode dienenden
aufgespritzten Metallbelag. Das Gebläse saugt die zu ozonisierende Luft all-
seitig durch den am Umfang des Dielektrikums befindlichen Spalt an und
führt sie in den Bereich der Entladung, wo sie ozonisiert wird. Die ozonhaltige
Luft gelangt hierauf in die Schaufelkammer des Gebläses.

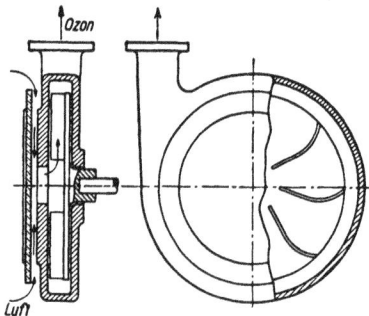

Bild 137:
Ozonlüfter nach Bild 136 (Schema)

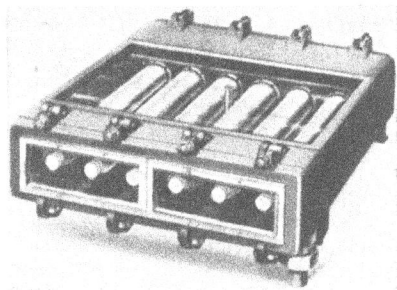

Bild 138:
Technisches Ozongerät (Aus [777])

In Bild 138 ist eine Ausführung eines Ozonapparates für größere Ozonmengen dargestellt. Man erkennt die innerhalb eines Wassermantels liegend
angeordneten, mit Metallinnenpol versehenen sechs *Siemens*-Ozonröhren.

Ein Gerät zum Betrieb mit 10 000 Hz, welches eine große Leistungsaufnahme
besitzt, ist in Bild 139 gezeigt. Man erkennt darauf hauptsächlich die Ab-

Bild 139: Rückseite eines Ozonapparates
zur Gewinnung größerer Ozonmengen (10000 Hz) (Aus [777])

reißtöpfe, welche die Zu- und Ableitung von Kühlerwasser für Hochspannung
führende Teile ermöglichen. In diesen Töpfen wird das Wasser in Form auf-
geteilter Tropfen durch eine Isolierflüssigkeit durchgeleitet. Diese Töpfe sind
bei diesem Gerät notwendig, da auch die Hochspannungselektrode mit fließen-
dem Wasser gekühlt werden muß.

Für solche Anlagen größerer Leistungen werden eisenlose Resonanztrans-
formatoren mit verstellbarer Kopplung
verwendet, damit mittels Regelung der
Streuinduktivität die kapazitive Blind-
leistung induktiv kompensiert werden
kann. Dadurch wird der sonst stark
voreilende cos φ auf 1 gebracht.

Die Energieaufnahme des sechs Glas-
ozonisatoren nach Art der *Siemens*-
Röhre enthaltenen Gerätes, kann, wenn
Strom von 10 000 Per./sec zur Verfügung steht, auf 12 KW gebracht und
bei Beschickung mit Sauerstoff und
einer mittleren Ozonkonzentration 1   kg
Ozon je Stunde erzeugt werden. In
Bild 140 ist eine andere Ozongerät-
type vereinfacht gezeichnet. Bei 1, 3, 5
tritt das Kühlwasser in die als Kühl-
flächen ausgebildeten metallischen Belegungen der ebenen Glasplatten ein.
Von 2, 4, 6 wird das Kühlwasser wieder
abgeführt, bei 7 die trockene Luft oder
der Sauerstoff eingeleitet, bei 8 das
ozonhaltige Gas abgesaugt.

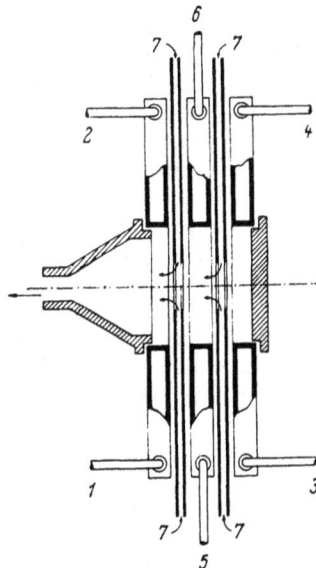

Bild 140: Ozonapparat System *Otto*
1, 2, 3, 4, 5, 6 Kühlwasser und Span=
nungsanschlüsse, 7 Richtung der ein=
strömenden Gase (Aus [967])

In Bild 141 sind solche Geräte im technischen Einsatz eines Ozonwasser-werkes dargestellt.

Abbildung 142 vermittelt einen Einblick in ein großes Ozonwasserwerk.

Bild 141: Ozonapparate System *Otto* (Paris)

b) Anwendungen des Ozons

§ 265. Anwendungen für die chemische Technik

Aus der stark oxydierenden Wirkung des Ozons ergibt sich auch die Richtung, in der seine Anwendung für die chemische Technik liegt. Da der Trockenvorgang der Lacke auf Sauerstoffaufnahme beruht, also einen Oxydationsvorgang darstellt, ist es möglich, durch Ozonzuführung eine Beschleunigung der Lacktrocknung zu bewirken [966, 777]. Auch in der Offsetdruckerei kann Ozon zur Verkür-zung der Trockenzeit Anwendung finden.

Weitere Anwendungen für chemische Zwecke stellen die Gewin-nung von Vanillin durch Ozonisierung von Eugenol und die Fabri-kation von Heliotropin aus Safrol dar [968].

Einwirkungen auf Geschmacksstoffe konnten bei der Ozonisie-rung von Spirituosen festgestellt werden und zwar in dem Sinne, daß frisch fabrizierte Ware durch die Ozonisierung im Geschmacks-wert so verändert wurde, daß sie alten, abgelagerten Produkten gleichkam [777]. Wichtig ist ferner die Viscosealterung mittels Ozon. Das Bleichen von Wäsche mittels Ozon hat den Vorteil vor .der Chlorbleiche, daß Schädigungen des Textilgewebes weitgehend unterdrückt werden. Weitere chemische Anwendungen sind von *Rideal* [968] erwähnt.

§ 266. Anwendungen in der Lüftungstechnik

Bereits *Wolfhügel* [960] hat die Bedeutung des Ozons für die Lüftungstechnik erkannt und weist darauf hin, wenn er schreibt: „daß das Ozon in der Luft die oxydablen Bestandteile angreift".

Bild 142: Ozonwasserwerk System *Siemens & Halske* (Leningrad)

1907 veröffentlichte *Lübbert* [961] seine Untersuchungen über die Gesundheitsschädlichkeit der Luft bewohnter Räume und ihre Verbesserung durch Ozon.[1]) Die zu verflachter ungenügender Atmung führenden unangenehmen Stoffwechselprodukte werden durch Ozon zerstört *(Kuhn)* [966].

Besonders geeignet ist Ozon für die Verbesserung der Luft in solchen Räumen, die nur auf künstliche Luftzufuhr angewiesen sind, wie z. B. tiefe Keller, Tresorräume von Banken u. ä. Dabei haben sich sogenannte Gitterozonisatoren bewährt. Diese arbeiten mit Koronaentladungen zwischen nebeneinanderliegenden Spannung führenden Gitterstäbchen. Der Strömungswiderstand einer solchen Einrichtung ist so klein, daß im Gegensatz zur normalen Siemensröhre der Überdruck eines gewöhnlichen Ventilators genügt, um die zu ozonisierende Luft mit ausreichender Geschwindigkeit durch die Anordnung zu treiben. Im übrigen hat sich die Ozonbelüftung bewährt in Theatern, Lichtspielhäusern, Schwimmhallen, Brauereien, Spinnereien, Kunstseidenfabriken, Fischverkaufsständen u. ä.

§ 267. Einige biologische und medizinische Anwendungen

Die weiteste Anwendung hat das Ozon bisher in der Wassersterilisation gefunden (s. auch § 264). Mit Ozon sterilisiertes Wasser ist keimfrei und dabei völlig unschädlich, sowie ohne Beigeschmack oder Geruch. Große Anlagen dieser Art befinden sich in vielen Wasserwerken. (Paris, Leningrad). Das Ozon wird dem Wasser mittels Mischvorrichtungen zugeführt. Als solche werden entweder Rieseltürme angewendet, in denen eine große Berührungsfläche zwischen Ozon und Wasser hergestellt wird, oder Emulgateure, die nach Art von Wasserstrahlpumpen arbeiten. (Näheres siehe *Otto* [967], *Moeller* [160]).

Auf Grund seiner keimtötenden Wirkung hat das Ozon eine weitere Anwendung gefunden in Kühlhallen, Käsereien und anderen Betrieben der Lebensmittelfabrikation und Lagerung. Seine Wirkung beruht dabei häufig neben der unmittelbaren Beeinflussung der Mikroorganismen auch in einer Oxydation und damit Zerstörung der Nährböden.

Die Zerstörung des Nährbodens ist auch einer der Gründe, daß schädliche Insekten aus Mühlen, Teigwarenfabriken, Kakaowarenfabriken, sowie in Brauereien durch Ozon vertrieben werden [966].

In der Medizin wird Ozon in sehr geringer Konzentration als Inhalationsmittel gegen gewisse Formen des Asthma angewendet, in hochkonzentriertem Zustand wird es zur Wundbehandlung herangezogen [777].

---

[1]) Siehe auch *Cramer* [962], *Bail* [963], *Ozaplewski* [964] und *von Kupfer* [965], sowie *Curry* [1071].

LITERATURVERZEICHNIS

[1] *R. Seeliger*, Physik der Gasentladungen, 3. Auflage, J. Ambrosius Barth. Leipzig 1934.

[2] *J. J.* und *G. P. Thomson*, Conduktion of electricity through gases, Cambridge University Press, Cambridge 1928 (I. Bd.), 1933 (II. Bd.).

[3] *K. T. Compton* und *I. Langmuir*, Rev. Mod. Phys. 2, 123 (1930), *3*, 191, (1931).

[4] *K. K. Darrow*, Electrical phenomena in gases, The William and Wilkins Co., Baltimore, 1932.

[5] *A. v. Engel* und *M Steenbeck*, Elektrische Gasentladungen; J. Springer, Berlin 1932 (I. Bd.), 1934 (II. Bd.).

[6] *G. Glockler* und *S. C Lind*, The electrochemistry of gases and other dielectrics, J. Wiley a. sons, Inc. New York 1939.

[7] *F. Mohr*, Pogg. Ann. *91*, 619 (1854).

[8] *Bondt, Deimann, Paats van Troostwyk* und *Lauwerenburg*, mitgeteilt von *Fourcroy*, Ann. chim. *21*, 48 (1796) S. 58.

[9] *G. Henry*, Ann. chim. *29*, 113 (1799), mitgeteilt durch *van Mons*.

[10] *M. Scherer*, Ann. chim. *25*, 173 (1798) S. 175.

[11] *W. Henry*, Phil. Trans. roy. Soc. London 99, 430 (1809) S. 446.

[12] *W. v. Siemens*, Pogg. Ann. *102*, 66 (1857) S. 120.

[13] *W O. Schumann*, Elektrische Durchbruchsfeldstärke in Gasen, Berlin (1923).

[14] *M. Berthelot*, Actions chimiques exersées par l'éfluve electrique. Ann. Chim. Phys. 7, Serie *16*, 5, 31 (1899).

[15] *A. de Hemptinne*, U. S. Patent 970 473 (1910), Engl. Patent 15 748 (1909).

[16] *K. Friedrich*, Z. V. D. I. *65* (1921) S. 1171.

[17] *I G. Farbenindustrie*, D. R. P. 556 309.

[18] *G Matheson*, U. S. Patent 2 191 797.

[19] *P. J. Wiezevich*, U. S. Patent 2 178 769.

[20] *J. A. Tilton, R W Richardson*, U. S. Patent 2 161 987.

[21] *E. Eichwald, H Vogel, Ph. Hardt*, D. R. P. 386 949.

[22] *A. de Hemptinne*, D. R. P. 185 931.

[23] *I. G. Farbenindustrie A G.* D. R. P. 516 316.

[24] *I. G. Farbenindustrie A. G.* D. R. P. 526 493.

[25] *I. G Farbenindustrie A. G.* D. R. P. 615 562.

[26] *I. G Farbenindustrie A. G.* D. R. P. 616 833.

[27] *I. G Farbenindustrie A. G.* D. R. P. 642 340.

[28] *I G. Farbenindustrie A. G.* Franz. Patent 749 942.

[29] *I G. Farbenindustrie A. G.* D. R. P. 635 671.

[30] *Th. Rummel*, Kolloid-Zeitschrift *96*, 340 (1941).

[31] *Th Rummel*, Z. f. Elektrochem. *47*, 120 (1941).

[32] *P Lenard*, Wied. Ann. 51, 225 (1894).

[33] *P. Lenard* und *A. Becker* in Hdbch. d. Experimentalphysik, Leipzig, Bd. 14.

[34] *F Kirchner*, in Wien-Harms, Hdbch. d. Experimentalphysik, Leipzig, Bd. 24.

[35] *A H Compton*, Phil. Mag. *8*, 961 (1929).

[36] *A H Compton* und *A W Simson*, Phys. Rev. *25*, 306 (1925).

[37] *G. T. Tarrant*, Proc. Roy. Soc. London *128*, 345 (1930), *135*, 223 (1932).
[38] *L. Meitner* und *H. Hupfeld*, Z. Physik *67*, 147 (1931), *75*, 705 (1932).
[39] *J J. Thomson*, Rays of positive electricity, Longmans, Green & Co., London 1921.
[40] *N. Bohr*, Phil. Mag. (VI) *26*, 476, 857 (1913), *27*, 506 (1914), *29*, 332 (1915), *30*, 394 (1915).
[41] *G. Glockler*, Phys. Rev. *41*, 685 (1932).
[42] *G. Glockler*, Phys. Rev. *45*, 11 (1934).
[43] *E A. Hylleraas*, Z. Physik *54*, 347 (1929), *60*, 624; *63*, 291 (1930); *65*, 209 (1930), Naturwiss. *17*, 982 (1929).
[44] *P. Starodubrovskii*, Z. Physik *65*, 806 (1930).
[45] *J. E. Mayer* und *L. Helmholz*, Z. Physik *75*, 19 (1932).
[46] *J. E. Mayer* und *M. M. C. Maltbie*, Z. Physik *75*, 748 (1932).
[47] *W. W. Lozier*, Phys. Rev. *46*, 268 (1934).
[48] *H. E. Bent*, J. Amer. Chem. Soc. *52*, 1498 (1930), *53*, 1786 (1931).
[49] *E. Lederle*, Z. Physik. Chemie (B), *17*, 362 (1932).
[50] *J. Weiss*, Trans. Faraday Soc. *31*, 966 (1935).
[51] *H. S. W. Massey*, Negative ions, Cambridge, University Press, 1938.
[52] *R. Seeliger*, Angewandte Atomphysik, Berlin 1938.
[53] *W. O. Schumann*, Arch. Elektrotechn. *12*, 593 (1923), *16*, 46 (1926), E. T. Z. *47*, 39 (1926), Z. techn. Physik 7, 618 (1926).
[54] *F. W. Peek*, Dielectric Phenomena, 3. Auflage, New York 1929.
[55] *W. Thornton*, Phil. Mag. *28*, 666 (1939).
[56] *W. O. Schumann*, Z. techn. Phys. 2, 201 (1930), Elektrotechnik und Maschinenbau 51, 333 (1933).
[57] *A. v. Engel*, *R. Seeliger* und *M. Steenbeck*, Z. Physik *85*, 114 (1933).
[58] *A Güntherschulze*, Z. Techn. Physik *11*, 49 (1930).
[59] *W. Hittorf*, Pogg. Annalen *136*, 1, 197 (1864), Jubelband 1874, S. 430, Wiedemanns Annalen 7, 553 (1879), *8*, 671 (1879), *20*, 705 (1883), *21*, 90 (1884).
[60] *F. Schröter*, Die Glimmlampe, Leipzig 1928.
[61] *F. Warburg*, Ann. Physik *17*, 1 (1905).
[62] *W. Stuchtey*, Dissertation, Bonn 1903.
[63] *H. Thoma* und *L. Heer*, Z. Techn. Physik *3*, 464 (1932).
[64] *A. Jenny*, Die elektrolytische Oxydation des Aluminiums und seiner Legierungen, Leipzig 1938.
[65] *H. Zauscher*, Ann. d. Phys. (5) *23*, 597 (1935).
[66] *G. Franckenstein*, Ann. d. Phys. (5), *26*, 17 (1936).
[67] *Th. Rummel*, Z. Physik *99*, 518 (1936).
[68] „Hütte“, Des Ingenieurs Taschenbuch II. Bd., Berlin 1931.
[69] *Th. Rummel*, Wiss. Veröff. Siemenswerke, Werkstoff-Sonderheft 1940. S. 278.
[70] *Th. Rummel*, Naturwissenschaften *24*, 158 (1936).
[71] *Th. Rummel*, Unveröffentlichte Arbeit.
[72] *E. Warburg*, Z. techn. Physik *6*, 625 (1925).
[73] *H. Kolbe*, Kurzes Lehrbuch der Chemie, Braunschweig 1877.
[74] *M. Berthelot*, Ann. chim. phys. (5), *10*, 165 (1877).
[75] *O. Frölichs*, Elektrotechn. Zeitschrift 25, 340 (1891).
[76] *W. D. Harkins* und *N. Gans*, J. Am. chem. Soc. *52*, 5168 (1930).
[77] *W. D. Harkins* und *J. M. Jackson*, J. chem. Phys. *1*, 37 (1933).
[78] *G. Mierdel*, Ann. Phys. *85*, 612 (1928).
[79] *L. Korndörfer*, Elektrotechn. Zeitschrift, S. 521 (1917).
[80] *J. B. B. Burke*, Phil. Mag. *1*, 342 (1901).

[81] *Campbell Swinton*, Engineering *85*, 181 (1908).
[82] *N. Hill*, Electrician *70*, 228 (1913).
[83] *W. Wien*, Kanalstrahlen in Handbuch der Rad. und Elektr., Leipzig 1923. Handbuch der Experimental-Physik *24* (1927).
[84] *P. Lenard*, Quantitatives über Kathodenstrahlen aller Geschwindigkeiten, Heidelberg (1925).
[85] *E. Duchmann*, Gen. El. Rev. *26*, 156 (1923).
[86] *O. W. Richardson*, Phil. Mag. *28*, 633 (1914).
[87] *W. Espe*, Wiss. Veröff. d. Siemenswerke *5*, 29, 46 (1927).
[88] *A. Güntherschulze*, Z. Physik *36*, 563 (1926).
[89] *Muthmann, Weiss* und *Riedelbauch*, Chem. Ann. *355*, 91 (1907).
[90] *W. Schottky* und *Rothe*, Hdbch Exp. Phys. Bd. *13*, 2. Teil, Leipzig.
[91] *O. W. Richardson*, Glühelektronen in Hdbch. d. Radiologie von Marx, IV. Bd., Leipzig 1917.
[92] *Simon*, Hdbch. d. Exp. Physik Bd. *13*, II. Teil, Leipzig.
[93] *C. G. Schmid*, Ann. d. Phys. *9*, 703 (1902).
[94] *G. L. Wendt*, Ann. d. Physik *38*, 921 (1912).
[95] *F. W. Aston*, Mass spectra and isotopes, Longmans, Green & Co. London 1933.
[96] *E. Gehrke* in Hdbch. d. Rad. (Marx) Bd. III, S. 26 (1917).
[97] *C. H. Kunsmann*, Proc. Nat. Acad. sci. U. S. *12*, 659 (1926).
[98] *C. H. Kunsmann, R. A. Nelson*, Phys. Rev. *40*, 936 (1932).
[99] *C. H. Kunsmann* und *R. A. Nelson*, J. Chem. Phys. 2, 752 (1934).
[100] *G. C. Schmidt*, Ann. d. Phys. *80*, 588 (1926).
[101] *Brüche* und *Scherzer*, Geometrische Elektronenoptik.
[102] *K. Peters* und *P. Schlumbohm*, Naturwissenschaften *14*, 718 (1925).
[103] *L. W. D. Coolidge, J. Franklin*, Inst. 202, 693 (1926).
[104] *R. E. Vollrath*, Phys. Rev. *38*, 212 (1931).
[105] *C. C. Lauritzen* und *B. Cassen*, Phys. Rev. *36*, 988 (1930).
[106] *E. Pietsch*, Gasadsorption unter dem Einfluß der elektrischen Entladung clean up — und verwandte Erscheinungen, in: Ergebnisse der exakten Naturwissenschaften, V. Bd., S. 213, Berlin 1926.
[107] *N. R. Campbell*, Phil. Mag. *41*, 685 (1921), *40*, 585 (1920), *42*, 227 (1921), *43*, 914 (1922), *48*, 553 (1924).
[108] *Malignani*, D.R.P. 82 076 (1894).
[109] *I. Langmuir*, J. Amer. chem. soc. 37, 1139 (1915), *38*, 2221 (1916), *39*, 1848 (1917), *40*, 1361 (1918), Phys. Rev. 8, 149 (1916).
[110] *H. Becker*, Wiss. Veröff. Siemens *5*, 1, 160 (1926).
[111] Entwurf des AEF. ETZ *53*, 138 (1932).
[112] *H. Becker*, Wiss. Veröff. Siemenswerke *8*, 199 (1929).
[113] Th. Rummel, Unveröffentlichte Arbeit.
[114] *A. de Hemptinne*, Bull. sci. acad. roy. Belg. 7, 146, 458, 590 (1921).
[115] *S. Miyamoto*, Kolloid Zeitschrift *69*, 179 (1934).
[116] *M. L. E. Oliphant*, Proc. Cambridge Phil. Soc. 24, 451 (1928).
[117] *K. H. Kingdon* und *I. Langmuir*, Phys. Rev. 20, 108 (1922, 21, 380 (1923), 22, 148 (1923), Science 57, 58 (1923), Phys. Rev. (2) 23, 112 (1924).
[118] *A. v. Hippel*, Ann. Physik *81*, 1043 (1926).
[119] *E. Blechschmidt* und *A. v. Hippel*, Ann. Phys. *86*, 1006 (1928).
[120] *H. L. E. Oliphant*, Proc. Roy. Soc. 124, 228 (1929).
[121] *V. K. Kohlschütter*, Jahrbuch Radioakt. Elektr. 9, 355 (1912).
[122] *K. H. Kingdon, I. Langmuir*, Phys. Rev. 22, 148 (1923).
[123] *E. Blechschmidt*, Ann. Physik *81*, 999 (1926).
[124] *A. Güntherschulze*, Z. Physik *38*, 575 (1926).

[125] Research staff, General Electric Co, Ltd, London Phil. Mag. *45*, 98 (1923).
[126] *J. Mazur*, Krakauer Anzeiger *A*, Nr. 3/4, S. 81 (1925).
[127] *L. Belladen* und *L. Surra*. Gazz. chim. ital. *59*, 785 (1929).
[128] *L. Belladen*, Gazz. chim. ital. *61*, 952 (1931), *62*, 493, 497 (1932).
[129] *T. Asada* und *K. Quasebarth*, Z. phys. Chem. (A), S. 143, 435 (1929).
[130] *P. D. Kueck* und *Brewer*, Rev. Sci. Instruments *3*, 427 (1932).
[131] *R. Seeliger* und *K. Sommermeyer*, Z. f. Phys. *93*, 692, (1935).
[132] *W. D. Harkins*, *L. M. Gans*, J. Amer. chem. Soc. *52*, 5165 (1930).
[133] *W. D. Harkins*, *J. M. Jackson*, J. Amer. chem. Soc. *1*, 37 (1937).
[134] *W. D. Harkins*, Trans. Faraday Soc. *30*, 221 (1934).
[135] *H. D. Smyth*, Rev. Modern Phys. *3*, 347 (1931).
[136] *J. T. Tate*, *W. W. Lozier*, Phys. Rev. *39*, 254 (1932).
[137] *O. Eisenhut*, *R. Conrad*, Z. Elektrochemie *36*, 654 (1930).
[138] *A. K. Brewer*, *P. D. Kueck*, J. Phys. Chem. *35*, 1281, 1293 (1931), *36*, 2133 (1932), *37*, 889 (1933).
[139] *W. D. Harkins*, *J. M. Jackson*, J. chem. Phys. *1*, 37 (1933).
[140] *E. G. Linder*, Phys. Rev. *36*, 1375 (1930).
[141] *E. G. Linder*, *A. P. Davis*, J. Phys. Chem. *35*, 3649 (1931).
[142] *P. Harteck*, Trans. Faraday Soc. *30*, 134 (1934).
[143] *E. J. B. Willey*, Trans. Faraday Soc. *30*, 230 (1934).
[144] *O. Oldenberg*, J. Chem. Phys. *2*, 713 (1934).
[145] *O. Oldenberg*, J. Chem. Phys. *3*, 266 (1935).
[146] *O. Oldenberg*, J. Chem. Phys. *41*, 293 (1937).
[147] *A. A. Frost*, *O. Oldenberg*, J. Chem. Phys. *4*, 642, 781 (1936).
[148] *J. Gubkin*, Ann. Physik *32*, 114 (1887).
[149] *S. Miyamoto*, Kolloid Z. *67*, 284 (1934), *71*, 297 (1935).
[150] *C. S. Schoepfle*, *L. H. Connel*, Ind. Eng. chem. *21*, 529 (1929), (*C. S. Schoepfle* und *H. S. Fellows*) *23*, 1396 (1931).
[151] *H. Damianovich* und *J. Piazza*, An. inst. invest. cient. tecnol. *1*, 45, 49, 54, 58 (1932), *2*, 33 (1933).
[152] *E. N. Kramer* und *V. M. Meloche*, J. Amer. chem. Soc. *56*, 1081 (1934).
[153] *H. Rheinboldt*, *A. Hessel*, *K. Schwenzer*, Ber. *63 B*, 1865 (1930).
[154] *J. J. Thomson*, Proc. Phys. Soc. London, *40*, 79 (1928).
[155] *K. F. Bonhoeffer*, Z. physik. Chemie *113*, 199 (1924).
[156] *S. Miyamoto*, J. Sci. Hiroshima, Univ. Ser. *A* 2, 217 (1932).
[157] *S. Miyamoto*, J. Sci. Hiroshima, Univ. Ser. *A* 2, 117 (1932).
[158] *S. Miyamoto*, J. Sci. Hiroshima, Univ. Ser. *A* 3, 209 (1933).
[159] *S. Miyamoto*, J. chem. Soc. Japan, *54*, 1223 (1932).
[160] M. Moeller, Das Ozon, Braunschweig 1921.
[161] *E. K. Rideal*, Ozone, O. van Nostrand Co, New York (1920).
[162] *E. Warburg* und *G. Leithäuser*, Ann. Physik *20*, 734 (1920).
[163] *E Warburg*, Verhandl. deutsch. phys. Ges. *5*, 382 (1903).
[164] *E. Warburg* und *G. Leithäuser*, Ann. Physik *28*, 1, 17 (1909).
[165] *E. Warburg*, Z. Physik *21*, 372 (1924).
[166] *E. Warburg* und *W. Rump*, Z. Physik *32*, 245 (1925).
[167] *E. Warburg*, Z. Physik *32*, 252 (1925).
[168] *A. K. Brewer*, *J. W. Westhaver*, J. Phys. Chem. *34*, 153 (1930).
[169] *A. K. Brewer* und *P D Kueck*, J. Phys. Chem. *35*, 1293 (1931).
[170] *A. K Brewer* und *J W. Westhaver*, J. Phys. Chem. *34*, 1280, 2343 (1930).
[171] *A. K. Brewer*, *P. D. Kueck*, J. Phys. Chem. *35*, 1281 (1931), 3207 (1931).
[172] *A. K. Brewer*, *P. D. Kueck*, J. Phys. Chem. *36*, 2133, 2395 (1932).
[173] *A. K Brewer* und *P. D. Kueck*, J. Phys. Chem. *37*, 889 (1933).
[174] *A. K. Brewer* und *J W. Westhaver*, J. Phys. Chem. *33*, 883 (1929).

[175] *A. K. Brewer* und *J. W. Westhaver*, J. Phys. Chem. *34*, 153 (1930).
[176] *E. E. Witzner*, Proc. Natl. Acad. Sci. US. *12*, 237 (1926), Phys. Rev. *28*, 1223 (1926).
[177] *I. Langmuir*, J. Am. Chem. Soc. *37*, 451 (1915).
[178] *L. A. Hughes, A. M. Skelett*, Phys. Rev. *30*, 11 (1927).
[179] *L. A. Hughes*, Phil. Mag. (6), *41*, 778 (1921), *48*, 56 (1924).
[180] *G. Glockler, W. P. Baxter* und *R. H. Dalton*, J. Am. Chem. Soc. *49*, 58 (1927).
[181] *G. Glockler* und *L. B. Thomas*, J. Am. Chem. Soc. *57*, 2352 (1935).
[182] *O. H. Wansbrough-Jones*, Proc. Roy. Soc. *127*, 530 (1930).
[183] *A. K. Brewer* und *J. W. Westhaver*, J. Phys. Chem. *34*, 554 (1930).
[184] *K. Peters* und *A. Pranschke*, Brennstoff-Chemie *11*, 239 (1930).
[185] *S. C. Lind*, The chemical effects of alpha particles and electrons, The Chem. Catalogue Co. New York 1928.
[186] *W. Mund*, Bull. soc. chim. Belg. *36*, 19 (1927), *43*, 100 (1934).
[187] *W. Mund*, Compt. rend. concr. nat. sci Brux. (1930).
[188] *W. Mund*, Ann. soc. sci. Brux. (B) *51*, 1 (1931), *54*, 30 (1934).
[189] *W. Mund*, Chemical action of alpha rays, Herrmann & Co., Paris 1935.
[190] *E. K. Rideal*, Troisieme conseil chim. Solvay, Paris, S. 1 (1928).
[191] *R. Livingston*, Bull. soc. chim. Belg. *45*, 334 (1936).
[192] *N. J. Kobosew, S. S. Wassiljew, E. N. Erjemin*, Z. Phys. Chem. U.S.S.R., *7*, 619 (1936).
[193] *N. J. Kobosew, S. S. Wassilew, E. N. Erjemin*. Z. Phys. Chem. U.S.S.R,, *10*, 543 (1937).
[194] *E. J. B. Willey*, Proc. Roy. Soc. Al *52*, 152 (1935), *159*, 247 (1937).
[195] *E. J. Willey*, Nature *138*, 1054 (1936).
[196] *H. Eyring, J. Hirschfelder* und *H. S. Taylor*, J. Chem. Phys. *4*, 479, 570 (1936).
[197] *A. Schechter*, Acta Physicochimica, U.S.S.R. *XII*, *3*, 358 (1940).
[198] *J. Franck* und *P. Jordan*, Anregungen von Quantensprüngen durch Stöße, J. Springer, Berlin 1927.
[199] *R. W. Wood*, Proc. Roy. Soc. A *97*, 455 (1920), *102*, 1 (1923), Phil. Mag. *42*, 729 (1921), *44*, 538 (1922).
[200] *E. Wrede*, Z. Instrum. Kunde *48*, 201 (1928), Z. Physik *54*, 53 (1929).
[201] *P. Harteck*, Z. Physik *54*, 881 (1929).
[202] *O. Luhr*, Phys. Rev. *44*, 459 (1933), *38*, 1730 (1931).
[203] *Boltzmann*, Gastheorie II, S. 186, Leipzig 1912.
[204] *P. Hauteville* und *J. Chappuis*, comptes rend. *98*, 626 (1884).
[205] *G. Hausen*, Ann. Phys. *78*, 558 (1925).
[206] *H. v. Warthenberg* und *G. R. Schultze*, Z. phys. Chemie (B) *6*, 1, 261 (1929).
[207] *H. C. Urey* und *G. I. Levin*, J. Am. Chem. Soc. *51*, 3286, 3290 (1929).
[208] *I. Langmuir*, Science *62*, 463 (1925), Gen. El. Rev. *29*, 153, (1926), Ind. Chem. *20*, 332 (1928).
[209] *R. A. Weinmann* und *I. Langmuir*, Gen. El. Rev. *29*, 159 (1926).
[210] *R. P. Alexander*, J. Amer. Weld. Soc. S. 48 (1929).
[211] *J. T. Catlett*, Metals und Alloys 2, 272 (1931).
[212] *R. Delaplace*, Compt. rend. *202*, 1986 (1936).
[213] *F. J. Havlicek*, Helv. Phys. Acta *6*, 165 (1933).
[214] *B. Foresti, M. Mascaretti*, Gasz. chim. ital. *60*, 745 (1930).
[215] *E. Hiedemann*, Z. physik. Chem. (A) *153*, 210 (1931), *164*, 20 (1933).
[216] *G. Mierdel*, Ann. Phys. *85*, 612 (1928).
[217] *T. Aono*, Bull. chem. soc. Japan *5*, 169 (1930).

[218] *P. Harteck* und *E. Roeder*, Z. Elektrochem. *42*, 536 (1936).
[219] *E. Böhm* und *K. F. Bonhoeffer*, Z. phys. Chem. *119*, 385 (1926).
[220] *A. de Hemptinne*, Bull. sci acad. roy. Belg. S. 550 (1904), *5*, 161 (1919).
[221] *K. H. Geib* und *P. Harteck*, Z. phys. Chemie *170*, 1, (1934), Trans. Faraday Soc. *30*, 131 (1934).
[222] *W. H. Rodebush*, J. Phys. Chem. *41*, 283 (1937)).
[223] *F. O. Anderegg* und *H. N. Herr*, J. Amer. Chem. Soc. *47*, 2429 (1925).
[224] *K. H. Geib* und *E. W. R. Steacie*, Z. phys. Chem. *(B)* 29, 215 (1935), Trans. Roy. Soc. Canada *3*, 91 (1935).
[225] *P. Harteck*, Ber. (B) *66*, 423 (1933).
[226] *K. T. Bonhoeffer* und *P. Harteck*, Z. physik. Chemie *139*, 64 (1928).
[227] *E. W. R. Steacie* und *N. W. F. Philipps*, J. chem. Phys. *4*, 461 (1936).
[228] *N. R. Trenner*, *K. Mosiwawa*, *H. S. Taylor*, J. chem. Phys. *5*, 203 (1937).
[229] *K. H. Geib* und *P. Harteck*, Z. physik. Chemie (Bodensteinfestband), S. 850 (1931).
[230] *W. C. Schumb*, *H. Hunt*, J. Phys. Chem. 34, 1919 (1930).
[231] *K. F. Bonhoeffer*, Z. Elektrochem. *31*, 521 (1925), Z. physik. Chemie *116*, 391 (1925).
[232] *F. L. Mohler*, Phys. Rev. *29*, 419 (1927).
[233] *J. Kaplan*, Phys. Rev. *31*, 997 (1928).
[234] *Th. Rummel* DRP 744 419.
[235] *G. Cario* und *J. Franck*, Z. Physik *11*, 161 (1922).
[236] *K. T. Compton* und *L. A. Turner*, Phil. Mag. *48*, 360 (1924).
[237] *E. Gehrke* und *Reichenheim*, Verhandl. deutsch. phys. Ges. *8*, 559 (1906). *9*, 76, 200, 374 (1907).
[238] *A. J. Dempster*, Phil. Mag. (6), *31*, 438 (1916).
[239] *T. Retschinsky*, Ann. Physik, *47*, 528, *48*, 546 (1915), *50*, 369 (1916).
[240] *T. R. Hogness*, *E. G. Lunn*, Proc. Natl. Arcad. Sci. U.S. *10*, 398 (1924).
[241] *J. J. Thomson*, Proc. Phys. Soc. London *40*, 79 (1928).
[242] *H. D. Smyth*, Proc. Roy. Soc. A *105*, 116 (1924), Nature *114*, 124 (1924), Phys. Rev. *25*, 452 (1925).
[243] *R. Döpel*, Ann. Physik 76, 1 (1925).
[244] *T. R. Hogness*, *E. G. Lunn*, Phys. Rev.. *26*, 44 (1925).
[245] *H. Kallmann*, *M. A. Bredig*, Naturwissenschaften *13*, 802 (1925).
[246] *H. Kallmann*, *M. A. Bredig*, Z. Physik *34*, 736 (1925), *43*, 16 (1927).
[247] *K. E. Dorsch*, *H. Kallmann*, Naturwissenschaften, *15*, 788 (1927).
[248] *E. Rüchardt*, *H. Bürwald*, Hdbch. Physik. Bd. XXV, 2. Kapitel, Berlin 1927.
[249] *K. E. Dorsch*, *H. Kallmann*, Z. Physik *53*, 80 (1929).
[250] *H. Kallmann*, *B. Rosen*, Z. Elektrochem. *36*, 748 (1930), Phys. Z. *32* 251 (1931).
[251] *H. D. Smyth*, *C. J. Brasefield*, Phys. Rev. *27*, 514 (1926).
[252] *C. J. Brasefield*, Phys. Rev. *31*, 215 (1928).
[253] *G. P. Harnwell*, Phys. Rev. *29*, 611 (1927), *29*, 830 (1927).
[254] *W. Bleakney*, Phys. Rev. *35*, 1180 (1930).
[255] *S. Vencov*, Ann. Phys. (10), *15*, 131 (1931).
[256] *W. W. Lozier*, Phys. Rev. *36*, 1285 (1930), *36*, 1417 (1930).
[257] *H. O. Smyth*, Rev. Modern Phys. *3*, 347 (1931).
[258] *R. Conrad*, Z. Physik 75, 504 (1932).
[259] *O. Luhr*, Phys. Rev. *44*, 459 (1933), *38*, 1730 (1931).
[260] *K. T. Bainbridge*, *E. B. Jordan*, Phys. Rev. *50*, 282 (1936).
[261] *O. Luhr*, J. Chem. Phys. *3*, 147 (1935).
[262] *K. T. Bainbridge*, Phys. Rev. *43*, 103 (1933).

[263] *H. Lukanow* und *W. Schütze*, Z. Physik, *82*, 610 (1933).
[264] *P. Zeemann, J. de Gier*, Proc. Acad. Sci. Amsterdam, *36*, 609 (1933).
[265] *J. Stark*, Elektrizität in Gasen, Leipzig, 1902.
[266] *J. J. Thomson*, Electricity through Gases, Cambridge, 1906.
[267] *R. Holm*, Phys. Z. *25*, 497 (1924).
[268] *H. Bär*, Hdbch. d. Physik, Bd. *14* (1927), Springer Berlin.
[269] *Mierdel-Seeliger*, Hdbch. d. Experimentalphysik, Leipzig, Bd. *13*, 3, (1929).
[270] *Bräuer*, in Graetz: Hdbch. d. Elektr. u. d. Magn. III, S. 521 (1924).
[271] *von Hagenbach*, Hdbch. d. Radiologie (Marx) IV S. 1 (1924).
[272] *R. Seeliger*, Hdbch. d. Exp.-Phys. XIII, S. 3 (1929).
[273] *A. Güntherschulze*, Z. f. Physik, *21*, 50 (1924).
[274] *A. Güntherschulze*, Z. f. Physik, *29*, 370 (1923).
[275] *A. Güntherschulze*, Z. f. Physik, *19*, 313 (1923), *23*, 181 (1924), 72, 133 (1931).
[276] *R. Holm*, Phys. Z. *15*, 289 (1914).
[277] *R. Holm*, Wiss. Veröff. Siemens, *3*, 159 (1923).
[278] *A. Steenbeck*, Wiss. Veröff. Siemens, *11*, 36 (1932).
[279] *M. Töpler*, Z. f. techn. Physik *10*, 73 (1929).
[280] *A. v. Hippel*, Z. f. Physik *80*, 19 (1933).
[281] *E. Briner* u. *H. Hoefer*, Helv. chim. Acta, *23*, 826 (1940).
[282] *E. Briner, J. Desbaillets, H. Höfer, C. R. Seances*, Soc. Phys. Hist. Nature, Geneve, *57*, 29 (1940).
[283] *E. I. du Pont de Nemour & Co*, A. P. 2191012 (1940).
[284] *Chandri* und *Oliphant*, Proc. Roy. Soc. *137*, 662 (1932).
[285] *E. Badareu, L. Constantinescu*, Bull. Soc. roum. Phys. *39*, 45 (1938), Bukarest.
[286] *D. Avsec*, C. R. hebd. Seances Acad. sci., *209*, 830 (1939).
[287] *R. Zoukermann*, Ann. Physique, (11), *13*, 78 (1940).
[288] *Th. Rummel*, D. R. P. 6960 81.
[289] *P. A. Sserebrjakow*, J. physik. Chem. *14*, 175 (1940).
[290] *I. Amemiya*, J. Soc. chem. Ind. Japan, suppl. Bd. *41*, 371 B (1938).
[291] *I. Amemiya*, J. Soc. chem. Ind. Japan, suppl. Bd. *41*, 415 B (1938).
[292] *A. Lampe, R. Seeliger, E. Wolter*, Annalen d. Phys. (5), *36*, 9 (1939).
[293] *N. B. Bhatt, S. K. K. Jatkar*, J. Indian Inst. Sci. Ser. *A 20*, 43—45 (1937).
[294] *N. B. Boshko*, J. chim. appl. *12*, 1816 (1939), Russisch.
[295] *D. K. Koller*, J. chem. appl. *13*, 102 (1940), Russisch.
[296] *H. Koch* und *F. Hilberath*, Brennstoffchemie, *21*, 185 (1940).
[297] *K. R. Dixit*, Current Sci *6*, 163 (1937), Ahmedabad.
[298] *M. Celebi*, Yüksek Ziraat Enstitütü Ankara, Nr. *54*, S. 1 (1939).
[299] *A. Liechti* und *P. Scherrer*, Helv. Phys. Acta *10*, S. 267 (1937).
[300] *A. Worobjew* und *N. A. Prichodko*, J.-techn. Physik (russisch) 9, 1369—1376 (1939).
[301] *S. Roginsky* und *A. Schechter*, Acta physicochim. U. S. S. R., *1*, 318 (1935).
[302] *S. Roginsky* und *A. Schechter*, Acta physicochim. U. S. S. R., *6*, 401, J. phys. chem. (russisch) 9, 780 (1937).
[303] *E. A. B. Birse* und *H. Melville*, Proc. Roy. Soc. London Serie *A 175*, S. 164 (1940).
[304] *J. T. Tykociner, J. Kunz, L. P. Garner*, Phys. Rev. (2) *57*, 565 (1940).
[305] *J. T. Tykociner, L. R. Bloom*, Phys. Rev. *57*, 571 (1940).
[306] *F. H. Newman*, Trans. Amer. Electrochem. Soc. *44*, 77 (1923).
[307] *R. D. Rusk*, Phys. Rev. *21*, 720 (1923).
[308] *A. de Hemptinne*, Bull. acad. roy. Belg. *5*, 249 (1919).

[309] *H. Nagoaka* und *T. Mishima*, Proc. Imp. Acad. (Tokio, Japan) *14*, 128 (1938).
[310] *S. Miyamoto*, Bull. chem. Soc. Japan *9*, 175 (1934).
[311] *S. Miyamoto*, Bull. chem. Soc. Japan *9*, 505 (1934).
[312] *S. Miyamoto*, J. Sci. Hiroshima Univ. *Ser. A. 3*, 347 (1933).
[313] *S. Miyamoto*, Bull. chem. Soc. Japan *9*, 139 (1934).
[314] *S. Miyamoto*, Bull. chem. Soc. Japan *10*, 199 (1935).
[315] *S. Miyamoto*, Bull. chem. Soc. Japan *12*, 313 (1937).
[316] *W. C. Schumb* und *H. Hunt*, J. Phys. Chem. *39*, 1919 (1930).
[317] *G. Volmar* und *G. Hirtz*, Bull. soc. chim. *49*, 1590 (1931).
[318] *S. Miyamoto*, J. Sci. Hiroshima Univ. Ser. *A 2*, 99 (1932).
[319] *A. Besson, L. Fournier*, Comptes rend. *150*, 872 (1910).
[320] *F. Böck* und *L. Moser*, Monatshefte *33*, 1407 (1912).
[321] *S. Miyamoto*, J. chem. Soc. Japan *55*, 322 (1934).
[322] *N. B. Bhatt* und *S. K. K. Jatkar*, J. Indian, Inst. Sci. Ser. *A 20*, 46 (1937).
[323] *S. M. Losanitsch*, Ber. *44*, 312 (1911).
[324] *R. W. Lunt*, Proc. Roy. Soc. *108*, 172 (1925).
[325] *M. Berthelot*, Ann. chim. physique, (7), *23*, 433 (1901).
[326] *S. M. Losanitsch* und *M. Z. Jovitschitsch*, Ber. *30*, 135 (1897).
[327] *S. M. Losanitsch*, Ber. *42*, 4394 (1909).
[328] *O. H. Morrison*, Nature (London) *120*, 224 (1927).
[329] *H. Damianovich* und *J. Piazza*, Compt. rend. *188*, 790 (1929).
[330] *H. Damianovich*, Ann. inst. invert. tecnol *1*, 30, 37 (1932), (Santa Fé).
[331] *H. Damianovich* und *J. J. Trillat*, Compt. rend. *188*, 991 (1929).
[332] *H. Damianovich*, Ann. Inst. Invest. sci. tecnol *5/6*, 39 (1937), (Santa Fé).
[333] *H. Damianovich* und *J. Piazza*, Ann. Inst. Invest. sci. tecnol *5/6*, 54 (1937).
[334] *J. Piazza* und *H. Damianovich*, Ann. Inst. Invest. sci. tecnol. *5/6*, 62 (1937).
[335] *H. Damianovich*, Ann. Inst. Invest. sci. tecnol. *5/6*, 17 (1937).
[336] *H. Damianovich* und *J. Piazza*, Ann. Inst. Invest. sci. tecnol *5/6*, 66 (1937).
[337] *H. Damianovich*, Ann. Inst. Invest. sci. tecnol. *5/6*, 22 (1937).
[338] *H. Damianovich*, Ann. Asoc. quim. argent. *26*, 249 (1938).
[339] *H. Damianovich* und *G. Berraz*, Ann. Inst. Invest. sci. tecnol. *5/6*, 71 (1937).
[340] *G. R. Schultze* und *E. Müller*, Z. phys. Chem. (B) *6*, 267 (1930).
[341] *S. Miyamoto*, J. sci. Hiroshima Univ. Ser. *A 2*, 79 (1932).
[342] *H. Davy*, Ann. chim. (1) *68*, 225 (1808).
[343] *A. Perrot*, Ann. chim. phys. (B), *61*, 161 (1861).
[344] *H. Sauite-Claire-Deville*, Compt. rend. *60*, 317 (1865).
[345] *M. M. Mann, A. Hustrulid* und *J. T. Tate*, Phys. Rev. (2), *57*, 561 (1940).
[346] *J. W. Westhaver*, J. Phys. Chem. *37*, 897 (1933).
[347] *G. Bredig, A. Koenig, O. H. Wagner*, Z. phys. Chemie (A), *139*, 211 (1929), (Haber-Band).
[348] *A. Koenig* und *O. H. Wagner*, Z. phys. Chemie (A), *144*, 213 (1930).
[349] *A. Smits* und *H. W. Aten*, Z. Elektrochem. *16*, 264 (1910).
[350] *P. Lenard*, Wied. Ann. *56*, 255 (1895).
[351] *J. C. Mc. Lennan* und *G. Greenwood*, Proc. Roy Soc. *A 120*, 283 (1928).
[352] *G. R. Gedye* und *T. E. Allibone*, Proc. Roy. Soc. A *130*, 346 (1930).
[353] *E. Wourtzel*, Le radium, *11*, 289, 332 (1919).
[354] *A. J. A. van der Wijk*, J. chim. phys. *25*, 251 (1928).
[355] *M. Alsfeld* und *E. Wilhelmy*, Ann. Physik (5) *8*, 89 (1931).
[356] *W. Steiner*, Z. Elektrochem. *36*, 807 (1930).

[357] *J. G. C. Eltenton*, Nature (London) *141*, 975 (1938).
[358] *I. Motchan, S. Roginsky, A. Schechter* und *P. Theodoroff*, Acta Physico-chimica U. S. S. R. *4*, 757 (1936).
[359] *A. Gelbart, I. Motchan*, Acta Physicochimica. U. S. S. R. *7*, 767 (1937).
[360] *E. Hiedemann*, Chem. Ztg. *45*, 1073 (1921), *46*, 97 (1922).

[361] *E. B. Andersen*, Z. Physik. *10*, 54 (1922).
[362] *H. H. Storch* und *A. R. Olson*, J. Amer. chem. Soc. *45*, 1605 (1923).
[363] *A. Caren* und *E. K. Rideal*, Proz. Roy. Soc. *A. 115*, 684 (1927).
[364] *G. F. Brett*, Proc. Roy. Soc. *A 129*, 319 (1930).
[365] *F. H. Newman*, Proc. Phys. Soc. (London) *33*, 73 (1921).
[366] *V. Kohlschütter* und *A. Frumkin*, Z. Elektrochemie *20*, 110 (1913).
[367] *M. Berthelot*, Compt. rend. 82, 1357 (1876).
[368] *P.* und *A. Thenard*, Compt. rend. 76, 1508 (1873).
[369] *H. Buff* und *A. W. Hofmann*, Ann. de chim. phys. *113*, 129 (1860).
[370] *H. Buff* und *A. W. Hofmann*, J. chem. Soc. *12*, 282 (1860).

[371] *A. Besson* und *L. Fournier*, Compt. rend. *150*, 1118 (1910).
[372] *P. Perotti*, Ber. *11*, 1691 (1878).
[373] *P. P. Deherain* und *L. Maquenne*, Compt. rend. *93*, 965 (1881).
[374] *W. Löb*, Ber. 3593 (1904), Z. Elektrochem. *12*, 282 (1906).
[375] *A. P. Chattock* und *A. Tyndall*, Phil. Mag. (6) *16*, 24 (1908).
[376] *F. Fischer* und *O. Ringe*, Ber. *41*, 950 (1908).
[377] *E. Comanduzzi*, Rend. accad. Napoli 15, 15 (1909).
[378] *F. Fischer* und *P. M. Wolf*, Ber. 44, 2956 (1911).
[379] *P. M. Wolf*, Z. Elektrochem. *20*, 204 (1913).
[380] *W. H. Rodebush* und *M. H. Wahl*, J. Chem. Phys. *1*, 696 (1933).

[381] *K. H. Geib*, J. Chem. Phys. *4*, 391 (1936); Ergebn. d. exact. Naturw. *15*, 44 (1936).
[382] *A. Güntherschulze*, Z. Elektrochemie *30*, 386 (1924), Z. Physik *23*, 334 (1924).
[383] *P. J. Kirkby*, Phil. Mag. (6), 7, 223 (1904), *9*, 131 (1905), *13*, 289 (1907).
[384] *A. de Hemptinne*, Bull. sci. acad. roy. Belg. (5), *14*, 450 (1928)
[385] *A. K. Brewer* und *P. D. Kueck*, Proc. Nat. Acad. Sci. U. S. *13*, 689 (1927).
[386] *G. I. Finch* und *L. G. Cowen*, Proc. Roy. Soc. *A 111*, 257 (1926).
[387] *G. I. Finch* und *L. G. Cowen*, Proc. Roy. Soc. *A 116*, 529 (1927).
[388] *A. K. Brewer* und *P. D. Kueck*, J. Phys. Chem. *38*, 889, 1051 (1934).
[389] *A. K. Brewer* und *W. E. Deming*, J. Am. Chem. Soc. 52, 4225 (1930).
[390] *R. Moens* und *A. Juliard*, Bull. sci. acad. roy. Belg. *13*, 201 (1927).

[391] *R. D. Rusk*, Phys. Rev. 29, 907, (1927), *32*, 287 (1928).
[392] *P. Lenard* Wied. Ann. *51*, 225 (1894).
[393] *A. L. Marshall*, J. Am. Chem. Soc. 50, 3197 (1928).
[394] *S. C. Lind*, J. Am. Chem. Soc. 41, 531 (1918).
[395] *P. J. Kirkby*, Proc. Roy. Soc. *A 85*, 151 (1911).
[396] *P. Harteck* und *U. Kopsch*, Z. Elektrochem. *36*, 714 (1930).
[397] *P. Harteck* und *U. Kopsch*, Z. physik. Chem. (B), *12*, 327 (1931).
[398] *A. Besson*, Compt. rend. *153*, 877 (1911).
[399] *E. G. Linder*, Phys. Rev. *38*, 679 (1931).
[400] *M. Faraday*, Ann. d. Physik, *105*, 296 (1833).

[401] *A. Masson*, Compt. rend. 36, 1130 (1853).
[402] *M. Quet*, Compt. rend. 46, 903 (1858).
[403] *K. F. Bonhoeffer* und *T. G. Pearson*, Z. phys. Chem. Abt. *B. 14*, 1 (1931).
[404] *K. F. Bonhoeffer* und *H. Reichardt*, Z. phys. Chemie *139*, 75 (1928), Z. Elektrochem. *34*, 652 (1928).

[405] *K. F. Bonhoeffer*, Z. Elektrochemie *31*, 521. (1925), Z. physik. Chem. *116*, 381 (1925).

[406] *G. I. Lavin* und *F. B. Stewart*, Proc. Nat. Acad. Sci. U. S., *15*, 829 (1929), Nature, *123*, 607 (1929).

[407] *W. H. Rodebush* und *M. H.* Wahl, J. Chem. Phys. *1*, 696 (1933).

[408] *W. F. Jackson* und *G. B. Kistiakowsky*, J. Am. Chem. Soc. *52*, 3471, (1930).

[409] *W. F. Jackson*, J. Amer. Chem. Soc. *56*, 2631 (1934).

[410] *W. F. Jackson*, J. Amer. Chem. Soc. *57*, 82 (1935).

[411] *J. K. Dixon* und *W. Steiner*, Z. physikal. Chemie (B) *17*, 327 (1932).

[412] *E. M. Stoddart*, Phil. Mag. *18*, 409 (1934).

[413] *V. Kondratjew, M. Ziskin*, Acta physicochimica U. S. S. R. S. 501 (1936).

[414] *R. Schwarz* und *W. Kunzer*, Z. anorg. allg. Chemie *183*, 287 (1929).

[415] *R. Schwarz* und *P. W. Schenk*, Z. anorg. allg. Chemie, *182*, 145 (1929).

[416] *R. Schwarz* und *P. Royen*, Z. anorg. allg. Chemie, *196*, 11 (1931).

[417] *L. Kolodkina*, J. Phys. Chem. (U. S. S. R.) *6*, 428 (1935).

[418] *M. Berthelot*, Ann. chim. phys. (5), *10*, 69 (1877).

[419] *A. Figuier*, Compt. rend. *98*, 1575 (1884).

[420] *G. A. Gorodetzki*, J. chim. appl. *12* (1939).

[421] *E. Briner, J. Desbaillets, B. Susz*, Helv. chim. Acta 21, 137 (1938).

[422] *S. S. Joshi* und *K. K. Sharma*, J. chim. phys. *31*, 511 (1934).

[423] *H. Fassbender*, Z. physik. Chemie, *62*, 743 (1908).

[424] *P. Günther* und *P. Cohn*, Z. physik. Chemie (B) *26*, 8 (1934).

[425] *A. E. Malinovskii* und *K. A. Skuinnikov*, Phys. Z. Sowjetunion 7, 43, 8, 289 (1935).

[426] *M. Bodenstein*, Z. Elektrochemie 22, 53 (1916).

[427] *W. P. Jorissen* und *W. E. Ringer*, Ber. *38*, 899 (1905), *39*, 2093 (1906).

[428] *H. S. Taylor*, J. Am. Chem. Soc. *37*, 24 (1916).

[429] *F. Porter, D. C. Bardwell* und *S. C. Lind*, J. Amer. Chem. Soc. *48*, 2603 (1926).

[430] *S. C. Lind, R. S. Livingston*, J. Amer. Chem. Soc. *52*, 593 (1930).

[431] *W. Henry*, Ann. chim. (I) *43*, 305 (1802).

[432] *H. Davy*, Ann. chim. (I) *44*, 206 (1802).

[433] *E. Wiedemann, G. C. Schmidt*, Ann. Phys. *61*, 737 (1897).

[434] *J. J. Thomson*, Electrician 35, 578 (1895).

[435] *S. C. Lind* und *R. S. Livingston*, J. Am. Chem. Soc. *58*, 612 (1936).

[436] *M. Bodenstein* und *G. Jung*, Z. physik. Chemie *121*, 127 (1926).

[437] *H. Damianovich*, Anales soc. cient. Argentina *120*, 98 (1935).

[438] *H. Damianovich, J. Piazza*, Anales inst. invest. cient. tecnol. *1*, 45, 49, 54, 58 (1932), 2, 33 (1933).

[439] *B. Lewis*, J. Am. Chem. Soc. *50*, 27 (1928), Nature (London) 864 (1928).

[440] *Z. Bay* und *W. Steiner*, Z. physik. Chemie (B) *3*, 149 (1929), 9, 93 (1930), Z. Elektrochemie, *35*, 733 (1929).

[441] *E. Wrede*, Z. Physik 54, 53 (1929).

[442] *H. I. Watermann* und *S. H. Bertram*, Chem. Umschau. Fette, Öle, Wachse. Harze, *34*, 32 (1927).

[443] *H. I. Watermann* und *S. H. Bertram*, Chem. Umschau, Fette Öle, Wachse, Harze, *34*, 255 (1927).

[444] *Landolt, Börnstein - Roth - Scheel*, Chem. Tabellen, Berlin, Springer.

[445] *R. S. Mullikan*, Rev. Modern Phys. 4, 54 (1932).

[446] *C. Kenty* und *L. A. Turner*, Phys. Rev. 32, 799 (1928).

[447] *M. Wehrli*, Helv. Phys. Acta *1*, 247 (1928), Nr. 4: *1*, 323 (1928), Nr. 5:

[448] *W. Clarkson*, Phil. Mag. 4, 1341 (1927).

[449] *Lord Raleigh*, Proc. Roy. Soc. *A 151*, 567 (1935).
[450] *H. O. Kneser*, Ann. Physik, *87*, 717 (1929).
[451] *E. Briner* und *J. Desbaillets*, Helv. chim. Acta, *21*, 478 (1938).
[452] *A. Klemence*, Z. physik. Chemie *(A) 183*, 297 (1939).
[453] *A. Klemence* und *H. Milleret*, Z. physik. Chemie (B) *40*, 252 (1938).
[454] *A. Klemence*, Z. anorg. allg. Chemie *240*, 167 (1939).
[455] *P. de Beco*, C. R. hebd. Seances Acad. Sci. *208*, 797 (1939).
[456] *P. de Beco*, C. R. hebd. Seances Acad. Sci. *207*, 623 (1938).
[457] *P. Jolibois* und *P. de Beco*, C. R. hebd. Seances Acad. Sci. *202*, 1496 (1936).
[458] *H. O. Kneser*, Erg. exact. Naturwissenschaften, Bd. *8*, 234 (1929).
[459] *M. N. Saha, N. H. Sur*, Phil. Mag. *48*, 421 (1924).
[460] *R. T. Birge*, Nature *114*, 642 (1924).
[461] *H. Hertz*, Wied. Ann. *19*, 83 (1883).
[462] *A. König* und *E. Elöd*, Ber. *47*, 516 (1914).
[463] *P. D. Foote, A. F. Ruark*, Nature, *114*, 750 (1924).
[464] *E. J. B. Willey, E. K. Rideal*, Nature *118*, 735 (1926).
[465] *E. v. Angerer*, Phys. Zeitschr. *22*, 97 (1921).
[466] *R. Rudy*, J. Franklin-Inst. *202*, 376 (1926).
[467] *P. Lewis*, Astrophys. J. *18*, 258 (1903).
[468] *R. T. Strutt*, Proc. roy. Soc. *A 86*, 262 (1912).
[469] *J. Franck* und *P. Jordan*, Anregung v. Quantensprüngen dch. Stöße, Abschnitt X § 3, Berlin 1926.
[470] *H. Sponer*, Z. Physik, *34*, 622 (1925).
[471] *G. Herzberg*, Z. Physik, *49*, 512 (1928).
[472] *T. R. Merton* und *I. G. Pilley*, Proc. Roy. Soc. London *107*, 411, (1925).
[473] *O. Hardtke*, Ann. d. Phys. *56*, 363 (1918).
[474] *H. D. Smyth*, Proc. Roy. soc. *A 104*, 121 (1923).
[475] *K. E. Dorsch, H. Kallmann*, Z. Physik *44*, 565 (1927).
[476] *E. Rüchardt* und *H. Baerwald*, Hdbch. Phys. *Bd. 24*, II. Kap., Berlin 1927.
[477] *T. Tate, B. T. Smith* und *A. L. Vaughan*, Phys. Rev. *48*, 525 (1935).
[478] *H. Kallmann* und *B. Rosen*, Naturwissenschaften *17*, 709 (1929), Z. Physik *58*, 52 (1929), Physik Zeitschr. *30*. 722 (1929), Z. Physik *61*, 61, 322 (1930), Z. Physik *64*, 806 (1930), Naturwissenschaften *18*, 355 (1930).
[479] *A. L. Vaughan*, Phys. Rev. *38*, 1687 (1931).
[480] *E. J. B. Willey*, J. chem. Soc. S. 2831 (1927), Nature *119*, 925 (1927).
[481] *E. J. B. Willey*, J. chem. Soc. S. 2840 (1928).
[482] *E. J. B. Willey*, J. chem. Soc. S. 336, 1146 (1930).
[483] *J. K. Dixon* und *W. Steiner*, Z. physik. Chemie (B) *14*, 397 (1931).
[484] *R. J. Strutt*, Proc. Roy. Soc. A. *86*, 56 (1912).
[485] *H. O. Kneser*, Ber. dtsch. phys. Ges. 1929.
[486] *G. Cario* und *J. Kaplan*, Z. Physik *58*, 906 (1929, Nature *121*, 906 (1928).
[487] *K. T. Compton* und *J. C. Boyer*, Phys. Rev. *33*, 145 (1929).
[488] *L. C. Jackson*, Nature (London) *125*, 131 (1930).
[489] *L. C. Jackson* und *L. F. Broadway*, Proc. Roy. Soc. *A 127*, 678 (1930).
[490] *J. Okubo* und *H. Hamada*, Phil. Mag. *15*, 103 (1932).
[491] *J. Okubo* und *H. Hamada*, Phys. Rev. *42*, 795 (1932).
[492] *H. Hamada*, Sci. Repts. Tohoku Imp. Univ. *21*, 549, 554 (1932).
[493] *M. Trautz*, Z. Elektrochem. *25*, 297 (1919).
[494] *E. J. B. Willey* und *E. K. Rideal*, J. chem. Soc. S. 2188 (1927).
[495] *E. K. Rideal* und *E. J. B. Willey*, J. chem. Soc. S. 1804 (1926).
[496] *E. J. B. Willey* und *E. K. Rideal*, J. chem. Soc. S. 669 (1927).

[497] P. A. Constantinides, Phys. Rev. 30, 95 (1927).
[498] I. Okubo und H. Hamada, Phil. Mag. 5, 372 (1928).
[499] H. P. Knauer, Phys. Rev. 32, 417 (1928).
[500] J. Kaplan, Nature 113, 331, 135, 1034 (1935).
[501] H. A. Jones und A. C. Grubb, Nature 134, 140 (1934).
[502] M. Pirani und E. Lax, Wiss. Veröff. Siemens 2, 203 (1922).
[503] J. B. B. Burke, Phil. Mag. 1, 342 (1901).
[504] P. A. Constantinides, Phys. Rev. 27, 249 (1926), Nature 119, 163 (1927).
[505] P. K. Kichlu, Proc. Ind. Assoc. Calcutta 9, 287 (1926).
[506] R. I. Strutt, Proc. Roy. Soc. A 87, 179 (1912).
[507] R. Rudy, J. Franklin, Inst. 201, 247, 202, 376 (1926), Phys. Rev. 27, 110 (1926).
[508] C. C. Trowbridge, Phys. Rev. 23, 279 (1906).
[509] R. I. Strutt, Proc. Roy. Soc. A 85, 219 (1911).
[510] E. J. B. Willey, J. chem. Soc. S. 2, 188 (1927).
[511] C. Zenghélis, K. Evangélidis, Praktika 9, 266 (1934).
[512] A. Buben, A. Schechter, Acta physicochim. U. S. S. R. 10, 371 379 (1939).
[513] E. F. M. van der Held, M. Miesowicz, Physica (Utrecht) 4, 559 (1937).
[514] J. H. Findlay, Trans. Roy. Soc. Can. 22, 341 (1928).
[515] R. I. Strutt, Proc. roy Soc. A 88, 539 (1913).
[516] R. I. Strutt, Proc. roy Soc. A 93, 254 (1917).
[517] R. H. Ewart und W. H. Rodebush, J. Am. Chem. Soc. 56, 97 (1934).
[518] W. H. Rodebush und M. L. Spealman, J. Am. Chem. Soc. 57, 1881 (1935).
[519] A. König und E. Elöd, Physik. Z. 14, 165 (1913).
[520] R. I. Strutt, Physik. Z. 15, 274 (1914).
[521] R. I. Strutt, A 93, 303 (1915).
[522] E. P. Lewis, Nature 111, 599 (1923) (London).
[523] W. Jevons, Nature 111, 705 (1923) (London).
[524] E. Tiede und A. Schlede, Naturwissenschaften 11, 765 (1923).
[525] H. Krepelka, Nature 112, 134 (1923) (London).
[526] H. Tannenberger, E. Tiede, Dissertation, Berlin 1923.
[527] W. Moldenhauer, H. Möttig, Ber. 62 B, 1954 (1929).
[528] F. Fischer und F. Schröter, Ber. 43, 1442 (1910).
[529] G. Berraz, Am. Soc. cient. Santa Fé 5, 54 (1933).
[530] G. Berraz, An. soc. Investigaz. cient tecnol 2, 70 (1931).
[531] G. Berraz, An. Inst. Invest. ci. tecnol (Santa Fé) 5/6, 79, (1937).
[532] E. Goldstein, Z. Physik 47, 274 (1928).
[533] A. Morren, Compt. rend. 48, 342 (1859).
[534] A. Morren, Pogg. Ann. 126, 643 (1865).
[535] M. Berthelot, Ann. chim. phys. (5) 30, 541 (1883).
[536] M. Berthelot, Compt. rend. 144, 354 (1907).
[537] K. Peters, Naturwissenschaften 19, 402 (1931).
[538] H. Gaudechon, Compt. rend. 143, 117 (1906).
[539] M. Berthelot, Compt. rend. 82, 1360 (1876).
[540] W. Moldenhauer und H. Dörsam, Ber. 59 B, 926 (1926).
[541] W. Moldenhauer und A. Zimmermann, Ber. 62 B, 2390 (1929).
[542] O. Ruff und J. Zedner, Ber. 42, 1037 (1909).
[543] W. H. Rodebush und W. C. Klingelhöfer, Proc. Nat. Acad. Sci. U. S. 18, 531 (1932), J. Am. chem. Soc. 55, 130 (1933).
[544] M. Bodenstein, Trans. Faraday Soc. 27, 413 (1931).
[545] J. C. Morris, R. N. Pease, J. Chem. Phys. 3, 796 (1935).
[546] G. M. Schwab und H. Friess, Naturwissenschaften 21, 222 (1933), Z. Elektrochem. 39, 586 (1933).

[547] *G. M. Schwab*, Z. phys. Chem. B 27, 452 (1934).

[548] *J. J. Thomson*, Chemical News 55, 252 (1887), Proc. roy. Soc. London 42, 343 (1887).

[549] *H. Damianovich, C. Christen*, An. Inst. Invest. sci. tecnol Santa Fé 1, 3, 58 (1930).

[550] *C. Copeland*, Phys. Rev. 36, 1221 (1930).

[551] *R. F. Bichowsky* und *L. C. Copeland*, Nature London 120, 729 (1927).

[552] *C. Copeland*, Phys. Rev. 31, 1113 (1928).

[553] *C. Copeland*, J. Am. chem. Soc. 52, 2580 (1930).

[554] *W. H. Rodebush, S. M. Troxel*, J. Am. chem. Soc. 52, 3467 (1930).

[555] *F. Paschen*, Naturwissenschaften 34, 752 (1930).

[556] *N. Sommer*, Naturwissenschaften 34, 752 (1930).

[557] *A. Frerichs*, Phys. Rev. 36, 398 (1930).

[558] *G. Herzberg*, Z. phys. Chemie Bd. IV, 223 (1929).

[559] *K. H. Gut, P. Harteck*, Ber. (B) 66, 1815 (1933).

[560] *P. Harteck* und *E. Roeder*, Z. Elektrochemie 42, 536 (1936).

[561] *H. Senftleben* und *W. Hein*, Breslau, Z. techn. Physik 15, 561 (1934).

[562] *P. Harteck*, Z. f. physik. Chemie (A) Bd. 134 (Haber-Band), S. 98 (1929).

[563] *I. G. Farbenindustrie AG.*, DRP. 454 690, Chem. Zentrbl. 99, 2528/9 (1928).

[564] *R. Pohl*, Ann. Physik, 21, 79 (1906), Z. Elektrochem. 14, 439 (1908).

[565] *J. H. Davies*, Z. phys. Chemie 64, 657 (1908).

[566] *M. Leblanc*, Z. Elektrochemie 14, 361, 507 (1908).

[567] *M. Leblanc* und *W. Nüranen*, Z. f. Elektrochemie 13, 297 (1907).

[568] *C. Harries*, Untersuchungen über das Ozon und seine Einwirkung auf organische Verbindungen, Berlin 1916.

[569] *F. Krüger* und *M. Möller*, Phys. Z. 13, 1040 (1912).

[570] *S. C. Lind*, Monatshefte für Chemie 33, 295 (1912), Sitzungsbericht der k. k. Akademie der Wissenschaften Wien 120, 1709 (1911), Am. chem. J. 47, 397 (1912), Le radium 10, 174 (1913).

[571] *H. Becker*, Wiss. Veröff. Siemens Bd. 1, Heft 1 (1920).

[572] *H. v. Wartenberg* und *L. Mair*, Z. f. Elektrochem. 19, 879 (1913).

[573] *F. Krüger* und *O. Utesch*, Annalen Physik 78, 113 (1925).

[575] *A. L. Marshall*, J. Am. chem. Soc. 50, 3178 (1928).

[576] *K. A. Hofmann*, Lehrbuch der anorganischen Chemie, Braunschweig 1924.

[577] *P. Lenard*, Ann. Physik (4) 1, 486 (1900).

[578] *R. Krischnan* und *S. K. K. Jatkar*, J. Indian Inst. sci. Serie A 21, 223 (1938).

[579] *E. L. M. Quiddy* und *J. P. Tollmann* und *L. W. La Towsky*, Baybiss, I. Ind. Hyg. 20, 312 (1938).

[580] *E. Briner* und *J. Desbaillets* und *H. Höfer*, Helv. chim Acta 23, 323 (1940).

[581] *J. Dewar*, Proc. roy. Soc. 43, 1078 (1888), Zentralblatt 19, 1077 (1888).

[582] *K. Stuchtey*, Z. f. wissenschaftliche Photographie 19, 161 (1920).

[583] *M. Beger*, Z. f. Elektrochemie 16, 76 (1910).

[584] *H. Schütza* und *I. Schütza*, Z. f. anorg. allg. Chemie 245, 59 (1940).

[585] *Th. D. Jonescu*, Bull. Chim. pura. apl. Soc. romane chim. 39, 127 (1937/38).

[586] *R. Näsänen*, Suomen, Kemistiletzti 12 B, 19—20 (1939).

[587] *V. Sihvonen* und *R. Näsänen*, Suomalaisen Tiedeakatemian Toisintuksia Ser. A. 48, Nr. 12, 22 (1937).

[588] *V. Sihvonen, R. Näsänen*, Ann. Acad. Sci. fenn. Ser. A 48, Nr. 13 (1938).

[589] *R. Näsänen*, Suomen Kemistiletzki 10, B 24, 25/9 (1937).

[590] *V. Sihvonen* und *P. Veigola*, Ann. Acad. Sci. fenn. Serie A 45, Nr. 7, S. 3 (1937).

[591] *A. Perrot*, Ann. chim. phys. (3) 61, 161 (1861).

[592] *M. Berthelot*, Compt. rend. *68*, 1035 (1869), Ann. chim. physiques (4), 18, 178 (1869).
[593] *A. Holt*, J. chem. Soc. *95*, 30 (1909).
[594] *P. Jolibois*, *H. Levebore*, *P. Motagne*, Compt. rend. *182*, 1026, 1145 (1926), *183*, 784 (1926).
[595] *P. Jolibois*, *H. Levebore*, *P. Montagne*, Compto rend. *186*, 948, 1119 (1928).
[596] *H. Levebore*, Chimie et industrie, Special Nr. 427, Juin 1933.
[597] *H. Fassbender*, Z. physik. Chemie *62*, 743 (1908).
[598] *A. B. Ray* und *F. O. Anderegg*, J. Amer. Chem. Soc. *43*, 967 (1921).
[599] *F. Fischer*, *H. Küster* und *K. Peters*, Brennstoff-Chemie *11*, 300 (1930).
[600] *P. Jolibois*, Comptes rend. *199*, 53 (1934).
[601] *H. Hunt* und *W. C. Schumb*, J. Am. Chem. Soc. *52*, 3152 (1930).
[602] *B. C. Brodie*, Ann. chim. physiques *169*, 270 (1873).
[603] *P. Schützenberger*, Compt. rend. *110*, 560 (1890).
[604] *E. Ott*, Ber. *58*, 772 (1925).
[605] *R. W. Lunt*, *L. S. Mumford*, J. Chem. Soc. S. 171 (1929).
[606] *M. Berthelot*, Compt. rend. *142*, 533 (1906), Ann. chim. physiques (8), 9, 173 (1906).
[607] *J. J. Thomson*, Proc. Phys. Soc. (London) *40*, 79 (1928).
[608] *A. Lipp*, Lehrbuch der Chemie und Mineralogie I. Teil, Leipzig und Berlin 1923.
[609] *A. L. Lavoisier*, Memoires, Bd. 2, 211 (1792).
[610] *E. Briner*, Bull. Soc. chim. France (5), *4*, 1325, Aug./Sept. 1937.
[611] *E. Briner*, *B. Siegrist*, *B. Susz*, Helv. chim. Acta *21*, 134 (1938).
[612] *E. Briner*, *J. Desbaillets*, *F. Richard*, *H. Paillard*, Helv. chim. Acta *22*, 1096 (1939).
[613] *K. N. Motchalov*, *C. R. (Doklady)*, J. Acad. Sci. U.S.S.R. (neue Serie)
[614] *W. Holtz*, *R. Müller*, Ann. Phys. (5), *34*, 489 (1939).
[615] *J. N. Jeremin*, *S. S. Wassiljew*, *N. I. Kobosew*, J. phys. Chem. (russisch) *8*, 814 (1936).
[616] *E. Briner*, *C. H. Wakker*, Helv. chim. Acta *15*, 959, 970 (1932).
[617] *B. A. Konowalowa*, *N. I. Kobosew*, J. phys. Chem. (russisch) *12*, 521 (1938).
[618] *E. Warburg* und *G. Leithäuser*, Ann. Phys. *20*, 743 (1906) 23, 209 (1907).
[619] *V. Ehrlich* und *F. Russ*. Monatshefte *32*, 917 (1911).
[620] *E. Müller*, Chem. Zeitung *35*, 634 (1911).
[621] *C. Zenghalis* und *S. Evangélides*, Compt. rend. *199*, 1418 (1934).
[622] *E. A. Stevardson*, Nature, *131*, 364 (1933).
[623] *S. D. Mahant*, J. Indian Chem. Soc. 9, 417 (1932).
[624] *I. F. Meyer*, *G. Bailleul*, *G. Henkel*, Ber. 55 B, 2923 (1922).
[625] *F. Haber*, *A. Klemenc*, Z. Elektrochemie 20, 485 (1914).
[626] *P. de Wilde*, Ber. 7, 352 (1874).
[627] *S. Gubkin*, Ann. Physik *32*, 114 (1887).
[628] *E. N. Kramer*, *V. W. Meloche*, J. Am. Chem. Soc. *56*, 1081 (1939).
[629] *H. Rheinboldt*, *A. Hessel*, *K. Schwenzer*, Ber. 63 B, 1855 (1930).
[630] *E. Dietsch*, Z. f. Elektrochemie *39*, 577 (1933).
[631] *K. Moers*, Z. f. anorg. Chemie *113*, 179 (1920).
[632] *H. Fischer*, Zeitschrift f. analyt. Chemie *73*, 54 (1928).
[633] *H. Cordes*, *P. W. Schenk*, Z. Elektrochemie *39*, 577 (1933).
[634] *E. Pietsch* und *F. Seuferling*, Z. Elektrochemie *37*, 655 (1931).
[635] *E. J. B. Willey*, *S. G. Foord*, Proc. roy. Soc. A 147, 309 (1934).
[636] *K. Schaum* und *A. Feller*, Z. wiss. Phot. 23, 66 (1924).
[637] *Y. Venkataramaiab*, J. Phys. Chem. 27, 74 (1923).

[638] *W. Kropp*, Z. Elektrochem. *21*, 3, 56 (1915).

[639] *J. Piazza*, Anales soc. cient. Santa Fé *6*, 23 (1934).

[640] *R. Buchdall*, Phys. Rev. *57*, 1071 (1940), Bull. Am. phys. Soc. *15*, 23 (1940).

[641] *S. D. Machant*, J. Indian Chem. Soc. *6*, 705 (1929).

[642] *S. S. Bhatnagar, K. K. Sharma, N. G. Mitra*, J. Indian Chem. Soc. *5*, 379 (1928).

[643] *N. P. Thornton, A. B. Burg* und *H. I. Schlesinger*, J. Am. Chem. Soc. *55*, 3177 (1939).

[644] *A. Besson* und *L. Fournier*, Compt. rend. *150*, 1752, *151*, 876 (1910).

[645] *O. Ruff* und *W. Menzel*, Z. anorg. allgem. Chemie *211*, 204 (1933).

[646] *S. C. Lind, G. R. Schultze*, J. Am. Chem. Soc. *53*, 3355 (1931).

[647] *S. C. Lind* und *G. Glockler*, J. Am. Chem. Soc. *51*, 2811 (1929).

[648] *H. G. Grimm* und *R. Swinne*, Der Aufbau der Materie, in Chemiker-kadender 1930, III, S. 51.

[649] *F. Fischer* und *K. Peters*, Z. physik. Chem. (A) *141*, 180 (1929).

[650] *F. Fischer*, Brennstoffchemie *9*, 309 (1928).

[651] *M. Berthelot*, Ann. chim. phys. *123*, 211 (1862).

[652] *M. Berthelot*, Ann. chim. phys. *123*, 213 (1862).

[653] *W. A. Bone* und *J. Jordan*, J. Chem. Soc. London *71*, 41 (1897).

[654] *H. M. Stanley* und *A. W. Nash*, J. Soc. Chem. Ind. (London) *48*, 238 (1929).

[655] *P. Montagne*, Compt. rend. *194*, 1490 (1932).

[656] *E. Briner, J. Desbaillets, J. P. Jacob*, Helv. chim. Acta *21*, 1570 (1938).

[657] *Y. Isomura*, J. electrochem. Assoc. Japan *7*, 251 (1939).

[658] *J. Schmidt*, Lehrbuch der organischen Chemie, 4. Auflage, Stuttgart 1929.

[659] *K. v. Auwers, W. A. Roth* und *F. Eisenlohr*, Ann. *373*, 239, 267 (1910), Ber. *43*, 1063 (1910).

[660] *W. A. Bone* und *J. Jordan*, Chemiker Zeitung *2*, 394, 576 (1901).

[661] *G. Erlwein* und *H. Becker*, Wiss. Veröff. Siemens *1*, 71 (1920).

[662] *J. N. Collie*, Proc. Chem. Soc. *21*, 201 (1905).

[663] *K. Peters* und *A. Pranschke*, Brennstoffchemie *11*, 473 (1930).

[664] *Eppner*, E. P. 353076, 364023.

[665] *E. J. B. Willey*, Proc. Roy. Soc. A *152*, 158 (1935), A *159*, 247 (1937).

[666] *K. Peters* und *Küster*, Brennstoffchemie *12*, 122 (1931).

[667] *K. Peters* und *A. Pranschke*, Brennstoff-Chemie *11*, 473 (1930).

[668] *S. M. Losanitsch*, Bull. sci. stiin. Bucharest *23*, 3 (1914).

[669] *W. Löb.*, Ber. *41*, 87 (1908).

[670] *K. Peters* und *Wagner*, Brennstoff-Chemie *12*, 67 (1931).

[671] *D. Meneghini* und *I. Sorgato*, Gazz. chim. ital. *62*, 621 (1932).

[672] *C. C. Christen*, An. Inst. Invest. cient. tecnol. *1*, 71 (1932).

[673] *S. C. Lind, G. Glockler*, Trans. Am. Electrochem. Soc. *52*, 37 (1927), J. Am. Chem. Soc. *50*, 1767 (1928).

[674] *R. V. de Saint-Aunay*, Chim. et Ind. *29*, 1011 (1933).

[675] *W. Mund* und *F. Koch*, Bull. soc. chim. Belg. *34*, 119 (1925), *W. Mund* und *B. Bogaert*, Bull. soc. chim. Belg. *36*, 19 (1927), *W. Mund*, Bull. soc. chim. *36*, 19 (1927).

[676] *S. C. Lind, D. C. Bardwell* und *J. H. Perry*, J. Am. Chem. Soc. *48*, 1556 (1926).

[677] *S. C. Lind* und *D. C. Bardwell*, J. Am. Chem. Soc. *48*, 2335 (1926).

[678] *B. Richards*, Proc. Cambridge Phil. Soc. *23*, 516 (1927).

[679] *R. von Have*, persönliche Mitteilung (1940).

[680] *W. Nagel* und *E. Tiedemann*, Wiss. Veröff. Siemens *8*, 187 (1929).

[681] *W. Mertens*, persönliche Mitteilung (1941).

[682] *R. von Have*, persönliche Mitteilung (1941).
[683] *E. Eichwald*, Z. angew. Chemie **35**, 505 (1922).
[684] *E. Briner, E. L. Durand*, J. chim. phys. **7**, 1 (1909).
[685] *A. Hustrulid, P. Kush*, J. I. Tate, Phys. Rev. (2), **54**, 1034 (1938).
[686] *S. M. Losanitsch*, Ber. **43**, 1871 (1910).
[687] *S. M. Losanitsch*, Monatshefte. **29**, 753 (1908).
[688] *S. M. Losanitsch*, Ber. **40**, 4656 (1907).
[689] *J. Delfosse, J. A. Hipple*, Phys. Rev. (2), **54**, 1060 (1938).
[690] *Y. Volmar* und *G. Hirtz*, Bull. Soc. Chim. (IV) **49**, 684 (1931).
[691] *G. Mignonac* und *R. V. de Saint-Aunay*, Compt. rend. **189**, 106 (1929).
[692] *W. Szukiewicz*, Roczniki chem. **13**, 245 (1933).
[693] *M. Berthelot*, Ann. chim. phys. (3) **67**, 52 (1863).
[694] *M. Berthelot*, Ann. chim. phys. (5) **10**, 365 (1877).
[695] *N. R. Fowler, E. W. J. Mardless*, Trans. Faraday Soc. **23**, 301 (1927).
[696] *G. Mignonac*, R. V. de Saint-Aunay, **188**, 959 (1929).
[697] *R. V. de Saint-Aunay*, Chim. et Ind. **29**, 1011 (1933).
[698] *M. Berthelot*, Compt. rend. **111**, 471 (1890).
[699] *F. Kaufmann*, Ann. chim. phys. **417**, 34 (1918).
[700] *W. D. Coolidge*, Science, **62**, 441 (1925).
[701] *S. Miyamoto*, J. Chem. Soc. Japan, **43**, 21 (1922).
[702] *S. M. Losanitsch*, Ber. **41**, 2683 (1908).
[703] *G. I. Lavin, J. R. Bakes*, Proc. Nat. Acad. Sci. U. S. **16**, 804 (1930).
[704] *S. M. Losanitsch*, Bull. soc. romane stiin. **22**, 5 (1914).
[705] *L. Francesconi, A. Ciurlo*, Gazz. chim. ital. **53**, 327, 470, 521, 598 (1923).
[706] *M. Berthelot*, Compt. rend. **67**, 1141 (1869).
[707] Nach Versuchen von *R. von Have* und dem Verfasser.
[708] *J. Jakosky*, U. S. Bur. Mines, Tech. Paper Nr. 375 (1926).
[709] *A. de Hemptinne*, Bull. sci. acad. roy. Belg. (3) **34**, 269 (1897).
[710] *R. V. Kleinschmidt*, U. S. Patent 2 023 637 (1935).
[711] *J. B. Austin, J. A. Black*, J. Am. Chem. Soc. **52**, 4552 (1930).
[712] *J. B. Austin*, J. Am. Chem. Soc. **52**, 3026 (1930).
[713] *M. Berthelot*, Compt. rend. **82**, 1283 (1876).
[714] *Montemartini*, Gazz. chim. ital. **52**, 96 (1922).
[715] *E. Iliedemann*, Ann. Physik (5) **2**, 221 (1929).
[716] *M. Berthelot*, Ann. chim. phys. (5) **10**, 69 (1877).
[717] *J. L. Mc. Lennan* und *W. L. Patrick*, Can. J. Research **5**, 470 (1931).
[718] *W. Löb*, Biochem. Z. **46**, 121 (1912).
[719] *A. de Hemptinne*, Z. physik. Chemie **22**, 358 (1897).
[720] *L. Maquenne*, Bull. soc. chim. (2) **40**, 61 (1883).
[721] *A. P. Davis*, J. Phys. Chem. **35**, 3330 (1931).
[722] *Th. Rummel*, Unveröffentlichte Arbeit.
[723] *F. M. Clark*, Trans. Am. Inst. Electr. Eng. **46**, 1062 (1927).
[724] *W. Löb* und *A. Sato*, Biochem. Z. **69**, 1 (1915).
[725] *W. Löb*, Ber. **46**, 684 (1913).
[726] *W. D. Coolidge, C. N. Moore*, J. Franklin, Inst. **202**, 722 (1926).
[727] *C. Harries*, Ann. **343**, 311 (1906).
[728] *C. Harries*, Ber. **42**, 3305 (1909), Ann. **374**, 288 (1910), Ber. **45**, 936 (1912).
[729] *H. Staudinger*, Ber. **58**, 1088 (1925).
[730] *C. Harries*, Chem. Z. S. 117 (1927), Ber. **52**, 65 (1919).
[731] *C. Harries*, Ann. **343**, 361 (1906).
[732] *J. C. Mc. Lennan, J. V. S. Glass*, Can. J. Research **3**, 241 (1930).
[733] *A. Moser, N. Isgarischew*, Z. Elektrochem. **16**, 613 (1910).

[734] L. Maquenne, Bull. soc. chim. (2) 39, 308 (1883).

[735] A. Perrot, Ann. phys. chim. phys. 61, 161 (1861).

[736] A. König und R. Weinig, Festschrift zum 100 jährigen Bestehen der Technischen Hochschule Karlsruhe, S. 525 (1929).

[737] E. Eichwald und H. Vogel, Z. angew. Chemie 35, 505 (1922).

[738] Y. Iwamoto, J. Soc. Chem. Ind. Japan 32, 259, 359 (1929), 33, 25 (1930).

[739] E. Eichwald, Z. Deutsch. Öl- und Fettind. 44, 241 (1924).

[740] E. Utescher, Engl. Patent 20061 (1912).

[741] Fr. A. H. Wielgolaski, Norw. Patent 25009 (1913).

[742] Th. B. Walker, U. S. Patent 1123962 (1915).

[743] P. Slansky Farben Ztg. 37, 1419 (1932).

[744] J. Isom. Oil and Gas J. 24, 156 (1925).

[745] G. Ullan, Olii. Nim. 12, 97 (1932).

[746] H. Niesen, R. T. A. Nr. 49, S. 3 und 4 (1937).

[747] Je. Ja. Goldenstein, Arb. Leningrader chem. technol. Rote Fahne-Inst. des Leningrader Rates (russisch) Nr. 8, S. 129 (1940).

[748] E. Briner und J. Deshusses, Helv. chim. Acta 13, 629 (1930).

[749] C. Reczynski, Compto rend. Congr. intern. electr. Paris 2, 72 (1932).

[750] V. Kohlschütter, Z. f. Elektrochemie 14, 417, 437, 681 (1908).

[751] L. Hock und H. Leber, Kolloid-Z. 90, 65 (1940).

[752] A. A. Balandien, I. T. Eidus, E. M. Terentjawa, C. R. (Doklady), Acad. Sci. U. S. S. R. 27 (Neue Serie 28), 343 (1940).

[753] W. Duane und A. Scheuer, Le radium 10, 33 (1913).

[754] T. Baum, Z. Physik 40, 686 (1927).

[755] C. S. Smyth, Engineering 124, 410 (1927).

[756] L. R. Ingersoll, Nature 126, 204 (1930).

[757] A. Güntherschulze, Z. techn. Physik 8, 169 (1927).

[758] H. P. Waran, Phil. Mag. 2, 317 (1926).

[759] R. K. Cowsik, Indian, J. Phys. 9, 21 (1934).

[760] J. Strong. Phys. Rev. 45, 769 (1934).

[761] K. Lauch und W. Ruppert, Physik. Z. 27, 452 (1926).

[762] H. R. Rowland, Oil u. Gas J., 29, 38 (1930).

[763] H. R. Rowland, Electr. Eng. New York 50, 288 (1931).

[764] H. R. Rowland, U. S. P. 1601771, U. S. P. 1837489.

[765] J. J. Jakosky, U. S. P. 1689590.

[766] J. J. Jakosky, U. S. P. 1792744.

[767] T. Try und S. Stuart, E. P. 363360.

[768] G. Tammann, Ann. d. Phys. (5) 22. 73 (1935).

[769] J. Kramer, Ann. d. Phys. (5) 19, 37 (1934).

[770] J. Gössinger, Ann. d. Phys. (5) 39, 308 (1941).

[771] P. Wenk und M. Wien, Phys. Ztschr. 35. 145, 663 (1934).

[772] G. Schröder, Der Farben-Chemiker 12, 3. Heft, S. 53 (1941).

[773] R. v. Have und Th. Rummel, Unveröffentlichte Arbeit.

[774] D. N. Andrejew. Bull. Acad. Sci. U. S. S. R., Ser. chim, Jahrgang 1938, S. 1039.

[775] J. Seto und M. Ozaki, J. Soc. chem. Ind. Japan (Suppl.) 40, 418, B 19 1937.

[776] G. Erlwein, Ozon in Bd. VIII der Enzyklopädie der Technischen Chemie herausgegeben von F. Ullmann, Berlin-Wien 1920.

[777] W. Wiche, Siemens-Zeitschrift 17, 6. Heft.

[778] J. S. Townsend, Nature 62, 340 (1900).

[779] H. Zeise, Z. f. Elektrochem. 47, 238 (1941).

[780] P. Lenard, Hdbch. der Exp.-Physik 23, S. 1427.

[781] *H. Raether*, Z. f. Physik *110*, 611 (1938).
[782] *M. de Broglie* und *L. Brizard*, Comptes rend. *148*, 1596, *149*, 923 (1909), *150*, 969 (1910).
[783] *A. K. Brewer*, J. Phys. Chem. *32*, 1006 (1928).
[784] *M. Trautz* und *F. A. Henglein*, Z. anorg. allg. Chem. *110*, 237 (1920).
[785] *R. v. Helmholtz, F. Richarz*, Wied. Ann. *40*, 161 (1890).
[786] *G. Reboul*, Compt. rend. *149*, 110 (1909), *151*, 311 (1910), *152*, 1660 (1911), Le Radium *8*, 376 (1911).
[787] *F. Haber, G. Just*, Ann. Physik *30*, 411 (1909), *36*, 308 (1911).
[788] *F. Haber, G. Just*, Z. Elektrochem. *16*, 274 (1910).
[789] *F. Haber, G. Just*, Z. Elektrochem. *20*, 320, 483 (1920).
[790] *O. W. Richardson*, Trans. Roy. Soc. *A 222*, 1 (1921).
[791] *M. Brotherton*, Proc. Roy. Soc. A *105*, 468 (1924).
[792] *O. W. Richardson* und *M. Brotherton*, Proc. Roy. Soc. *A 115*, 20 (1927).
[793] *O. W. Richardson* und *L. G. Grimmett*, Proc. Roy. Soc. *A 130*, 217 (1930).
[794] *A. K. Denisoff* und *O. W. Richardson*, Proc. Roy. Soc. *A 132*, 22 (1931), *A 144*, 46; *A 145*, 18 (1934); *A 148*, 533; *A 150*, 495 (1935).
[795] *F. Haber*, Z. f. angewandte Chemie *42*, 745 (1929).
[796] *F. Haber, B. S. Lacy*, Z. physik. Chemie *68*, 726 (1909).
[797] *A. E. Malinovskii* und *F. A. Lavrov*, Z. Physik *59*, 690 (1930).
[798] *A. E. Malinovsky, V. S. Rossinkhin, V. P. Timkooskii*, Phys. Z. Sowjetunion *5*, 212 (1934).
[799] *B. Lewis*, J. Am. Chem. Soc. *53*, 1304 (1931).
[800] *F. Harms*, Jahrbuch Radioakt. Elektronik *1*, 291 (1904).
[801] *M. Trautz*, Jahrbuch Radioakt. Elektronik *4*, 136 (1907).
[802] *E. Meyer* und *F. Müller*, Verhandl. deutsch. physik. Ges. *6*, 334 (1904).
[803] *R. Schenck, F. Miho, H. Banthien*, Ber. *39*, 1506 (1906).
[804] *J. Tauz* und *H. Görlacher*, Phys. Z. *32*, 91 (1931).
[805] *E. J. Russel*, J. Chem. Soc. *83*, 1263 (1903).
[806] *H. Schönbein*, Pogg. Ann. *65*, 69 (1845).
[807] *R. Schenck* und *E. Breuning*, Ber. *47*, 2601 (1914).
[808] *H. Raether*, Arch. Elektrotechn. *34*, 49 (1940).
[809] *L. B. Loeb*, Rev. mod. Physics *8*, 273 (1936).
[810] *F. A. Maxfield, H. R. Hegbar, J. R. Eaton*, Bull. Am. phys. Soc. *13*, Heft 7, S. 7 (1939), Phys. Rev. (2) *55*, 592 (1939).
[811] *H. Raether, L. Costa*, Naturwissenschaften *26*, 593 (1938).
[813] *S. Arrhenius*, Lehrbuch der Elektrochemie, Leipzig 1915, S. 16.
[814] S. Egan, A. P. 1 837 256.
[815] B. Berghaus, DRP. 668 639.
[816] *S. C. Farmer*, Trans. Am. Inst. Electr. Eng. *45*, 553 (1926).
[817] *F. Willman*, Trans. Am. Inst. Electr. Eng. *45*, 569 (1926).
[818] *W. A. Del Mar*, Trans. Am. Inst. Electr. Eng. *45*, 572 (1926).
[819] *W. A. Del Mar, J. H. Palmer, E. J. Merrel*, El. World, *108*, 2066 (1937).
[820] *R. Nitsche* und *G. Pfestorf*, Prüfung und Bewertung elektrotechnischer Isolierstoffe, Berlin 1940 (S. 167).
[821] *F. Meyer*, Beama J. *45*, 129 (1939).
[822] *J. Berberich*, Ind. Eng. *30*, 280 (1938).
[823] *St. v. Bogdandy, M. Polanyi, G. Vezzi*, Die chem. Fabrik *6*, 1 (1933), Z. f. angew. Chemie *46*, 15 (1933).
[824] *W. G. Lovell, J. M. Campbell, T. A. Boyd*, Ind. Eng. Chem. *23*, 26 (1931).
[825] *K. Rummel*, Stahl und Eisen *61*, S. 364 (1941).
[826] *F. Fischer*, Brennstoff-Chemie *9*, 309 (1928).
[827] *O. N. Midgley*, J. Soc. Automotive Eng. *7*, 489 (1928).

[828] *E. C. Edgar*, Ind. Eng. chem. *19*, 145 (1927).
[829] *F. Winkler, H. Häuber*, DRP. 592607.
[830] *H. Becker*, Die elektrischen Eigenschaften der Flamme in Hdbch. der Exper. Physik *Bd. 13*, Leipzig 1929.
[831] *A. de Hemptinne*, Z. physik. Chemie *12*, 244 (1893).
[832] *O. Oldenberg* und *F. F. Ricke*, J. chem. phys. *6*, 439 (1938).
[833] *A. Güntherschulze*, Z. Physik *20*, 153 (1923).
[834] *W. Riese*, Brennstoff-Chemie, *21*, 73 (1940).
[835] *W. L. Shively* und *E. V. Harlow*, Trans. Elektrochem. Soc. *69*, 495 (1936).
[836] *Societa Italiana Pirelli*, Belg. P. 431994, Franz. P. 849340.
[837] *W. G. Lovell, J. M. Campbell*, T. A. Boyd, Ind. Eng. Chem. *23*, 555 (1931).
[838] *R. W. Pohl*, Elektrizitätslehre, Berlin 1940.
[839] *K. Rummel* und *P. O. Veh*. Arch. f. Eisenhüttenw. *14*, 489 (1941).
[840] *K. Peters* und *K. Meyer*, Brennstoff-Chemie *10*, 324 (1929).
[841] *A. Bloch*, Die Zündtemperaturen von Gasen und deren Gemischen, Diss. Karlsruhe 1937, S. 23.
[842] *J. von Bosse, K. Richter, K. Lauch, Siegelberg* und *Koch*, DRP 456812, DRP 458561.
[843] *G. Fehlmann*, Gas- und Wasserfach *82*, 268 (1939).
[844] *F. Kuhlmann*, Gas- und Wasserfach *82*, 268 (1939).
[845] *P. Schuftan*, Von den Kohlen und den Mineralölen, Bd. I, S. 198, 205/8, Berlin 1928; Beiträge zur Kenntnis der Kohle, Bd. II, S.31/40, Berlin (1929), Z. angew. Chemie *42* (1929).
[846] *Y. Venkatarmiah*, Chem. News, *124*, 323 (1922).
[847] *S. Miyamoto*, Bull chem. Soc. Japan *9*, 156 (1934).
[848] S. Miyamoto, Kolloid-Z. *74*, 32 (1936).
[849] *F. A. Askev, R. B. Bourdillon, T. A. Webster*, Biochem. J. *26*, 814 (1932).
[850] *A. König*, Chemiker Z. *52*, 787 (1928).
[851] *K. Peters*, Brennstoff-Chemie *10*, 441 (1929).
[852] *American Machine and Foundry Company*, DRP. 508375.
[853] *M. Jacolliot*, Fr. P. 318389.
[854] *C. Davis*, DRP. 134356.
[855] *W. S. Simpson*, Oest. P. 66609 (1914), DRP. 270535 (1912).
[856] *H. Bremer*, DRP. 139594 (1901).
[857] *R. K. Boyle*, DRP. 46200 (1888).
[858] *W. Modenhauer*, Die Reaktionen des freien Stickstoffes, Berlin 1920, S. 4.
[859] *S. Salet*, Compt. rend. *82*, 223 (1876).
[860] *O. Zehnder*, Wiedemanns Ann. *42*, 56 (1894).
[861] *Gehlhoff* und *Rottgart*, Verh. d. deutsch. Phys. Ges. *12*, 492 (1910).
[862] *Gehlhoff*, Verh. d .deutsch. Phys. Ges. *12*, 963 (1910).
[863] *I. Langmuir*, Z. f. anorg. Chemie, *85*, 251 (1914).
[864] *Threlfall*, Proc. Roy. Soc. Ser. *A 88*, 542 (1913).
[865] *F. Fischer* und *K. Hiovici*, Berl. Ber. *41*, 454 (1908), *42*, 527 (1909).
[866] *Avons*, Ann. Phys. (4) *1*, 700 (1900).
[867] *O. Lodge*, Engl. P. 25047 (1905).
[868] Z. f. Elektrochem. *13*, 725 (1907, *14*, 689 (1908).
[869] *H. Morden*, Dissertation, Karlsruhe (1908).
[870] *Holweck*, Z. f. Elektrochemie *16*, 369 (1910).
[871] *A. König*, Z. f. Elektrochemie *16*, 863 (1910).
[872] *J. Strong*, The Astrophysical J. *83*, 401 (1936).
[873] *M. Vincent*, Erdöl und Teer, Jahrgang 1931, S. 416.
[874] *Oelwerke Stern und Sonneborn A.G.*, DRP. 429551.
[875] *Oelwerke Stern und Sonneborn A.G.*, DRP. 432683.

[876] *M. J. Heitmann,* DRP. 455 324.

[877] *Rhenania-Ossag Mineralölwerke A. G.,* DRP. 536 100.

[878] *G. Schröder,* Der Farbenchemiker *12,* 54 (1941).

[879] *G. Bredig,* Angewandte Chemie, S. 951 (1898), Z. f. Elektrochem. *4,* 514 (1898).

[880] *The Svedberg,* Ber. D. chem. Ges. *38,* 3616 (1905), *39,* 1705 (1906).

[881] *The Svedberg,* Z. f. Chemie und Ind. d. Kolloids *1,* 229, 257 (1907), 2. Suppl.-Heft zu Bd. 2, XXIX—XLIV (1908).

[882] *U. Polanyi* und *S. von Bogdandy,* DRP. 528 041, DRP. 552 141.

[883] *F. Kremer,* DRP. 543 210.

[884] *R. von Have,* DRP. ang.

[885] *S. Fitger,* Z. VDI 85, 293 (1941).

[886] *N. C. Halls,* Ind. chem. Manufacturer *16,* 293 (1940).

[887] *I. G. Farben,* DRP. 699 389.

[888] *N. Kowalenko,* J. Phys. Acad. Sci. U. S. S. R. *3,* 455 (1940).

[889] *Westinghouse Overseas Letter,* Juliheft 1940, New York.

[890] *R. Wiche,* Siemens Z. Nr. *17,* 327 (1936).

[891] *A. de Hemptinne,* U. S. P. 797 112.

[892] *H. Brückner,* Chem. Z. *52,* 637 (1928).

[893] *P. De Cavel,* Angewandte Chemie *43,* 1029 (1930).

[894] *K. Krekeler,* Mitt. d. VDI, Mittelthüringischer Bezirksverein u. d. Thüringischen Elektrotechn. Vereins, Erfurt, S. 48, 55 (1933).

[895] *E. G. Linder,* Phys. Rev. *38,* 679 (1935).

[896] *G. M. Woods,* Petrol. Eng. *7,* 158 (1936).

[897] *G. L. Matheson,* U. S. P. 2 071 551.

[898] *I. G. Farbenindustrie A. G.,* DRP. 457 563, DRP. 458 756.

[899] *E. Johnson,* I. G. Farbenindustrie A. G. Engl. P. 305 553, Engl. P. 322 935.

[900] *E. Eichwald* und *H. Vogel,* U. S. P. 1 450 026.

[901] *E. Eichwald,* Z. f. angew. Chemie, *36,* 611 (1923).

[902] *J. Mattauch,* Erg. d. exact. Naturw. Bd. 19, S. 171, Berlin 1940.

[903] *W. Gentner,* Erg. d. exact. Naturwiss. Bd. 19, S. 109, Berlin 1940.

[904] *E. O. Lawrence, N. E. Edlefson,* Science (N. Y) 72, 376 (1930).

[905] *I. R. Dünning, H. L. Andersen,* Rev. sci. Instr. *8,* 158 (1937), Phys. Rev. *53,* 343 (1938).

[906] *M. T. Rodine, R. G. Herb,* Phys. Rev. *51,* 508 (1937).

[907] *C. M. Hutson, L. E. Hoisington, L. E. Royt,* Phys. Rev. *52,* 664 (1937).

[908] *J. G. Trump, R. J. van den Graaf,* Phys. Rev. *55,* 1160 (1939).

[909] *P. Baumann,* Angewandte Chemie, B, 20, 257 (1948).

[910] *F. Joliot, M. Feldenkraus, A. Lacard,* Compt. rend. 202, 291 (1936).

[911] *P. J. Kirkby,* Proc. Roy. Soc. *85 A,* 151 (1911), Phil. Mag. *13,* 289 (1907).

[912] *P. O. Schupp,* Wiss. Veröff. Siemens. Werkstoff-Sonderheft 1940, S. 230 und 243.

[913] *Kyropoulos,* Refiner, 15, 269, 356 (1936).

[914] *Heinze, Marder, Döring, Blechstein,* Öl und Kohle, Januar-Heft 1941.

[915] *C. Mignonac* und *R. V. de Saint-Aunay,* Bull. Soc. Chim. *47,* 523 (1930), Compt. rend. *188,* 959 (1929).

[916] *R. H. Pease,* J. Am. Chem. Soc. *52,* 1158 (1930).

[917] *S. C. Lind,* The Chemical Effects of Alpha Particles and Electrons, Seite 145, The Chemical Catalogue Co, New Xork 1928.

[918] *S. C. Lind* und *G. Glockler,* J. Am. Chem. Soc. *52,* 4450 (1930).

[919] *C. C. Develloping Co,* Canad. P. 270 534, Canad. P. 272 313.

[920] *F. Demjanow* und *L. Prjanischnikow,* J. russ. phys.-chem. Ges. *58,* 462 (1929).

[921] *P. Böning*, Kolloid. Z. *94*, 31 (1941).
[922] *A. de Hemptinne*, DRP. 234 543, 236 294, 251 591.
[923] *E. Eichwald*, Z. angew. Chemie *36*, 610 (1923).
[924] *L. Hock*, Dissertation, Giessen 1922.
[925] *D. Holde*, Kohlenwasserstofföle und Fette, Berlin 1924.
[926] *J. Marcusson*, Chemische Umschau, S. 27, 204 (1920), Z. f. angew. Chemie *33*, 231 (1920).
[927] *Wo. Ostwald* und *A. Föhre*, Kolloid Z. *45*, S. 166 (1928).
[928] *Wo. Ostwald* und Mitarb. Kolloid Z. 43, 155 (1927).
[929] *Wo. Ostwald* und *A. Föhre*, Kolloid Z. *45*, 266 (1928).
[930] *F. Jantsch*, Kraftstoff-Handbuch, Stuttgart 1941.
[931] *Stäger* und *Imhof*, Congres International des Grand Reseaux, Paris 1933, nach Stäger in Isolieröle, S. 124, Berlin 1938.
[932] *Clark* und *Mogendish*, nach Stäger in Isolieröle, S. 124, Berlin 1938.
[933] *Riley* und *Scott*, J. Am. Inst. electr. Eng. *66*, entnommen aus E. Kirsch Mineralöle der Kabeltechnik in Isolieröle, Berlin 1938.
[934] *E. Kirsch in Peterson*, Forschung und Technik, Berlin 1930.
[935] *Rooper*, Trans. Am. Inst. Electr. Eng. *52* (1933), nach *E. Kirsch*, Mineralöle der Kabeltechnik in Isolieröle, Berlin 1938.
[936] *E. Kirsch*, Mineralöle der Kabeltechnik in Isolieröle, S. 255, Berlin 1938.
[937] *P. Debye*, Polare Molekeln, Leipzig 1929.
[938] *K. W. Wagner*, Arch. Elektrotechn. 2, 371 (1914).
[939] *W. O. Schumann*, Dielektrische Verluste in Ölen und Öl-Harzmischungen in Isolieröle, Berlin 1938.
[940] *C. Maxwell*, A Treature on Electricity and Magnetism, Oxford 1873.
[941] *H. Stäger*, Chemie der Isolieröle, in Isolieröle, Berlin 1938, S. 188 f. f.
[942] *B. Anderson*, Aseas Tidningen (1924 und 1925), I. E. C. Report 10 (Sweden) 22, 101, 102: Tekm. T. (1928), Asea J. (1926, 1929).
[943] *H. Scheffers*, Phys. Z. *40*, 1 (1939).
[944] *H. Scheffers*, Wiss. Abh. d. Phys. Techn. Reichsanstalt *24*, 207 (1940).
[945] *H. Scheffers* und *J. Stark*, Phys. Z. *37*, 317 (1936).
[946] *H. Scheffers*, Phys. Z. *40*, 4 (1939).
[947] *W. V. Smith*, Bull. Amer. phys. Soc. *16*, 12 (1941).
[948] *H. Raether*, Naturwiss. *28*, 749 (1940).
[949] *K. Wolf*, Petroleum 25, 95 (1929).
[950] *H. Vogel*, Z. angewandte Chem. *35*, 561 (1922).
[951] *S. Kiesskalt*, ZVDI, *71*, 218 (1927).
[952] *C. Biel*, ZVDI, *64*, 452, 483 (1920).
[953] *E. Moser*, Verb. f. d. Mat. Prüf. d. Techn. 1928. Bericht 9.
[954] *D. Holde*, Kohlenwasserstofföle und Fette, Berlin 1933.
[955] *G. Becker*, Der Motorwagen, *29*, 187 (1926).
[956] *S. Roth*, J. Ind. Eng. Chem. new Ed. *3*, 7 (1925).
[957] *Petroleum-Times*, *18*, 350 (1927).
[958] *A. Liechti* und *P. Scherrer*, Helv. phys. Acta *10*, 267 (1937). *A. Liechti*, Helv. phys. Acta, *11*, 477 (1938).
[959] *A. Nikuradse*, Das flüssige Dielektrikum, Berlin 1934.
[960] *Wolfhügel*, Zeitschrift für Biologie, S. 422 (1875).
[961] *Lübbert*, Gesundheitsingenieur, Nr. 49 (1907).
[962] *Cramer*, Gesundheitsingenieur, *32*, 29.
[963] *Bail*, Prager Medizinische Wochenschrift Nr. 17 (1913).
[964] *Czaplewsky*, Gesundheitsingenieur, Nr. 31 (1913).
[965] *A. von Kupffer*, Gesundheitsingenieur, Nr. 33 (1913).
[966] *E. Kuhn*, Dinglers polytechnisches Journal, Oktober-Heft 1930.

[967] P. Otto, l'Eau, Paris 1934.
[968] E. K. Rideal, Ozone, London 1920.
[969] Drugman, J. Chem. Soc. 89, 1614 (1906).
[970] E. Fonrobert, Das Ozon, Stuttgart 1916.
[971] A. Baader, Deutsche Vereinbarungen für die Bewertung von Isolierölen in Isolieröle, Berlin 1938, Seite 220.
[972] J. Mattauch, Erg. exact. Naturwiss. Bd. 19, Seite 170, Berlin 1940.
[973] J. S. Townsend, Phil. Mag. 1, (6) 198 (1901).
[974] L. Armstrong, Mech. Mag. 43, 64 (1845).
[975] M. Faraday, Exp. Res. Nr. 2075—2145 (1842).
[976] Landolt-Börnstein-Roth-Scheel, Phys.-Chem. Tab. Berlin.
[977] H. Raether, Phys. Z. 37, S. 560.
[978] Flegler und Raether, Naturw. 23, 591, Z. techn. Phys. 16, 435, Z. Phys. 99, 635, 103, 315.
[979] Kroemer, Arch. Elektrotechn. 29, 762.
[980] J. M. Meck, Phys. Rev. 57, 722 (1940).
[981] J. D. Stephenson, Phil. Mag. 15, 257 (1933).
[982] F. Krüger und Ch. Zickermann, Z. f. Phys. 99, 428 (1936).
[983] Nach einem Vorschlag von M. Steenbeck.
[984] A. Güntherschulze, Z. f. Phys. 31, 606 (1925).
[985] R. Auerbach, Kolloid-Z. 43, 114 (1927), DRP. 521 644, 483 112.
[986] G. Herzberg, Molekülspektren und Molekülstruktur, I. zweiatomige Moleküle, S. 332, Dresden und Leipzig 1939.
[987] W. Esmarch, persönliche Mitteilung.
[988] W. D. Harkins und J. M. Jackson, J. chem. Phys. 1, 73 (1933).
[989] W. D. Harkins und D. M. Gans, J. Am. Chem. Soc. 52, 5165 (1930).
[990] W. D. Harkins, Trans. Faraday Soc. 30, 221 (1934).
[991] W. Duane und G. L. Wendt, Phys. Rev. 7, 689 (1916), 10, 116 (1917).
[992] J. Stark, Verh. d. phys. Ges. 15, 813 (1913), Z. Elektrochem. 19, 802 (1913).
[993] E. Tiede, DRP. 417 508.
[994] P. Anderson, J. Chem. Soc. 121, 1153 (1922).
[995] F. O. Anderegg und H. N. Herr, J. Am. Chem. Soc. 47, 2429 (1925).
[996] A. de Hemptinne, Ann. soc. sci. Brux. 47 B, 143 (1927).
[997] M. V. Polyakov, Ber. Ukrain. Wiss. Inst. 2, 55 (1929).
[998] L. P. Hammett, A. E. Lorch, J. Am. Chem. Soc. 55, 70 (1933).
[999] G. L. Wendt, R. S. Landauer, Phys. Rev. 15, 242 (1920), J. Am. Chem. Soc. 42, 930 (1920), 44, 510 (1922).
[1000] M. Bodenstein, Verhandl. deutsch. phys. Ges. 3, 40 (1922).
[1001] Y. Venkataramaiah, Nature, 106, 46 (1920), 112, 57 (1923), J. Am. Chem. Soc. 45, 261 (1923), Chem. News 124, 323 (1922).
[1002] A. E. Mitchell, A. L. Marshall, J. Chem. Soc. 123, 2448 (1923).
[1003] F. Paneth, K. Peters, Z. Elektrochem. 30, 504 (1924).
[1004] A. C. Grubb, Nature 111, 600, 671 (1923).
[1005] M. Scanavii-Grigorieva, Z. anorg. allg. Chem. 159, 55 (1926).
[1006] A. Bach, Ber. 58, 1388 (1925).
[1007] H. Copaux, H. Perperot, R. Hocart, Bull. soc. chim. France 37, 53, 141 (1925).
[1008] R. Hocart, Bull. soc. chim. 39, 153 (1926).
[1009] G. A. Elliot, Nature, 123, 985 (1928), Trans. Faraday Soc. 23, 60 (1927).
[1010] F. W. Aston, Isotopes, S. 72, London 1924.
[1011] F. H. Newman, Phil. Mag. (6) 44, 215 (1922).
[1012] F. Paneth, E. Klever, K. Peters, Z. Elektrochem. 33, 102 (1927).

[1013] G. Glockler, Nature, 121 93 (1928).
[1014] M. V. Palyakow, J. Russ. Phys. Chem. 59, 847 (1927).
[1015] J. J. Thoma, Phil. Mag. (6) 24, 241 (1912).
[1016] A. J. Dempster, Phil. Mag. (6) 31, 438 (1916), Phys. Rev. (2) 8, 651 (1916), Ann. Phys. Beibl. S. 448 (1917).
[1017] R. W. Lunt, Nature, 121, 357 (1928).
[1018] G. M. Schwab und F. Seuferling, Z. Elektrochem. 34, 654 (1928).
[1019] A. de Hemptinne, Bull. sci. acad. roy. Belg. 14, 8 (1928).
[1020] E. Hiedemann, Z. physik. Chemie A, 153, 210 (1931).
[1021] H. M. Smallwood, H. C. Ury, J. Am. Chem. Soc. 50, 620 (1928).
[1022] J. L. Binder, F. A. Filby, A. C. Grubb, Canad. J. Research, 4, 330 (1931).
[1023] G. R. Schultze, J. Phys. Chem. 35, 3186 (1931).
[1024] R. Conrad, Z. Physik, 75, 504 (1932).
[1025] P. Zeemann, J. de Gier, Proc. K. Akad. Wet. Amsterdam 36, 717, (1933).
[1026] J. J. Thomson, Phil. Mag. 17, 1025 (1934).
[1027] A. C. Grubb, A. B. van Cleave, J. Chem. Phys. 3, 139 (1935).
[1028] G. L. Wendt, Proc. Nat. Acad. Washington, 5, 518 (1919).
[1029] C. Hanfland, Die neuzeitliche Elektrotechnik, II. Band, Leipzig 1928.
[1030] H. Eyring, M. Polanyi, Z. phys. Chem. (B), 12, 279 (1931).
[1031] H. Eyring, Chem. Rev. 10, 103 (1932).
[1032] Th. Rummel, unveröffentlichte Arbeit.
[1033] D. Avsec, M. Luntz, Compt. rend. 203, 1140 (1936), 204, 420, 757 (1937).
[1034] H. Bénard, Ann. chimie et. d. Physique 22, 62 (1901).
[1035] M. Luntz, Comptes rend. 204, 547 (1937).
[1036] D. Avsec. Compt. rend. 204, 549 (1937), 203, 556 (1936).
[1037] Lord Raleigh, Phil. Mag. 32, 529 (1916).
[1038] A. R. Low, Proc. of the third Intern. Congr. for Applied Mechanics, 1, Stockholm, August 1930, Seite 109.
[1039] H. Jeffreys, Phil. Mag. 2, 833 (1926), Proc. of Roy. Soc. (A) 118, 195 (1918).
[1040] Th. Rummel, Kolloid Z. 96, Heft 2/3, S. 340 (1941).
[1041] W. Grotrian, Ann. d. Physik (4) 47, 41 (1915).
[1042] F. Ritter, Ann d. Physik (4) 14, 118 (1904).
[1043] A. Orgler, Ann. d. Physik (4) 1, 159 (1900).
[1044] K. Natterer, Wied. Ann. 38, 663 (1889).
[1045] W. Kaufmann, Ann. Physik (4) 2, 158 (1905).
[1046] R. Bär, Handbch. d. Physik, Bd. 14.
[1047] J. J. Sommer, Ann. d. Physik, (5) 9, 419 (1931).
[1048] W. Dällenbach, Physik. Z. 27, 101 (1926).
[1049] Th. Kotthoff, DRP. 575 789.
[1050] R. W. Richardson, A. P. 2 167 726.
[1051] A. de Hemptinne, DRP. 236 294.
[1052] N. V. 'de Bateaf'sche Petroleum My., Franz. P. 821 461.
[1053] Decavel und Roepien, Chimie et Industrie, 25 (Sonderband), S. 443, (1931).
[1054] Siemens-Aufschäumverfahren.
[1055] T. Noda, Ann. d. Physik, (4) 19, 1, (1906).
[1056] F. Schröter, Z. f. Phys. 6, 404 (1925).
[1057] W. W. Loebe, W. Ledig, Z. techn. Physik, 6, 288 (1925).
[1058] J. J. Thomson, Electrician, 35, 578 (1895).
[1059] F. Born, Ann. d. Phys. (4) 69, 479 (1922).
[1060] G. Heyne, E. Hille, F. Schaefer, Z. f. analyt. Chemie, 121, 411 (1941).
[1061] G. Falckenberg, Dissertation, Berlin 1905.

[1062] *F. Skaupi* und *F. Bobeck*, Z. techn. Physik *6*, 284 (1925).
[1063] *F. Skaupi*, Verhandl. d. deutsch. phys. Gesellsch. *18*, 230 (1916), *19*, 264 (1917), Z. f. Phys. *2*, 213 (1920).
[1064] *E. Warburg* und *W. Rump*, Z. f. Phys. *32*, 245 (1925), Ann. d. Phys. (4) *17*, 17 (1905), *9*, 781 (1905).
[1065] *A. Starke*, Z. f. Elektrochem. *29*, 359 (1923).
[1066] *O. Fröhlich*, ETZ, *12*, 340 (1891).
[1067] *E. Warburg* und *G. Leithäuser*, Ann. d. Phys. (4) *23*, 211 (1907).
[1068] *A. Holt*, Z. f. Physik, *21*, 372 (1924).
[1069] *R. Pohl*, Ann. d. Phys. (4) *21*, 879 (1906).
[1070] *J. H. Davies*, Z. phys. Chem. *64*, 657 (1908).
[1071] *M. Curry*, Bioklimatik, Bd. I und II, Riederau-Ammersee 1946.
[1072] *W. Krug*, Archiv f. Elektrotechn. *30*, 157 (1936).
[1073] *W. Weber*, Archiv f. Elektrotechn. *36*, 166 (1942).
[1074] *H. Umstätter*, Angew. Chemie (B) *19*, 207 (1947).
[1075] *A. Nikuradse* und *A. Berger*, Physikalische Zeitschrift *45*, 71 (1944).
[1076] *W. Menzel*, *A. Berger* und *A. Nikuradse*, Chem. Ber. *82*, 418 (1949).
[1077] *A. v. Engel*, *R. Seeliger* und *M. Steenbeck*, Z. Phys. *85*, 149 (1933).
[1078] Standard Oil Developpment Co., F.P. 828 932, E. P. 508 913.

SACHVERZEICHNIS

Abbau 185
Acetal 202
Acetaldehyd 133, 196, 203
Acetamid 209
Aceton 203
Acetylen 62, 135, 137, 151, 158, 189, 192, 194, 196, 198
Acide 154
Acrylsäure 205
Addition 181, 183
Aethan 135, 191
Aethylbenzol 175
Aethylchlorid 151
Aethylen 15, 62, 98, 135, 189, 194
Aethylendichlorid 151
Agglomerationshypothese 119
Aggregatszustandsänderungen 112
Aehnlichkeitsgesetze 25, 40
Albumine 211
Aldehyde 190, 202
Aldol 200
Aliphatische Verbindungen 183
Alkohole 193
Alkylcyanide 210
Aluminium 140, 160, 166
Aluminiumchlorid 151
Aluminiumnitrat 139
Aluminiumoxyd 28, 249
Allylalkohol 200
Allylen 190, 194
Alpha-Strahlen 51, 164, 192
Amalgame 68, 127
Ameisensäure 140, 190, 201, 205
Amide 209
Amine 193, 194, 209
Aminosäuren 210
Ammoniak 135, 150, 151, 157, 161, 199
Analysen 112
Anilin 135, 208
Anodenstrahlen 50
Anregungsarbeiten 130
Anregungszustände 121, 122
Antimon 68, 136, 154
Arbeit 117
Argon 127
Arsen 68, 136, 139, 141, 150, 154
Aether 151, 201, 202
Aethyläther 202
Atome 104, 120
Atomstrahlen 90

Austauschreaktionen 135
Azobenzol 135, 209

Bandgenerator — van den Graaff 72
Barium 139
Bariumchloride 151
Bariumplatinzyanür 151
Benard-Effekt 84
Benetzungsaufhebung 75
Benzaldehyd 203
Benzoin 203
Benzol 151, 175, 197, 199
Benzoldampf 135
Benzoesäure 206
Benzonitril 210
Bernsteinsäure 206
Beryllium 136, 139
Berylliumkarbonat 151
Berylliumoxyd 151
Bezugsgrößen — elektrische 117
Blausäure 135, 139, 151, 190, 191, 193
Blei 125, 133, 135, 136, 141, 155, 160
Bleidioxyd 167
Blitzschläge 15, 46
Bogenentladungen 43
Bor 140, 150
Bornitrid 151
Brechungsindex 115
Brennspannungserhöhung 85
Brenzkatechin 201
Brom 171, 172
Braun'sches Rohr 30, 31, 33
Bunsentagung 80
Butadien 196
Butylbenzol 175

Cäsium 153
Cäsiumchlorid 151
Campfer 198
Caramel 204
Cellulose 204
Chemiluminescenz 67, 137, 151, 160
Chinolin 136
Chlor 61, 170, 172
Chlorderivate der Kohlenwasserstoffe 62, 63
Chlormonoxyd 173
Chloroform 151
Chloropren 196
Chlorschwefel 173
Chlorwasserstoffbildung 172

Chlorwasserstoffzersetzung 172
Chinon 203
Chrom 133, 142
Chromtrioxyd 171
Clophen 81
Cluster 118
Coolidge-Röhren 192
Cyanobenzol 151
Cyclohexan 68
Cymol 199

Dauerdurchschlag — entladungs-
    chemischer 219
Dehydrierung 185
Dekan 192
Deuterium 135
Deuteroäthylen 194
Diacetylen 190
Dicyan 154
Dichlorpentan 196
Dielektrizitätskonstante 113
Difluordichlormethan 173
Dipoltheorie 115
Dispersion 115
Dissoziation 130
Dissoziationsenergien 124, 125
Dissoziationswärme 107, 156
Distyrol 198
Druckeinfluß 102
Durchschlagsfestigkeit 232

Edelgase 125, 138
Edelmetalle 157
Eidophor 80
Einscheibenapparat 249
Eisen 127, 133, 143, 150, 155, 160
Eisennitrid 147
Eisen(3)oxyd 171
Elektrizitätsmenge 116
Elektroden-Metall 34
Elektrokonvektionsleitfähigkeit 83, 85
Elektrokrakken 93, 233
Elektrodenverharzungen 57
Elektronenstrahlen 47, 48, 51
Eloxalschichten 29
Emulsionen 243—245
Energieverhältnisse 106
Energiewerte 121
Entgasung 86, 89, 228
Entladung 17—56
Entladungsgebiete 102
Entladungsgrenzleistungen 251
Entladungskapillardepression 76
Entladungsröhre — Wood'sche 131
Entschwefeln — Erdöle 161
Erdalkalimetalle 134
Erden — seltene 134
Ergosterol 211
Erstarrungspunkt 112

Essigsäure 171, 201, 205
Expansivspannung 75
Explosion 47

Faraday'scher Dunkelraum 37
Faraday's Gesetz 96, 116
Feldbogen 44
Fernsehprojektion 80
Fette 207, 208
Fettsäureester 207
Fettsäuren 205
Fischbildung 264
Fischer'sches Reagenz 136
Fischöl 136
Flammbogen 189
Flammen 70
Fluor 172
Fluoroxyd 173
Fluorwasserstoff 172
Flüssigkeitsdämpfe 72
Flüssigkeiten 103, 104, 112
Formaldehyd 134, 191
Formamid 209
Frequenzeinfluß 111
Funkenartige Entladungen 45
Funkenspannung 25, 26, 27
Furfurol 203
Furmarsäure 206

Gallium 136
Gasabspaltung 15, 222, 228
Gasanalysen 179, 180
Gasaufzehrung 59, 211
Gase 57, 112
Gasentladungen 17, 111
Gasexplosionen 91
Gas — Oel — Schaum 32
Gasphase 102
Gasraum 104
Gasreinigung 233
Gegeneffekt 60, 215
Geisslerröhren 50
Gelatine 211
Gitterozonisator 280
Glas 28, 171
Glimmentladung 36, 162
Glimmer 28
Glimmhaut 38
Glimmschicht 37
Glühkathode 47
Glykolaldehyd 191, 202
Glykoläther 202
Glykokoll 210
Glyoxal 203
Glycerin 151, 200
Gold 100, 136, 150, 154, 160
Graphit 166
Grenzkohlenwasserstoffe 182
Grenzschichtdicken — Aluminium 49
Gummiarabicum 211

Halbvoltol 265
Halogene 170—173
Halogenide 139
Halogenwasserstoffe 134, 150, 199
Halogenwasserstoffsäuren 161
Harzbildner 238
Heißlagerfette 258
Heliotropin 278
Helium 125, 133
Heptan 192
Hexabromäthan 171
Hexan 192
Hittorf'scher Dunkelraum 37
Hochohmwiderstände 217
Hohlelektrode 257
Hohlkathoden 40
Hydrazin 136, 152
Hydrazobenzol 208
Hydride 135
Hydrierung 185, 186
Hydrierungsabgase 189
Hydrochinon 201
Hydroxylradikale 99, 164

Indigotin 210
Indium 136, 150, 154
Indol 210
Induktionsentladungen 41
Inhomogenitätsvorstellungen 115
Ionenstrahlen 50, 54
Ionenvereinigung 120
Ionisierung — thermische 46
Ionisierungsarbeiten 130
Ionisierungsenergien 128
Isolatoren 89
Isolierflüssigkeiten 70, 72, 74
Isolieröle 219—232
Isoölsäure 136
Isopren 68
Isopropyläthylen 195

Japancampfer 203
Jod 171
Joddampf 50
Jodkalium 160
Jodsäure 173
Jodstickstoff 173

Kadmium 139, 150, 154
Kalium 68, 138, 139, 150, 153
Kaliumbromat 173
Kaliumbromid 151
Kaliumferricyanid 139
Kaliumferrocyanid 139
Kaliumhydroxyd 133
Kaliumjodat 173
Kalzium 139, 150, 154, 166
Kalziumchlorid 151
Kanalentladungen 46

Kanalstrahlen 50, 73, 90, 159
Karbonate 139, 143
Kathode 58
Kathodenfall 37, 63, 66
Kathodenstrahlen 47
Kathodenzerstäubung 90
Keten 203
Ketone 203
Kieselgur 171
Kippschwingungen 32
Knallgas 162
Kobalt 143, 160
Kohlehydrate 204
Kohlenmonoxyd 150, 165, 166
Kohlensäure 150, 166
Kohlenstoff 15, 140, 154, 166
Kohlenstoffdisulfid 68
Kohlenstoffsuboxyd 167
Kohlenstofftetrachlorid 151
Kohlenwasserstoffe 135, 161, 174—200
Kokereigas 238
Kolloidtechnik 240—245
Kondensierte Entladungen 45
Konvektionsleitfähigkeit 70
Koronaentladung 35, 93
Körper — feste 105
Krakkung 187
Kräfte 59
Kraftstoffe 238
Kraftstoffklopfen 234—237
Kresol 136
Kupfer 69, 133, 139, 150, 154, 166

Laboratoriumsgeräte 254, 255
Lacktechnik 245—248
Lacktrocknung 278
Ladungsträger 58
Ladungsträgerbeschießung 109
Ladungsträgerstoß 123
Ladungsträgerstrahlen 47, 80, 89, 110
Lävulinsäure 206
Lanthan 52
Lebertran 211
Legierungsbildung 216
Leinöl 207, 208, 246
Leistungsaufnahme 33
Lenard-Effekt 67
Lenard-Strahlen 53, 73, 159
Limonen 198
Linolensäure 136, 205
Linolsäure 136, 205
Lithium 136, 138, 139, 153
Lithiumchlorid 151
Lithiumnitrat 139
Luftleuchten 54
Luminescenz 148

Magnesium 139, 150, 154, 166
Magnetit 143, 167
Maleinsäure 206

Mangan 143, 160
Mangandioxyd 167
Massenabnahme 48
Massenspektroskopie 55
Massenwirkungsgesetz 105
Materialtransport 172
Mehrfachbindungen 185
Merkaptan 196
Meßmethoden 33
Metallätzung 216
Metalle 125, 127
Metallionen 50
Metallisieren 218
Metallschichten 217, 218
Metalltrennung 216
Methan 62, 98, 135, 171, 187—190
Methanbestimmung 190
Methansynthese 190
Methylal 202
Methylalkohol 200
Methyläther 202
Methyläthyläther 194
Methylbenzonitril 210
Milch 208
Milchsäure 206
Mineralöl 266
Moleküldissoziation 107
Moleküle 120
Molybdän 142
Monochloressigsäure 171

Nachleuchten 144
Naphtalin 198, 199
Natrium 68, 127, 138, 150, 153
Natriumchlorid 151
Neon 133
Nickel 143, 150, 160
Niederdruckbogen 44
Nikotin 210
Nitrate 139
Nitride 150, 154
Nitrile 210
Nitroäthan 208
Nitrobenzol 136, 208
Nitromethan 208

Oberflächenfiguren 77
Oberflächenreaktionen 105
Oberflächenreinigung 216, 218
Oktan 192
Oeldampfkessel-Apparat 255, 256
Oele 207, 208, 248
Olefine 194, 196
Olefinmonokarbonsäuren 205
Olivenöl 136, 208
Oelprüfverfahren 224—229
Oelsäuren 136, 205
Osmium 144
Oxalsäure 206

Oxybenzoesäure 206, 207
Oxydationsprodukte der Alkohole 202, 203
Ozon 15, 68, 116, 158—161,
Ozonausbeute 273
Ozonerzeugung 273
Ozonide 161
Ozonfächer 276
Ozonlüfter 276, 278
Ozontechnik 272—280
Ozontrocknung 276

Palladium 126, 133, 143
Palmitinsäure 205
Papier 204, 222
Paraffine 61, 62, 175, 192
Paraffinöl 87, 192
Penten 195
Petroläther 135
Phenanthren 199
Phenolabkömmlinge 199
Phenole 200, 201
Phenylcarbylamin 151
Phenylmethylalkohol 171
Phosgen 173
Phosphor 136, 141, 148, 150, 154, 171
Phosphoroxydation 68
Phosphorpentoxyd 171
Phosphorsäure 133
Platin 125, 133, 144, 150, 156, 160, 170
Pinch-Effekt 85
Phtalsäure 137, 207
Piperidin 210
Plexiglas 28
Polarisierbarkeit 138
Polyamine 210
Polymerisation 100
Porzellan 28
Positive Säule 37
Preßspan 28
Primärakt 98
Primäraktivierung 108
Primärzersetzung 99
Primärzerstäubung 92
Propen 196
Propensäure 205
Propionaldehyd 203
Propylacetylen 195
Propylbenzol 175
Propionsäure 205
Prüfmethode — Papier 223
　　　　　— Oel 224—229
Pyridin 210
Pyrogallol 201
Pyrrol 210

Quarz 28
Quecksilber 130, 133, 139, 150, 154

Radikale 104, 120
Radioaktivität 51
Rapsöl 207
Rauchgasreinigung 93
Raumlüftung 275
Rekombination 133
Resorzin 201
Rhodankalium 139
Rhodannatrium 139
Riesenmoleküle 100
Röhrenozonisator 274
Rohrzucker 204
Rubidium 139, 153
Rüböl 114, 207, 266
Rutil 28

Salizylaldehyd 203
Salzsäure 173
Sardinentran 87
Sauerstoff 155—158, 171, 193
Sauerstoffsäuren 135
Seidenraupenpuppenöl 136
Sekundärumsetzung 99
Sekundärvereinigung 98, 100
Sekundärzerstäubung 93
Selen 68, 101, 143, 170
Siedepunkt 112
Siedepunktserhöhung 88
Siemens-Röhre 16, 31, 32, 34, 57,
    99, 100, 111, 139, 167, 172,
    198, 254
Silane 141
Silber 69, 133, 135, 139, 150, 154,
    166
Silbersuperoxyd 160
Silizium 136, 140
Sojabohnenöl 136
Spannungsmessung 33
Speicherwirkung 137
Spezialprodukte 258
Spirituosenalterung 278
Sublimation 105
Sulfate 139, 143
Sulfide 139, 143
Schädlingsbekämpfung 280
Schaumbildung 82
Schichtstabilisierung 28
Schmiermitteltechnik 248—272
Schöpfrinnenapparat 250
Schutzkolloide 242, 243
Schwefel 142, 150, 155, 161
Schwefelderivate der Kohlenwasser-
    stoffe 200
Schwefelkohlenstoff 151, 157
Schwefeloxyde 169
Schwefelsäure 169
Schwefelwasserstoff 142, 157, 196
Schwingungsdämpfung — elektrische
    Entladungen 85
Stabilisierungsschichten 21, 22

Standöl 247
Stärke 204
Stearinsäure 136, 137, 205
Stickoxyde 15, 167
Stickstoff 135, 141—155, 157, 193,
    196
Stickstoffverbrennung 167, 168
Stille Entladung 16
Stockpunkt 266
Stockpunktserniedriger 258
Stoßfunken 45
Strommessungen 33
Stromschwingungen 31, 32
Strom-Spannungskurven 29
Strömungen 59
Strontium 139
Strontiumchlorid 151
Strukturviscosität 266

Tallöl 207
Tantal 136
Tellur 143
Terpene 198
Terpentinöl 68
Tetrachlorbutan 196
Tetradekan 192
Tetralin 198, 199
Tetrastyrol 198
Thallium 136, 140
Theorie 118
Thorium 140
Titan 140
Titanate 28
Toluol 171, 175, 198
Townsend-Entladung 111
Trägerlawine 46
Trane 248
Transformatorenöl 114
Traubenzucker 204
Trichlorbutan 196
Tyndall-Effekt 115

Ubbelohde'sches Theorem 271
Ueberschußkathodenfall 65
Ueberzüge 218
Ultraviolett 137
Ultraviolettreaktion 124
Umsetzungen 99, 101
Uran 142
Uranammoniumfluorid 151
Urannitrat 151

Vanadin 141
Vanillinfabrikation 278
Veränderungen — chemische 112
Vereinigung — sekundäre 101
Vergütung 218
Verlustwinkel 113, 233
Verteilungskurve — Maxwell 69
Vinylacetylen 190

Viscosealterung 278
Vitamin A 211
Vitamin D 211
Voltaeffekt 66
Voltaspannungen 67
Voltolgerät 250—254
Voltolöle 263—271
Voltolölzusätze 269

Wachse 207, 208
Waltran 87
Wand 102, 104
Wärmeeinwirkung 186
Wärmereaktionen 187
Wärmewirkung 105
Wäschebleichen 278
Wasser 157
Wasserbildung 161
Wasserglas 133
Wassersterilisation 280
Wasserstoff 138—143, 151, 161, 171
Wasserstoff — atomarer 127
Wasserstoffentwicklung 99, 192
Wasserstoffsuperoxyd 134, 161
Wasserzersetzung 161
Wechselstrombögen 45
Weglänge — freie 61
Weinsäure 206
Wilson'sche Nebelkammer 46
Wirkungsgrad 118
Wirkungsquerschnitt 61

Wismut 125, 135, 142, 155
Wolfram 91, 133, 136, 154
Wundbehandlung 280

X-Wachs 221
Xylol 198

Yttrium 52

Zähigkeit 113
Zelluloid 208
Zentralion 119
Zerlegungradikale 184
Zersetzung — primäre 101
            — thermische 15
Zersetzungsprodukte 97, 98
Zerstäubung 87, 88, 105, 211—214
Zerstörungen — biologische 54
Zimtaldehyd 136
Zimtsäureäthylester 136
Zink 101, 139, 150, 154, 166
Zinksulfid 151
Zinn 68, 135, 141
Zirkon 52, 140
Zündfeldstärke 23, 61, 64
Zündklemmenspannung 23
Zündspannung 23
Zyklische Kohlenwasserstoffe 182
Zykloolefine 197
Zykloparaffine 197
Zyklotron 51
Zweischeibenapparat 249

www.ingramcontent.com/pod-product-compliance
Lightning Source LLC
Chambersburg PA
CBHW081530190326
41458CB00015B/5507